2판

XGK로 시작하는

디지털 PLC 제어

이 은 욱 지음

북스힐

머리말

인공지능이나 로봇으로 사물을 제어하는 4차 산업혁명 시대에 개발•제조•물류 등 모든 생산과정을 자동화함으로써 생산성을 제고하는 미래형 공장, 스마트 팩토리의 핵심 기술이 바로 자동화 기기들을 제어하는 PLC이다.

국내에서 많이 사용되는 PLC는 독일의 SIEMENS나 일본의 MITSUBISHI보다 성능은 조금 부족하지만 가성비가 좋은 LS ELECTRIC의 차세대 PLC인 XGK와 XGI 시리즈가 있다. XGK PLC는 기존의 시퀀스회로를 그대로 PLC로 변환하는 래더 프로그램 방식으로 가격이 싸서 중소형 장비의 제어에 주로 사용되고, XGI PLC는 펑션을 사용하는 블록 프로그램 방식으로 대형 플랜트의 제어에 주로 사용된다. 프로그램의 기본 개념은 같기 때문에 기초적이고 쉬운 XGK로 시작하여 어느 정도 PLC를 이해한 다음, XGI로 확장, 응용하는 것이 좋으므로 본 교재에서는 XGK PLC로 선택하였다.

XGK PLC를 쉽게 배울 수 있는 입문서를 목표로, 먼저 기초적인 PLC 관련 디지털 이론을 학습한 다음, PLC에 대해 이해하기 쉽도록 풍부한 그림과 표를 사용하여 설명하고, 명령어별 실행 예제와 다양한 실습 과제들을 수록하여 교재를 구성하였다. 다년간 LG산전 연구소에서 각종 제어기들을 개발하고, 대학에서 PLC를 강의한 경험을 바탕으로 내용에 더욱 충실을 기하여 개정판을 출간하게 되었다. 미흡한 점은 계속해서 수정하고, 보완해 나갈 것이며 독자 여러분의 아낌없는 충고와 조언을 부탁드린다.

끝으로 PLC를 막 배우려는 학생 및 기술자들에게 많은 도움이 되기를 바라며, 본 교재에서 XGK PLC 관련 자료들을 참고한 바, LS ELECTRIC과 출판을 위해 수고해 주신 도서출판 북스힐의 관계자 여러분께 깊은 감사를 드린다.

2025년 1월

이은욱

차 례

1장

PLC의 개요

1.1 자동제어의 개요

제어(control)란 전기, 전자, 기계, 화학공정 등 임의의 물리 시스템에서 원하는 동작을 수행하도록 필요한 조작을 가하는 것을 말한다. 즉, 제어하려는 대상에 목적에 맞도록 적당한 제어조작을 가하여 원하는 결과를 얻도록 하는 것이다. 자동제어(automatic control)란 자동적으로 제어동작을 수행하는 것을 말한다.

그림 1.1과 같이 제어기와 제어대상을 합쳐 제어시스템(control system)이라 한다. 제어시스템은 자동조립라인, 전력시스템, 로봇, 컴퓨터 제어, 교통 시스템, 공작기계 제어, 무기 시스템, 우주공학, 품질관리, 재고관리, 경제시스템 등 산업의 모든 분야에서 볼 수 있다.

그림 1.1 제어시스템의 기본구성

1.1.1 개루프(open-loop) 제어시스템

개루프 제어시스템은 출력값 또는 제어량을 측정하여 귀환시키지 않고 미리 정해 놓은 순서에 따라 순차적으로 동작시킨다. 구조가 간단하여 제어가 쉬운 장점이 있지만, 제어동작이 출력과 관계가 없을 경우 오차가 발생할 수 있다.

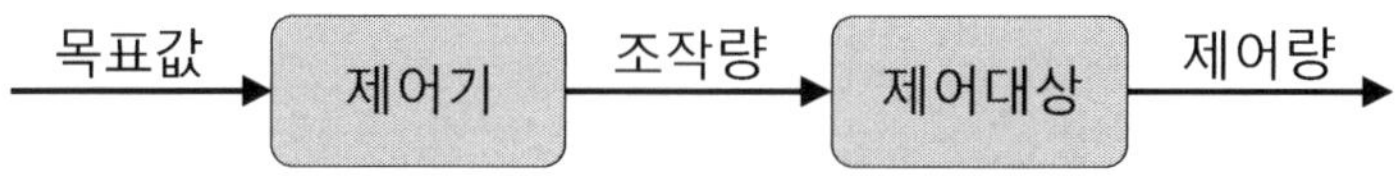

그림 1.2 개루프 제어시스템의 기본구성

시퀀스제어(sequence control)는 미리 정해진 순서나 일정한 논리에 따라 각 단계를 순차적으로 진행해 나가는 제어를 말한다. 여러 산업분야에서 생산설비의 자동화가 진행됨에 따라 제조 등의 작업을 자동으로 처리하기 위한 시퀀스제어의 활용분야는 매우 넓다.

1.1.2 폐루프(closed-loop) 제어시스템

폐루프 제어시스템은 출력값을 측정한 다음 입력으로 귀환(feedback)시켜 목표값과 비교하고 그 오차를 줄일 수 있도록 동작신호를 가해준다. 그림 1.3과 같이 귀환경로를 가지고 루프를 형성하므로 귀환 제어계 또는 피드백 제어계라고도 한다.

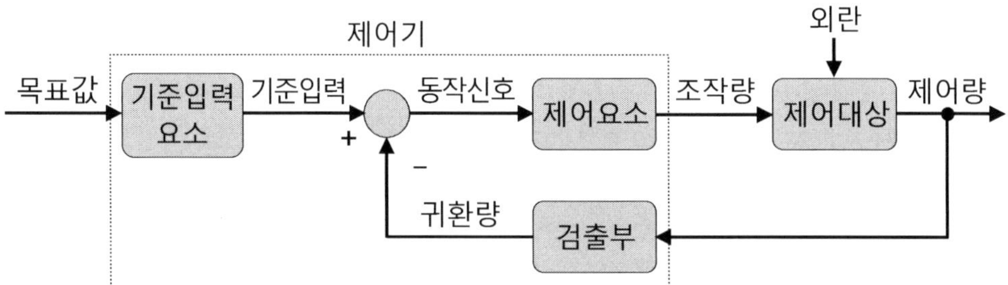

그림 1.3 폐루프 제어시스템의 기본구성

1.2 시퀀스 제어

1.2.1 제어방식의 분류

(1) 유접점 시퀀스

유접점 릴레이를 사용하여 구성되는 시퀀스회로를 말하여 릴레이 시퀀스라고도 부른다. 접점의 수명에 한계가 있고, 회로를 변경하기 위해서는 결선을 새로 해야 하는 등의 번거로움이 있어, 그 사용이 점점 줄어드는 추세이다.

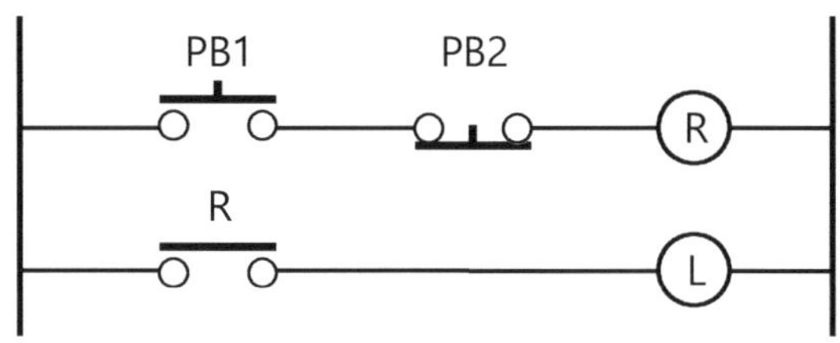

그림 1.4 램프의 점등을 위한 유접점 시퀀스회로

(2) 무접점 시퀀스

트랜지스터, IC 등의 반도체 스위칭 소자에 의하여 구성되는 시퀀스회로를 말하며 로직 시퀀스라고도 부른다.

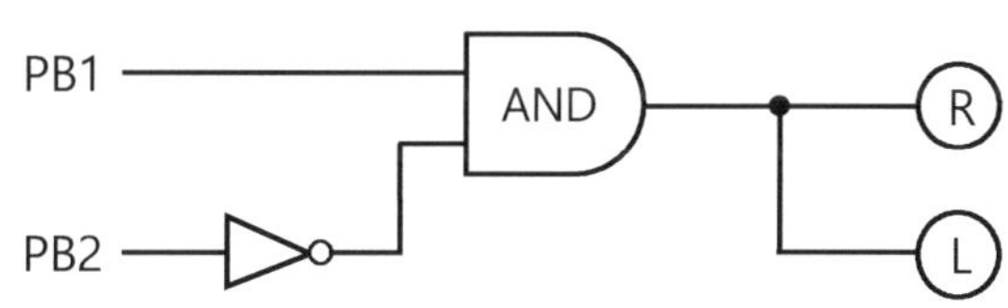

그림 1.5 램프의 점등을 위한 무접점 시퀀스회로

1.2.2 접점의 종류

(1) a접점 (Arbeit contact, 작동접점)

조작되지 않은 초기상태에서는 접점이 분리되어 전류가 흐르지 않고(열려있는 접점, NO : Normal Open), 스위치를 누르는 등의 조작을 하는 동작상태에서는 가동접점이 고정접점과 접촉되어 전류가 흐르는 접점을 의미한다.

(2) b접점 (Break contact, 분리접점)

조작되지 않은 초기상태에서는 접점이 접촉하고 있어 전류가 흐르고(닫혀있는 접점, NC : Normal Close), 스위치를 누르는 등의 조작을 하는 동작상태에서는 가동접점이 고정접점과 분리되어 전류가 흐르지 않는 접점을 의미한다.

(3) c접점 (Change-over contact, 전환접점)

a접점과 b접점을 모두 공유하는 접점으로 조작에 의해 가동접점이 a접점에서 b접점으로, 또는 b접점에서 a접점으로 고정접점과 접촉하여 신호를 전환시키는 접점을 의미한다.

1.2.3 접점의 분류 및 기호

표 1.1 접점의 분류 및 기호

접 점	기 호		설 명
	a 접점	b 접점	
일반 / 수동 (토글 스위치)			토글 스위치와 같이 수동으로 개폐하는 일반 접점
전자접촉기			전자접촉기가 여자되면 개폐하고 소자되면 본래의 상태로 복귀하는 접점
수동조작 자동복귀 (푸시버튼 스위치)			푸시버튼 스위치와 같이 수동으로 개폐하고 손을 떼면 본래의 상태로 자동으로 복귀하는 접점
수동복귀 (열동계전기)			열동계전기가 동작한 후에는 수동으로 조작해 주어야만 본래의 상태로 복귀하는 접점
계전기 (보조 스위치)			전자릴레이가 여자되면 개폐하고 소자되면 본래의 상태로 복귀하는 접점
한시동작 순시복귀 (타이머)			타이머가 동작할 때는 시간지연이 있고 복귀할 때는 순시로 복귀하는 접점
한시복귀 순시동작 (타이머)			타이머가 동작할 때는 순간적으로 동작하고 복귀할 때는 시간지연이 있는 접점
기계적 (리밋 스위치)			리밋 스위치와 같이 기계적 운동부분과 직접 접촉하여 개폐되는 접점

1.3 PLC 제어

1.3.1 PLC의 개요

(1) 임베디드 시스템(embedded system)

마이크로프로세서를 사용하여 특수한 목적을 위해 전용 하드웨어와 소프트웨어를 설계, 제작한 시스템으로, 예를 들어 로봇 제어기, CNC, 내비게이션, 블랙박스, MP3 플레이어, 핸드폰, 스마트워치 등에 해당된다.

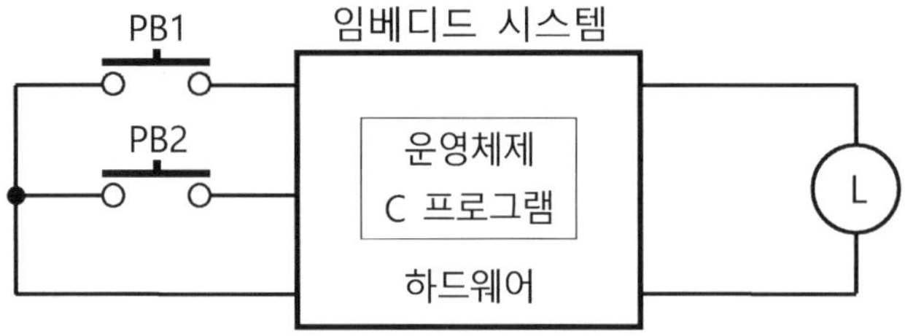

그림 1.6 램프 점등을 위한 임베디드 제어회로

(2) PLC(Programmable Logic Controller)

기존 제어반 내의 시퀀스 제어장치에서 사용하던 릴레이, 타이머, 카운터 등을 반도체로 대체함으로써 기본적인 시퀀스제어 기능 외에 수치연산, 아날로그, PID 제어, 모터제어, 통신 등의 기능을 추가함으로써 사용자에 의해 프로그램이 가능한 자율성이 높은 범용 제어장치이다. 접점이나 논리는 PLC 내부에서 소프트웨어로 구현되고 스위치 등과 같은 입력부와 램프 등과 같은 출력부는 PLC 외부에 연결된다.

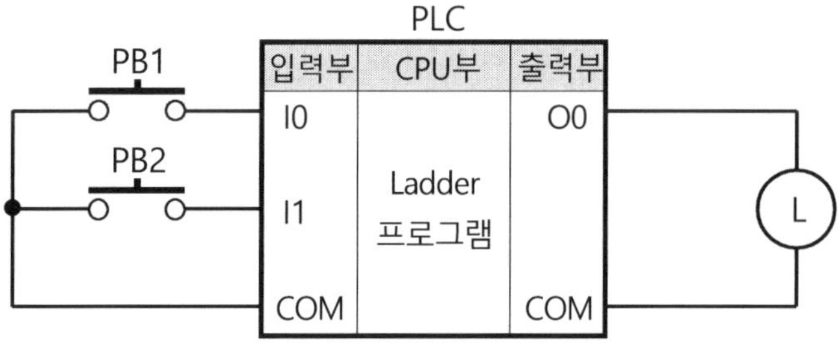

그림 1.7 램프 점등을 위한 PLC 제어회로

1.3.2. PLC의 기능

- 시퀀스 제어 : ON/OFF의 디지털 신호를 입력받아 사용자가 작성한 시퀀스 제어 프로그램에 따라 연산을 수행한 후 결과를 디지털 신호로 출력한다.
- 연산기능 : 수치 데이터를 이용하여 연산을 수행한다.
- 프로그램 저장 : PLC 프로그램을 PLC 내부의 메모리에 간단하게 저장하거나 PC에 연결하여 저장할 수 있다.
- 통신기능 : 각종 통신모듈을 이용하여 외부와 데이터를 교환할 수 있다.
- 아날로그 입력/출력 : 아날로그 입력모듈을 이용하여 전압, 전류, 온도 등의 아날로그 량을 읽어 디지털 데이터로 변환하여 저장하거나, 아날로그 출력모듈을 이용하여 디지털데이터를 아날로그 량으로 변환하여 외부로 출력할 수 있다.
- 고속펄스 계수 : 고속의 펄스열을 입력받아 계수한다.
- 위치제어 : 전압이나 펄스열을 출력하여 서보모터나 스텝모터의 위치를 제어한다.
- 시뮬레이션 : PLC 장치가 없어도 PC를 이용하여 가상으로 PLC의운전을 수행하거나 PLC 프로그램을 디버깅할 수 있다.
- 자기진단 : PLC 내부의 각 부분이 문제없이 정상적으로 동작하는지 스스로 진단할 수 있다.

1.3.3. PLC의 적용분야

표 1.2 PLC의 적용분야

분 야	제어 대상
식품 • 음료 산업	컨베이어 제어, 생산라인 자동제어
제철 • 제강 산업	작업장 하역제어, 원료 수송제어, 압연라인 제어
섬유 • 화학 공업	원료 수입·출하 제어, 직조·염색 라인 제어
자동차 산업	전송라인 제어, 조립라인 자동제어, 도장라인 제어
기계 산업	산업용 로봇제어, 공작기계 제어
상하수도	정수장 제어, 하수처리 제어, 송·배수 펌프 제어
물류 산업	자동창고 제어, 하역설비 제어, 반송라인 제어
공장 설비	압축기 제어
공해 방지사업	쓰레기 소각로 자동제어, 공해 방지기 제어

1.3.4. PLC의 분류

(1) 크기에 의한 분류

① 소형 PLC : 128개의 입출력 접점과 2K 워드의 메모리로 간단한 자동화기기를 제어할 수 있다. 블록형 PLC에 해당된다.

② 중형 PLC : 2,048개의 입출력 접점과 32K 워드의 메모리로 작은 아날로그 공정을 제어할 수 있다. 모듈형 PLC에 해당된다.

③ 대형 PLC : 16,000개의 입출력 접점과 2M 워드의 메모리로 개별 생산공정이나 공장 전체 등을 제어할 수 있다. 모듈형 PLC에 해당된다.

(2) 형태에 의한 분류

① 블록형 PLC : PLC의 전원, CPU, 메모리, 입력, 출력 등의 모든 기능들이 하나의 케이스에 내장되어 취급이 간단하므로 소형의 자동화기기에 사용된다. 저가이므로 PLC를 공부하고자하는 경우에 개인적으로 구입하여 사용할 수 있다.

그림 1.8 블록형 PLC

② 모듈형 PLC : 베이스 유닛에 전원모듈, CPU 모듈, 입력모듈, 출력모듈, 통신모듈, 특수모듈 등을 장착하여 PLC의 기능을 쉽게 확장시켜줌으로써, 컨베이어, 로봇, CNC 등을 제어하고 상위 컴퓨터와 고속으로 통신하여 대단위의 생산공정을 자동화할 수 있다.

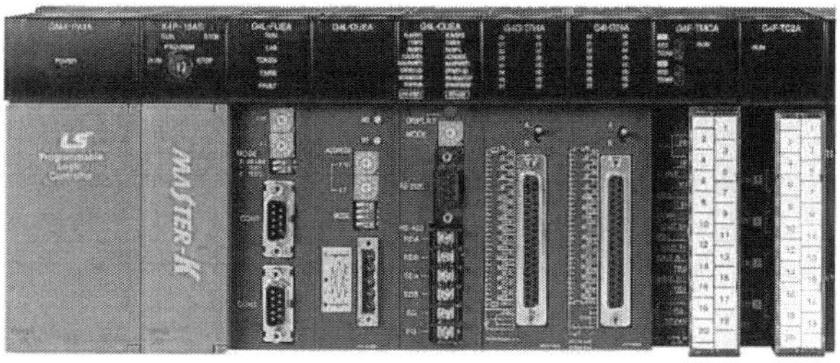

그림 1.9 모듈형 PLC

1.3.5. PLC의 구조

(1) 하드웨어 구조

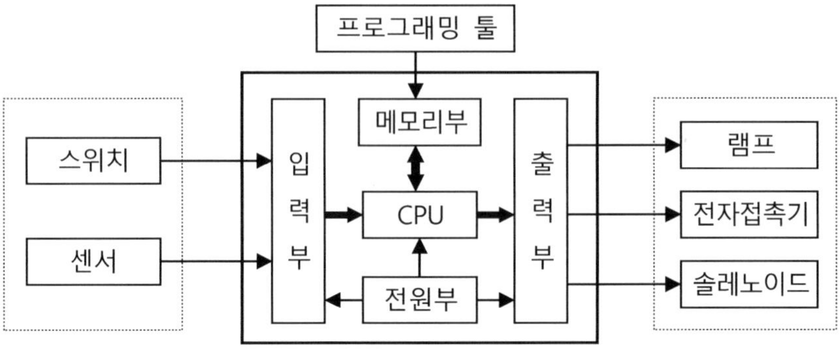

그림 1.10 PLC의 하드웨어 구조

1) CPU부

PLC에서 가장 중요한 두뇌에 해당되는 고속의 마이크로프로세서로서 메모리에 저장되어 있는 사용자가 작성한 PLC 프로그램을 해석하여 사용된 명령어에 따라 지정된 메모리로부터 데이터를 읽어 연산을 수행하고, 그 결과를 다시 지정된 메모리에 저장하는 동작을 매우 빠른 속도로 반복하여 실행한다. CPU 부에서 프로그램과 데이터의 모든 정보는 2진수로 처리된다.

2) 메모리부

• 메모리의 종류

표 1.3 메모리의 종류

종 류	전원 차단시	설 명
ROM (Read Only Memory)	불휘발성	읽기 전용으로 쓰기가 불가능하여 메모리 내용의 변경이 불가하므로, 시스템 프로그램을 저장하는데 사용된다.
RAM (Random Access Memory)	휘발성	수시로 읽고 쓰기가 가능하여 정보를 일시 저장하므로, 사용자 프로그램과 데이터를 저장하는데 사용된다.
FLASH (Flash Memory)	불휘발성	불휘발성이지만 읽고, 쓰기가 모두 가능하므로 HDD를 대체하여 많이 사용되며, 시스템 프로그램, 사용자 프로그램, 데이터를 저장하는데 사용된다.

• 메모리의 내용에 따른 분류

표 1.4 메모리의 내용에 따른 분류

구 분	저장 메모리	설 명
시스템 메모리	ROM	PLC 제조회사에서 작성한 운영체제, 명령어, 자기진단, 통신 등으로 구성된 시스템 프로그램이 저장되는 영역이다.
프로그램 메모리	RAM 실행 ROM 운전	사용자가 작성한 PLC 프로그램이 저장되는 영역이다.
데이터 메모리	RAM	입출력 릴레이, 보조 릴레이, 타이머, 카운터 등에 대한 접점상태, 설정값, 현재값 등의 정보가 저장되는 영역이다.

3) 입력부

• 입력부에 접속되는 외부기기

표 1.5 PLC 입력부에 접속되는 외부기기

구분	설명	부착장소	외부기기
조작입력	명령 지시	제어반 조작반	푸시버튼 스위치 선택 스위치 토글 스위치 비상정지 스위치
검출입력	센서	기계장치	리밋 스위치 광전 스위치 근접 스위치

• 싱크(sink) 입력

입력신호가 ON될 때 전류가 스위치로부터 PLC 입력단자로 흘러 들어가도록(싱크되도록), 그림과 같이 PLC 입력모듈의 공통단자(COM)가 DC 24V 전원의 - 측에 연결되는 것을 의미한다.

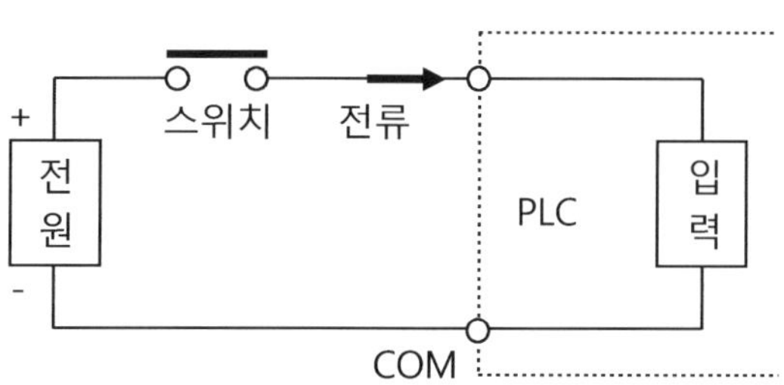

그림 1.11 PLC 싱크 입력

• 소스(source) 입력

입력신호가 ON될 때 전류가 소스인 PLC 입력단자로부터 스위치로 흘러 나오도록, 그림과 같이 PLC 입력모듈의 공통단자(COM)가 DC 24V 전원의 + 측에 연결되는 것을 의미한다.

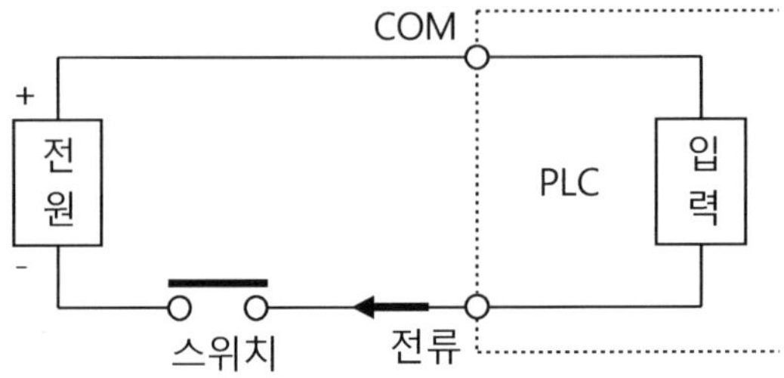

그림 1.12 PLC 소스 입력

• DC +24V 전원을 사용한 입력부 회로의 예

외부기기로부터 유입되는 노이즈가 PLC 내부의 CPU 쪽으로 전달되지 않게 차단시켜 PLC의 동작을 안전하게 보호할 수 있도록 광절연 소자인 포토커플러(photo-coupler) 사용한다.

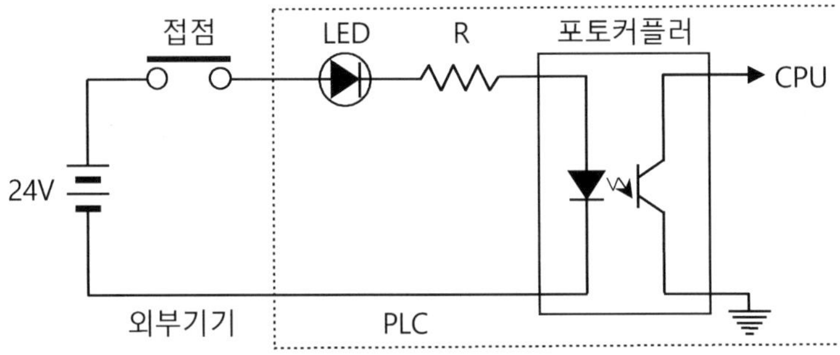

그림 1.13 DC24V 입력부 회로

4) 출력부

• 출력부에 접속되는 외부기기

표 1.6 PLC 출력부에 접속되는 외부기기

구분	설명	부착장소	외부기기
표시출력 경보출력	표시 경보	제어반 조작반	램프 부저
구동출력	액추에이터	기계장치	릴레이 전자 접촉기 솔레노이드

• 싱크 출력

출력접점이 ON될 때 전류가 부하에서 PLC 출력단자로 흘러 들어가도록, PLC 출력 모듈의 공통단자(COM)가 DC 24V 전원의 - 측에 연결되는 것을 의미한다.

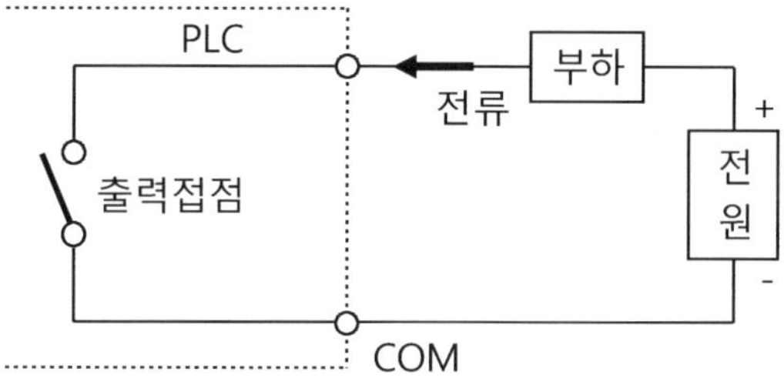

그림 1.14 PLC 싱크 출력

• 소스 출력

출력접점이 ON될 때 전류가 소스인 PLC 출력단자로부터 부하로 흘러 나오도록, PLC 출력모듈의 공통단자(COM)가 DC 24V 전원의 + 측에 연결되는 것을 의미한다.

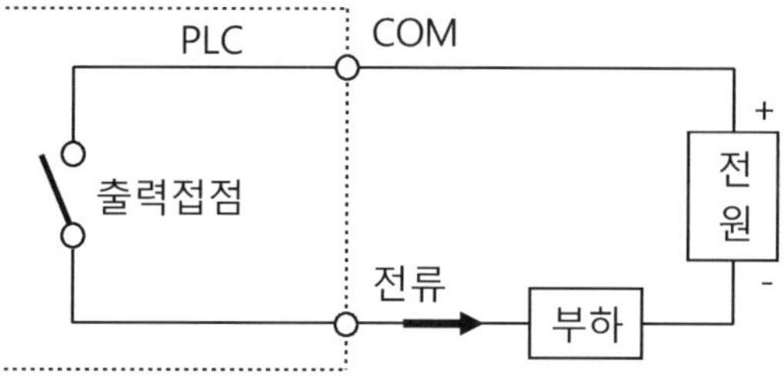

그림 1.15 PLC 소스 출력

• 트랜지스터를 사용한 출력부 회로의 예

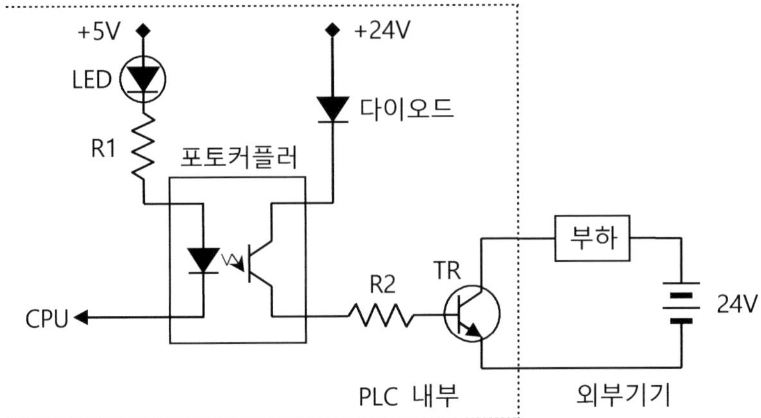

그림 1.16 트랜지스터 출력부 회로

• 개폐소자에 따른 출력모듈의 종류

표 1.7 개폐소자에 따른 출력모듈의 종류

전원	개폐소자	
	유접점	무접점(반도체)
직류(DC)	릴레이	트랜지스터
교류(AC)	릴레이	SSR(Solid State Relay)

5) 전원부

전원부는 CPU부, 메모리부, 입력부, 출력부 등의 PLC 시스템에서 사용하는 직류전원을 공급하기 위한 직류전원장치로 SMPS(Switched Mode Power Supply)가 많이 사용된다.

(2) 소프트웨어 구조

1) 릴레이 시퀀스

• AND 논리

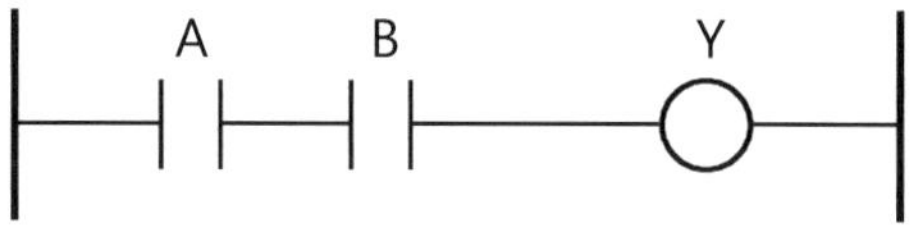

$$Y = A \cdot B$$

(a) 시퀀스도 (b) 논리식

그림 1.17 AND 논리

• OR 논리

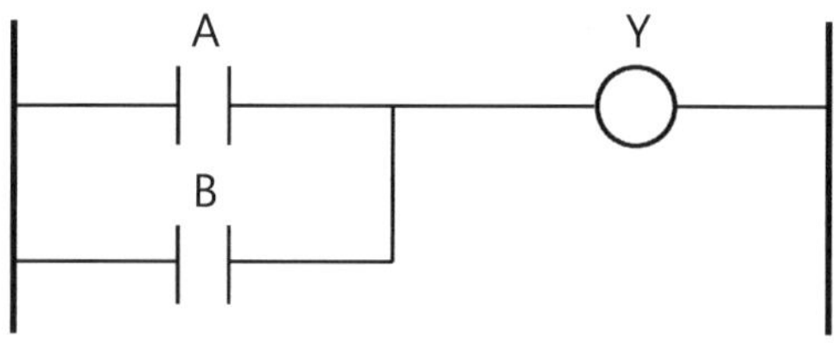

$$Y = A + B$$

(a) 시퀀스도 (b) 논리식

그림 1.18 OR 논리

논리식에서 '•' 는 AND 논리 연산자이고, '+' 는 OR 논리 연산자이다. 시퀀스회로는 다음 그림의 화살표와 같이 여러 개의 릴레이가 전기적인 신호에 의해 동시에 동작하는 병렬처리 방식이다.

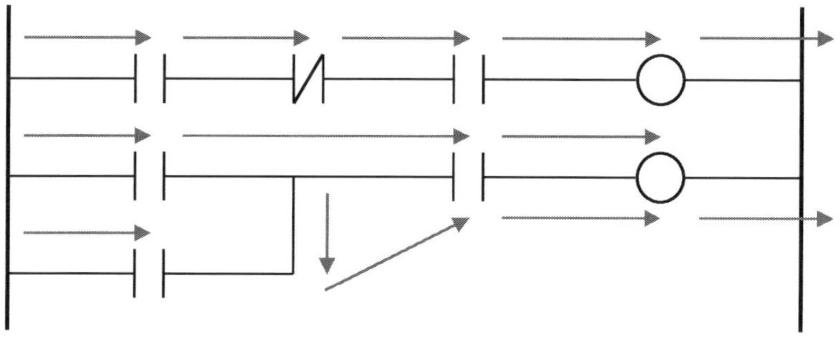

그림 1.19 시퀀스회로의 처리 순서

2) PLC 프로그램

시퀀스회로에서 사용하는 릴레이 로직과 LD 프로그램에서 사용하는 PLC 로직과의 비교를 표 1.8에 보여준다.

표 1.8 릴레이 로직과 PLC 로직의 비교

구 분		릴레이 로직	PLC 로직	내 용
입력	a접점	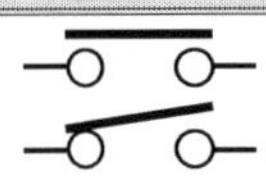	─┤ ├─	평상시 개방되어 있는 접점(Normal Open)으로 PLC에서는 ON/OFF 상태를 그대로 입력한다.
	b접점	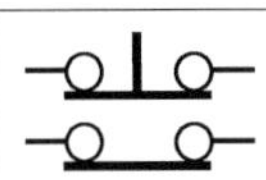	─┤/├─	평상시 닫혀있는 접점(Normal Close)으로 PLC에서는 ON/OFF 상태를 반전시켜 입력한다.
	c접점	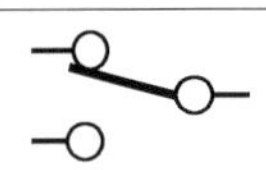	-	a접점과 b접점이 혼합된 형태로 PLC에서는 논리의 조합으로 표현한다.
출력 코일		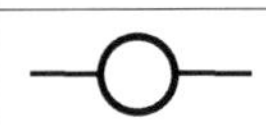	─( )─	연산결과를 출력한다.
응용 명령		-	─[ ]─	PLC의 응용명령을 수행한다.

PLC에서 프로그램을 해석하는 순서는 좌측에서 우측으로, 위에서 아래로 순차적으로 진행되는 직렬처리 방식이다. 다음 그림의 화살표와 같이 맨 위 좌측의 명령어부터 우측으로, 그리고 다시 아래 방향으로 한 명령어씩 실행한다. 마지막 END 명령을 만나면 실행순서를 프로그램의 맨 처음 시작부분으로 되돌아가 반복해서 프로그램을 다시 실행한다.

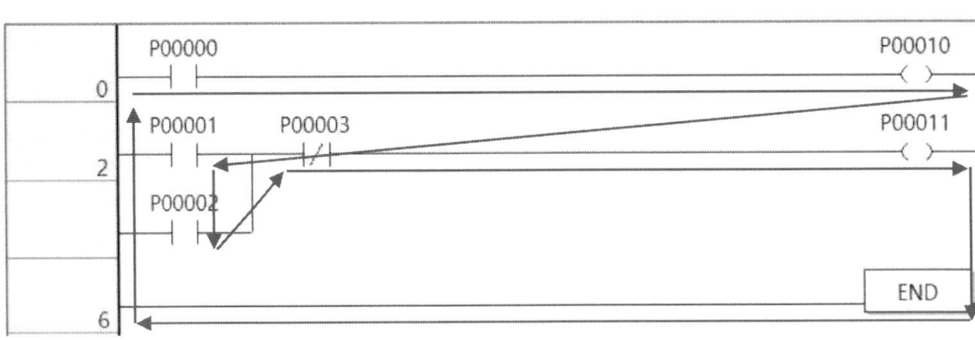

그림 1.20 PLC 프로그램의 처리 순서

3) PLC의 프로그래밍 언어

표 1.9 PLC의 프로그래밍 언어

표준 언어	설명
IL (Instruction List)	기존의 니모닉(Mnemonic)을 표준화한 언어로 지멘스나 AB의 PLC에서 주로 사용한다.
LD (Ladder Diagram)	시퀀스제어에서 사용하던 릴레이 로직을 표현하는 언어로 우리나라와 일본의 PLC에서 주로 사용한다.
FBD (Function Block Dlagram)	프로그램 요소를 블록으로 나타내고 그들을 서로 연결하여 로직을 표현한다.
ST (Structured Text)	복잡한 수식계산에 사용하는 파스칼과 유사한 고수준의 언어이다.
SFC (Sequential Function Chart)	프로그램을 액션과 트랜지션으로 구조화시키고, 각 액션과 트랜지션은 위의 언어들로 표현되므로 디버깅이 쉽다.

4) PLC의 기초 용어

표 1.10 PLC의 기초 용어

용 어	영 어	설 명
점	Point	PLC의 입출력 용량을 표시하며, 입력 8점, 출력 6점의 PLC는 스위치나 센서 등의 입력기기를 최대 8개, 램프나 릴레이 등의 출력기기를 최대 6개까지 연결할 수 있다.
스텝	Step	PLC 명령어의 최소 단위로 a접점, b접점, 출력코일 등의 기본 명령 1개가 1스텝에 해당하고, 응용명령의 경우 다수의 스텝을 점유한다. 스텝수가 PLC의 프로그램 용량 및 실행속도에 영향을 미친다.
스캔타임	Scan Time	사용자 프로그램의 1회 수행에 걸리는 시간(1 연산주기)을 의미하며, 스텝수가 많은 프로그램의 경우 스캔타임이 증가한다.
WDT	Watch Dog Timer	프로그램 연산 폭주나 CPU 고장으로 PLC가 설정한 시간동안 정상적인 동작을 하지 못할 경우 에러를 발생시키는 시스템 감시 타이머이다.
파라미터	Parameter	프로그램과 함께 PLC에 저장되는 시스템, 통신 등의 중요한 운전 데이터에 해당된다.

1.4 디지털의 기초

1.4.1 비트와 바이트

(1) 비트(bit)

디지털 신호는 낮은 전압(LOW)과 높은 전압(HIGH)의 두 개의 레벨이 존재한다. 낮은 전압레벨을 '0'(스위치에서는 'OFF') 상태로 표시하고, 높은 전압레벨을 '1'(스위치에서는 'ON') 상태로 표시한다. 이 때 각 순간의 0과 1의 디지털 값을 비트라고 하며, binary digit의 약자로서 2진 자릿수를 의미한다. 예를 들어 '1001'인 경우 2진 자릿수가 4개이므로 4비트이다.

(2) 바이트(Byte)

보통 디지털 데이터는 원하는 정보의 양에 따라 여러 개의 비트로 구성되는데 문자(숫자, 영문자, 특수문자 등)를 나타낼 수 있는 최소단위로 8개의 비트로 구성된 비트열을 바이트라고 한다. 바이트는 256(2^8)개의 정보를 나타낼 수 있다.

b7	b6	b5	b4	b3	b2	b1	b0
0/1	0/1	0/1	0/1	0/1	0/1	0/1	0/1

$1\text{Byte} = 8\text{bit}$

$1\text{KByte} = 2^{10}\text{Byte} = 1024\text{Byte}$ ⟺ $1\text{km} = 10^3\text{m} = 1000\text{m}$

$1\text{MByte} = 2^{20}\text{Byte} = 1024 \times 1024\text{Byte} = 1,048,576\text{Byte}$

$1\text{GByte} = 2^{30}\text{Byte} = 1024 \times 1024 \times 1024\text{Byte} = 1,073,741,824\text{Byte}$

(3) 워드(Word)

한글 문자를 나타내는 16비트로 구성된 비트열의 데이터를 워드라 하며, 65,536 (2^{16})개의 정보를 나타낼 수 있다.

b15	b14	b13	b12	b11	b10	b9	b8	b7	b6	b5	b4	b3	b2	b1	b0
0/1	0/1	0/1	0/1	0/1	0/1	0/1	0/1	0/1	0/1	0/1	0/1	0/1	0/1	0/1	0/1

$1\text{Word} = 2\text{Byte} = 16\text{bit}$

(4) 더블워드(Double Word)

32비트로 구성된 비트열의 데이터를 더블워드라고 하며 Dword로 표시한다.

b31	b30	b29	b28	b27	b26	b25	b24	b23	b22	b21	b20	b19	b18	b17	b16	b15	b14	b13	b12	b11	b10	b9	b8	b7	b6	b5	b4	b3	b2	b1	b0
0/1	0/1	0/1	0/1	0/1	0/1	0/1	0/1	0/1	0/1	0/1	0/1	0/1	0/1	0/1	0/1	0/1	0/1	0/1	0/1	0/1	0/1	0/1	0/1	0/1	0/1	0/1	0/1	0/1	0/1	0/1	0/1

1Dword = 2Word = 4Byte = 32bit

1.4.2 수 체계

(1) 10진수

인간은 열 개의 손가락을 사용하여 쉽게 수를 세거나 셈하는 데 편리하므로 10진법을 사용하게 되었다. 10진수는 0에서 9까지 10개의 숫자로서 모든 수의 표현이 가능하므로 일상생활에서 널리 사용되고 있는 인간에게 가장 친숙한 수 체계이다. 10진수 1234는 다음과 같이 표현할 수 있다.

$$\begin{aligned} 1234 &= 1000 + 200 + 30 + 4 \\ &= 1\times 10^3 + 2\times 10^2 + 3\times 10^1 + 4\times 10^0 \end{aligned}$$

또한, 10진법 외에도 시계에서는 60진법, 1주일은 7진법, 디지털 논리의 2진법 등 여러 가지 진법이 사용되고 있다. 따라서 n진법에 의한 숫자 N의 일반적인 표현식은 다음과 같다.

$$N = a_{n-1}r^{n-1} + a_{n-2}r^{n-2} + \ldots + a_1 r^1 + a_0 r^0 \tag{1-3}$$

여기서, n은 자릿수(digit)이다.

r은 기수(base, radix)로 10진수의 경우는 10, 2진수는 2, 16진수는 16이다.

a는 계수(coefficient)로 0에서 $r-1$까지 r개의 숫자이다.

(2) 2진수

0과 1의 두 개의 숫자로서 표현하는 디지털 시스템에서 사용하는 수 체계로, 일상생활에서 널리 사용되고 있는 10진수와 구별하기 위해 숫자 앞에 영어 b(binary)를 붙여서 표시한다.

$$\begin{aligned} b1001 &= 1\times2^3 + 0\times2^2 + 0\times2^1 + 1\times2^0 \\ &= 8 + 1 = 9 \end{aligned}$$

2진수 "1001"에서 같은 1이라도 맨 왼쪽의 1과 맨 오른쪽의 1은 그 크기가 다르다. 맨 왼쪽의 1이 가장 크고, 맨 오른쪽의 1이 가장 작다. 따라서 맨 왼쪽의 1을 MSB(Most Significant Bit, 최상위 비트), 맨 오른쪽의 1을 LSB(Least Significant Bit, 최하위 비트)라고 부른다.

• 10진수의 2진수 변환

2보다 작은 몫이 나올 때까지 10진수를 2로 계속 나눠주면서 몫은 다음 아래쪽에 쓰고, 나머지는 몫의 오른쪽에 쓴다. 계산이 끝나면 다음 그림의 화살표와 같이 마지막의 몫부터 나머지들을 반대 순서로 써주면 된다.

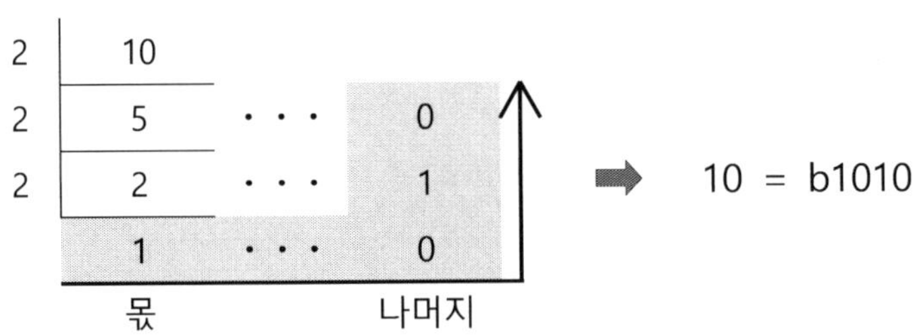

[예제 1-1] 10진수 25를 2진수로 변환하시오.

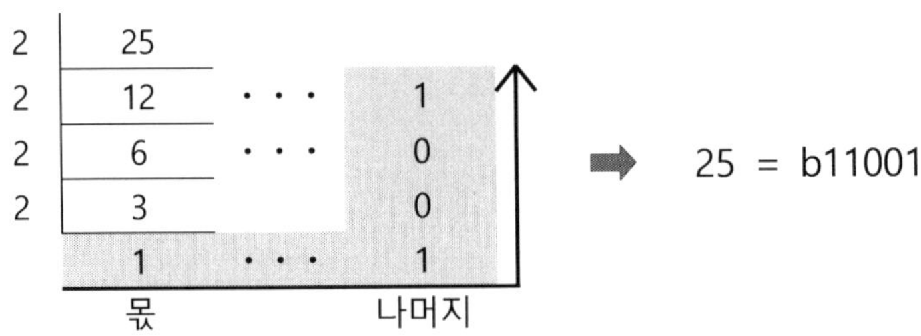

(3) 16진수

2진수는 자릿수가 매우 많아 복잡하고 0이나 1을 빠뜨릴 수 있어 사용이 불편하다. 따라서 인간에게 친숙한 10진수와 디지털 시스템에서 사용하는 2진수와의 중간의 수체계인 16진수를 사용하는 것이 편리하다. 16진수는 0에서 9까지의 10개 숫자와 A에서 F까지의 6개 영문자로 표시되며, 10진수, 2진수와 구별하기 위해 숫자 앞에 h(hexadecimal)를 붙여서 표시한다. 여기서 영문자는 대문자와 소문자 모두 사용이 가능하며, 16진수에서 숫자 2('이')와 영문자 E('이')는 발음이 같아 구별이 어려우므로 영문자 E를 '에'로 발음하도록 한다.

표 1.11 10진수, 2진수, 16진수

10진수	2진수				16진수
	8 (2^3)	4 (2^2)	2 (2^1)	1 (2^0)	
0	0	0	0	0	0
1	0	0	0	1	1
2	0	0	1	0	2
3	0	0	1	1	3
4	0	1	0	0	4
5	0	1	0	1	5
6	0	1	1	0	6
7	0	1	1	1	7
8	1	0	0	0	8
9	1	0	0	1	9
10	1	0	1	0	A
11	1	0	1	1	B
12	1	1	0	0	C
13	1	1	0	1	D
14	1	1	1	0	E
15	1	1	1	1	F

- 16진수의 10진수 변환

$$\begin{aligned} \text{h29E} &= 2\times16^2+9\times16^1+14\times16^0 = 2\times256+9\times16+14 \\ &= 512+144+14 = 670 \end{aligned}$$

• 10진수의 16진수 변환

16보다 작은 몫이 나올 때까지 10진수를 16으로 계속 나눠주면서 몫은 아래쪽에 쓰고, 나머지는 몫의 오른쪽에 쓰되 10보다 큰 나머지는 영문자 A ~ F로 변환한다. 계산이 끝나면 다음 화살표와 같이 마지막 몫부터 나머지들을 반대 순서로 써준다.

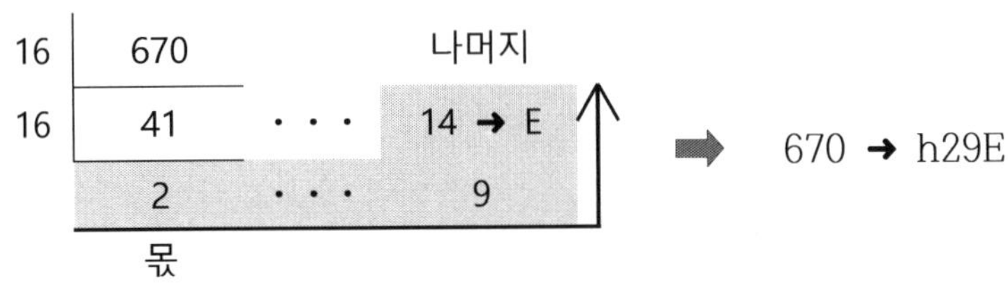

[예제 1-2] 10진수 1234를 16진수로 변환하시오.

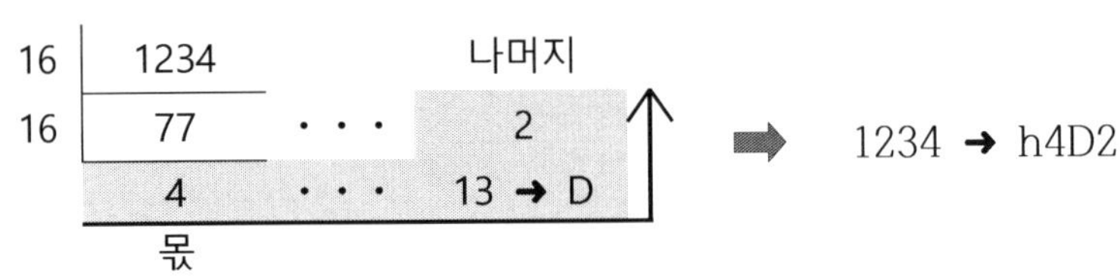

• 16진수의 2진수 변환

$2^4 = 16$ 으로 16진수 1자리는 2진수 4자리에 해당되므로 16진수 1자리마다 2진수 4자리로 변환한다. 2진수에서 맨 앞의 숫자 '0'은 10진수와 마찬가지로 제거한다.

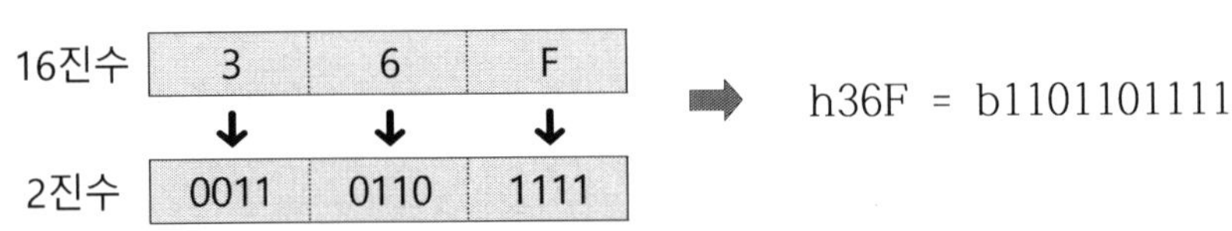

• 2진수의 16진수로의 변환

16진수 1자리는 2진수 4자리에 해당되므로 다음 그림과 같이 2진수의 오른쪽 끝자리부터 4자리씩 분리하여 16진수로 변환한다.

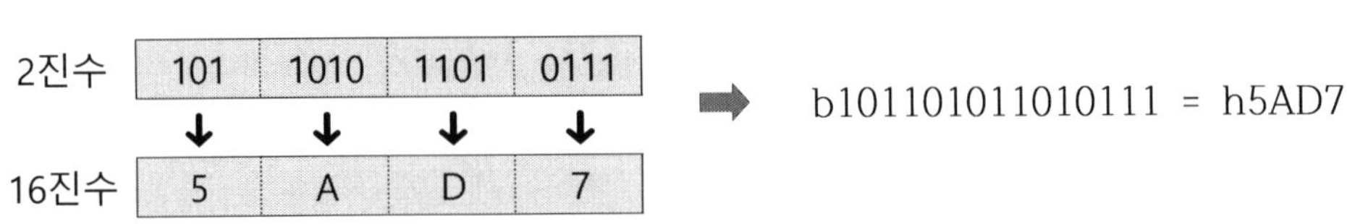

10진수를 2진수로 변환할 때 10진수가 커서 2진수의 자리수가 많은 경우에는 아주 복잡해지므로, 10진수를 직접 2진수로 변환하지 말고 먼저 16진수로 변환한 다음 변환된 16진수를 다시 1자리씩 2진수로 변환하는 것이 편리하다.

[예제 1-3] 10진수 6699를 2진수로 변환하시오.

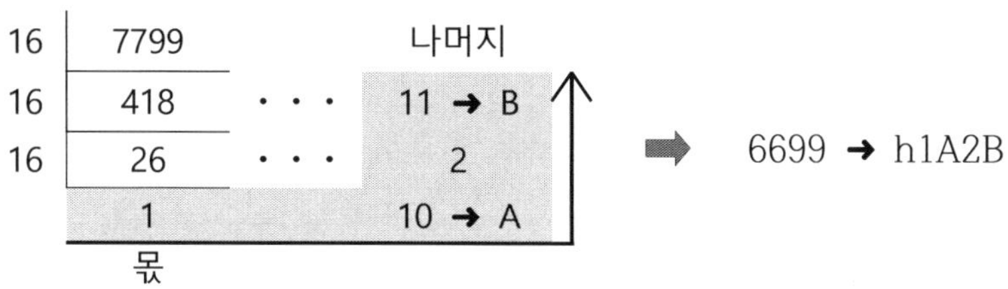

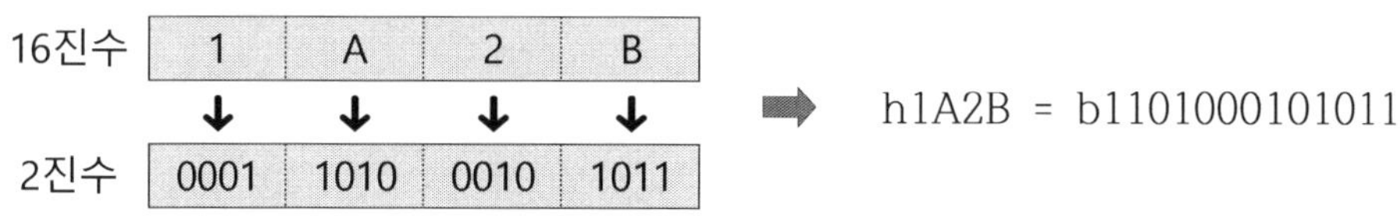

(4) 2진화 10진수(BCD)

PLC 내부에서는 모든 동작이 2진수로 처리되지만 외부에서는 인간에게 친숙한 10진수를 사용하므로 2진화 10진수인 BCD(Binary Coded Decimal)는 10진수와 2진수의 중간에서 변환 역할을 한다. 2진수나 16진수는 10진수와 자릿수가 맞지 않아서 모니터 등으로 표시하기가 어려우므로 10진수와 자릿수를 맞춘 BCD를 사용하는 것이 편리하다.

BCD는 10진수 각 자리의 숫자를 2진수 4자리로 나타낸 것으로, 표. 1.11의 4자리 2진수 중 b0000(0)에서 b1001(9)까지의 10개만 사용되고 b1010(A)에서 b1111(F)까지의 6개는 사용되지 않는다. 예를 들어, 10진수 1267은 다음과 같이 BCD로 나타낼 수 있다.

10진수	1				2				6				7			
자릿수	1000 자리				100 자리				10 자리				1 자리			
가중치	8000	4000	2000	1000	800	400	200	100	80	40	20	10	8	4	2	1
BCD	0	0	0	1	0	0	1	0	0	1	1	0	0	1	1	1

(5) 수치 체계표

표 1.12　수치 체계표

10진수	BCD	16진수	2진수
0	0000	0000	0000
1	0001	0001	0001
2	0010	0002	0010
3	0011	0003	0011
4	0100	0004	0100
5	0101	0005	0101
6	0110	0006	0110
7	0111	0007	0111
8	1000	0008	1000
9	1001	0009	1001
10	00010000	000A	1010
11	00010001	000B	1011
12	00010010	000C	1100
13	00010011	000D	1101
14	00010100	000E	1110
15	00010101	000F	1111
16	00010110	0010	00010000
17	00010111	0011	00010001
18	00011000	0012	00010010
19	00011001	0013	00010011
20	00100000	0014	00010100
100	0001 00000000	0064	01100100
127	0001 00100111	007F	01111111
255	0010 01010101	00FF	11111111
256	0010 01010110	0100	0001 00000000
1000	00010000 00000000	03E8	0011 11101000
1024	00010000 00100100	0400	0100 00000000
10000	0001 00000000 00000000	2710	00100111 00010000
20000	0010 00000000 00000000	4E20	01001110 00100000
32767	0011 00100111 01100111	7FFF	01111111 11111111
65535	0110 01010101 00110101	FFFF	11111111 11111111

1.4.3 변수와 상수

① 변수 : 값이 변할 수 있는 데이터를 저장할 수 있는 메모리 공간(내용물을 담을 수 있는 그릇)을 의미한다.

② 상수 : 변수에 저장되며 어떠한 상황에서도 변하지 않는 정수, 실수 등의 데이터(그릇에 담겨 있는 특정한 내용물)를 의미한다.

1.4.4 데이터의 표현

(1) 문자형 데이터

텍스트, 즉 문자열을 나타내기 위해 숫자, 알파벳, 특수문자 등을 ASCII 코드의 형태로 저장하는 비수치 데이터를 의미한다.

- ASCII 코드 : 컴퓨터 업계에서 키보드용 코드로서 정보교환을 위한 미국 표준코드인 ASCII(American Standard Code for Information Interchange) 코드를 채택하고 있다. ASCII 코드는 7비트이므로 총 $2^7 = 128$개의 서로 다른 문자를 나타내는데 대/소문자의 알파벳, 숫자, 특수문자 및 인쇄되지 않는 제어문자를 포함한다.

표 1.13 아스키코드

MSB / LSB	0	1	2	3	4	5	6	7
0	NUL	DLE	SP	0	@	P	`	p
1	SOH	DC1	!	1	A	Q	a	q
2	STX	DC2	"	2	B	R	b	r
3	ETX	DC3	#	3	C	S	c	s
4	EOT	DC4	$	4	D	T	d	t
5	END	NAK	%	5	E	U	e	u
6	ACK	SYN	&	6	F	V	f	v
7	BEL	ETB	'	7	G	W	g	w
8	BS	CAN	(	8	H	X	h	x
9	HT	EM	)	9	I	Y	i	y
A	LF	SUB	*	:	J	Z	j	z
B	VT	ESC	+	;	K	[	k	{
C	FF	FS	,	<	L	₩	l	|
D	CR	GS	-	=	M	]	m	}
E	SO	RS	.	>	N	^	n	~
F	SI	US	/	?	O	_	o	DEL

(2) 정수형 데이터

• 부호없는(unsigned) 16비트 정수형 데이터

0에서 65,535(hFFFF)까지 부호가 없는 양의 정수를 표시한다.

데이터															
b15	b14	b13	b12	b11	b10	b9	b8	b7	b6	b5	b4	b3	b2	b1	b0
0/1	0/1	0/1	0/1	0/1	0/1	0/1	0/1	0/1	0/1	0/1	0/1	0/1	0/1	0/1	0/1

예) 1과 65,535를 부호없는 16비트의 정수로 표현하면

1 →	0	0	0	0	0	0	0	0	0	0	0	0	0	0	0	1
65,535 →	1	1	1	1	1	1	1	1	1	1	1	1	1	1	1	1

표 1.14 부호없는 16비트 정수형 데이터

10진수	16비트	16비트	10진수
0	0000 0000 0000 0000	1111 1111 1111 1111	65535
1	0000 0000 0000 0001	1111 1111 1111 1110	65534
⋮	⋮	⋮	⋮
32,766	0111 1111 1111 1110	1000 0000 0000 0001	32,769
32,767	0111 1111 1111 1111	1000 0000 0000 0000	32,768

• 부호있는(signed) 16비트 정수형 데이터

0에서 32767(h7FFF)까지, -32768(h8000)에서 -1(hFFFF)까지 부호가 있는 정수를 표시한다. 최상위 비트(b15)인 부호비트가 0이면 양수를, 1이면 음수를 나타낸다.

부호비트	데이터														
b15	b14	b13	b12	b11	b10	b9	b8	b7	b6	b5	b4	b3	b2	b1	b0
0 : 양수 1 : 음수	0/1	0/1	0/1	0/1	0/1	0/1	0/1	0/1	0/1	0/1	0/1	0/1	0/1	0/1	0/1

예) +1과 -1을 부호있는 16비트의 정수로 표현하면

+1 →	0	0	0	0	0	0	0	0	0	0	0	0	0	0	0	1
-1 →	1	1	1	1	1	1	1	1	1	1	1	1	1	1	1	1

표 1.15 부호있는 16비트 정수형 데이터

10진수	16비트	16비트	10진수
0	0000 0000 0000 0000	1111 1111 1111 1111	-1
1	0000 0000 0000 0001	1111 1111 1111 1110	-2
⋮	⋮	⋮	⋮
32,766	0111 1111 1111 1110	1000 0000 0000 0001	-32,767
32,767	0111 1111 1111 1111	1000 0000 0000 0000	-32,768

(3) 실수형 데이터

소숫점이 있는 숫자, 즉 실수를 표시하는 데이터는 32비트 실수형(단정도형, float)과 64비트 실수형(배정도형, double)이 있다. 보통 부동 소수점 형식을 이용하는데 32비트 실수형은 그림과 같이 최상위 비트(b31)가 부호이며, 23~30번 비트(8비트)가 지수부, 0~22번 비트(23비트)가 소수부가 되고, 64비트 실수형은 최상위 비트(b63)가 부호이며, 52~62번 비트(11비트)가 지수부, 0~51번 비트(52비트)가 소수부가 된다.

부호	지수부								소수부																						
b31	b30	b29	b28	b27	b26	b25	b24	b23	b22	b21	b20	b19	b18	b17	b16	b15	b14	b13	b12	b11	b10	b9	b8	b7	b6	b5	b4	b3	b2	b1	b0
0/1	0/1	0/1	0/1	0/1	0/1	0/1	0/1	0/1	0/1	0/1	0/1	0/1	0/1	0/1	0/1	0/1	0/1	0/1	0/1	0/1	0/1	0/1	0/1	0/1	0/1	0/1	0/1	0/1	0/1	0/1	0/1

예) 실수 2.5를 32비트 실수형 데이터로 표현하면

$$2.5 = 2 \times 1.25 = +1 \times 2^{(128-127)} \times (1+0.25) = +1 \times 2^{(128-127)} \times (1+2^{-2})$$

128을 비트로 표시 : b10000000

2^{-2}을 비트로 표시 : b0.010

➜ 32비트 실수

0	1	0	0	0	0	0	0	0	0	1	0	0	0	0	0	0	0	0	0	0	0	0	0	0	0	0	0	0	0	0	0

예) 다음 32비트 실수형 데이터를 실수로 변환하면

32비트 실수

0	1	0	0	0	0	0	0	1	1	0	1	0	0	0	0	0	0	0	0	0	0	0	0	0	0	0	0	0	0	0	0

부호비트가 0이므로 양수이고 b10000001을 10진수로 표시 : 129

b0.101을 지수로 표시 : $2^{-1} + 2^{-3}$

➜ $+1 \times 2^{(129-127)} \times (1+2^{-1}+2^{-3}) = 1 \times 4 \times 1.625 = 6.5$

(4) 데이터의 표시 범위

표 1.16 데이터의 표시 범위

종류	크기	데이터 범위		
		16진수	부호없는 10진수	부호있는 10진수
정수형	Nibble(4bit)	h0 ~ hF	0 ~ 15	-8 ~ 7
	Byte(8bit)	h00 ~ hFF	0 ~ 255	-64 ~ 63
	Word(16bit)	h0000 ~ hFFFF	0 ~ 65,535	-32,768 ~ 32,767
	Double Word (32bit)	h00000000 ~ hFFFFFFFF	0 ~ 4,294,967,295 [0 ~ (2^{32}-1)]	-2,147,483,648 ~ 2,147,483,647 [-2^{31} ~ (2^{31}-1)]
실수형	Float (32bit)	$-3.402823466\times10^{38}$ ~ $-1.175494351\times10^{-38}$, 0, $1.175494351\times10^{-38}$ ~ 3.402823466×10^{38}		
	Double (64bit)	$-1.7976931348623157\times10^{308}$ ~ $-2.2250738585072014\times10^{-308}$, 0, $2.2250738585072014\times10^{-308}$ ~ $1.7976931348623157\times10^{308}$		

1.5 PLC의 종류

국내에서 주로 사용되는 PLC에는 독일의 지멘스, 미국의 AB, 일본의 미쓰비시, 한국의 LS ELECTRIC 등의 제품이 있다. 중소 규모의 자동화 장치에 가격대비 성능이 가장 우수한 LS ELECTRIC의 PLC가 가장 많이 사용되고 있다. LS ELECTRIC에서 생산 및 판매 중인 PLC의 종류는 다음과 같다.

표 1.17 LS ELECTRIC PLC의 종류

모델		특징	
MASTER-K 시리즈		일본 미쓰비시와 기술 제휴로 개발하였고, IL, LD 등의 표준 언어를 지원한다. 단종	
GLOFA-GM 시리즈		PLC 제작사마다 사용 명령어와 통신 네트워크가 달라 프로그램이 호환되지 않으므로 IEC(International Electrotechnical Commission 국제전기표준회의)에서 제정한 PLC 국제규격 IEC1131을 적용하였고, IL, LD, SFC 등의 표준 언어를 지원한다. 단종	
XGT 시리즈	XBC	블록형 MASTER-K의 개량형	Open Network을 기반으로 초고속 처리속도, 콤팩트한 사이즈 및 개선된 소프트웨어를 제공하는 신개념의 차세대 PLC이다.
	XEC	블록형 GLOFA-GM의 개량형	
	XGK	모듈형 MASTER-K의 개량형	
	XGI	모듈형 GLOFA-GM의 개량형	

2장
XGK PLC

2.1 XGT PLC의 개요

LS산전의 XGT(neXt Generation Technology) PLC 시리즈는 개방형 네트워크를 기반으로 초고속 처리속도, 콤팩트한 사이즈 및 대폭 개선된 소프트웨어를 바탕으로 강력한 엔지니어링 환경을 제공하는 신개념의 차세대 PLC이다. XGT 시리즈 중 XGK는 기존의 MASTER-K를 기본으로 성능을 개선시킨 PLC이다.

2.1.1 XGT PLC의 특징

① 스텝 당 28ns로 초고속의 CPU 처리속도를 보장한다.

② 콤팩트한 사이즈로 다양한 분야에 적용이 가능하다.

③ USB를 통한 고속의 업로드 및 다운로드로 유지보수가 편리하다.

④ PC 프로그래밍 툴인 XG5000은 향상된 사용자 인터페이스와 편리한 조작성을 바탕으로 다양한 모니터링 및 강력한 진단 기능을 제공한다.

⑤ 1대의 PLC에 최대 256개의 프로그램을 작성할 수 있고, 프로그램의 모듈화가 가능하다.

2.1.2 XGK PLC의 일반사양

표 2.1 XGK PLC의 일반사양

<table>
<tr><th>항 목</th><th>규 격</th><th colspan="4">관련 규격</th></tr>
<tr><td>1</td><td>사용온도</td><td colspan="4">0 ~ 55 ℃</td></tr>
<tr><td>2</td><td>보관온도</td><td colspan="4">-25 ~ +70 ℃</td></tr>
<tr><td>3</td><td>사용습도</td><td colspan="4">5 ~ 95%RH, 이슬이 맺히지 않을 것</td></tr>
<tr><td>4</td><td>보관습도</td><td colspan="4">5 ~ 95%RH, 이슬이 맺히지 않을 것</td></tr>
<tr><td rowspan="9">5</td><td rowspan="9">내 진동</td><td colspan="3">단속적인 진동이 있는 경우</td><td>-</td></tr>
<tr><td>주파수</td><td>가속도</td><td>진폭</td><td>횟수</td></tr>
<tr><td>f<8.4 Hz</td><td>-</td><td>3.5mm</td><td rowspan="7">X,Y,Z
각 방향
10회</td></tr>
<tr><td>8.4≤f≤150 Hz</td><td>9.8m/s^2(1G)</td><td>-</td></tr>
<tr><td colspan="3">연속적인 진동이 있는 경우</td></tr>
<tr><td>주파수</td><td>가속도</td><td>진폭</td></tr>
<tr><td>5≤f<8.4Hz</td><td>-</td><td>1.75mm</td></tr>
<tr><td>8.4≤f≤150Hz</td><td>4.9m/s^2(0.5G)</td><td>-</td></tr>
<tr></tr>
<tr><td>6</td><td>내 충 격</td><td colspan="4">• 최대 충격 가속도 : 147m/s^2(15G)
• 인가시간 : 11ms
• 펄스 파형 :정현 반파펄스(X,Y,Z 3방향 각 3회)</td></tr>
<tr><td rowspan="5">7</td><td rowspan="5">내 노이즈</td><td>방형파 임펄스 노이즈</td><td colspan="3">±1,500V</td></tr>
<tr><td>정전기 방전</td><td colspan="3">전압 : 4kV</td></tr>
<tr><td>방사 전자계 노이즈</td><td colspan="3">80 ~ 1,000 MHz, 10 V/m</td></tr>
<tr><td rowspan="2">패스트 트랜지언트 /버스트 노이즈</td><td>구분</td><td>전원 모듈</td><td>디지털/아날로그 입출력, 통신 인터페이스</td></tr>
<tr><td>전압</td><td>2kV</td><td>1kV</td></tr>
<tr><td>8</td><td>주위환경</td><td colspan="4">부식성 가스, 먼지가 없을 것</td></tr>
<tr><td>9</td><td>사용고도</td><td colspan="4">2,000m 이하</td></tr>
<tr><td>10</td><td>오염도</td><td colspan="4">2 이하</td></tr>
<tr><td>11</td><td>냉각방식</td><td colspan="4">자연 공랭식</td></tr>
</table>

2.2 XGK PLC의 구성

2.2.1 블록형 : XGB 시리즈

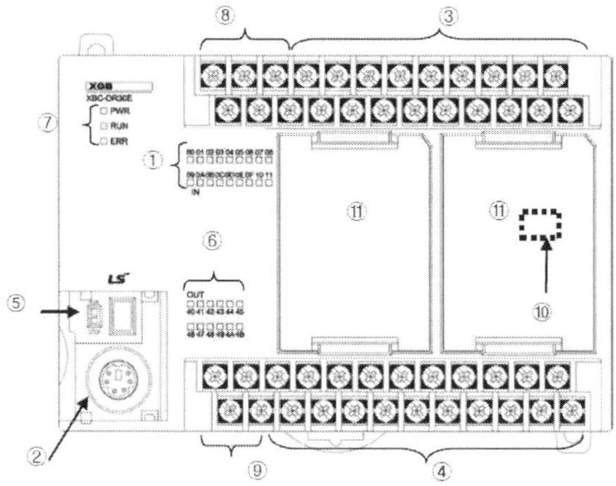

그림 2.1 XGB 블록형 PLC(XBC-DR30E)의 외관

표 2.2 XGB 블록형 PLC(XBC-DR30E)의 각부 명칭 및 기능

번 호	명 칭	기 능
①	입력 표시 LED	· 입력 접점의 ON/OFF 상태 표시
②	PADT 접속 커넥터	▸ XG5000과 접속하기 위한 커넥터 · RS-232C 1채널
③	입력 단자대	· 실제 입력신호를 입력받는 단자대
④	출력 단자대	· 실제 출력신호를 출력하는 단자대
⑤	RUN/STOP 모드 스위치	▸ 기본 유닛의 운전모드 설정 · STOP➔RUN : 프로그램의 연산 실행 · RUN➔STOP : 프로그램의 연산 정지 (STOP인 경우 리모트 모드변경 가능)
⑥	출력 표시 LED	· 출력 접점의 ON/OFF 상태 표시
⑦	상태 표시 LED	▸ 기본 유닛의 동작 상태 · PWR(적색점등) : 전원이 공급되고 있음을 표시 · RUN(녹색점등) : RUN 모드로 운전 중을 표시 · ERR(적색점멸) : PLC 운전 중 에러 발생을 표시
⑧	직렬통신 접속 단자대	· 내장 RS-232C/RS485 직렬통신 접속용 단자대
⑨	전원 단자대	· 전원 공급용 단자대 (AC100~240V)
⑩	부트모드 스위치	▸ 동작 또는 O/S 다운로드 모드 설정용 딥 스위치 · ON : 부트(BOOT) 모드로 O/S 다운로드 가능 · OFF : 사용자 모드로 PADT를 이용하여 프로그램 다운로드 가능
⑪	옵션보드 홀더	· 옵션보드 장착용

(1) 상부 단자대

① DC24V 입력 12점(P00~P0B) : 입력단자와 COM 단자 사이에 직류전압 24V를 인가하여 입력 스위치 등을 연결한다.

② RS-232C 직렬통신 : RX, TX

③ RS-485 직렬통신 : 485+, 485-

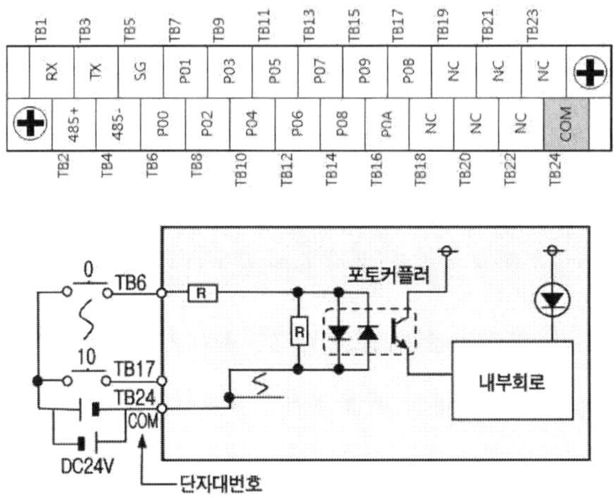

그림 2.2 XBC-DR30E 상부 단자대 구성 및 입력 결선도

(2) 하부 단자대

① 제어전원 : AC 100~240V

② 릴레이 출력 8점(P40~P47) : 출력단자와 COM 단자 사이에 교류나 직류의 구동전원을 인가하여 출력 램프 등을 연결한다.

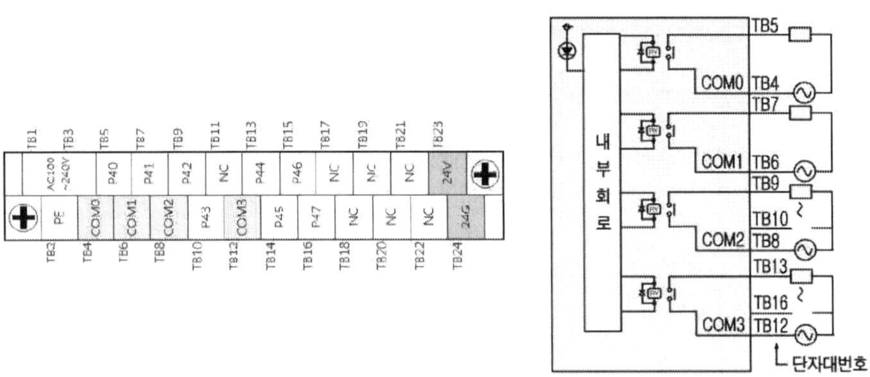

그림 2.3 XBC-DR30E 하부 단자대 구성 및 출력 결선도

2.2.2 모듈형 : XGK 시리즈

그림 2.4 XGK 모듈형 PLC

모듈형 PLC의 단위 시스템은 그림 2.4와 같이 가장 좌측에 전원부(SMPS)가 위치하며, 그 다음 오른쪽에 순서대로 CPU부, 디지털 입력부(DI), 디지털 출력부(DO)가 위치하는 기본구성과 옵션인 특수모듈, 통신모듈 등을 추가한 시스템으로 구성된다. 각각의 모듈은 베이스(base) 위에 장착되며, 베이스의 슬롯 수는 전원모듈과 CPU 모듈을 제외한 슬롯의 개수로 표시한다. 이 때 베이스에 장착된 각각의 모듈은 CPU 모듈이 자동으로 인식한다.

LS ELECTRIC의 대표적인 모듈형 PLC로는 'XGK' 시리즈가 있다. XGK 시리즈는 중규모 및 대규모의 제어 시스템에 적용할 수 있고, 가성비가 좋은 경제형 'XGK-CPUE'부터 고속 대용량 제어가 가능한 고급형 'XGK-CPUUN'까지 다양하게 제어현장에 대응할 수 있다.

(1) XGK PLC의 시스템 구성

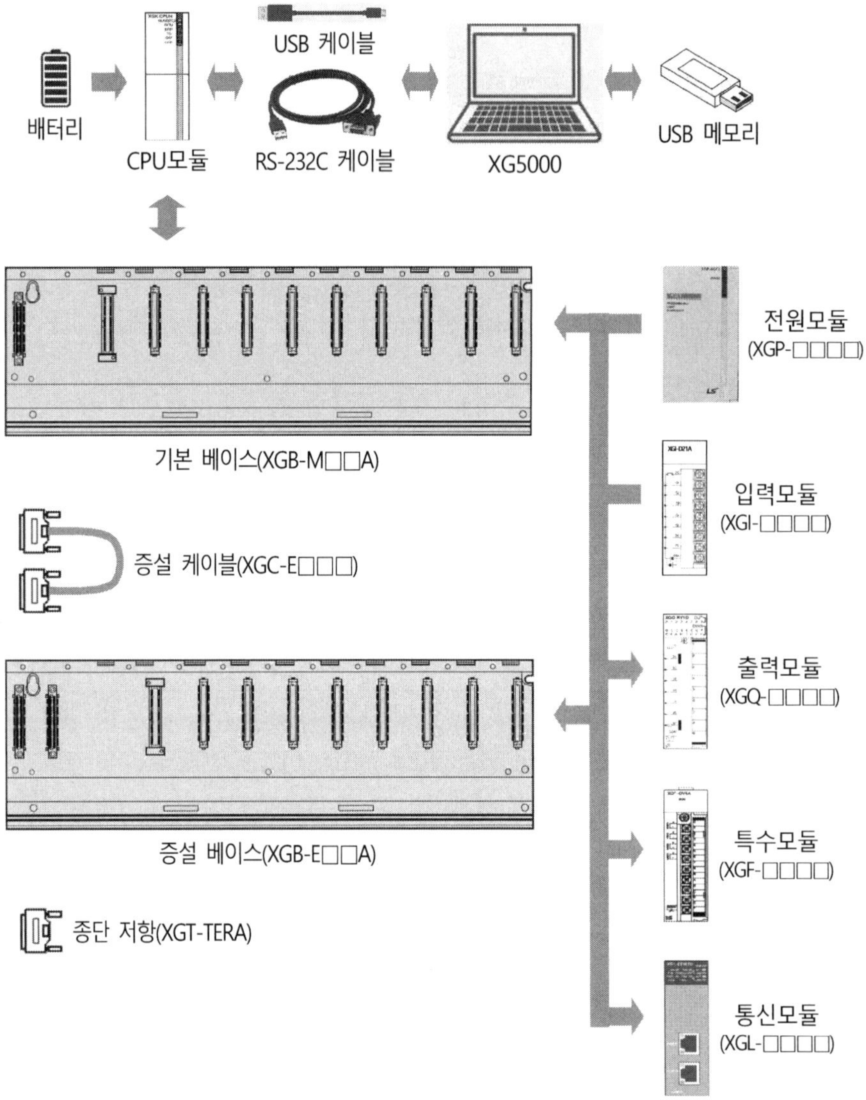

그림 2.5 XGK PLC의 시스템 구성

(2) CPU 모듈

1) 표준형(CPUE, CPUS)과 고급형(CPUA, CPUH, CPUU) CPU모듈의 성능사양

표 2.3 XGK CPU모듈의 성능사양

<table>
<tr><th colspan="2" rowspan="2">항 목</th><th colspan="5">규 격</th><th rowspan="2">비 고</th></tr>
<tr><th>XGK-CPUE</th><th>XGK-CPUS</th><th>XGK-CPUA</th><th>XGK-CPUH</th><th>XGK-CPUU</th></tr>
<tr><td colspan="2">연산 방식</td><td colspan="5">반복연산, 정주기 연산, 고정주기 스캔</td><td>-</td></tr>
<tr><td colspan="2">입출력
제어 방식</td><td colspan="5">스캔동기 일괄처리 방식(리프레시 방식),
명령어에 의한 다이렉트 방식</td><td>-</td></tr>
<tr><td colspan="2">프로그램 언어</td><td colspan="5">래더 다이어그램(LD), 니모닉(IL),
SFC(Sequential Function Chart), ST(Structured Text)</td><td>-</td></tr>
<tr><td rowspan="2">명령어 수</td><td>기본명령</td><td colspan="5">약 40 개</td><td>-</td></tr>
<tr><td>응용명령</td><td colspan="5">약 700 개</td><td>-</td></tr>
<tr><td rowspan="3">연산처리속도
(기본명령)</td><td>LD</td><td colspan="2">84ns/Step</td><td colspan="3">28ns/Step</td><td>-</td></tr>
<tr><td>MOV</td><td colspan="2">252ns/Step</td><td colspan="3">84ns/Step</td><td>-</td></tr>
<tr><td>실수
연산</td><td colspan="2">±: 1,442ns(S), 2,870ns(D)
x: 1,948ns(S), 4,186ns(D)
÷: 1,974ns(S), 4,200ns(D)</td><td colspan="3">±: 602ns(S), 1,078ns(D)
x: 1,106ns(S), 2,394ns(D)
÷: 1,134ns(S), 2,660ns(D)</td><td>S: 단정도형
D: 배정도형</td></tr>
<tr><td colspan="2">프로그램
메모리 용량</td><td>16K Step
(64KB)</td><td>32K Step
(128KB)</td><td>32K Step
(128KB)</td><td>64K Step
(256KB)</td><td>128K Step
(512KB)</td><td rowspan="2">디바이스
자동 할당시
설치가능</td></tr>
<tr><td colspan="2">입출력 점수</td><td>1,536점</td><td>3,072점</td><td>3,072점</td><td colspan="2">6,144점</td></tr>
<tr><td rowspan="13">데이터
영역</td><td>P</td><td colspan="5">P00000 ~ P2047F (32,768 점)</td><td>-</td></tr>
<tr><td>M</td><td colspan="5">M00000 ~ M2047F (32,768 점)</td><td>-</td></tr>
<tr><td>K</td><td colspan="5">K00000 ~ K2047F (32,768 점)</td><td>-</td></tr>
<tr><td>L</td><td colspan="5">L00000 ~ L11263F (180,224점)</td><td>-</td></tr>
<tr><td>F</td><td colspan="5">F00000 ~ F2047F (32,768 점)</td><td>-</td></tr>
<tr><td>T</td><td colspan="5">T0000 ~ T2047
(0.1ms, 1ms, 10ms, 100ms 시간단위)</td><td>파라미터 설정
영역변경 가능</td></tr>
<tr><td>C</td><td colspan="5">C0000 ~ C2047</td><td>-</td></tr>
<tr><td>S</td><td colspan="5">S00.00 ~ S127.99</td><td>-</td></tr>
<tr><td>D</td><td colspan="2">D D0000 ~ D19999</td><td colspan="3">D0000 ~ D32767</td><td>-</td></tr>
<tr><td>U</td><td>U0.0~U1F.31</td><td>U0.0~U3F.31</td><td>U0.0~U3F.31</td><td colspan="2">U0.0 ~ U7F.31</td><td>특수모듈 데이터
리프레시 영역</td></tr>
<tr><td>Z</td><td colspan="5">Z000 ~ Z127</td><td>인덱스</td></tr>
<tr><td>N</td><td colspan="5">N00000 ~ N21503</td><td>-</td></tr>
<tr><td>R</td><td colspan="2">1 블록 (R0~R32767)</td><td colspan="3">2 블록(R0~R32767, 2개)</td><td>1블록당 32K워드</td></tr>
</table>

<table>
<tr><th colspan="2" rowspan="2">항 목</th><th colspan="5">규 격</th><th rowspan="2">비 고</th></tr>
<tr><th>XGK-CPUE</th><th>XGK-CPUS</th><th>XGK-CPUA</th><th>XGK-CPUH</th><th>XGK-CPUU</th></tr>
<tr><td colspan="2">플래시 영역</td><td colspan="5">2MB, 32블록 (1블록당 32K 워드)</td><td>R 디바이스 이용 제어가능</td></tr>
<tr><td rowspan="4">프로그램 구성</td><td>총 프로그램 수</td><td colspan="5">256개</td><td>-</td></tr>
<tr><td>초기화 태스크</td><td colspan="5">1개</td><td>-</td></tr>
<tr><td>정주기 태스크</td><td colspan="5">32개</td><td>-</td></tr>
<tr><td>내부 디바이스 태스크</td><td colspan="5">32개</td><td>-</td></tr>
<tr><td colspan="2">운전모드</td><td colspan="5">RUN, STOP, DEBUG</td><td>-</td></tr>
<tr><td colspan="2">자기진단 기능</td><td colspan="5">연산지연 감시, 메모리 이상, 입출력 이상, 배터리 이상, 전원이상 등</td><td>-</td></tr>
<tr><td colspan="2">프로그램 포트</td><td colspan="5">RS-232C 1채널, USB 1채널</td><td>RS-232C로 Modbus 지원</td></tr>
<tr><td colspan="2">정전시 데이터 보존방법</td><td colspan="5">기본 파라미터에서 래치영역 설정</td><td>-</td></tr>
<tr><td colspan="2">최대 증설베이스 수</td><td>1단</td><td>3단</td><td>3단</td><td colspan="2">7단</td><td>총 연장 15m</td></tr>
<tr><td colspan="2">내부 소비 전류</td><td colspan="2">940mA</td><td colspan="3">960mA</td><td>-</td></tr>
<tr><td colspan="2">중 량</td><td colspan="5">0.12kg</td><td>-</td></tr>
</table>

2) CPU 모듈의 종류

표 2.4 XGK CPU모듈의 종류

형 명	내 용	비 고
XGK-CPUE	표준형 CPU모듈 (최대 입출력 점수 : 1,536점)	16K Step
XGK-CPUS	표준형 CPU모듈 (최대 입출력 점수 : 3,072점)	32K Step
XGK-CPUA	고속형 CPU모듈 (최대 입출력 점수 : 3,072점)	32K Step
XGK-CPUH	고속형 CPU모듈 (최대 입출력 점수 : 6,144점)	64K Step
XGK-CPUU	고속형 CPU모듈 (최대 입출력 점수 : 6,144점)	128K Step
XGK-CPUSN	고속형 CPU모듈 (최대 입출력 점수 : 3,072점)	64K Step
XGK-CPUHN	고속형 CPU모듈 (최대 입출력 점수 : 6,144점)	128K Step
XGK-CPUUN	고속형 CPU모듈 (최대 입출력 점수 : 6,144점)	256K Step

3) CPU 모듈의 각부 명칭 및 기능

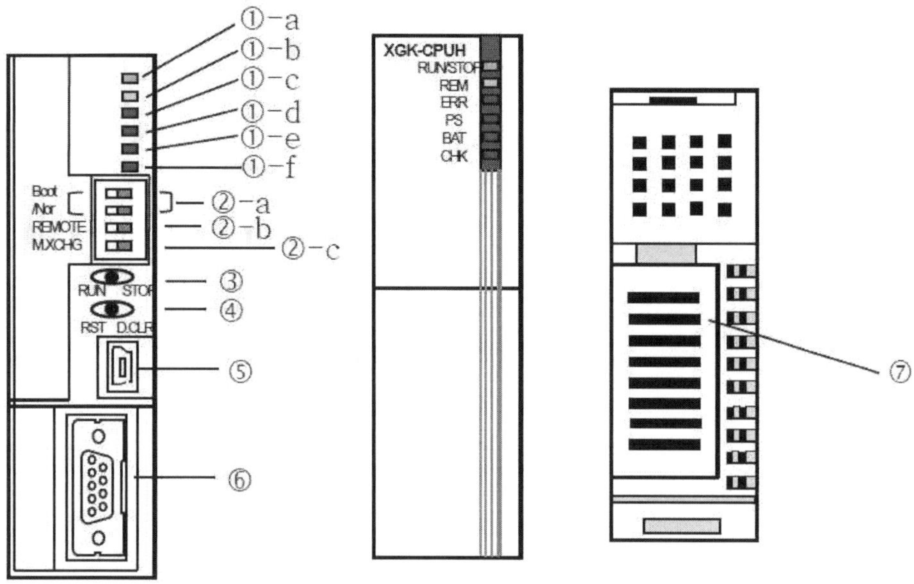

그림 2.6 CPU 모듈의 외관

표 2.5 XGK CPU모듈의 각부 명칭 및 기능

번 호	명 칭	기 능
①-a	RUN/STOP LED	▸ CPU 모듈의 동작상태 · 녹색 점등 : RUN 모드로 운전중 · 적색 점등 : STOP 모드로 운전중
①-b	REM. LED	▸ 리모트 모드 · 황색 점등 : 리모트 허용상태(REMOTE 스위치 ON) · 소등 : 리모트 금지상태(REMOTE 스위치 OFF)
①-c	ERR. LED	· 적색 점등 : 운전이 불가능한 에러 발생
①-d	P.S. LED	▸ 적색 점등 · 사용자 지정 플래그가 ON인 경우 · 에러시 운전속행 설정으로 에러상태에서 운전중인 경우 · M.XCHG 스위치가 ON상태에서 모듈을 빼거나 다른 모듈을 장착한 경우
①-e	BAT. LED	· 적색 점등 : 배터리 전압이 저하된 경우 · 소등 : 배터리 이상없음

번 호	명 칭	기 능
①-f	CHK LED	▸ 적색 점등 : 표준설정과 다른 내용이 설정되어 있는 경우 · 모듈교체 스위치가 모듈교체로 설정된 경우 · 디버그모드에서 운전 중인 경우 · 강제 I/O ON이 설정된 경우 · 고장마스크, I/O SKIP이 설정된 경우 · 운전중 가벼운 고장(Warning)이 발생한 경우 · 증설베이스 전원이상이 발생한 경우 ▸ 점멸: 연산 에러시 운전속행이 설정된 상태에서 에러가 발생한 경우 ▸ 소등: 표준설정으로 운전 중인 경우
②-a	Boot/Nor. 스위치	▸ 제조 시 O/S를 다운로드 하는 경우 · ON(우측) : 정상운전 모드에서 제어동작을 수행(Normal) · OFF(좌측) : 사용자 조작 금지(O/S 다운로드, Boot)
②-b	REMOTE 스위치	▸ XG5000 접속시 PLC 기능 제한 · ON(우측) : 모든 기능 허용(리모트 모드) · OFF(좌측) : 프로그램 다운로드, 운전모드 조작 등 PLC 기능 제한 ※ XG5000을 PLC에 접속하여 리모트로 동작시킬 때는 리모트 모드로 설정해 주어야 한다.
②-c	M.XCHG 스위치	▸ 운전 중 모듈 교체(Module eXCHanGe) · ON(우측) : 모듈 교체 실시, OFF(좌측) : 모듈 교체 완료
③	RUN/STOP 모드 스위치	▸ CPU 모듈의 운전모드 설정 · RUN : 프로그램의 연산 실행 · STOP : 프로그램의 연산 정지 ※ XG5000을 PLC에 접속하여 리모트로 동작시킬 때는 STOP 모드로 설정해 주어야 한다.
④	RST/D.CLR 스위치	· 리셋(좌측이동➔중앙복귀): 일반영역 데이터 지움 · Overall 리셋(좌측이동 3초이상 유지➔중앙복귀): 일반영역과 래치영역1 데이터 지움 · D.CLR(우측이동➔중앙복귀): 일반영역과 래치영역1 데이터 지움 · Overall D.CLR(우측이동 3초이상 유지➔중앙복귀): 래치영역1, 래치영역2와 일반영역 데이터 모두 지움 ※ 데이터 클리어 동작은 STOP 모드에서만 동작한다.
⑤	USB 커넥터	· XG5000 등의 주변기기와 통신을 위한 커넥터(USB1.1 지원)
⑥	RS-232C 커넥터	· XG5000, Modbus 등의 주변기기와 통신을 위한 커넥터
⑦	배터리 커버	· 메모리 및 RTC 백업 배터리 장착용 커버

4) 자기진단 기능

자기진단 기능이란 CPU 모듈이 PLC 시스템 자체의 이상 유무를 스스로 진단하는 기능으로 PLC 시스템의 전원을 투입하거나 동작중 이상이 발생한 경우에 이상을 검출하여 시스템의 오동작을 방지하고 예방보전 기능을 수행한다.

① 워치독(Watch-Dog) 타이머 : 집 지키는 개와 같이 CPU 모듈의 하드웨어나 프로그램의 동작 이상을 검출한다.

② 입력/출력 모듈 체크 : 기동 시와 운전 중에 입력 모듈과 출력 모듈의 동작 상태를 체크한다.

③ 배터리 전압 체크 : 배터리 전압이 메모리 백업전압 아래로 떨어지는 것을 감지한다.

④ 에러이력 저장 : 에러 발생시 에러 이력을 기록함으로써 에러의 원인을 쉽게 파악하여 조치할 수 있다.

⑤ 고장 처리 : PLC 시스템의 고장은 자체고장, 시스템 구성상의 오류 및 연산 결과의 이상 검출 등에 의해 발생한다. 시스템의 안전을 위해 PLC의 운전을 정지시키는 중고장 모드와 사용자에게 고장발생 경고를 알려주고 운전은 계속 수행하는 경고장 모드로 구분한다.

5) 시계 기능

CPU 모듈에는 시계 소자인 RTC(Real Time Clock)가 내장되어 있는데, RTC는 전원 OFF나 정전 시에도 배터리 백업에 의해 시계 동작을 계속한다. RTC의 시계 데이터를 이용하여 시스템의 운전이력이나 고장이력 등의 발생시각 관리에 사용할 수 있다. RTC의 현재 시각은 시계 관련 특수 디바이스 F 영역에 매 스캔마다 갱신된다.

(3) 디지털 입력모듈

디지털 입력모듈은 직류 24V 입력과 교류 110V 입력, 교류 220V 입력, 특수 모듈용 입력으로 나눌 수 있다. 디지털 입력모듈의 종류에 따른 제품의 형명을 지정하는 기준은 다음과 같다. 여기서, 접점 수는 8의 배수, 즉 바이트 수를 의미한다.

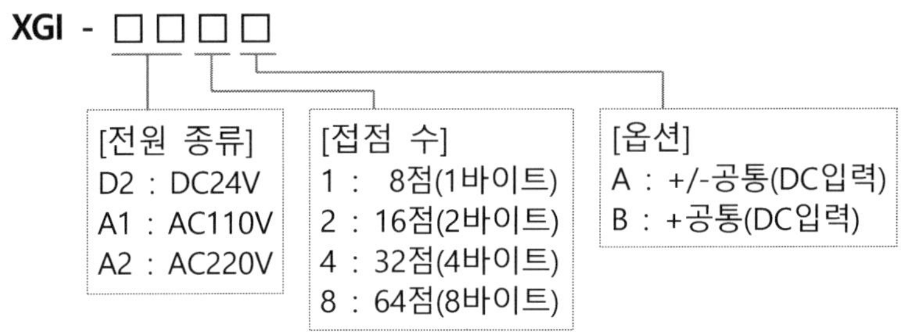

표 2.6 디지털 입력모듈의 종류

형 명	내 용	비 고
XGI-D21A	DC 24V 입력 8점 (전류 소스/싱크 입력)	
XGI-D21D	DC 24V 진단 입력 8점 (전류 소스/싱크 입력)	
XGI-D22A	DC 24V 입력 16점 (전류 소스/싱크 입력)	
XGI-D24A	DC 24V 입력 32점 (전류 소스/싱크 입력)	
XGI-D28A	DC 24V 입력 64점 (전류 소스/싱크 입력)	
XGI-D22B	DC 24V 입력 16점 (전류 소스 입력)	
XGI-D24B	DC 24V 입력 32점 (전류 소스 입력)	
XGI-D28B	DC 24V 입력 64점 (전류 소스 입력)	
XGI-A12A	AC 110V 입력 16점	
XGI-A21A	AC 220V 입력 8점	
XGI-A21C	AC 220V 절연 입력 8점	

직류전원을 사용하는 디지털 입력모듈을 배선할 때에는 입력모듈의 종류에 따라 극성에 주의해야 한다.

- XGI-D2□A : 양극(+)/음극(-) 공통의 양극성으로 싱크입력이나 소스입력으로 모두 배선이 가능하다.
- XGI-D2□B : 양극(+) 공통으로 소스입력으로만 배선이 가능하다.

• XGI-D22A : 16점 DC24V 디지털 입력모듈(싱크/소스 타입)

회로구성

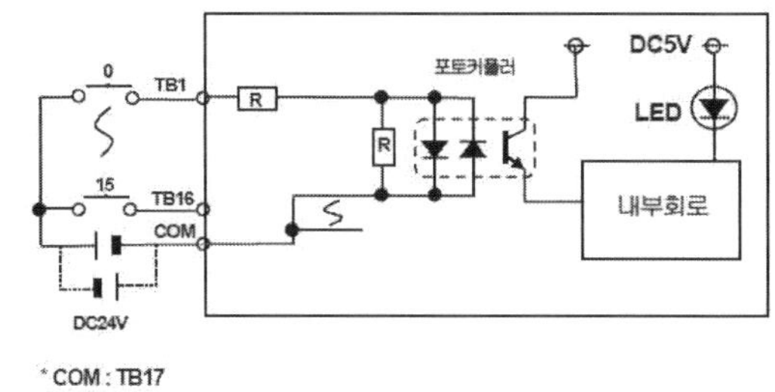

단자대	접점명
TB1	0
TB2	1
TB3	2
TB4	3
TB5	4
TB6	5
TB7	6
TB8	7
TB9	8
TB10	9
TB11	10
TB12	11
TB13	12
TB14	13
TB15	14
TB16	15
TB17	COM
TB18	NC

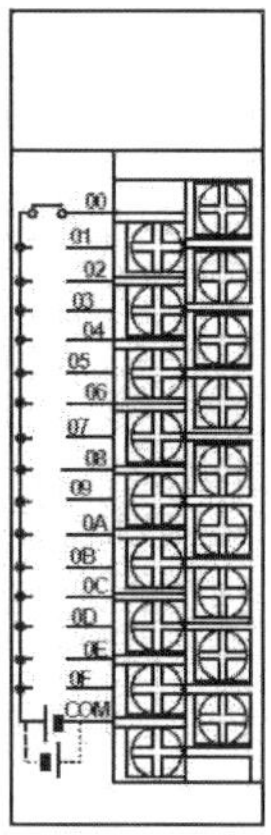

그림 2.7 디지털 입력모듈의 결선

표 2.7 디지털 입력모듈 XGI-D22A의 사양

규 격		내 용
입력점수		16점
절연방식		포토 커플러 절연
정격 입력 전압/전류		DC24V / 약 4mA
사용전압 범위		DC 20.4~28.8V (리플 5% 이내)
ON 전압/ON 전류		DC15V 이상 / 3mA 이상
OFF 전압/OFF 전류		DC12V 이하 / 1.7mA 이하
입력저항		약 5.6kΩ
응답시간	OFF→ON	1/3/5/10/20/70/100ms (CPU 파라미터 설정 초기값 : 3ms)
	ON→OFF	1/3/5/10/20/70/100ms (CPU 파라미터 설정 초기값 : 3ms)
절연내압		AC560Vrms / 3cycle (표고 2,000m)
절연저항		절연 저항계로 10MΩ 이상
공통(Common) 방식		16점/COM
적합 전선 Size		연선 0.3~0.75mm² (외경 2.8mm 이하)
적합 압착 단자		R1.25-3 (Sleeve 부착 압착단자는 사용할 수 없다.)
내부소비전류(mA)		30mA
동작표시		입력 ON시 LED 점등
외부 접속방식		18점 단자대 커넥터 (M3×6 나사)
중량		0.12 kg

(4) 디지털 출력모듈

디지털 출력모듈은 사용되는 출력소자의 종류에 따라 릴레이 출력, 트랜지스터 출력, SSR 출력으로 나눌 수 있다. 디지털 출력모듈의 종류에 따른 제품의 형명을 지정하는 기준은 다음과 같다. 여기서, 접점 수는 8의 배수, 즉 바이트 수를 의미한다.

XGQ - □□□□

[출력 소자]
RY : 릴레이
TR : 트랜지스터
SS : SSR

[접점 수]
1 : 8점(1바이트)
2 : 16점(2바이트)
4 : 32점(4바이트)
8 : 64점(8바이트)

[옵션]
A : -공통(TR 출력)
B : +공통(TR 출력)

표 2.8 디지털 출력모듈의 종류

품 명	형 명	내 용
디지털 출력모듈	XGQ-RY1A	릴레이 출력 8점 (2A용 단독 COM.)
	XGQ-RY1D	릴레이 진단 출력 8점 (2A용)
	XGQ-RY2A	릴레이 출력 16점 (2A용)
	XGQ-RY2B	릴레이 출력 16점 (2A용), Varistor부착
	XGQ-TR2A	트랜지스터 출력 16점 (0.5A용 싱크출력)
	XGQ-TR4A	트랜지스터 출력 32점 (0.1A용 싱크출력)
	XGQ-TR8A	트랜지스터 출력 64점 (0.1A용 싱크출력)
	XGQ-TR2B	트랜지스터 출력 16점 (0.5A용 소스출력)
	XGQ-TR4B	트랜지스터 출력 32점 (0.1A용 소스출력)
	XGQ-TR8B	트랜지스터 출력 64점 (0.1A용 소스출력)
	XGQ-SS2A	트라이액 출력 16점 (0.6A용)
	XGQ-TR1C	트랜지스터 절연 출력 8점 (2A용 싱크출력)
디지털 입출력 혼합모듈	XGH-DT4A	DC 24V 입력 16점 (소스/싱크 입력) 트랜지스터 출력 16점 (0.1A 싱크출력)

직류전원을 사용하는 디지털 출력모듈을 배선할 때에는 출력모듈 종류에 따라 극성에 주의해야 한다.

- XGQ-TR□A : 음극(-) 공통으로 싱크출력으로만 배선이 가능하다.
- XGQ-TR□B : 양극(+) 공통으로 소스출력으로만 배선이 가능하다.

개폐 빈도가 높거나 유도성 부하의 개폐용으로 사용하는 경우에는 릴레이 출력모듈은 수명이 단축되므로 트랜지스터 출력모듈이나 트라이액 출력모듈을 사용해야 한다.

출력모듈 선정 시 부하가 사용하는 전원의 종류(직류/교류)에 따라 사용할 수 있는 모듈의 선정에 주의해야 하며, 부하의 소비전류가 디지털 출력모듈의 정격 전류용량을 초과하는 경우 릴레이 또는 MC(Magnetic Contactor) 등을 사용하여 배선해야 한다. 예를 들어, 직류부하인 트랜지스터 출력의 경우, 표 2.7에서 보는 바와 같이 XGQ-TR2A와 XGQ-TR2B 출력모듈의 정격 전류용량은 출력단자가 0.5A, 공통단자가 4A이고, 그 외 출력모듈의 정격 전류용량은 출력단자가 0.1A, 공통단자가 2A이다.

표 2.9 디지털 출력모듈의 정격 전류용량

<table>
<tr><th>전 원</th><th colspan="2">출력모듈</th><th colspan="2">정격 전류용량</th></tr>
<tr><td rowspan="4">DC 부하</td><td colspan="2">릴레이 출력</td><td>1A/1P</td><td>5A/1COM</td></tr>
<tr><td rowspan="2">트랜지스터 출력</td><td>XGQ-TR2A
XGQ-TR2B</td><td>0.5A/1P</td><td>4A/1COM</td></tr>
<tr><td>기 타</td><td>0.1A/1P</td><td>2A/1COM</td></tr>
<tr><td colspan="2">(see below)</td><td></td><td></td></tr>
</table>

• XGQ-RY2A : 16점 릴레이 출력모듈(싱크타입)

회로구성

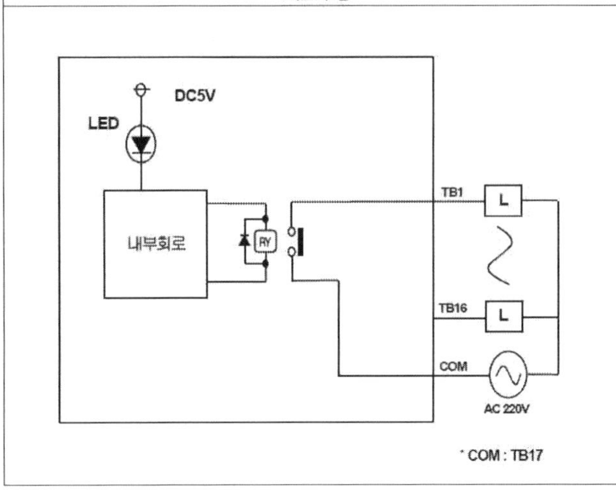

단자대	접점명
TB1	0
TB2	1
TB3	2
TB4	3
TB5	4
TB6	5
TB7	6
TB8	7
TB9	8
TB10	9
TB11	10
TB12	11
TB13	12
TB14	13
TB15	14
TB16	15
TB17	COM
TB18	NC

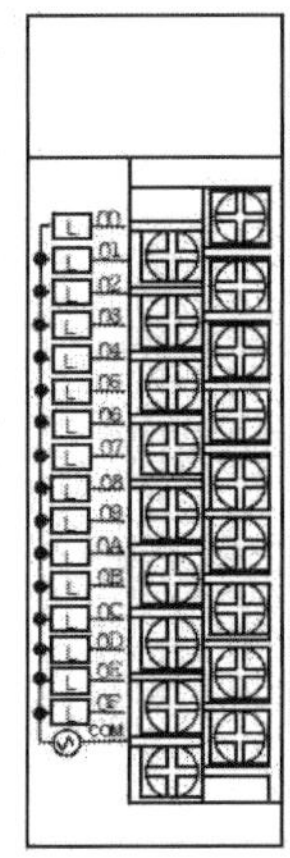

그림 2.8 디지털 출력모듈의 결선

표 2.10 디지털 출력모듈 XGQ-RY2A의 사양

규 격		내 용
출력 점수		16점
절연 방식		릴레이 절연
정격 부하 전압/전류		DC24V 2A(저항부하) / AC220V 2A(COSθ = 1)
최소 부하 전압/전류		DC5V / 1mA
최대 부하 전압/전류		AC250V/2A, DC125V/2A
OFF 시 누설전류		0.1mA (AC220V, 60Hz)
최대 개폐빈도		3,600회 / 시간
수 명	기 계 적	2,000만회 이상
	전 기 적	정격 부하전압 / 전류 10만회 이상
		AC200V/1.5A, AC240V/1A (COSθ = 0.7) 10만회 이상
		AC200V/1A, AC240V/0.5A (COSθ = 0.35) 10만회 이상
		DC24V/1A, DC100V/0.1A (L/R = 7ms) 10만회 이상
응답시간	OFF → ON	10ms 이하
	ON → OFF	12ms 이하
공통(Common) 방식		16점 / COM
내부 소비전류		500mA (전 접점 ON시)
동작표시		출력 ON 시 LED 점등
외부 접속방식		18점 단자대 커넥터 (M3×6 나사)
중량		0.17kg

(5) 전원모듈

전원모듈은 디지털 회로에서 사용하는 5V와 입출력 접점의 연결에 사용하는 24V의 직류전원을 공급하며, 입력전원의 종류에 따라 교류용과 직류용이 있다.

표 2.11 전원모듈의 종류

형 명	입 력	출 력
XGP-ACF1	AC 100V~240V	DC 5V/3A, DC 24V/0.6A
XGP-ACF2	AC 100V~240V	DC 5V/6A
XGP-AC23	AC 200V~240V	DC 5V/8.5A
XGP-DC42	DC 24V	DC 5V/6A

(6) 베이스

기본 베이스와 증설 베이스는 장착되는 입출력 모듈의 개수에 따라서 4, 6, 8, 12 슬롯의 4종류가 있으므로, PLC 시스템의 규모 및 현장 판넬의 공간에 따라 적절히 선택하여 사용한다. 기본 및 증설 베이스의 종류에 따른 형명을 지정하는 기준은 다음과 같다. 여기서, 'M'은 기본 베이스의 메인(Main)을 의미하고, 'E'는 증설 베이스의 확장(Extention)을 의미한다.

XGB - □□□A

[베이스 종류]
M : 기본 베이스
E : 증설 베이스

[장착 모듈 수]
04 : 4모듈 장착
06 : 6모듈 장착
08 : 8모듈 장착
12 : 12모듈 장착

표 2.12 베이스의 종류

품 명	형 명	내 용
기본 베이스	XGB-M04A	4 모듈 장착용
	XGB-M06A	6 모듈 장착용
	XGB-M08A	8 모듈 장착용
	XGB-M12A	12 모듈 장착용
증설 베이스	XGB-E04A	4 모듈 장착용
	XGB-E06A	6 모듈 장착용
	XGB-E08A	8 모듈 장착용
	XGB-E12A	12 모듈 장착용

증설 케이블은 기본 베이스와 증설 베이스 또는 증설 베이스와 증설 베이스 사이를 연결하여 CPU 모듈과 확장된 입출력 모듈 간에 고속으로 데이터 인터페이스를 구현한다. 따라서 가급적이면 짧게 배선하여 외부 노이즈의 영향을 적게 받도록 해야 한다.

XGC - E □□□

[길이]
041 : 0.4m　061 : 0.6m
121 : 1.2m　301 : 3.0m
501 : 5.0m　102 : 10m
152 : 15m

표 2.13 증설 케이블의 종류

품 명	형 명	내 용	비 고
증설 케이블	XGC-E041	길이 0.4m	총 연장 거리는 15m을 넘지말 것
	XGC-E061	길이 0.6m	
	XGC-E121	길이 1.2m	
	XGC-E301	길이 3.0m	
	XGC-E501	길이 5.0m	
	XGC-E102	길이 10m	
	XGC-E152	길이 15m	
종단 저항	XGT-TERA	증설 베이스 연결시 반드시 종단저항 접속	-
방진용 모듈	XGT-DMMA	미사용 슬롯의 방진용 모듈	-
배터리	XGT-BAT	XGT용 배터리 (DC3.0V/1,800mAh)	-

XGK-CPUE의 경우 입출력 최대 1,536점까지 제어가 가능하다. 베이스 당 최대 12슬롯이 장착 가능하므로 12슬롯 베이스에 64점 모듈(1모듈 당 최대 점수)을 모두 장착하였을 경우 총 768점(12×64)으로 최대 제어점수 1,536점의 반밖에 안되므로, 1,536점을 모두 하나의 베이스에서 제어하려면 24슬롯의 베이스가 필요하며, 이 경우에 전원부의 용량뿐만 아니라 외형의 크기가 커져서 사실상 사용이 불가능해진다. 증설 시스템이란 위와 같은 문제에 대한 해결책으로 24슬롯의 베이스를 12슬롯 단위로 나눈 후 각 베이스 간을 증설 케이블로 연결하여 마치 하나의 베이스 위에서 모든 입출력을 제어하는 효과를 낸다.

증설 베이스를 사용할 때 증설단자 보호커버를 열면 베이스 번호 설정용 4핀의 딥(DIP) 스위치가 있다. 증설 케이블의 연결은 그림 2.9와 같이 기본 베이스에서 시작하여 증설 베이스의 안쪽 커넥터에 연결하고, 계속해서 증설 베이스의 바깥쪽 커넥터에서 다음 증설 베이스의 안쪽 커넥터에 연결한다. 마지막 증설 베이스의 바깥쪽 증설 커넥터에는 신뢰성을 높이기 위해 종단저항을 반드시 장착해야 한다. 모든 증설 케이블들의 길이를 합한 최대 증설거리는 15m이내이다.

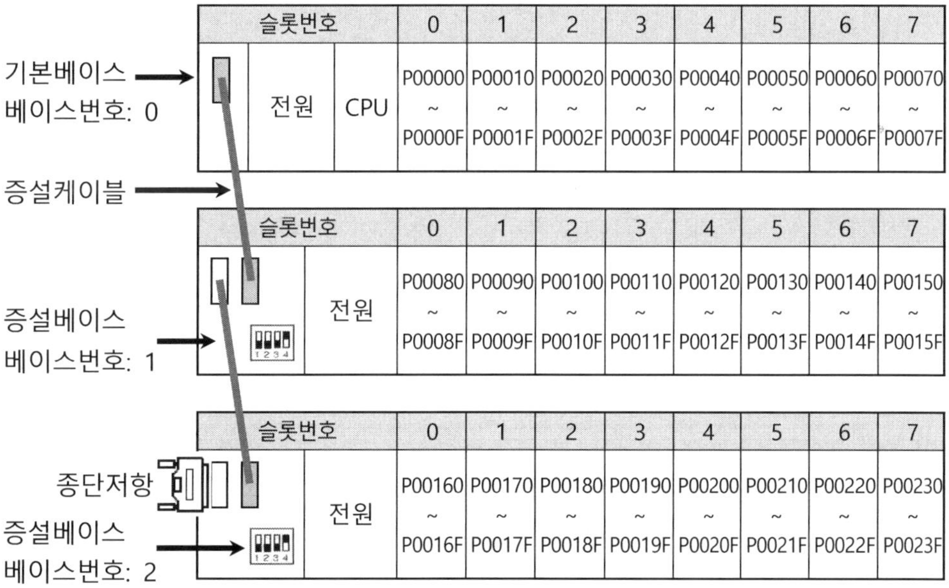

그림 2.9 XGK PLC 시스템 증설

(7) 특수모듈

특수모듈은 디지털 입출력 모듈과는 다르게 마이크로프로세서를 내장하고, 마이크로프로세서를 내장한 CPU모듈과는 별도로 각 모듈에 맞는 특수기능을 독자적으로 수행한다. 특수모듈의 종류는 아날로그 입력모듈, 아날로그 출력모듈, 온도제어 모듈, 고속 카운터 모듈, 위치결정 모듈 등이 있다. 단, XGK 시리즈는 CPU모듈에 PID 기능이 내장되어 있어 별도의 PID 특수모듈이 필요 없다.

표 2.14 특수모듈의 종류

품 명	형 명	내 용
아날로그 입력모듈	XGF-AV8A	전압입력 8채널 (DC 1~5V/0~5V/0~10V/-10~+10V)
	XGF-AC8A	전류입력 8채널 (DC 4~20mA/0~20mA)
	XGF-AD8A	전압/전류 입력 8채널
	XGF-AD4S	전압/전류 입력 4채널, 채널 간 절연
	XGF-AD16A	전압/전류 입력 16채널
	XGF-AW4S	• 2선 전압/전류 입력 4채널, 채널 간 절연 • 2선식 트랜스미터 구동전원 공급
아날로그 출력모듈	XGF-DV4A	전압출력 4채널 (DC 1~5V/0~5V/0~10V/-10~+10V)
	XGF-DC4A	전류출력 4채널 (DC 4~20mA/0~20mA)
	XGF-DV4S	전압출력 4채널, 채널 간 절연
	XGF-DC4S	전류출력 4채널, 채널 간 절연
	XGF-DV8A	전압출력 8채널 (DC 1~5V/0~5V/0~10V/−10~+10)
	XGF-DC8A	전류출력 8채널 (DC 4~20mA/0~20mA)
아날로그 입출력 혼합모듈	XGF-AH6A	• 전압/전류 입력 4채널 • 전압/전류 출력 2채널
HART I/F 아날로그 입력모듈	XGF-AC4H	전류 입력 4채널, HART I/F, DC 4~20mA
HART I/F 아날로그 출력모듈	XGF-DC4H	전류 출력 4채널, HART I/F, DC 4~20mA
열전대 입력모듈	XGF-TC4S	온도(Thermocouple) 입력 4채널, 채널 간 절연
측온저항체 입력모듈	XGF-RD4A	온도(RTD) 입력 4채널
	XGF-RD4S	온도(RTD) 입력 4채널, 채널 간 절연
	XGF-RD8A	온도(RTD) 입력 8채널

품 명	형 명	내 용
온도제어 모듈	XGF-TC4UD	• 제어루프 4루프 • 입력(4채널, Thermocouple/RTD/전압/전류) 출력(8채널, TR/전류)
	XGF-TC4RT	• 제어루프 4루프 • 입력(4채널, RTD), 출력(4채널, TR)
고속 카운터 모듈	XGF-HO2A	• 전압 입력형(Open Collector형), 200kHz 2채널
	XGF-HD2A	• 차동 입력형(Line Driver형), 500kHz 2채널
	XGF-HO8A	• 전압 입력형(Open Collector형), 200kHz 8채널
위치결정 모듈	XGF-PO3A	펄스출력(Open Collector형) 3축
	XGF-PO2A	펄스출력(Open Collector형) 2축
	XGF-PO1A	펄스출력(Open Collector형) 1축
	XGF-PD3A	펄스출력(Line Driver형) 3축
	XGF-PD2A	펄스출력(Line Driver형) 2축
	XGF-PD1A	펄스출력(Line Driver형) 1축
	XGF-PO4H	펄스출력(Open Collector형) 4축
	XGF-PO3H	펄스출력(Open Collector형) 3축
	XGF-PO2H	펄스출력(Open Collector형) 2축
	XGF-PO1H	펄스출력(Open Collector형) 1축
	XGF-PD4H	펄스출력(Line Driver형) 4축
	XGF-PD3H	펄스출력(Line Driver형) 3축
	XGF-PD2H	펄스출력(Line Driver형) 2축
	XGF-PD1H	펄스출력(Line Driver형) 1축
	XGF-PN8A	네트워크 형(EtherCAT) 8축, LS전용
	XGF-PN8B	네트워크 형(EtherCAT) 8축, 표준형
모션제어 모듈	XGF-M16M	모션 전용네트(M-II)형 16축
	XGF-M32E	모션 전용네트(EtherCAT)형 32축, 표준형
이벤트입력 모듈	XGF-SOEA	DC 24V 입력 32점, Sequence of Event 모듈
데이터로그 모듈	XGF-DL16A	• USB 2.0, CF2001, Max 16GB • 32점 (입력 22점, 출력 10점)

(8) 통신모듈

표 2.15 통신모듈의 종류

품 명	형 명	내 용
FEnet I/F 모듈 (광/전기)	XGL-EFMF	• Fast Ethernet(광) Master • 100/10 Mbps 지원
	XGL-EFMT	• Fast Ethernet(전기) Master • 100/10 Mbps 지원
	XGL-ESHF	Fast Ethernet용 광 스위치 모듈
	XGL-EH5T	Fast Ethernet용 전기 스위치 모듈
RAPIEnet I/F 모듈	XGL-EIMT	• PLC간 통신모듈 (전기 미디어) • 100Mbps 산업용 Ethernet 지원
	XGL-EIMF	• PLC간 통신모듈 (광 미디어) • 100Mbps 산업용 Ethernet 지원
	XGL-EIMH	• PLC간 통신모듈 (전기/광 혼합 미디어) • 100Mbps 산업용 Ethernet 지원
	XGL-ES4T	• PLC간 통신모듈 (전기 미디어) • 100Mbps 산업용 Ethernet 지원 • RAPIEnet 스위치
Cnet I/F 모듈	XGL-C22A	직렬통신 RS-232C 2채널
	XGL-C42A	직렬통신 RS-422/485 2채널
	XGL-CH2A	• 직렬통신 RS-232C 1채널 • 직렬통신 RS-422/485 1채널
FDEnet I/F 모듈 (Master)	XGL-EDMF	• 100/10Mbps 전용 Ethernet(광) Master • Deterministic 통신 지원
	XGL-EDMT	• 100/10Mbps 전용 Ethernet(전기) Master • Deterministic 통신 지원
Rnet I/F 모듈	XGL-RMEA	Rnet 마스터 모듈
Profibus-DP I/F 모듈	XGL-PMEA XGL-PMEC	Profibus-DP 마스터 모듈
	XGL-PSEA	Profibus-DP 슬레이브 모듈
DeviceNet I/F 모듈	XGL-DMEA	DeviceNet 마스터 모듈
Ethernet/IP I/F 모듈	XGL-EIPT	100/10Mbps EtherNet/IP (전기)
BACnet/IP I/F 모듈	XGL-BIPT	100/10Mbps BACnet/IP (전기)
Fnet I/F 모듈	XGL-FMEA	Field Bus 마스터 모듈

2.3 프로그램 실행

2.3.1 프로그램 실행순서

PLC의 기본적인 프로그램 실행방식으로 작성된 프로그램은 처음부터 마지막 스텝까지 반복적으로 연산이 실행되며 이 과정을 프로그램 스캔이라 하고, 이와 같이 실행되는 일련의 처리를 반복연산 방식이라 한다.

단 계	처리 내용
운전 시작	▸ 전원 투입, 리셋 동작
초기화 처리	▸ 스캔처리를 시작하기 위한 단계 · 입출력모듈 리셋 · 자기진단 실행 · 데이터 클리어 · 입출력모듈의 번지 할당 및 종류 등록
입력 이미지 영역 리프레시	▸ 프로그램의 연산을 시작하기 전에 입력모듈의 상태를 읽어 이미지 영역에 저장
프로그램 연산처리 프로그램 시작 ⋮ 프로그램 마지막	▸ 프로그램 시작부터 마지막 스텝까지 순서대로 연산을 실행
출력 이미지 영역 리프레시	▸ 프로그램 연산이 종료되면 출력 이미지 영역에 저장되어 있는 내용을 출력모듈로 출력
END 처리	▸ CPU 모듈이 1 스캔처리를 종료한 후 처음 스텝으로 돌아가기 위한 처리 단계 · 타이머, 카운터 등의 현재값 갱신 · 사용자이벤트, 데이터트레이스 서비스 실행 · 고속링크, P2P 서비스 실행 · 모드 설정, 키 스위치 상태 점검

(입력 이미지 영역 리프레시 ~ END 처리: 스캔타임)

그림 2.10 PLC 프로그램 실행순서

2.3.2 스캔타임

프로그램의 0번 스텝부터 다음 0번 스텝까지의 실행시간, 즉 1회의 제어동작을 완료하는데 걸리는 시간을 스캔타임이라 하며, 시스템의 제어성능과 직접적인 관계가 있다.

(1) 스캔타임 계산

표 2.16 스캔타임 계산

기 종	프로그램 처리시간		모듈 처리시간		
	프로그램 실행 (Step당)	시스템 Task	디지털 입출력모듈 (32점 1개당)	아날로그 입출력모듈 (8채널 1개당)	통신모듈 (200Byte 1블록당)
CPUSN CPUHN CPUUN	8.5ns	200μs	20μs	75μs	170μs + (44μs/200Byte 1블록)
CPUA CPUH CPUU	28ns	600μs			
CPUE CPUS	84ns	800μs			

스캔타임 = 프로그램 실행시간 + 시스템 처리시간 + 입출력 모듈 처리시간
+ 아날로그모듈 처리시간 + 통신모듈 처리시간 + XG5000 처리시간

① 프로그램 실행시간 = 프로그램 스텝 수 × 84ns(CPUE)

② 시스템 처리시간 : 800μs(CPUE)

③ 입출력 모듈 처리시간 = 20μs/32점 × 모듈 수

④ 아날로그모듈 처리시간 = 75μs/8채널 × 모듈 수

⑤ 통신모듈 처리시간 = (170μs + (44μs/200Byte 블록) × 블록 수) × 모듈 수

⑥ XG5000 처리시간 : 데이터 모니터시 최대 100μs

(2) 스캔타임 모니터

스캔타임은 다음의 특수 릴레이(F 디바이스) 영역에 저장된다.

- F0050 : 스캔타임의 최대값 (0.1ms 단위),
- F0051 : 스캔타임의 최소값 (0.1ms 단위)
- F0052 : 스캔타임의 현재값 (0.1ms 단위)

[예제 2-1] CPUE 모듈, 프로그램 10,000 스텝, 32점 입출력모듈 6개, 아날로그 모듈 2개, 통신모듈 2개(모듈당 200Byte 4블록)로 구성된 시스템의 스캔타임은?

스캔타임 = 프로그램 실행시간 + 시스템 처리시간 + 입출력모듈 처리시간 + 아날로그모듈 처리시간 + 통신모듈 처리시간 + XG5000 처리시간

$= (10000 \times 0.084) + 800 + (20 \times 6) + (75 \times 2) + ((170 + (44 \times 4)) \times 2) + 100$

$= 2{,}702\,\mu s = 2.702\,ms$

2.3.3 운전모드

① RUN 모드

프로그램 연산을 정상적으로 처리하는 모드이다.

② STOP 모드

프로그램 연산을 하지 않는 정지상태인 모드로 리모트 STOP 모드에서만 XG5000을 통한 프로그램의 전송이 가능하다.

③ DEBUG 모드

프로그램의 오류를 찾거나, 연산과정을 추적하기 위한 모드로 모드 전환은 STOP 모드에서만 가능하다. XG5000에서 디버그 운전조건을 설정한 후 운전을 실행한다.

표 2.17 DEBUG 모드의 운전조건

운전 조건	동작 설명
한 스텝씩 실행	운전지령을 하면 하나의 스텝을 실행한 후 정지한다.
브레이크 포인트에 따라 실행	프로그램에 지정된 브레이크 포인트에서 정지한다.
접점의 상태에 따라 실행	설정한 접점에서 지정한 동작이 발생할 때 정지한다.
스캔 횟수에 따라 실행	지정한 스캔 수만큼 운전하고 정지한다.

운전모드의 변경 방법은 다음과 같다.

- CPU 모듈의 모드 키에 의한 변경
- XG5000을 CPU 모듈의 통신포트에 접속하여 변경
- 프로그램 실행 중 STOP 명령에 의한 변경
- 네트워크에 연결된 XG5000, HMI, 컴퓨터 링크 모듈 등을 이용하여 변경

운전모드의 설정은 다음과 같다.

표 2.18 운전모드 설정

<table>
<tr><th>RUN/STOP 모드 스위치</th><th>REMOTE 스위치</th><th>XG5000 지령</th><th>운전모드</th></tr>
<tr><td>RUN</td><td>×</td><td>×</td><td>RUN</td></tr>
<tr><td rowspan="4">STOP</td><td rowspan="3">ON</td><td>RUN</td><td>리모트 RUN</td></tr>
<tr><td>STOP</td><td>리모트 STOP</td></tr>
<tr><td>DEBUG</td><td>DEBUG RUN</td></tr>
<tr><td>OFF</td><td>모드 변경 실행</td><td>이전 운전모드</td></tr>
<tr><td>RUN ➜ STOP</td><td>×</td><td>-</td><td>STOP</td></tr>
</table>

2.3.4 리모트(REMOTE) 기능

CPU모듈에 장착된 스위치 외에 통신에 의해 운전변경이 가능하다. 리모트로 조작하고자 하는 경우에는 CPU 모듈의 'REMOTE 스위치'를 ON으로 RUN/STOP 모드 스위치를 'STOP'으로 설정해 주어야 한다.

① 리모트 RUN/STOP

CPU모듈이 조작하기 어려운 위치에 설치되어 있거나 제어반 내의 CPU모듈을 외부신호에 의해 RUN/STOP하고자 하는 경우 외부에서 RUN/STOP을 수행하는 기능이다.

② 리모트 DEBUG

시스템의 디버깅 작업 등에서 프로그램의 실행상태나 각 데이터의 내용을 확인하고자 하는 경우에 DEBUG 조작을 수행하는 기능이다.

③ 리모트 리셋

CPU 모듈을 직접 조작할 수 없는 장소에서 에러가 발생한 경우에 원격조작으로 CPU 모듈을 리셋시키는 기능으로, 스위치에 의한 조작과 마찬가지로 리셋과 Overall 리셋 기능을 지원한다.

2.4 메모리 구성

CPU 모듈에는 시스템을 구축하기 위해 작성한 사용자 프로그램을 저장하는 프로그램 메모리와 운전 중 발생되는 데이터를 저장하는 디바이스 영역을 제공하는 데이터 메모리가 내장되어 있다.

2.4.1 프로그램 메모리

표 2.19 프로그램 메모리

항 목	메모리 용량(KB)							
	CPUUN	CPUHN	CPUSN	CPUU	CPUH	CPUA	CPUS	CPUE
[파라미터 설정 영역] · 기본 파라미터 영역 · I/O 파라미터 영역 · 특수모듈 파라미터 영역 · 통신모듈 파라미터 영역 · 사용자 이벤트 파라미터 영역 · 데이터 트레이스 파라미터 영역	320	320	320	320			320	
[프로그램 저장 영역] · 스캔 프로그램 영역1 · 스캔 프로그램 영역2 · 변수/설명문 영역	2,320	1,288	772	704			352	
[시스템 영역] · 사용자 이벤트 데이터 영역 · 데이터 트레이스 데이터 영역 · 시스템 로그 영역 · 디바이스 백업 영역	2,552	2,040	1,656	896			896	
[실행 프로그램 영역] · 실행 프로그램 영역1 · 실행 프로그램 영역2 · 시스템 프로그램 영역	4,096	2,048	1,024	2,048	1,024	512	512	256

2.4.2 데이터 메모리

(1) 데이터 메모리 구성도(XGK-CPUE)

그림 2.11 데이터 메모리 구성도

(2) 디바이스 메모리

표 2.20 디바이스 메모리

디바이스	영 역	크 기	용 도
입출력 접점	P00000 ~ P2047F	32,768점 (2,048×16)	입출력접점의 상태를 저장하는 비트영역
보조 릴레이	M00000 ~ M2047F	32,768점 (2,048×16)	비트 데이터를 저장하는 내부 메모리 비트영역
정전유지 릴레이	K00000 ~ K2047F	32,768점 (2,048×16)	정전시 데이터를 보존하는 불휘발성 비트영역.
링크 릴레이	L000000 ~ L11263F	180,224점 (11,264×16)	통신모듈의 정보를 제공하는 전용 플래그 비트영역
스텝제어 릴레이	S000.00 ~ S127.99	12,800스텝 (128×100)	순차제어와 후입우선제어의 스텝제어를 위한 비트영역
특수 릴레이	F00000 ~ F2047F	32,768점 (2,048×16)	시스템 관련 정보를 제공하는 특수 플래그 비트영역
			특수한 용도로 시스템 데이터를 저장하는 워드영역
타이머	T0000 ~ T2047	2,048점	타이머의 접점상태를 저장하는 비트영역
		2048워드	타이머의 현재값과 설정값을 나타내는 워드영역
카운터	C0000 ~ C2047	2,048점	카운터의 접점상태를 저장하는 비트영역
		2048워드	카운터의 현재값과 설정값을 나타내는 워드영역
데이터 레지스터	D00000 ~ D19999	20000워드	수치연산을 위해 내부 데이터를 저장하는 워드영역
파일 레지스터	R00000 ~ R32767	32,768워드	플래시 메모리를 액세스하기 위한 워드영역
아날로그 데이터 레지스터	U00.00 ~ U1F.31	1024워드 (32×32)	아날로그 모듈의 데이터를 저장하는 워드영역
통신 레지스터	N00000 ~ N21503	21,504워드	통신모듈의 P2P 서비스 설정을 위한 워드영역
인덱스 레지스터	Z000 ~ Z127	128워드	인덱스 기능을 위한 워드영역

(3) 비트 디바이스 영역

비트 단위로 표현되는 디바이스로 접점이나 비트의 상태를 저장할 때 사용되며, P, M, K, F, T(접점), C(접점), L, S 영역에 해당된다. 표기방식은 첫 1자리에 디바이스 종류, 중간 4자리는 10진수로 워드번호, 마지막 1자리는 16진수로 워드 내에서의 비트 위치를 나타낸다.

P	□□□□	■
	워드번호 (10진수)	비트번호 (16진수 0~F)

예를 들어, 입력접점 P00001은 비트 디바이스 P0000 워드의 1번(0번부터 시작하므로 오른쪽에서 두 번째) 비트를 나타내고, 보조 릴레이 접점 M0010F는 비트 디바이스 M0010 워드의 F번(오른쪽에서 16번째) 비트를 나타낸다.

[예제 2-2] 비트 디바이스 P0001 워드의 데이터가 다음과 같을 때 P00010, P0001A, P0001의 값을 구하시오?

						P0001A ↓										P00010 ↓
비트번호	F	E	D	C	B	A	9	8	7	6	5	4	3	2	1	0
	b15	b14	b13	b12	b11	b10	b9	b8	b7	b6	b5	b4	b3	b2	b1	b0
P0001	0	0	0	1	1	0	1	0	1	0	0	0	1	1	1	1
16진수	0001 → 1				1010 → A				1000 → 8				1111 → F			

P00010 = 1

P0001A = 0

P0001 = h1A8F

1) 입출력 접점 P

입출력 접점 P는 외부기기와 직접 대응되는 영역으로서 스위치, 센서 등 입력기기의 신호를 받아들이는 입력부와 램프, 전자접촉기, 솔레노이드 등 출력기기에 연산결과를 전달하는 출력부로 이루어진 영역으로 a접점, b접점, 코일, 역코일의 사용이 가능하다.

P영역은 입출력 모듈의 각 접점 하나하나에 대해 1:1로 대응되는 영역을 가지고 있어, PLC가 연산중일 때는 입출력 모듈의 현재 접점상태와는 관계없이 내부 메모리 P영역의 상태를 가지고 연산을 하고, 연산이 끝난 후에는 출력접점에 대응되는 내부 메모리 P영역의 내용을 출력모듈에 일괄 출력하고, 다음 연산을 위해 입력모듈의 접점상태를 대응되는 내부 메모리 P영역에 저장한다. 입력과 출력의 접점상태는 구분없이 모두 P영역에 할당되므로 프로그래밍 시 입력 P영역과 출력 P영역을 혼동하지 않도록 주의하여야 한다.

입출력 메모리 할당방식은 기본 파라미터의 설정에 따라 고정식과 가변식의 선택이 가능하다. 가변식 할당은 사용된 입출력 모듈의 점수에 따라 메모리 할당이 달라진다.

- 입출력 모듈은 실제 모듈의 점접 수만큼 할당된다.
- 특수모듈과 통신모듈은 16점씩 할당된다.

슬롯번호		0	1	2	3	4	5	6	7
전원	CPU	입력 P00000 ~ P0000F	입력 P00010 ~ P0002F	출력 P00030 ~ P0003F	통신 P00040 ~ P0004F	출력 P00050 ~ P0005F	출력 P00060 ~ P0007F	A/D P00080 ~ P0008F	XPM P00090 ~ P0009F
메모리 할당(점)		16	32	16	16	16	32	16	16

그림 2.12 가변식 입출력 메모리 할당

고정식으로 할당하는 경우는 각 슬롯마다 일괄적으로 64점씩 할당된다.

슬롯번호		0	1	2	3	4	5	6	7
전원	CPU	입력 P00000 ~ P0003F	입력 P00040 ~ P0007F	출력 P00080 ~ P0011F	통신 P00120 ~ P0015F	출력 P00160 ~ P0019F	출력 P00200 ~ P0023F	A/D P00240 ~ P0027F	XPM P00280 ~ P0031F
메모리 할당(점)		64	64	64	64	64	64	64	64

그림 2.13 고정식 입출력 메모리 할당

2) 보조 릴레이 M

시퀀스회로의 보조 릴레이와 동작이 유사하여 보조 릴레이, 또는 PLC의 내부 메모리로서 프로그램 연산 중 발생한 정보를 저장하는 용도로 사용되므로 보조 메모리라고 부른다. 외부로 직접 출력이 불가능하지만 출력접점 P와 연결하면 외부로 출력이 가능하다. P영역 중에서 입출력으로 사용되지 않는 부분은 보조 메모리 M과 동일하게 사용할 수 있다. a접점, b접점, 코일, 역코일의 사용이 가능하다.

3) 정전유지 릴레이 K

보조 릴레이 M과 사용 용도는 동일하나 정전 시에도 이전의 데이터를 보존하는 불휘발성 영역으로 기본 파라미터의 래치 영역1과 같은 동작을 한다. a접점, b접점, 코일, 역코일의 사용이 가능하다.

다음의 세 가지 경우에만 정전유지 릴레이의 데이터가 0으로 지워진다.

- 프로그램에서 메모리 영역 K의 쓰기 명령을 실행한다.
- XG5000의 PLC 지우기 메뉴 중 메모리 영역 K의 지우기를 실행한다.
- CPU 모듈의 리셋 스위치나 XG5000을 통한 Overall 리셋을 실행한다.

4) 특수 릴레이 F

특수한 용도로 사용되는 릴레이로서 PLC의 시스템 관련 정보를 제공한다.

- F0000~F1023 워드 : PLC의 현재 상태, O/S 정보, RTC 데이터, 시스템 클록 등 PLC 운영에 필요한 전반적인 시스템 관련 정보가 제공되는 읽기만 가능한 영역이다.
- F1024~F2047 워드 : 외부기기의 경고장 및 중고장 검출 등에 사용되며 전용명령을 이용하여 제한적으로 쓰기가 가능한 영역이다.

5) 타이머 T

시간을 제어하는 용도로 사용되며 타이머의 접점상태을 저장하는 비트영역과 타이머의 설정값, 현재값을 저장하는 워드영역으로 구성된다.

- 명령어 : TON, TOFF, TMR, TMON, TRTG
- 시간설정 단위 : 0.1ms, 1ms, 10ms, 100ms

6) 카운터 C

수를 세는 용도로 사용되며 카운터의 접점상태를 저장하는 비트영역과 카운터의 설정값, 현재값을 저장하는 워드영역으로 구성된다.

- 명령어 : CTU, CTD, CTUD, CTR
- 입력조건의 상승에지(OFF➜ON)에서 카운트하며 최대 설정값은 hFFFF이다.

7) 스텝제어 릴레이 S

스텝 제어용 릴레이로 순차제어와 후입우선제어로 구분된다.

- 순차제어 : SET Sxxx.yy, 여기서 xxx는 조 번호, yy는 스텝 번호
  반드시 전 단계가 끝나야만 순차적으로 현 단계를 수행한다.
- 후입우선제어 : OUT Sxxx.yy
  스텝 순서와 관계없이 나중에 프로그램된 것이 우선 출력된다.

8) 링크 릴레이 L

통신모듈 장착시 OS정보, 서비스 정보, 플래그 정보 등의 해당 통신모듈의 정보를 제공하는 통신모듈 전용 플래그 영역이다. 래치영역1과 동일하게 정전 시에도 데이터를 유지한다. 통신모듈을 사용하지 않는 경우에는 보조 릴레이 M과 동일하게 사용할 수 있다.

(4) 워드 디바이스 영역

워드(16비트) 단위로 표현되는 디바이스로 수치 데이터, 문자열 데이터, 한글 데이터 등을 저장하는 용도로 사용되며, D, R, U, N, Z, T(설정값, 현재값), C(설정값, 현재값) 영역에 해당된다. 표기방식은 첫 1자리에 디바이스 종류, 다음 5자리는 10진수로 워드번호를 나타낸다. 비트표현 방법은 "디바이스 번호.지정된 비트"의 형식으로 점('.')을 사용하여, '.' 다음의 1자리는 16진수로 워드 내에서의 비트 위치를 나타낸다.

D□□□□□	.	■
워드번호 (10진수)		비트번호 (16진수 0~F)

예를 들어, 데이터 레지스터 D00000.5는 워드 디바이스 D00000 워드의 5번(오른쪽에서 6번째) 비트를 나타내고, 파일 레지스터 R00100.D는 워드 디바이스 R00100 워드의 D번(오른쪽에서 14번째) 비트를 나타낸다.

[예제 2-3] 워드 디바이스 D00010의 데이터가 다음과 같을 때 D00010, D00010.7, D00010.C 의 값을 구하시오?

D00010.C ↓ (C 비트), P00010.7 ↓ (7 비트)

비트번호	F	E	D	C	B	A	9	8	7	6	5	4	3	2	1	0
	b15	b14	b13	b12	b11	b10	b9	b8	b7	b6	b5	b4	b3	b2	b1	b0
D00010	1	0	1	1	1	0	0	1	0	1	1	0	1	1	1	0
16진수	1011 → B				1001 → 9				0110 → 6				1110 → E			

D00010 = hB96E

D00010.7 = 0

D00010.C = 1

1) 데이터 레지스터 D

수치연산을 위해 내부 데이터를 보관하는 곳으로 16비트 워드, 32비트 더블워드로 읽고 쓰기가 가능할 뿐만 아니라, 비트 표현을 이용하여 1비트씩 읽고 쓰기도 가능하다. 32비트 경우에는 지정한 번호가 하위 16비트, '지정한 번호+1' 상위 16비트를 나타낸다. 파라미터에 의해 일부 영역을 불휘발성의 래치영역으로 설정할 수 있다.

예) 32비트 명령 사용시 D00010으로 지정한 경우

b31 b16	b15 b0
D00011	D00010
상위 16비트	하위 16비트

2) 파일 레지스터 R

파일 레지스터는 내부 플래시 메모리를 사용하기 위한 전용 레지스터로 내부 플래시 메모리의 블록을 파일 레지스터의 블록으로 읽고/쓰는데 사용된다. 파일 레지스터의 블록 크기는 32K 워드로 내부 플래시 메모리의 블록 크기와 같다.

파일 레지스터를 플래시 메모리로 읽고/쓰기 위해서는 여러 스캔시간이 필요하므로, 스캔 프로그램 수행 중에는 플래시 메모리를 읽고/쓰기를 할 수 없다. 따라서 플래시 메모리의 데이터를 파일 레지스터로 옮겨서 스캔 프로그램에서 사용하고, 저장이 필요할 경우 다시 플래시 메모리로 저장하는 방식이 사용된다.

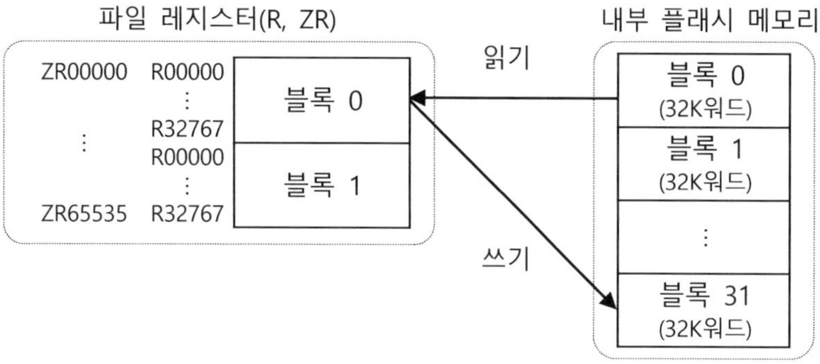

그림 2.14 파일 레지스터의 구조

CPU 모듈의 종류에 따른 파일 레지스터의 크기는 다음과 같다.

표 2.21 파일 레지스터의 크기

구 분	XGK-CPUS/CPUE	XGK-CPUU/CPUH/CPUA	XGB(XBC-DxxH)
파일 레지스터	32K워드 × 1블록	32K워드 × 2블록	10K워드 × 1블록
내부 플래시 메모리	32K워드 × 32블록	32K워드 × 32블록	10K워드 × 2블록

파일 레지스터의 표현방법은 다음과 같다.

- R : 블록단위 표현 (1블록 당 32K워드 고정)
- ZR : 파일 레지스터 전체 표현

표 2.22 파일 레지스터의 표현방법

디바이스명	비트표현	워드표현	쓰기	읽기	데이터 보관
R	O	O	O	O	래치영역1 수준
ZR	X	O	O	O	래치영역1 수준
내부 플래시	X	X	전용명령	전용명령	영구적

3) 아날로그 데이터 레지스터 U

아날로그 입력(A/D), 아날로그 출력(D/A) 등 아날로그 특수모듈의 데이터를 저장하는데 사용되는 레지스터이다. U영역은 1슬롯당 32워드가 할당되어 있으므로, XGK의 경우 총 4,096워드(8베이스×16슬롯×32워드), XGB의 경우 총 256워드(1베이스×8슬롯×32워드)로 이루어져 있다.

각 슬롯에 따라 사용하는 U영역의 값은 특수모듈이 장착된 슬롯이건 빈 슬롯이건 관계없이 고정값으로 사용된다. U영역의 기본적인 표현방법은 Uxy.z로 표현하며 여기서 x는 베이스 번호(0~7), y는 슬롯 번호(0~F), z는 특수모듈 내부 메모리의 워드번호를 나타낸다. U영역 또한 비트표현이 가능한데 Uxy.z.b로 표현하며 여기서 b는 16진수로 비트번호를 나타낸다.

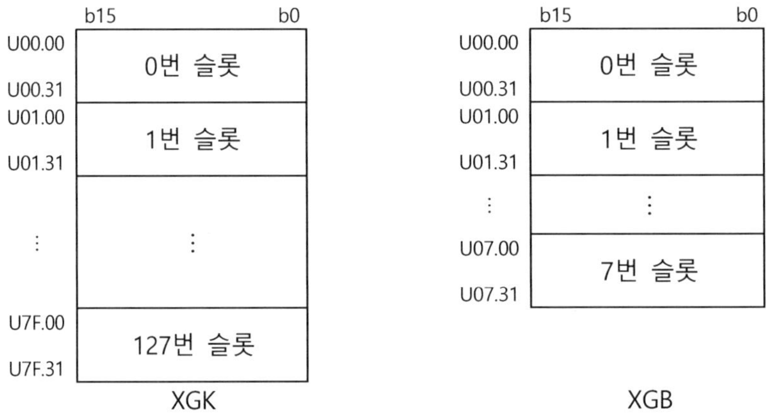

그림 2.15 아날로그 데이터 레지스터의 구조

4) 통신 레지스터 N

통신 레지스터는 통신모듈 장착 시 사용가능한 P2P 서비스 설정을 위한 P2P 전용 레지스터로 비트 표현은 불가능하다. XGK PLC는 P2P 서비스(P2P1~P2P8) 하나당 64개의 블록, XGB PLC는 P2P 서비스(P2P1~P2P3) 하나당 32개의 블록을 설정할 수 있다. 1개의 블록은 1워드의 국번 영역과 4개의 읽을 영역과 4개의 저장 영역을 지정할 수 있다. 또한 각각의 읽을 영역과 저장 영역은 4워드의 디바이스명 저장 영역과 1워드의 변수 개수 영역으로 구성된다.

5) 인덱스 레지스터 Z

인덱스 기능은 배열의 의미를 갖는 변수에서 인덱스로 지정된 변수의 값을 취하거나 인덱스로 지정된 변수에 값을 저장할 때 유용하게 사용할 수 있다. 디바이스에 대해 인덱스 기능을 설정하면 사용되는 디바이스는 직접 지정하는 디바이스 번호에 인덱스 레지스터의 값을 더한 위치를 가지게 된다.

• 특징

- 인덱스 레지스터는 128개(Z0~Z127)이다.
- 지정할 수 있는 값의 범위는 -32768 ~ 32767 이다.
- 스텝제어 릴레이를 제외한 모든 비트 디바이스 및 워드 디바이스에 인덱스 사용이 가능하다.

• 사용방법

- 사용하고자 하는 오퍼랜드 뒤에 “[ ]”을 추가하여 사용한다.
- 비트 디바이스의 경우는 해당 명령어에 사용되는 오퍼랜드의 비트/워드 종류에 따라 비트/워드 단위로 인덱싱한다. 비트 디바이스에 인덱스 기능을 사용하면 비트의 위치에 인덱스 레지스터의 값을 더한 비트를 가리킨다. 단, 비트 디바이스를 응용명령에서 사용했고, 그 명령어의 오퍼랜드가 워드 데이터인 경우에는 워드로 계산된다.

예) LOAD P00001[Z1] : Z1=8 이면 비트 P0000(1+8) 이므로

➜ LOAD P00009

MOV P0001[Z1] D00010 : Z1=8 이면 워드 P000(1+8) 이므로

➜ MOV P0009 D00010

- 워드 디바이스의 경우는 워드 단위로만 인덱싱한다. 또한, 비트 표현을 한 워드 디바이스의 오퍼랜드에 인덱스를 사용했을 경우 역시 워드단위로 인덱싱한다.

예) LOAD D00010[Z1].5 : Z1=5 이면 LOAD D(10+5).5 이므로

➜ LOAD D00015.5

- #D00100[Z12] 와 같이 간접지정으로도 사용이 가능하다.

(5) 데이터 래치 영역

PLC가 정지 후 재 기동하였을 때도 운전에 필요한 데이터 또는 운전 중 발생한 데이터를 지우지 않고 계속 유지시켜서 사용하고자 할 경우에 데이터 래치를 사용한다. 기본 파라미터 설정에서 일부 디바이스의 일정 영역을 래치 영역으로 사용할 수 있다. K, L, N, R 디바이스들은 기본적으로 래치되어 래치 영역1과 같이 동작한다.

표 2.23 디바이스 영역과 래치 영역

디바이스	래치영역1	래치영역2	특 성
P	X	X	입출력 접점의 상태를 저장하는 이미지 영역
M	O	O	내부 접점 영역
K	X	X	정전시 접점 상태가 유지되는 접점 (래치됨)
F	X	X	시스템 플래그 영역
T	O	O	타이머 관련 영역 (비트/워드 모두 해당)
C	O	O	카운터 관련 영역 (비트/워드 모두 해당)
S	O	O	스텝 제어용 릴레이
D	O	O	일반 워드 데이터 저장 영역
U	X	X	아날로그 데이터 레지스터 (래치 안됨)
L	X	X	통신모듈의 고속링크/P2P 서비스 상태 접점 (래치됨)
N	X	X	통신모듈의 P2P 서비스 주소 영역 (래치됨)
R	X	X	플래시메모리 전용 영역 (래치됨)
Z	X	X	인덱스 전용 레지스터 (래치 안됨)

래치영역의 데이터를 지우는 방법은 다음과 같다.

- 프로그램에서 래치를 사용한 디바이스의 쓰기 명령을 실행한다.
- XG5000에서 래치 영역1, 또는 래치 영역2의 지우기를 실행한다.
- 데이터를 지울 래치영역에 해당하는 Overall 리셋, 데이터 클리어, 또는 Overall 데이터 클리어를 동작을 수행한다.

2.5 PLC 배선

2.5.1 전원 배선

PLC의 전원과 입출력기기 및 동력기기는 그림과 같이 정전압 변압기로 절연하여 계통을 분리시킨다.

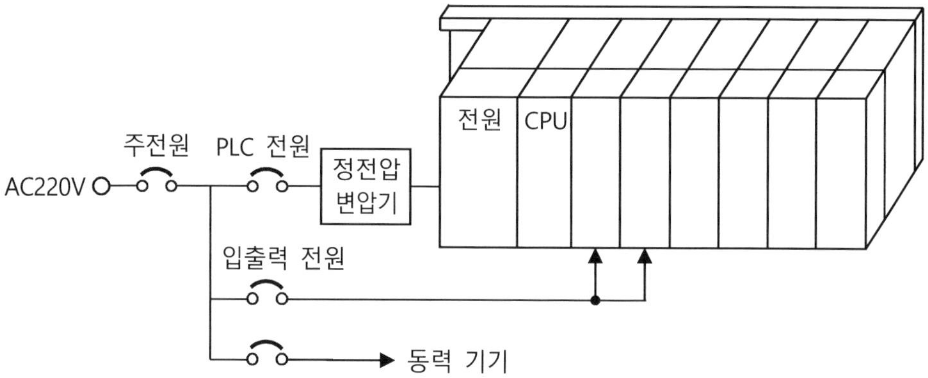

그림 2.16 PLC 전원 배선

입출력 모듈의 전원공급을 위해 전원모듈의 DC 24V 용량이 1대로 부족할 경우에는 그림 2.15와 같이 외부에 별도의 DC 24V 전원을 사용하여 공급해 준다.

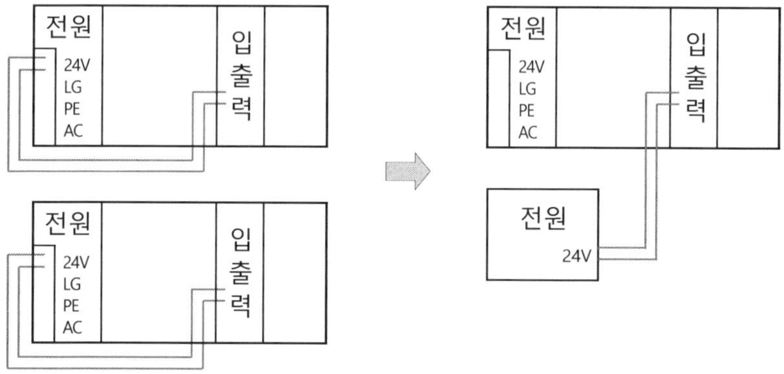

그림 2.17 전원모듈 배선

2.5.2 입출력 기기 배선

① 입출력 배선용 전선의 규격은 0.3~2.0㎟이지만 0.3㎟을 사용하는 것이 좋다.

② 입력선과 출력선은 분리하여 배선한다.

③ 입출력 신호선은 고 전압, 대 전류의 주 회로선과 100㎜ 이상 떨어뜨려서 분리하여 배선한다.

④ DC24V의 출력선은 AC110V선이나 AC220V선과 분리하여 준다.

(1) 입력 배선

PLC는 외부기기로부터 신호를 입력받아 연산을 하고 그 결과를 출력하는 장비이므로, 외부기기로부터 신호를 입력받기 위해서는 외부기기와의 신호 연결선을 배선해 주어야 한다.

1) 유접점 출력기기

① 배선 전에 반드시 외부기기의 정격전류를 확인해야 한다.

② 직류전원 사용 시에는 외부기기에 따라 극성이 달라지는데, 음극(-) 공통일 경우 입력모듈 XGI-D2□A를 사용하고, 양극(+) 공통일 경우 입력모듈 XGI-D2□A나 XGI-D2□B를 사용해야 한다.

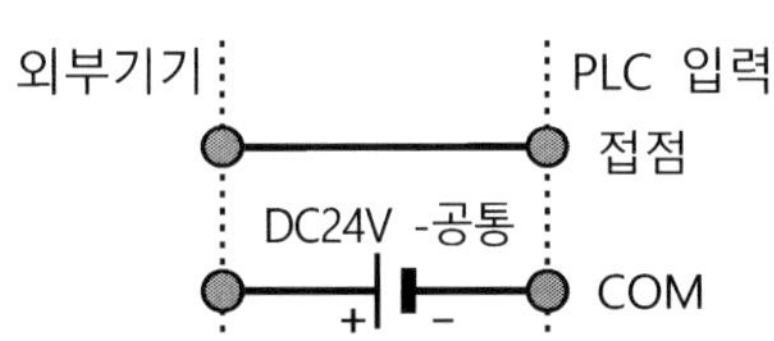

그림 2.18 직류전원 음극공통 입력 배선

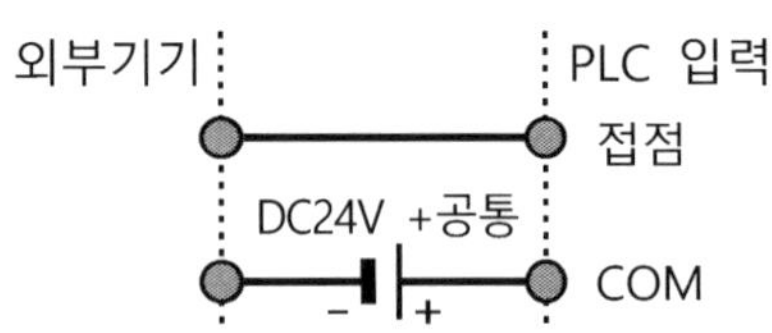

그림 2.19 직류전원 양극공통 입력 배선

③ 교류전원 사용 시에는 110V일 경우 입력모듈 XGI-A12A를 사용하고, 220V 일 경우 입력모듈 XGI-A21□를 사용해야한다.

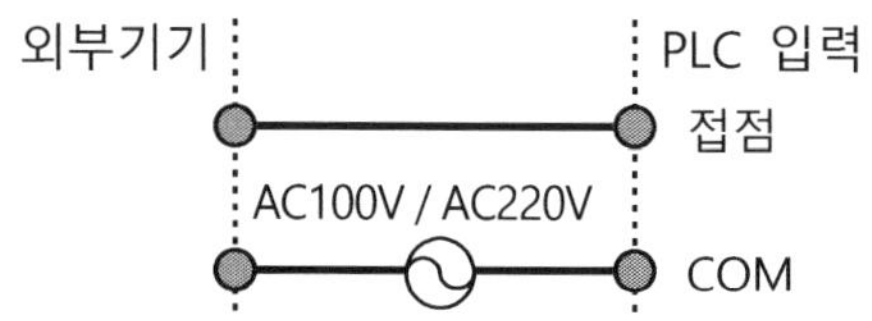

그림 2.20 교류전원 입력 배선

2) npn형 출력기기

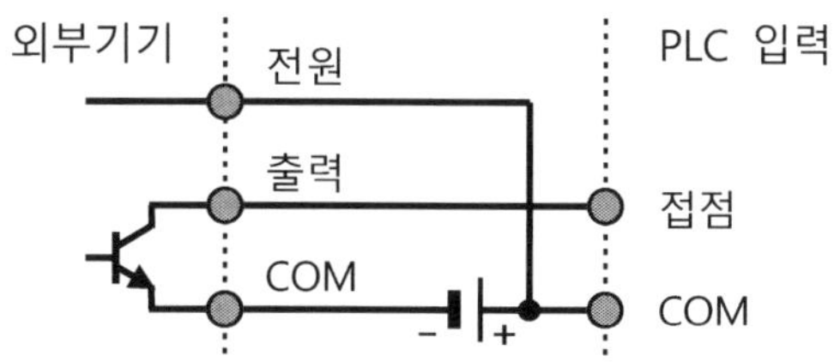

그림 2.21 npn형 출력기기 입력 배선

3) pnp형 출력기기

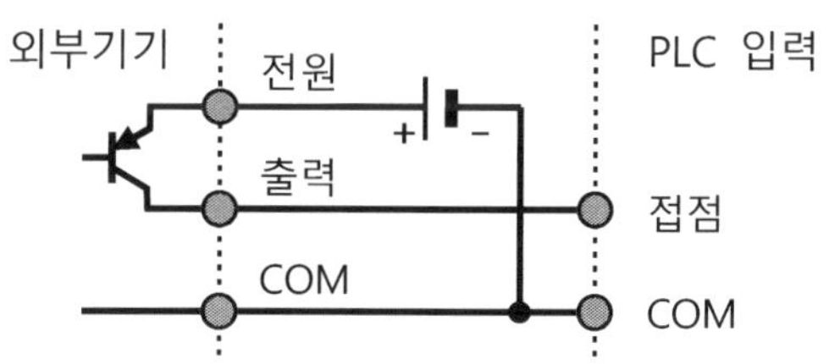

그림 2.22 pnp형 출력기기 입력 배선

(2) 출력 배선

PLC는 연산결과에 따라 데이터를 출력하고, 그 결과에 따라 출력모듈에 연결된 외부장비를 구동하여 제어가 이루어진다. 따라서 PLC의 출력접점과 실제 구동될 부하 간에 배선해 주어야만 실질적인 제어가 가능하다.

1) npn형 입력부하

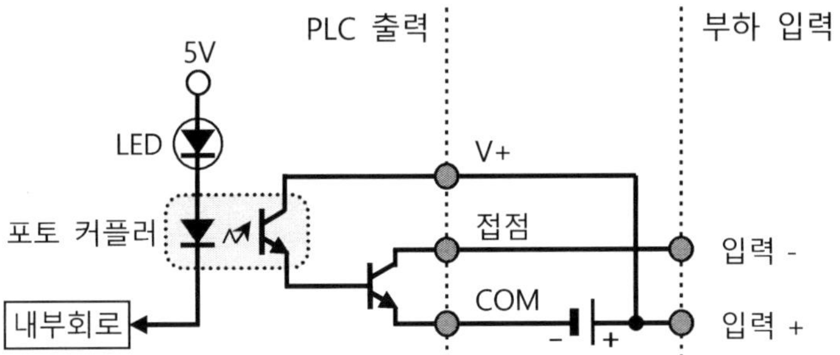

그림 2.23 npn형 입력부하 출력 배선

2) pnp형 입력부하

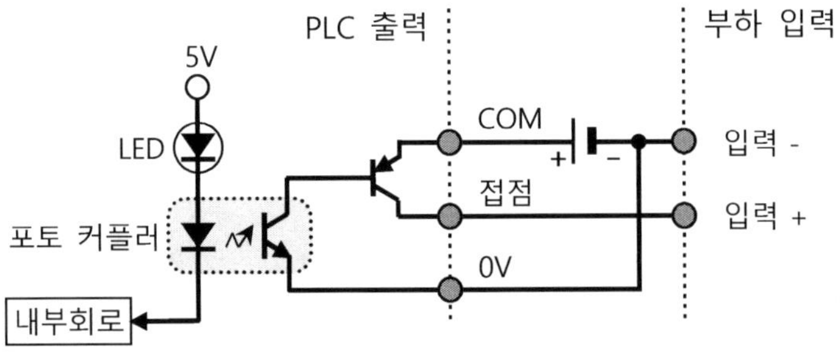

그림 2.24 pnp형 입력부하 출력 배선

3) 릴레이 출력모듈 부하 배선

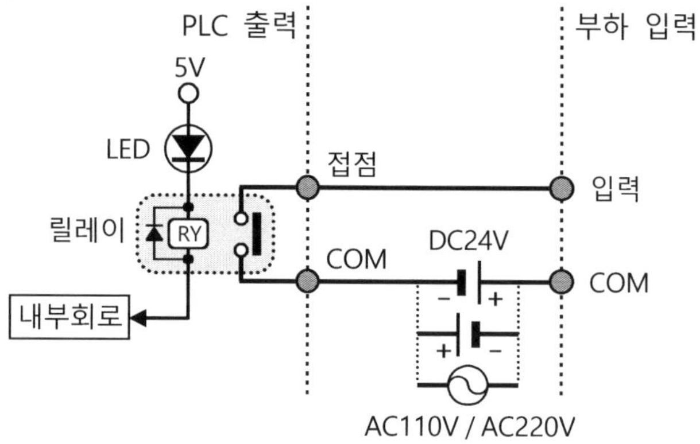

그림 2.25 릴레이 출력 배선

4) SSR 출력모듈 부하 배선

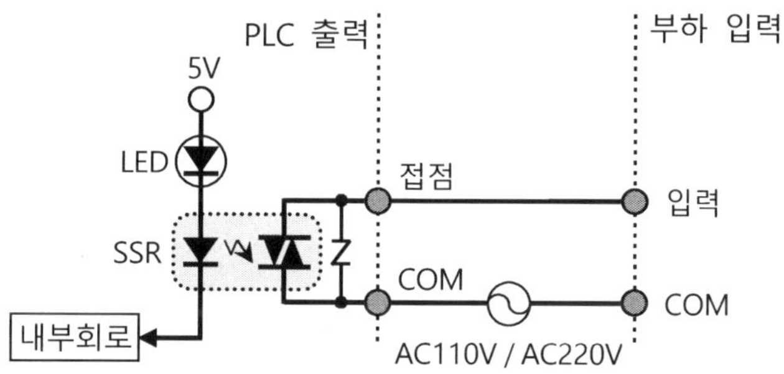

그림 2.26 SSR 출력 배선

2.5.3 접지 배선

① 접지는 가능한 한 전용접지로 한다.

② 접지공사는 제3종 접지(접지저항 100Ω이하)로 한다.

③ 전용접지를 할 수 없는 경우에는 그림 2.27과 같이 공용접지로 한다.

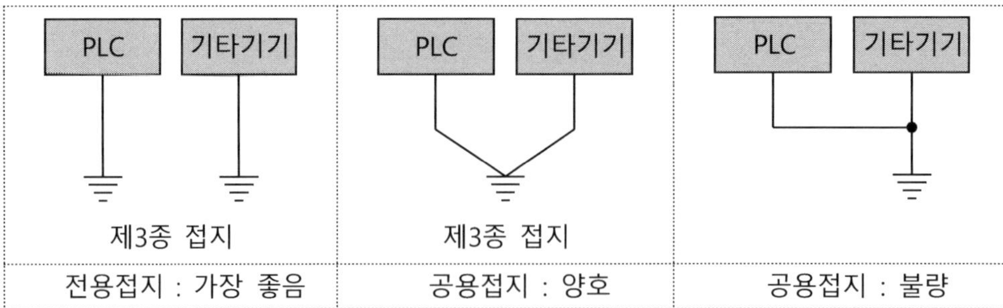

그림 2.27 PLC 접지공사

④ 접지용 전선은 2㎟ 이상의 것을 사용하고, 접지점을 가능한 PLC 근처에 두어 접지선의 길이를 최대한 짧게 해준다.

⑤ 전원모듈의 LG와 베이스 보드의 PE를 분리 접지하여 준다.

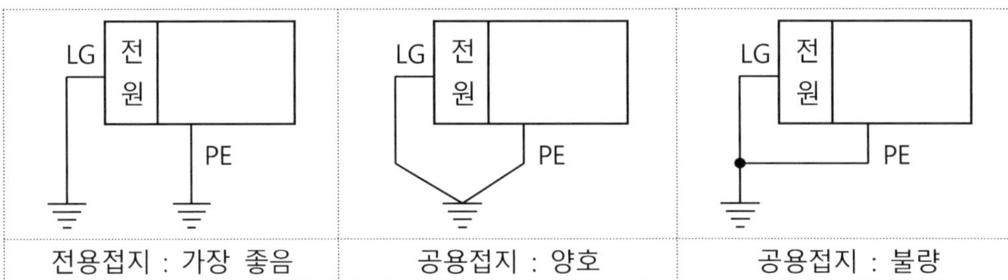

그림 2.28 전원모듈과 베이스보드의 분리 접지

2.5.4 배선용 전선 규격

표 2.24 PLC 배선용 전선 규격

외부 접속의 종류	전선 규격 (mm^2)	
	하 한	상 한
디지털 입력	0.18 (AWG24)	1.5 (AWG16)
디지털 출력	0.18 (AWG24)	2.0 (AWG14)
아날로그 입출력	0.18 (AWG24)	1.5 (AWG16)
통신	0.18 (AWG24)	1.5 (AWG16)
주전원	1.5 (AWG16)	2.5 (AWG12)
보호 접지	1.5 (AWG16)	2.5 (AWG12)

3장

프로그램 편집 툴 XG5000

3.1 XG5000의 개요

3.1.1 XG5000의 특징

XG5000은 XGT PLC 시리즈에 대해 PC 상에서 프로그램을 작성하고 디버깅하는 프로그래밍 툴이다.

① 멀티 PLC, 멀티 프로그램

한 프로젝트에 여러 개의 PLC를 포함시켜 서로 연동되도록 PLC 시스템을 동시에 편집, 모니터, 관리하고, 한 프로그램을 스캔 프로그램, 태스크 프로그램으로 나누어 작성할 수 있다.

② 다양한 드래그 & 드롭(끌어서 놓기)

프로젝트, 변수/설명, LD 편집, 변수 모니터 등 대부분의 편집기에서 드래그 & 드롭 기능을 적용하여 쉽고 편리하게 편집할 수 있다.

③ 사용자 단축키 설정

단축키 변경이 가능하며 사용자 본인에게 익숙한 단축키를 추가할 수 있다.

④ 다양한 메시지 창

프로그램 편집과 검사 등을 쉽게 하기 위해 다양한 메시지 창을 제공한다.

⑤ 편리한 변수/설명 편집

- 엑셀을 이용하여 편집이 가능하다.
- 변수 보기, 디바이스 보기, 플래그 보기 등 다양한 형식으로 편집이 가능하다.
- 오토필(Auto Fill) 기능을 이용하여 비슷한 용도의 변수를 쉽게 추가할 수 있다.

⑥ 편리한 프로그램 편집

- 제한없는 Undo/Redo 기능을 제공한다.
- 화면 분할 편집이 가능하다.
- 블록 마스크 기능을 이용하여 렁(Rung) 단위로 실행을 금지할 수 있다.
- 북마크 기능을 이용하여 특정 위치로 쉽게 찾아갈 수 있다.
- LD 편집을 할 때 선택된 디바이스에 대해서 메모리 참조를 볼 수 있다.

⑦ 다양한 모니터 기능

변수 모니터, 디바이스 모니터, 시스템 모니터, 트렌드 모니터, 특수모듈 모니터 등 다양한 모니터 기능을 제공한다.

⑧ 사용자 이벤트

특정 디바이스에 대해서 사용자가 정의한 조건 만족 시 데이터를 일어난 시간 순서대로 저장하고 열람할 수 있다.

⑨ 모듈 교환 마법사

운전 중에도 PLC를 정지시키지 않고 안전하고 쉽게 모듈을 교환할 수 있다.

3.1.2 XG5000에 필요한 시스템 요구사항

표 3.1 XG-5000에 필요한 시스템 요구사항

구성 요소	요구 사항
퍼스널 컴퓨터 / 메모리	펜티엄이상 PC / 256MB 이상 메모리
통신 포트	RS-232 직렬포트 또는 USB 포트
하드 디스크 용량	최소 500MB 이상의 사용 가능 영역
마우스	컴퓨터에 연결 가능한 마우스
모니터	1024 X 768 이상의 해상도
윈도우	윈도우 XP / VISTA / 7 / 8 지원

3.1.3 XG5000의 설치

① XGK PLC를 USB를 통해 PC에 연결한 다음 PLC의 전원을 켜고, 인터넷에 접속하여 LS ELECTRIC 홈페이지 "사업소개-Products-PLC-XG5000SW"의 '다운로드'에서 XG5000 소프트웨어를 다운로드하여 설치한다.

② 설치를 완료한 후에 USB 접속이 안 될 경우에는 다음과 같이 디바이스 드라이버 설치를 확인한다.

③ 바탕화면 '내 컴퓨터' 아이콘에서 마우스 오른쪽 버튼을 눌러 나타나는 팝업 메뉴에서 '관리'를 선택하면 그림과 같은 '컴퓨터 관리' 창이 나타난다. 왼쪽 트리목록에서 "컴퓨터 관리(로컬)-시스템도구-장치관리자"를 차례로 확장시킨다. 오른쪽 목록에 나타나는 항목은 컴퓨터에 설치된 장치마다 서로 다르게 나타날 수 있다.

④ 정상인 경우 : '범용 직렬 버스 컨트롤러' 하위에 'LGIS XGSeries'라는 목록이 그림과 같이 나타나면 정상적으로 디바이스 드라이버가 설치된 것이다.

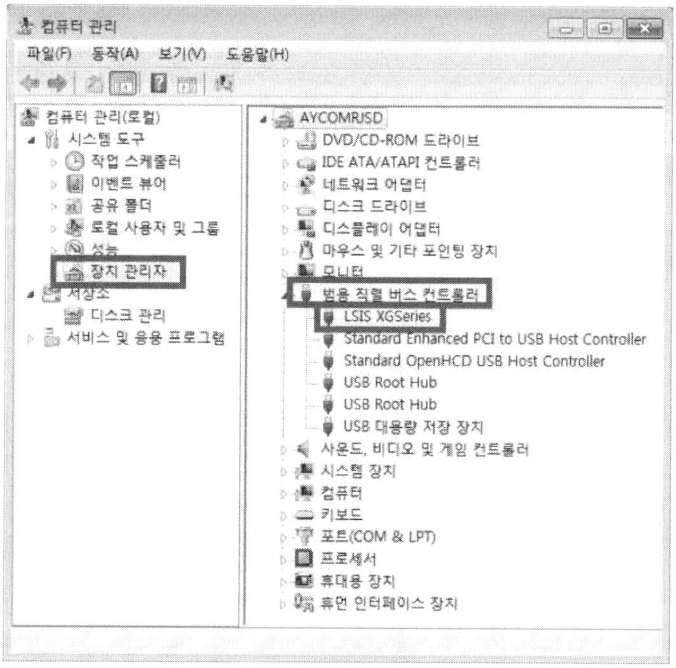

⑤ 비정상인 경우 : 아래와 같은 그림이 나타나면 디바이스 드라이버가 정상으로 설치되지 않은 경우이다.

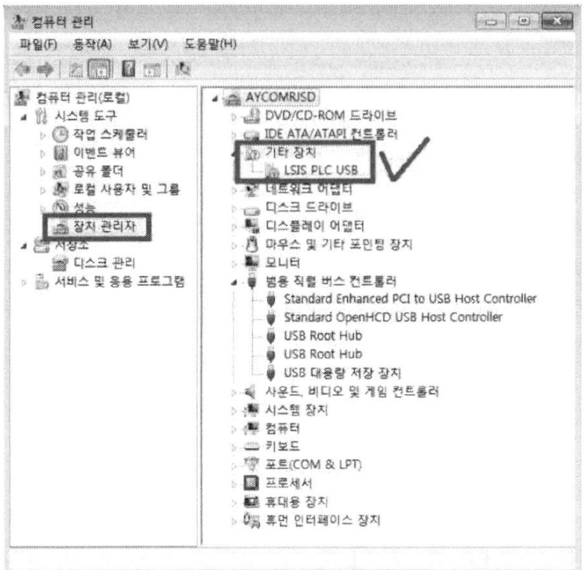

⑥ 아이콘에 느낌표 표시가 나타나는 디바이스 드라이버에서 마우스 오른쪽 버튼을 클릭하고, 팝업메뉴 '드라이버 소프트웨어 업데이트'를 선택한다.

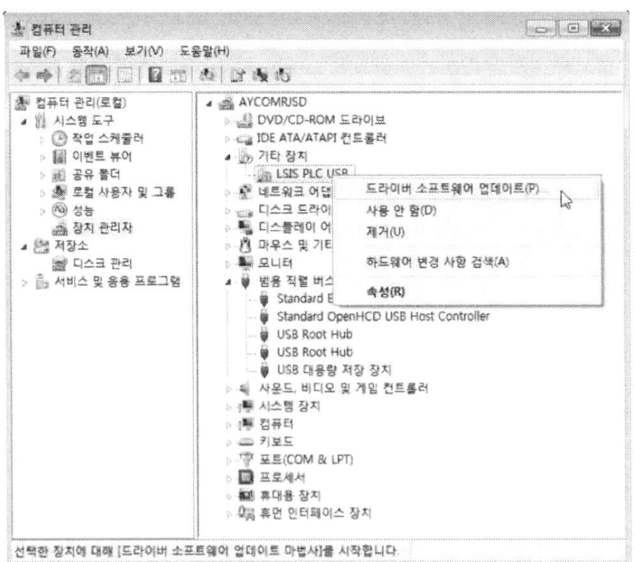

⑦ '드라이버 소프트웨어 검색' 창이 표시되면 옵션 '컴퓨터에서 드라이버 소프트웨어 찾아보기'를 선택한다.

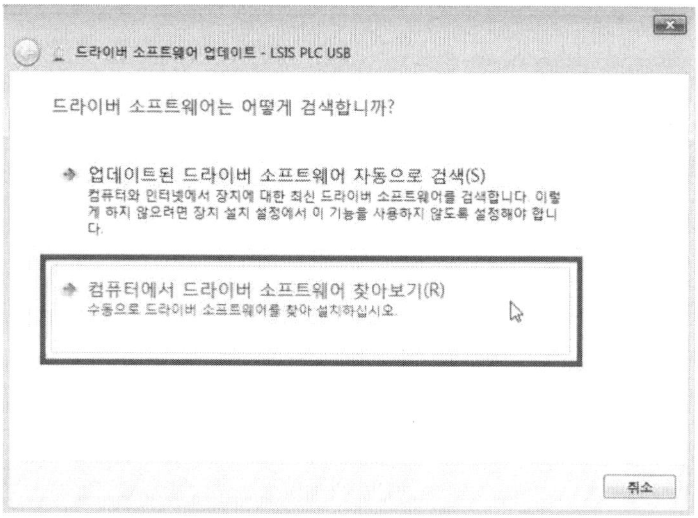

⑧ 아래 창이 나타나면 찾아보기 버튼을 누른다.

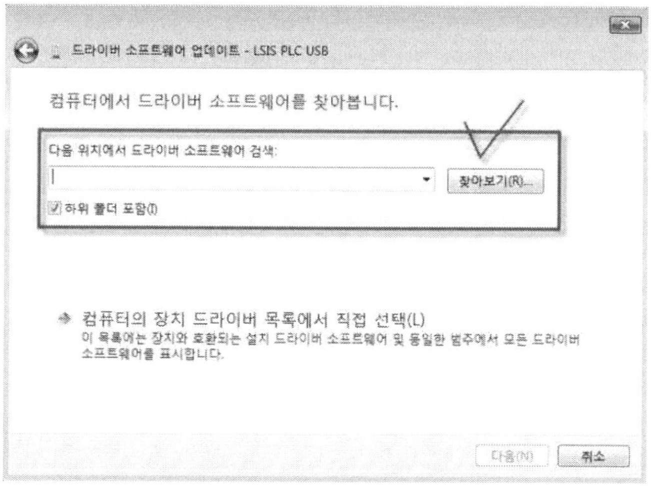

⑨ 폴더 찾기 창에서 XG5000이 설치된 폴더로 이동하여 'Drivers' 폴더를 선택하면 드라이버 소프트웨어 검색란에 디바이스 드라이버의 파일이 있는 디렉토리가 나타난다.

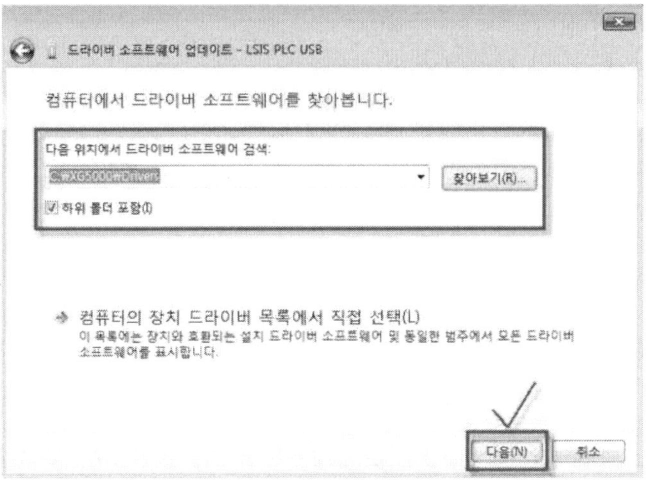

⑩ 드라이버 설치 창과 동시에 윈도우 보안 창이 나타나면 "이 드라이버 소프트웨어를 설치합니다(I)."를 선택한다.

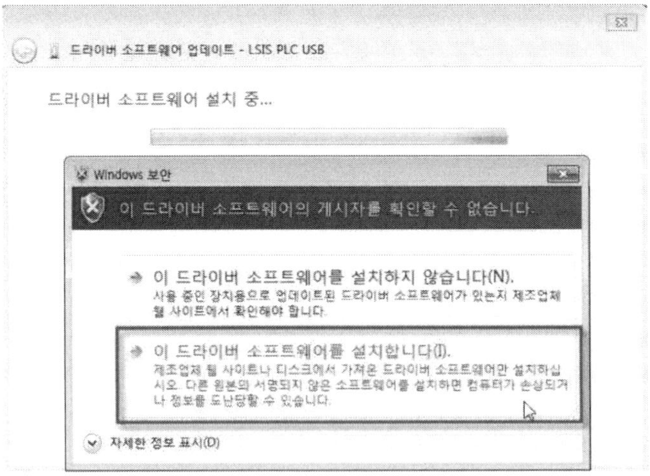

⑪ 드라이버 소프트웨어 업데이트 완료 창이 나타나면 닫기 버튼을 눌러 디바이스 드라이버의 설치를 완료한다.

3.2 XG5000 윈도우 구성

XG5000 윈도우는 다음 그림과 같이 구성되어 있다.

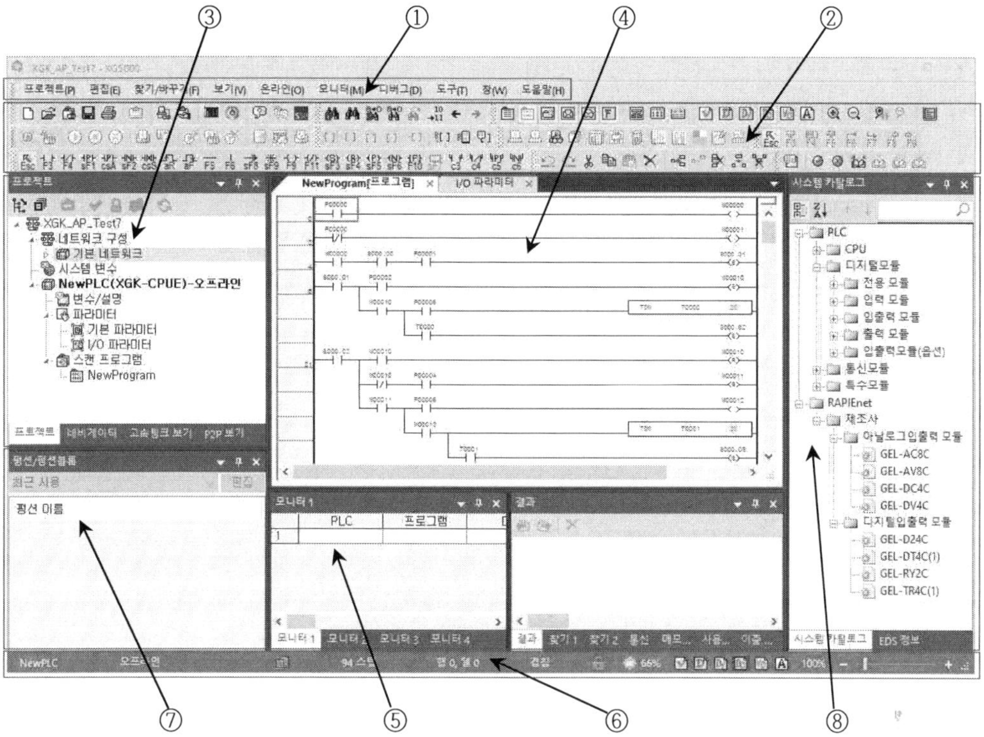

그림 3.1 XG5000 윈도우 구성

① 메뉴 : 프로그램의 명령을 실행하기 위한 기본 메뉴이다.

② 도구모음 : 메뉴를 간편하게 실행할 수 있는 도구상자를 표시한다.

③ 프로젝트 창: 현재 열려있는 프로젝트의 구성요소를 표시한다.

④ 프로그램 편집 창 : 프로그램을 작성, 편집하는 가장 많이 사용하는 창이다.

⑤ 메시지 창 : 결과, 모니터, 찾기, 프로그램 검사, 메모리 참조, 사용된 디바이스, 이중코일, 통신 등의 정보를 표시한다.

⑥ 상태 바 : XG5000의 상태, 접속된 PLC의 정보 등 표시한다.

⑦ 펑션/펑션블록 창: 최근에 사용된 펑션/펑션블록을 표시하는 명령어 창이다.

⑧ 시스템 카탈로그 창 : 시스템 카탈로그 및 EDS 정보 등을 표시한다.

3.2.1 메뉴 구성

메뉴를 선택하면 명령어들이 나타나고, 원하는 명령을 마우스 또는 키보드의 키로 선택하여 명령을 실행할 수 있다. 단축키(F3, F4, F5, F6, F9, F10 등)가 있는 메뉴인 경우에는 단축키를 눌러서 직접 명령을 실행할 수 있다.

(1) 프로젝트

표 3.2 프로젝트 메뉴 구성

명 령		설 명
새 프로젝트		프로젝트를 처음 생성한다.
프로젝트 열기		기존의 프로젝트를 연다.
PLC로부터 열기		PLC에 있는 프로젝트 및 프로그램을 업로드 한다.
KGLWIN 파일 열기		KGLWIN용 프로젝트 파일을 연다.
GMWIN 파일 열기		GMWIN용 프로젝트 파일을 연다.
프로젝트 저장		프로젝트를 저장한다.
다른 이름으로 저장		프로젝트를 다른 이름으로 저장한다.
프로젝트 닫기		프로젝트를 닫는다.
이진 파일로 저장		프로젝트 내용을 볼 수 없는 이진파일로 저장한다.
이진 파일을 PLC로 쓰기		이진파일을 PLC로 쓴다. 프로젝트 내용은 볼 수 없다.
메모리 모듈로부터 열기		메모리 모듈로부터 프로젝트를 연다.
메모리 모듈로 쓰기		메모리 모듈에 프로젝트를 쓴다.
항목 추가	PLC	새로운 PLC를 프로젝트에 추가한다.
	태스크	새로운 태스크를 PLC에 추가한다.
	프로그램	새로운 프로그램을 PLC에 추가한다.
	펑션	새로운 사용자 펑션을 PLC에 추가한다.
	펑션 블록	새로운 사용자 펑션블록을 PLC에 추가한다.
	데이터 타입	새로운 사용자 데이터 타입을 PLC에 추가한다.
	네트워크	새로운 네트워크를 프로젝트에 추가한다.
	통신모듈	새로운 통신 모듈을 네트워크에 추가한다.
	P2P통신	새로운 P2P 항목을 통신 모듈에 추가한다.
	고속링크 통신	새로운 고속링크 항목을 통신 모듈에 추가한다.
	사용자 프레임	새로운 사용자 프레임을 P2P 항목에 추가한다.
	그룹 추가	새로운 그룹을 P2P 항목에 추가한다.
파일로부터 항목 읽기	PLC	파일로부터 PLC 프로그램을 읽어온다.
	변수/설명	파일로부터 변수/설명을 읽어온다.
	프로그램	파일로부터 프로그램을 읽어온다.
	I/O 파라미터	파일로부터 I/O 파라미터를 읽어온다.
	기본 파라미터	파일로부터 기본 파라미터를 읽어온다.
파일로 항목 저장		프로젝트 창에서 선택된 항목을 파일로 저장한다.

명 령	설 명
변수/설명 파일로 저장	변수/설명문을 파일로 저장하여 다른 어플리케이션에서 사용한다.
EtherNet/IP 태그 내보내기	EtherNet/IP 태그를 등록하고, 설정된 EtherNet/IP 태그목록을 파일로 저장한다.
프로젝트 비교	두 개의 프로젝트를 비교하여 결과를 보여준다.
인쇄	활성화되어 있는 창의 내용을 인쇄한다.
미리 보기	인쇄될 화면을 미리 보여준다.
프로젝트 인쇄	프로젝트의 항목을 선택하여 인쇄한다.
프린터 설정	프린터 옵션을 설정한다.
종료	XG5000을 종료한다.

(2) 프로그램 편집

표 3.3 프로그램 편집 메뉴 구성

명 령		설 명
편집 취소		프로그램 편집 창에서 편집을 취소하고 바로 이전 상태로 되돌린다.
재실행		편집 취소된 동작을 다시 복구한다.
잘라내기		블록을 잡아 삭제하면서 클립보드에 복사한다.
복사		블록을 잡아 클립보드에 복사한다.
붙여넣기		클립보드로부터 편집 창에 복사한다.
삭제		블록을 잡아 삭제하거나 선택된 항목을 삭제한다.
모두 선택		현재 활성화된 창의 모든 내용을 블록으로 표시한다.
삽입모드/겹침모드		접점 입력 시, 삽입모드인지 겹침모드인지 표시한다.
라인 삽입		커서 위치에 새로운 라인을 추가한다.
라인 삭제		커서 위치에 있는 라인을 삭제한다.
셀 삽입		커서 위치에 입력 가능한 셀을 추가한다.
셀 삭제		커서 위치에서 하나의 셀을 삭제한다.
모듈변수 자동등록		I/O 파라미터에 설정된 모듈과 관련된 변수들을 변수/설명에 자동으로 추가한다.
네트워크변수 자동등록		XG-CANOpen에 할당된 변수들을 변수/설명에 자동으로 추가한다.
프로그램 최적화		프로그램을 자동으로 최적화시킨다.
설명문/레이블 입력		커서 위치에 설명문 또는 레이블을 입력한다.
비실행문 설정		커서가 위치한 렁 또는 블록 설정된 영역을 렁 단위로 비실행문을 설정한다.
비실행문 해제		커서가 위치한 렁 또는 블록 설정된 영역의 비실행문을 해제한다.
북 마크	설정/해제	북마크를 설정 또는 해제한다.
	모두 해제	모든 북마크 설정을 해제한다.
	이전 북마크	이전 북마크로 이동한다.
	다음 북마크	다음 북마크로 이동한다.
편집 도구		각 프로그램에 사용되는 편집 도구들이 있다.

(3) 변수 편집

표 3.4 변수 편집 메뉴 구성

명 령	설 명
EXTERNAL 변수 추가	글로벌 변수로 선언된 변수를 로컬 변수로 등록한다.
항목 위로	선택된 항목의 위치를 한 칸 위로 올린다.
항목 아래로	선택된 항목의 위치를 한 칸 아래로 내린다.
사용하지 않는 변수/설명문 모두 지우기	프로그램에서 사용하지 않는 글로벌 변수, 직접 변수 설명문, 로컬 변수가 모두 삭제된다.
모든 자동할당 변수 재할당	모든 글로벌/로컬 자동할당 변수들의 어드레스가 변경된다.

(4) 찾기/바꾸기

표 3.5 찾기/바꾸기 메뉴 구성

명 령		설 명
디바이스 찾기		디바이스를 종류별로 찾는다.
문자열 찾기		원하는 문자를 찾는다.
디바이스 바꾸기		원하는 디바이스를 찾아 새로운 디바이스로 바꾼다.
문자열 바꾸기		원하는 문자를 찾아 새로운 문자로 바꾼다.
다시 찾기		이전에 실행한 찾기 또는 바꾸기를 반복 실행한다.
찾아가기	스텝/라인	원하는 스텝 위치로 커서를 이동한다.
	렁 설명문	원하는 렁 설명문 위치로 커서를 이동한다.
	레이블	원하는 레이블 위치로 커서를 이동한다.
	END 명령어	END 명령어 위치로 커서를 이동한다.
이전 메시지		메시지 창에서 이전 메시지가 가리키는 곳으로 이동한다.
다음 메시지		메시지 창에서 다음 메시지가 가리키는 곳으로 이동한다.

(5) 보기

표 3.6 보기 메뉴 구성

명 령	설 명
IL	LD 편집 중 IL 보기로 전환한다.
LD	IL 편집 중 LD 보기로 전환한다.
프로젝트 창	프로젝트 창을 보이거나 숨긴다.
P2P 보기 창	P2P 보기 창을 보이거나 숨긴다.
고속링크 창	고속링크 보기 창을 보이거나 숨긴다.
메시지 창	메시지 창을 보이거나 숨긴다.
변수 모니터 창	변수 모니터 창을 보이거나 숨긴다.
명령어 창	명령어 창을 보이거나 숨긴다.
EDS 정보 창	EDS 정보 창을 보이거나 숨긴다.

명 령	설 명
카탈로그 창	카탈로그 창을 보이거나 숨긴다.
메모리 참조	메모리 사용 정보를 메시지 창의 메모리 참조 탭에 나타낸다.
사용된 디바이스	사용된 디바이스 정보를 메시지 창의 디바이스 탭에 나타낸다.
프로그램 검사	프로그램을 검사하여 결과를 메시지 창의 프로그램 검사 탭에 나타낸다.
변수 보기	프로그램에 변수 이름을 나타낸다.
디바이스 보기	프로그램에 디바이스 이름을 나타낸다.
디바이스/변수 보기	프로그램에 디바이스와 변수를 나타낸다.
디바이스/설명문 보기	프로그램에 디바이스와 설명문을 나타낸다.
변수/설명문 보기	프로그램에 변수와 설명문을 나타낸다.
화면 확대	화면을 확대하여 보여준다.
화면 축소	화면을 축소하여 보여준다.
너비 자동 맞춤	변수/설명 창에서 셀의 너비를 문자열의 너비에 자동으로 맞춘다.
높이 자동 맞춤	LD, 변수/설명 창에서 셀 높이를 문자열 높이에 자동으로 맞춘다.
전체 화면	프로그램 창 또는 변수/설명 창을 화면 전체로 확대한다.
등록정보	프로젝트 창에 선택된 항목의 등록정보를 보여준다.
LD 화면 속성	LD 화면 속성을 보여준다.
접점 수 증가	접점의 수를 증가시킨다.
접점 수 감소	접점의 수를 감소시킨다.

(6) 온라인

표 3.7 온라인 메뉴 구성

명 령		설 명
접속/접속 끊기		PLC와 접속하거나 접속을 해제한다.
접속 설정		접속방법을 설정한다.
모드 전환	런	PLC 모드를 전환한다.
	스톱	
	디버그	
읽기		파라미터/프로그램/설명문 등을 PLC로부터 읽어온다.
쓰기		파라미터/프로그램/설명문 등을 PLC에 쓴다.
PLC와 비교		프로젝트를 PLC에 저장된 프로젝트와 비교한다.
플래시 메모리 설정		플래시 메모리 설정 창을 보여준다.
통신모듈 설정 및 진단	서비스 인에이블	고속링크와 P2P의 서비스 인에이블을 설정한다.
	OS 다운로드/업로드	모듈의 OS 파일을 다운로드/업로드한다.
	EIP 태그 관리자	EIP 모듈에 EIP 태그 목록을 다운로드 또는 업로드한다.
	Config. 업로드	Dnet와 Pnet의 구성 정보를 업로드한다.
	시스템 진단	시스템 진단 창을 표시한다.

명 령		설 명
리셋/클리어	PLC 리셋	PLC를 초기화한다.
	개별 통신모듈 리셋	개별로 통신모듈을 초기화한다.
	PLC 지우기	PLC에 저장된 프로그램, 파라미터, 설명문 등을 지운다.
	PLC 모두 지우기	PLC에 저장된 프로그램, 비밀번호, 데이터를 모두 지운다.
	SD 메모리 포맷	SD 메모리 카드를 포맷한다.
	파라미터 지우기	통신모듈의 파라미터를 지운다.
진단	PLC 정보	PLC 정보 창을 보여준다.
	PLC 이력	PLC 이력 창을 보여준다.
	PLC 에러/경고	PLC 에러 이력/경고 창을 보여준다.
	I/O 정보	I/O 정보 창을 보여준다.
	PLC 이력 저장	PLC의 이력을 저장한다.
강제 I/O 설정		강제 I/O 설정 창을 보여준다.
I/O 스킵 설정		I/O 스킵 설정 창을 보여준다.
고장 마스크 설정		고장 마스크를 설정할 수 있는 창을 보여준다.
모듈 교환 마법사		모듈 교환을 위한 대화식 창을 나타낸다.
런 중 수정 시작		런 중 수정을 시작한다.
런 중 수정 쓰기		런 중 수정된 프로그램 및 정보를 PLC에 쓴다.
런 중 수정 종료		런 중 수정을 종료한다.

(7) 모니터

표 3.8 모니터 메뉴 구성

명 령	설 명
모니터 시작/끝	모니터를 시작/종료 한다.
모니터 일시 정지	모니터를 일시 정지한다.
모니터 다시 시작	일시 정지된 모니터를 다시 시작한다.
모니터 일시 정지 설정	모니터 일시 정지 조건을 설정한다.
현재값 변경	모니터중인 디바이스의 현재값을 설정한다.
시스템 모니터	시스템 모니터를 실행한다.
디바이스 모니터	디바이스 모니터를 실행한다.
특수모듈 모니터	특수모듈 모니터를 실행한다.
트렌드 모니터	트렌드 모니터를 실행한다.
PID 모니터	PID 모니터를 실행한다.
SOE 모니터	SOE 모니터를 실행한다.
사용자 이벤트	이벤트 설정과 이벤트 이력을 보여준다.
데이터 트레이스	테이터 트레이스를 실행한다.

(8) 디버그

표 3.9 디버그 메뉴 구성

명 령	설 명
디버그 시작/끝	디버그 모드로 전환하여 디버그를 시작한다/끝낸다.
런	브레이크 포인트까지 실행시킨다.
스텝 오버	한 스텝씩 실행시킨다.
스텝 인	서브루틴을 디버깅한다.
스텝 아웃	서브루틴으로부터 빠져 나간다.
커서 위치까지 런	커서 위치까지 실행시킨다.
브레이크 포인트 설정/해제	브레이크 포인트를 설정 또는 해제한다.
브레이크 포인트 목록	설정된 브레이크 포인트의 목록을 보여준다.
브레이크 조건	브레이크 조건을 설정한다.

(9) 도구

표 3.10 도구 메뉴 구성

명 령		설 명
네트워크 관리자		PLC 네트워크를 보여주고 파라미터를 설정한다.
온도 제어		온도제어 툴 XG-TCON을 실행한다.
위치 제어		위치제어 툴 XG-PM을 실행한다.
주소 계산기		주소 계산기를 실행한다.
시뮬레이터 시작		시뮬레이터 XG-SIM을 시작한다.
아스키 테이블 표		아스키 테이블 표를 표시한다.
사용자 정의		도구, 명령어를 사용자가 정의한다.
옵션		XG5000 환경을 사용자에 맞게 변경한다.
EDS	EDS 파일 등록	EtherNet/IP 모듈에 사용하는 EDS 파일을 등록한다.
	EDS 파일 삭제	EtherNet/IP 모듈에 사용하는 EDS 파일을 삭제한다.
	EDS 파일 보기	EtherNet/IP 모듈에 사용하는 EDS 파일을 표시한다.

(10) 창

표 3.11 창 메뉴 구성

명 령	설 명
새 창	활성화된 창에 대해 새 창을 연다.
분할	활성화된 창을 분할한다.
새 가로 탭 그룹	XG5000의 열려있는 여러 창들을 가로 탭으로 배열한다.
새 세로 탭 그룹	XG5000의 열려있는 여러 창들을 세로 탭으로 배열한다.
다음 탭 그룹으로 이동	다음 탭 그룹으로 이동한다.
이전 탭 그룹으로 이동	이전 탭 그룹으로 이동한다.
모두 닫기	XG5000의 열려있는 여러 창들을 모두 닫는다.
창 레이아웃 다시 설정	프로젝트의 디폴트 레이아웃을 설정한다.

(11) 도움말

표 3.12 도움말 메뉴 구성

명 령	설 명
XG5000 사용 도움말	XG5000 사용 도움말을 연다.
명령어 도움말	PLC 명령어 도움말을 연다.
LS ELECTRIC 홈페이지	LS ELECTRIC의 홈페이지에 인터넷 접속한다.
XG5000 정보	XG5000의 정보를 나타낸다.

3.2.2 도구모음

XG5000에서는 자주 사용되는 메뉴들을 아이콘 형태로 제공한다. 많이 사용되는 10개의 도구모음을 그림처럼 윈도우 상에 배치해 놓고 사용하면 편리하다.

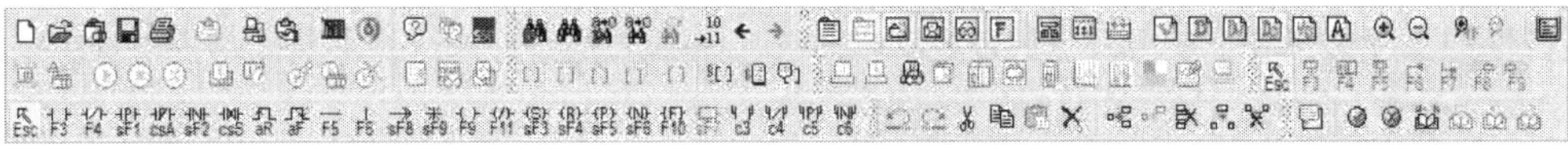

① 기본 ② 찾기 ③ 보기
④ 온라인 ⑤ 디버그 ⑥ 모니터 ⑦ SFC
⑧ LD ⑨ 편집 ⑩ 편집확장

3.2.3 상태표시줄

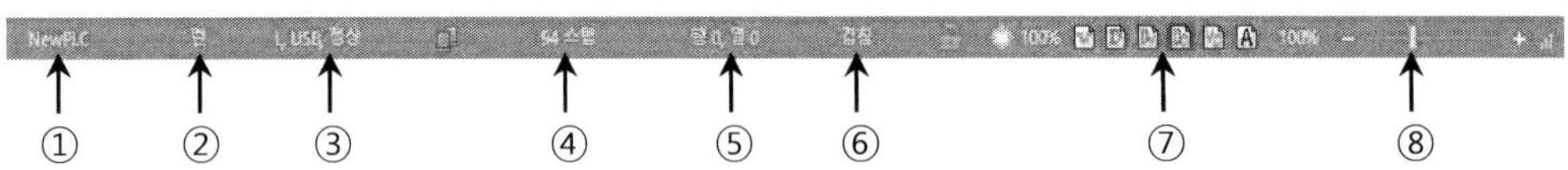

① PLC 이름 : 활성 PLC의 이름을 표시한다.

② PLC 운전상태 : PLC의 현재 운전상태를 표시한다.

③ PLC 접속상태 : PLC의 현재 접속상태를 표시한다.

④ 스텝 : 현재 프로그램의 스텝 수를 표시한다.

⑤ 커서 위치 : LD 프로그램에서 커서의 현재 위치를 표시한다.

⑥ 편집모드 : LD 프로그램의 현재 편집모드를 표시한다.

⑦ 보기 도구모음 : 보기 도구모음을 표시한다.

⑧ 배율 : LD 프로그램의 화면을 확대하거나 축소한다.

3.2.4 보기 창 바꾸기

보기 메뉴에서 볼 수 있는 프로젝트, 결과, 라이브러리 등의 창은 모두 도킹(docking)이 가능하여, 마우스를 이용해 창의 위치와 크기를 조절할 수 있으며 어떤 위치로든 도킹시킬 수 있다. 그림과 같이 일단 도구 창을 움직이면 도킹 안내자가 화면에 나타나며, 도킹 안내자 안에 창을 가까이 가져가면 원하는 위치에 손쉽게 도킹시킬 수 있다. 또한 창을 플로팅 상태(떠있는 윈도우)로 유지시키거나 자동으로 창을 숨기는 기능도 있다.

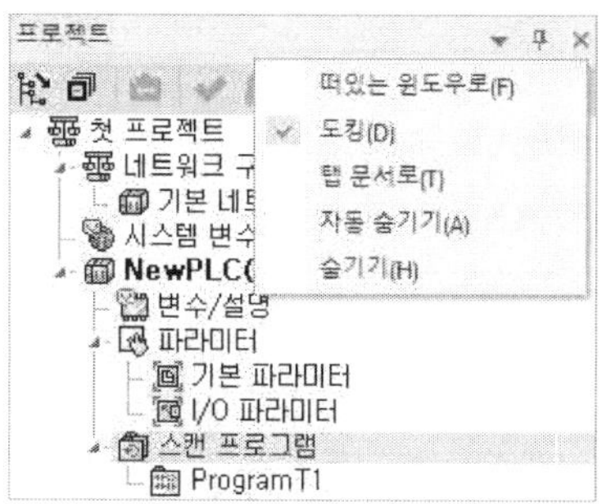

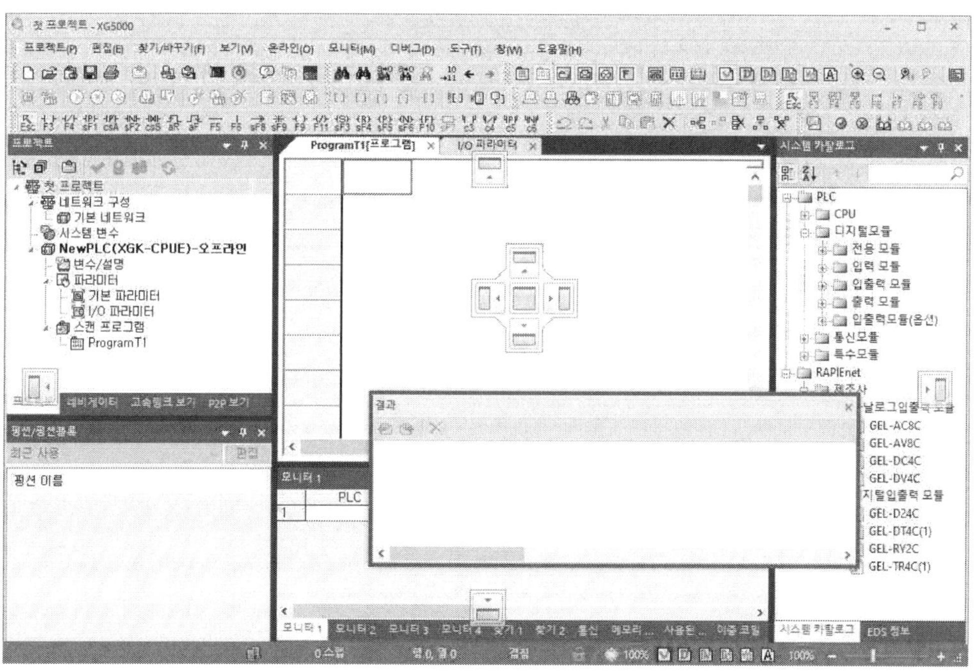

그림 3.2 XG5000 윈도우 도킹

3.3 PLC 작동 순서

XGK PLC를 동작시키는 순서는 다음과 같다.

① PLC와 PC를 USB 케이블로 연결한다.
② PLC 전원을 ON시킨다.
③ PC 전원을 ON시킨 다음, XG-5000 프로그램을 실행시킨다.
④ 새 프로젝트를 만든다.
⑤ USB 연결을 통해 PLC에 접속한다.
⑥ 기본 파라미터를 설정한다.
⑦ I/O 파라미터를 온라인으로 자동 등록하여 설정한다.
⑧ LD 프로그램 작성을 시작한다.
⑨ 디바이스 명과 변수 명을 입력하면서 LD 프로그램을 편집한다.
⑩ 마지막에 END 명령을 입력하여 LD 프로그램의 작성을 종료한다.
⑪ 프로젝트를 저장한다.
⑫ 작성한 LD 프로그램을 PLC에 쓰기로 전송한다.
⑬ 에러 발생 시에는 프로그램 검사 창에 표시된 에러를 한 개씩 마우스로 클릭하여 LD 프로그램을 수정한다.
⑭ PLC를 RUN 모드로 운전시킨다.
⑮ 사용자가 작성한 프로그램의 목적에 맞게 PLC가 정상적으로 동작하는지 하나하나 자세히 확인한다.
⑯ PLC가 정상적으로 동작하지 않는 경우에는 ⑨번부터 다시 반복한다.

3.4 프로젝트

프로젝트는 PLC 제어의 총괄 개념으로 1개의 프로젝트에는 1대 이상의 PLC들로 구성하여, PLC 간 네트워크 연결 시 강력한 기능을 발휘할 수 있다. 다음은 XG5000 윈도우의 좌측에 위치한 프로젝트 창을 보여준다.

그림 3.3 XG5000 프로젝트 창

- PLC : 실제 제어를 담당하는 단위로 1대의 PLC는 각각의 변수/설명, 파라미터, 프로그램으로 구성되며, 프로그램은 스캔 프로그램과 태스크 프로그램으로 구분된다.
- 변수/설명 : 프로그램에서 사용한 디바이스, 변수 및 각 변수에 대한 설명문을 확인, 수정할 수 있다.
- 파라미터 : PLC 기종에 따라 파라미터의 종류가 달라진다. XGK PLC의 경우 기본 파라미터와 I/O 파라미터로 구성된다.
- 스캔 프로그램 : PLC가 RUN 상태일 때 수행되는 프로그램이다.
- 태스크 프로그램 : PLC가 RUN 상태이면서 특정 조건(정주기, 내부 접점 ON/OFF)이 만족될 때만 수행되는 프로그램이다.

3.4.1 프로젝트 구성

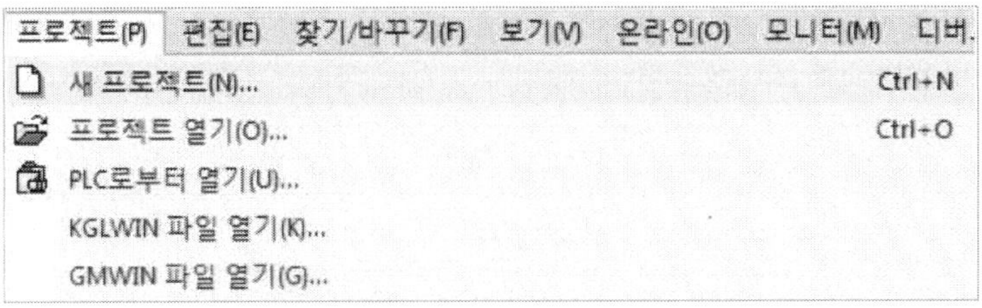

그림 3.4 프로젝트 메뉴

- 새 프로젝트 : 새로운 프로젝트를 구성한다.
- 프로젝트 열기 : 기존에 이미 만들어진 프로젝트 파일을 불러온다.
- PLC로부터 열기 : PLC에 저장되어 있는 프로젝트를 PC로 읽어(업로드) 들여, PC에 파일로 저장하거나 내용을 수정한다.
- KGLWIN 파일 열기 : MASTER-K PLC용 프로젝트 파일을 XGK/XBC PLC용 프로젝트 파일로 변환한다.
- GMWIN 파일 열기 : GLOFA-GM PLC용 프로젝트 파일을 XGI/XEC PLC용 프로젝트 파일로 변환한다.

※ KGLWIN/GMWIN 파일 열기를 할 때 KGLWIN/GMWIN 파일을 선택하고 적용하고자 하는 XGT 시리즈의 해당 PLC를 선택하면 XG5000 프로젝트 파일로 변환된다.

메뉴 "프로젝트-새 프로젝트"를 선택하거나 새 프로젝트 도구 을 눌러 '새 프로젝트' 창을 연다.

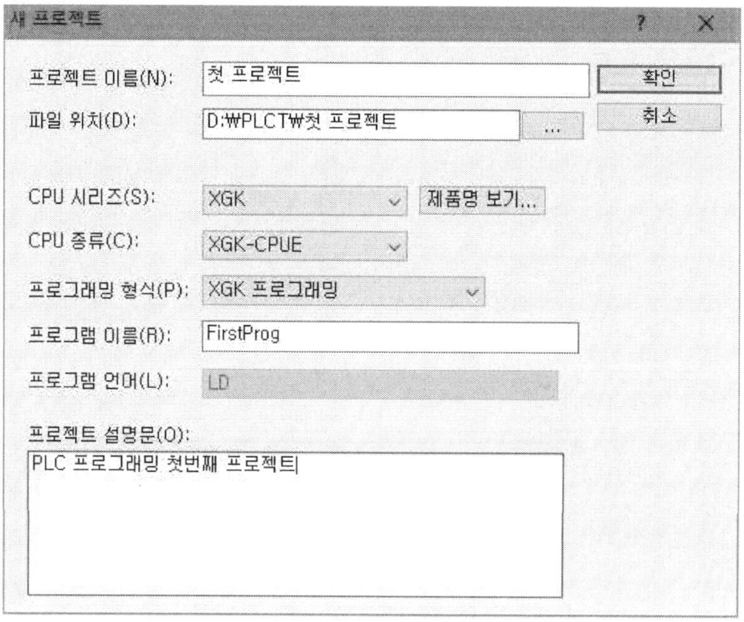

그림 3.5 XG5000 새 프로젝트 창

- 프로젝트 이름 : 새 프로젝트의 이름으로 보통 한글로 입력할 것을 권장한다.
- 파일 위치 : 파일 위치로 지정된 폴더 하부에 프로젝트 이름과 같은 폴더를 만들고 프로젝트 파일을 저장한다. '…'를 마우스로 클릭하여 파일 위치를 지정한다.
- 프로그래밍 형식 : 기존의 XGK 프로그래밍 형식과 자동할당 형식(XGI처럼 데이터 메모리 중 일부 영역을 자동할당 영역으로 사용) 중에서 선택할 수 있다.
- 프로그램 이름 : 1 대의 PLC가 수행할 프로그램을 여러 개로 나누어 작성할 수 있으며, 그 중 첫 번째 프로그램의 이름을 입력한다. 보통 영어로 입력할 것을 권장한다.
- 프로젝트 설명문 : 나중에 프로젝트를 열 때 참조할 수 있도록 하는 프로젝트에 대한 자세한 설명으로 보통 한글로 상세하게 입력할 것을 권장한다.

3.4.2 프로젝트 항목 편집

(1) 프로그램 추가

XGT PLC는 최대 256개의 프로그램으로 나누어 작성할 수 있으며, 각 프로그램의 연산 순서는 스캔 프로그램에 등록된 순서대로 실행된다.

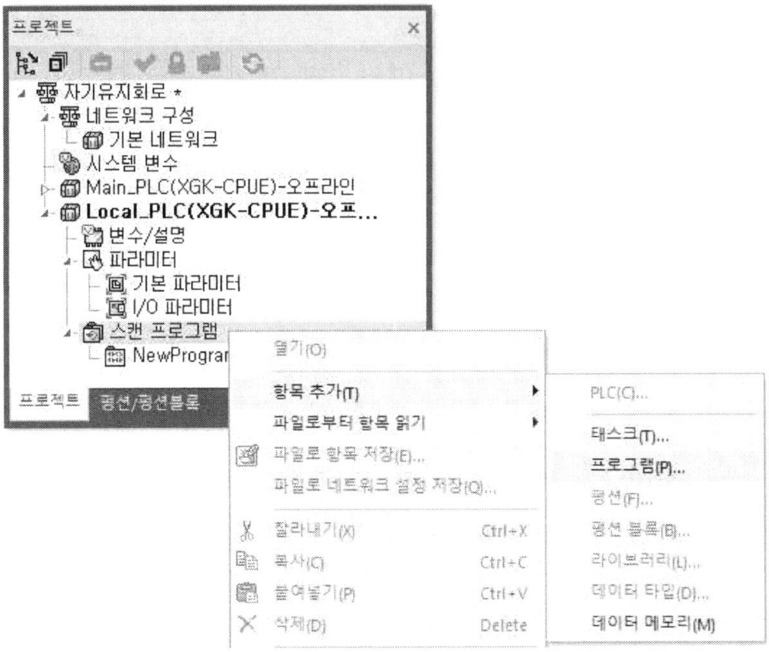

그림 3.6 프로그램 추가

① 프로젝트 창에서 스캔 프로그램을 선택하고 마우스 오른쪽 버튼을 클릭한다.

② 팝업 메뉴에서 '항목 추가'를 선택하고, 그 다음 팝업 메뉴에서 '프로그램'을 선택한다.

③ 프로그램 창에서 프로그램 이름 및 설명문을 입력한다.

④ 여러 개의 프로그램이 등록된 경우 등록된 순서에 따라 연산을 수행하므로 경우에 따라서는 프로그램의 등록 순서를 변경해주어야 한다. 프로젝트 창에서 1개의 프로그램을 선택하고 마우스 오른쪽 버튼을 클릭한 다음, 팝업 메뉴에서 '위로' 또는 '아래로'를 선택하여 프로그램의 등록 위치를 변경한다.

(2) PLC 추가

그림 3.7 PLC 추가

프로젝트는 1대 이상의 PLC로 구성할 수 있다. 프로젝트 창에서 프로젝트 이름을 선택하고, 마우스 오른쪽 버튼을 클릭하여 나타나는 팝업 메뉴에서 '항목 추가'를 선택하고, 그 다음 팝업 메뉴에서 'PLC'를 선택한다.

우측 그림과 같이 1개의 프로젝트에 2대의 PLC를 등록할 수 있다. 동일 프로젝트에 등록된 여러 대의 PLC 간 서로 통신을 할 경우 동시 접속, 동시 모니터링, 동시 런중 수정 등 편리한 기능을 이용할 수 있다.

(3) 프로젝트 항목의 저장

그림 3.8 프로젝트 항목의 저장

프로젝트에 등록된 프로그램, 변수/설명, 파라미터 등은 별도의 파일로 저장하여 다른 프로젝트에서 재사용할 수 있다. 프로젝트 창에서 저장할 항목을 선택하고, 마우스 오른쪽 버튼을 클릭하여 나타나는 팝업 메뉴에서 '파일로 항목 저장'을 선택하면 활성화되는 창에서 파일 이름을 입력하고 '저장' 버튼을 누른다.

프로젝트 항목에 따른 확장자는 다음 표와 같다.

표 3.13 프로젝트 항목에 따른 확장자

프로젝트 항목	확장자
PLC	*.plc
변수/설명	*.cmt
기본 파라미터	*.bsp
I/O 파라미터	*.iop
프로그램	*.prg

3.4.3 기본 파라미터

기본 파라미터는 PLC 운전을 위한 기본적인 속성을 지정한다. 프로젝트 창에서 '기본 파라미터'를 더블 클릭하면 그림 3.9와 같은 '기본 파라미터 설정' 창이 활성화된다.

(1) 기본 동작 설정

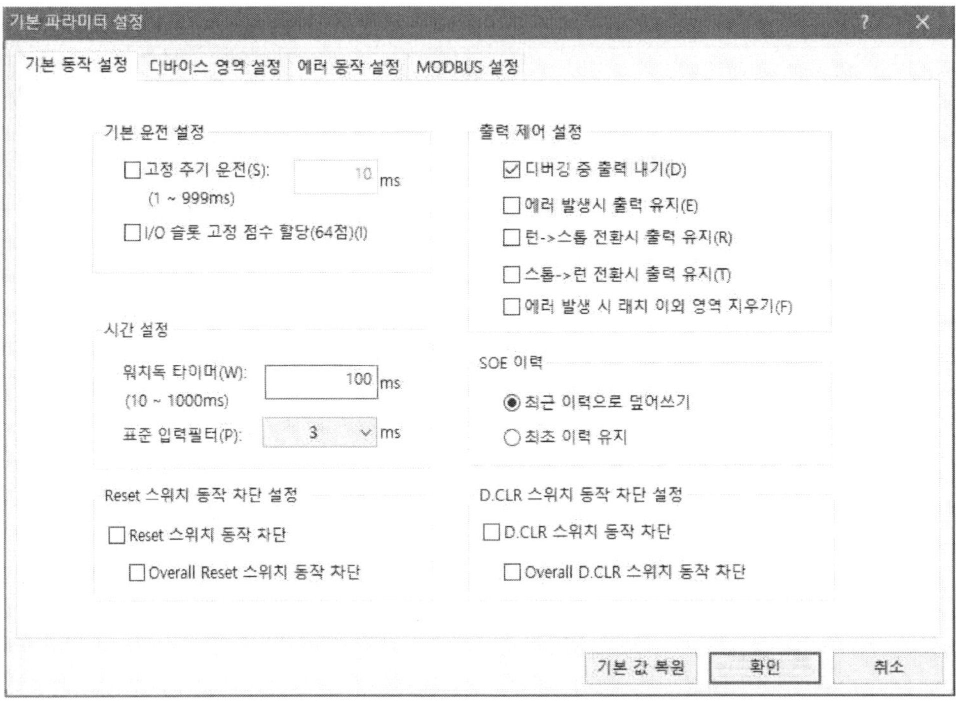

그림 3.9 XG5000 기본 파라미터의 기본동작 설정

1) 기본 운전 설정

- 고정 주기 운전 : PLC의 스캔시간을 고정시간으로 운전할 때 설정한다. 설정 시간은 1~999ms까지 1ms 단위로 설정할 수 있으며, 실제 설정할 수 있는 시간은 프로그램을 작성하여 PLC로 전송한 후 최대 스캔시간을 확인하고 최대 스캔시간보다 길게 지정해야 한다.
- I/O 슬롯 고정점수 할당(64점) : 체크할 경우 I/O 주소를 고정식으로 할당하고, 아니면 가변식으로 할당한다.

2) 시간 설정

- 워치독 타이머(10~100ms) : 워치독 타이머는 PLC의 연산폭주, 무한루프 등을 감시하기 위해 설정하는 시간으로, PLC의 1 스캔이 설정시간 이내에 완료되어야지 그렇지 않으면 PLC는 에러상태가 된다.
- 표준 입력필터 : 디지털 입력모듈에 대해 ON/OFF 상태를 계속 유지해 주어야 하는 시간이다. 디지털 입력모듈의 입력상태가 바뀌고(예 OFF→ON) 표준 입력필터 시간보다 짧은 시간 내에 다시 원래 상태로 복귀하게(예 ON→OFF) 되면 입력신호가 바뀌지 않은 것으로 간주된다. 이것은 전기적 노이즈에 의한 오동작을 방지하기 위한 기능으로 전기적 노이즈가 많은 현장에서는 표준 입력필터 시간을 길게 설정함으로써 전기적 노이즈에 의한 오동작을 방지할 수 있다. 여기서 설정한 입력필터 시간은 PLC 시스템 전체에 적용되며, I/O 파라미터에서 디지털 입력모듈별로 따로따로 입력필터 시간을 지정할 수도 있다.

3) 출력 제어 설정

- 디버깅 중 출력하기 : PLC를 디버깅 모드로 운전시킬 때 출력모듈에 출력할지 여부를 선택한다.
- 에러 발생시 출력 유지 : PLC가 에러상태가 되면 PLC는 연산을 실행할 수 없으므로 안전을 고려하여 디지털 출력을 리셋시킨다. 이 항목을 체크하면 I/O 파라미터의 디지털 출력모듈에서 비상출력에 홀드로 선택된 채널에 대해 출력을 리셋하지 않고 유지시킨다.
- 런->스톱 전환시 출력 유지 : PLC가 STOP 모드가 되었을 때 에러상태와 마찬가지로 연산을 하지 않으므로 디지털 출력을 리셋시킨다. 이 항목을 체크하면 I/O 파라미터의 디지털 출력모듈에서 비상출력에 홀드로 선택된 채널에 대해 출력을 리셋하지 않고 유지시킨다.
- 스톱->런 전환시 출력 유지 : PLC가 STOP 모드에서 RUN 모드로 변경될 때, 데이터 메모리 영역에서 래치(전원 OFF시에도 데이터 유지) 영역이외의 일반영역의 데이터를 삭제한다. 이 항목을 체크하면 데이터 메모리에서 래치영역이외의 일반영역의 데이터를 삭제하지 않고, STOP 상태의 데이터를 그대로 유지하여 RUN 모드로 진입한다.

- 에러 발생시 래치이외 영역 지우기 : PLC가 에러상태가 되면 연산을 실행하지 않고 모든 데이터를 유지한다. 그러나 PLC가 통신기능 중 서버기능 및 고속링크 기능을 사용한다면 에러상태에서도 통신기능은 계속 수행되어 PLC 데이터 메모리에 저장되어 있는 데이터를 송신한다. 이 항목을 체크하면 PLC에 에러가 발생하였을 때 래치영역이외 일반영역의 데이터를 지운다.

4) SOE 이력

SOE(Sequence Of Events) 모듈은 PLC 연산중에 이벤트가 발생한 순서와 시간을 기록한다. SOE 모듈은 최대 300개까지의 이벤트를 기록할 수 있는데, SOE 모듈의 메모리가 300개의 이벤트로 가득 채워졌을 경우 SOE 모듈의 운전상태를 설정한다.

- 최근 이력으로 덮어쓰기 : SOE 모듈의 메모리가 가득 채워진 후에 새로운 이벤트가 발생하였을 경우, 가장 오래된 이벤트에 해당하는 메모리의 데이터를 삭제하고 그 위치에 새로운 이벤트를 기록한다.
- 최초 이력 유지 : SOE 모듈의 메모리가 가득 채워진 후에 새로운 이벤트가 발생하더라도 더 이상 기록하지 않고 과거의 데이터를 그대로 유지한다.

5) 리셋 스위치 동작차단 설정

CPU 모듈의 RST 스위치의 동작을 설정한다. CPU 모듈의 RST 스위치를 왼쪽으로 동작시키면 CPU가 '리셋' 동작을 수행하여 일반영역의 데이터만 삭제하고, RST 스위치를 왼쪽으로 3초이상 동작시켜 6개의 LED 전체가 깜박일 때 스위치를 복귀시키면 CPU가 'Overall 리셋' 동작을 수행하여 일반영역과 래치 영역1의 데이터를 삭제한다.

- Reset 스위치 동작차단 : 이 항목을 체크하여 선택하면 아래의 'Overall Reset 스위치 동작차단'도 함께 체크되어, CPU 모듈의 RST 스위치를 왼쪽으로 동작시키더라도 CPU가 리셋동작을 수행하지 않고, RST 스위치를 왼쪽으로 3초이상 동작시켜 6개의 LED 전체가 깜박일 때 스위치를 복귀시켜도 CPU가 Overall 리셋 동작을 수행하지 않는다.

- Overall Reset 스위치 동작차단 : 이 항목이 체크되어 있으면 CPU 모듈의 왼쪽으로 스위치를 왼쪽으로 3초이상 동작시켜 6개의 LED 전체가 깜박일 때 스위치를 복귀시키더라도 CPU가 Overall 리셋 동작을 수행하지 않는다.

※ XG5000에서 리셋이나 Overall 리셋을 실행시키면 상기 항목의 체크여부와 관계없이 CPU는 리셋이나 Overall 리셋 동작을 수행한다.

6) D.CLR 스위치 동작차단 설정

CPU 모듈의 D.CLR 스위치의 동작을 설정한다. CPU를 STOP 모드로 전환한 후, CPU 모듈의 D.CLR 스위치를 동작시키면 CPU가 '데이터 클리어(Data Clear)'을 수행하여 일반영역과 래치 영역1의 데이터를 삭제하고, D.CLR 스위치를 3초이상 동작시켜 6개의 LED 전체가 깜박일 때 스위치를 복귀시키면 CPU가 'Overall 데이터 클리어'를 수행하여 일반영역, 래치 영역1, 래치 영역2까지 모든 영역의 데이터를 삭제한다.

- D.CLR 스위치 동작차단 : 이 항목을 체크하여 선택하면 아래의 'Overall D.CLR 스위치 동작차단'도 체크되어, CPU를 STOP시킨 상태에서 D.CLR 스위치를 동작시키더라도 CPU가 데이터 클리어 동작을 수행하지 않고, D.CLR 스위치를 3초이상 동작시켜 6개의 LED 전체가 깜박일 때 스위치가 복귀시켜도 CPU가 Overall 데이터 클리어 동작을 수행하지 않는다.
- Overall D.CLR 스위치 동작차단 : CPU를 STOP시킨 상태에서 D.CLR 스위치를 3초이상 동작시켜 6개의 LED 전체가 깜박일 때 스위치가 복귀시키더라도 CPU가 Overall 데이터 클리어 동작을 수행하지 않는다.

※ RUN 모드에서는 CPU가 데이터 클리어나 Overall 데이터 클리어를 수행하지 않으므로, 반드시 STOP 모드로 전환한 다음 D.CLR 스위치나 Overall D.CLR 스위치를 동작시켜야 한다.

(2) 디바이스 영역 설정

PLC가 리셋되었을 때 데이터가 삭제되지 않고 유지되는 래치영역을 설정한다. 래치영역은 래치 영역1과 래치 영역2로 나누어지며 각 영역은 리셋 및 데이터 클리어 동작에 따라 데이터를 유지하거나 삭제한다.

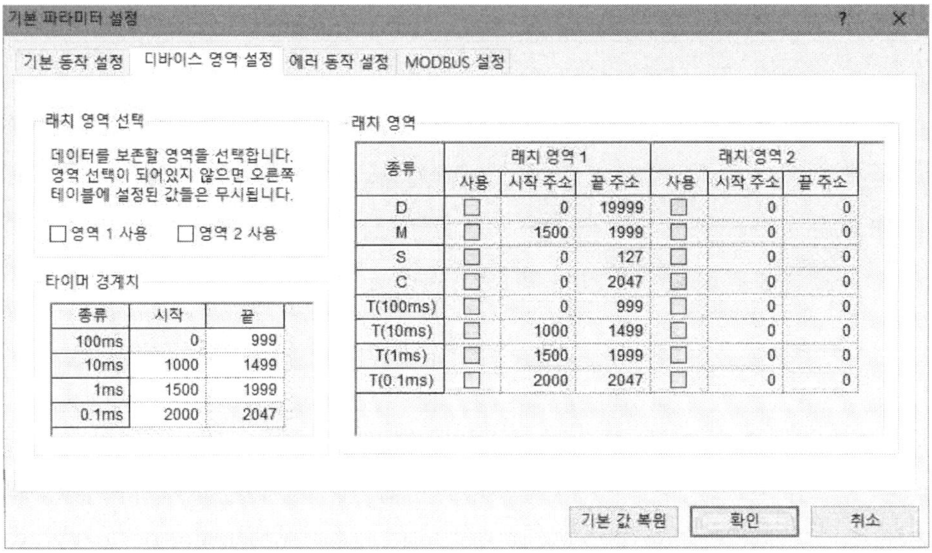

그림 3.10 XG5000 기본 파라미터의 디바이스영역 설정

- 타이머 경계치 : XGK PLC에는 2,048개의 타이머가 있으며, 100ms, 10ms, 1ms, 0.1ms 단위로 설정할 수 있다. 여기서 설정시간 별로 타이머의 시작 번호와 끝 번호를 입력하여 사용할 수 있다.
- 래치 영역 선택 : '영역 1 사용', '영역 2 사용'을 체크하면 오른쪽 래치영역에서 각 래치영역 별 '사용' 선택 행이 활성화된다.
- 래치 영역 : '사용'을 체크하면 래치영역으로 사용하고자 하는 메모리 영역의 시작 주소와 끝 주소를 입력할 수 있다. 여기서 래치 영역1과 래치 영역2의 메모리 영역이 중복되지 않게 주소를 설정해야 하는데, 중복된 메모리 영역은 래치 영역1로 동작한다. D영역과 M영역에 대해서는 워드 단위, S 영역에 대해서는 조 단위, C영역과 T영역에 대해서는 카운터 번호 또는 타이머 번호 단위로 연속적으로 설정할 수 있다.

데이터 메모리 영역중 K영역과 R영역은 디바이스 영역 설정에서 설정하지 않더라도 다음 표와 같이 래치 영역1, 래치 영역2와 같은 래치 기능을 수행한다.

표 3.14 래치 동작

동 작	래치 영역1	래치 영역2	K, R 영역
CPU STOP/RUN	유지	유지	유지
전원 OFF/ON	유지	유지	유지
리셋	유지	유지	유지
Overall 리셋	클리어	유지	클리어
래치1 클리어	클리어	유지	클리어
래치2 클리어	클리어	클리어	클리어
프로그램 쓰기	유지	유지	유지

(3) 에러 동작 설정

PLC에 에러가 발생했을 때 운전을 정지할 것인지 에러를 무시하고 운전을 계속할 것인지 여부를 선택한다. 여기서 운전속행으로 설정된 에러가 발생했을 때 PLC는 운전을 계속하고, CPU 모듈의 'CHK LED'가 점멸한다.

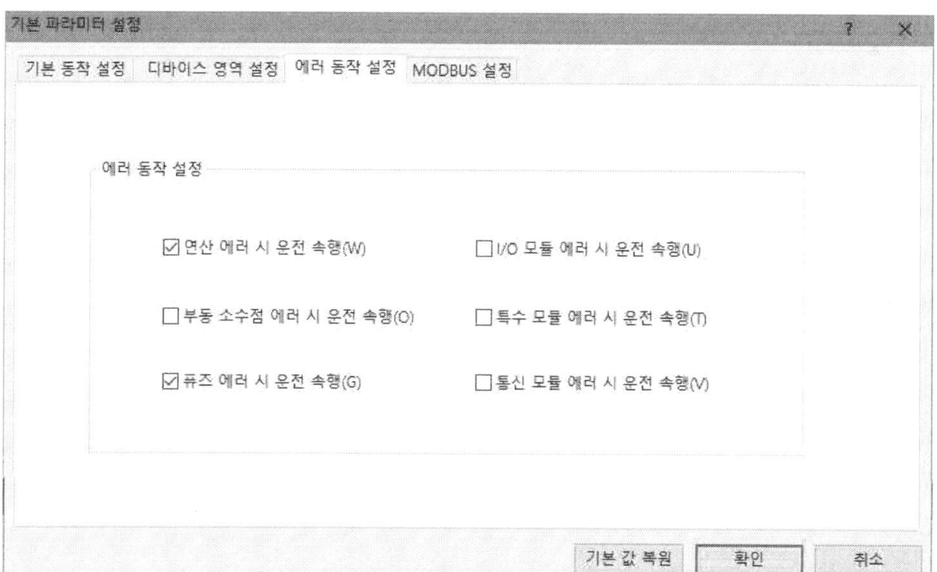

그림 3.11 XG5000 기본 파라미터의 에러동작 설정

3.4.4 IO 파라미터

PLC에 장착된 디지털 입력모듈, 디지털 출력모듈, 특수모듈, 통신모듈의 운전속성을 지정한다. 프로젝트 창에서 I/O 파라미터를 더블 클릭하면 그림과 같이 프로그램 편집 창 옆에 I/O 파라미터 설정 탭이 활성화 된다. 초기에는 PLC 시스템의 전원모듈과 CPU 모듈만이 보여 지고 나머지 모듈들은 비어있으므로, I/O 파라미터를 설정하기 위해서는 현재 PLC에 장착되어 있는 모듈들을 등록해야 하는데 온라인 등록과 사용자 등록이 있다.

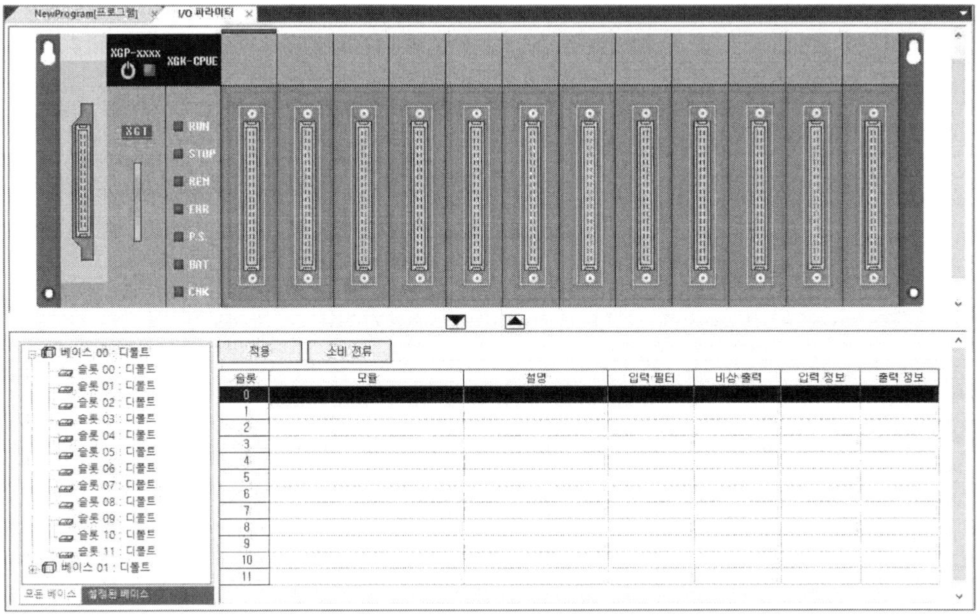

그림 3.12 I/O 파라미터 설정 창

(1) 사용자 모듈 등록

PLC 시스템에 장착되어 있는 모듈들을 사용자가 직접 각 슬롯 별로 선택하여 수동으로 등록한다.

① 프로젝트 창에서 I/O 파라미터를 더블 클릭한다.

② I/O 파라미터 탭에서 슬롯을 클릭하면 모듈 종류가 표시된다.

③ '⊞'을 클릭하여 모듈 종류(디지털/특수/통신)를 확장시켜 장착한 모듈을 선택하면 해당 슬롯에 선택한 모듈이 등록된다.

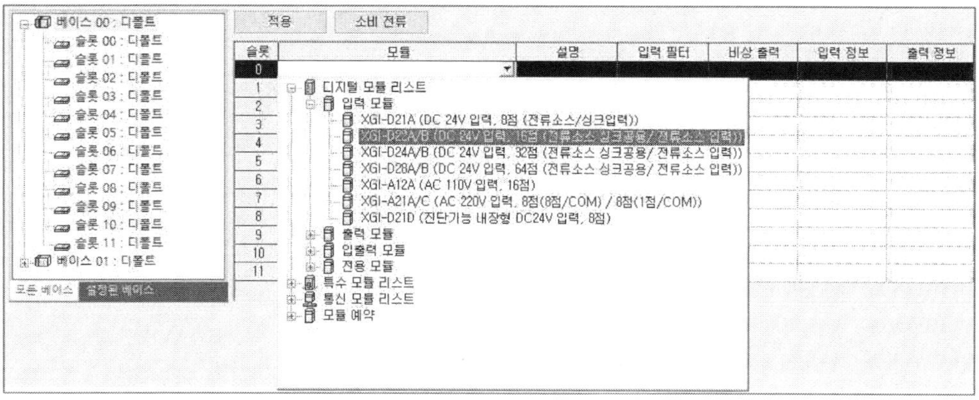

그림 3.13 사용자 모듈 등록

(2) 온라인 모듈 등록

PLC 시스템에 각 슬롯 별로 장착되어 있는 모듈들의 종류를 읽어 I/O 파라미터에 자동으로 등록한다. 온라인 등록은 PLC와 XG5000이 접속되어 있고, PLC가 STOP 모드일 때만 가능하다.

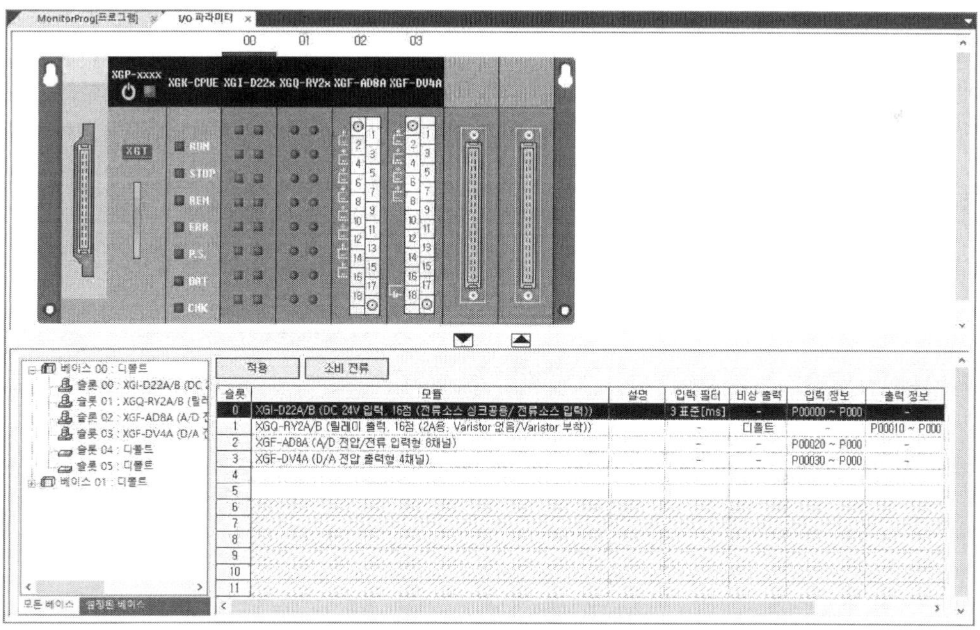

그림 3.14 온라인 모듈 등록

① PLC에 접속한 후 메뉴 '온라인-모드 전환-스톱'을 선택하여 PLC를 STOP 모드로 전환한다.

② 메뉴 '온라인-진단-I/O 정보'를 선택하여 PLC에 장착된 모듈 정보를 읽어온다.

③ 'I/O 정보' 창에서 'I/O 동기화' 버튼을 클릭하면 PLC에서 읽어온 I/O 정보를 I/O 파라미터로 저장한다.

④ I/O 정보 창에서 모듈을 더블 클릭하거나 모듈을 선택하고 '상세 정보' 버튼을 클릭하면 모듈의 상세 정보를 확인할 수 있다.

(3) I/O 파라미터 설정

'I/O 파라미터 설정' 창에서 설정하고자 하는 디지털 입력모듈을 더블 클릭하여 '입력모듈 설정' 창이 활성화되면 입력모듈 별로 입력필터 시간을 설정할 수 있다. I/O 파라미터에서 입력모듈에 대해 입력필터 시간을 지정하지 않으면 기본 파라미터에서 설정한 '표준 입력필터' 시간으로 설정된다.

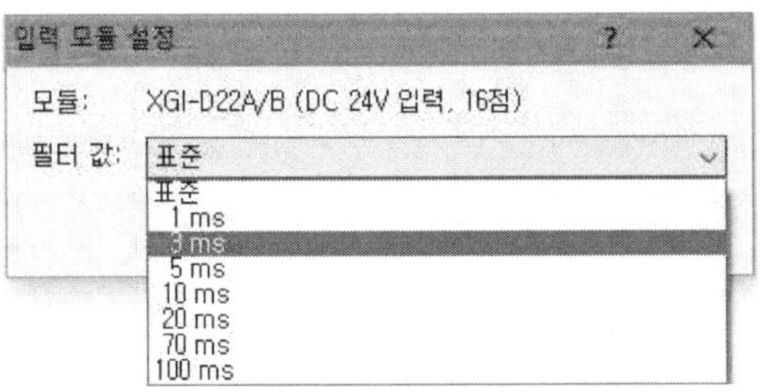

그림 3.15 입력필터 시간 설정

I/O 파라미터 설정 창에서 설정하고자 하는 디지털 출력모듈을 더블 클릭하여 '비상출력 설정' 창이 활성화되면 채널 별(8점 단위)로 PLC가 STOP 또는 에러 상태로 전환될 때 비상출력을 유지(홀드) 할 것인지, 아니면 클리어 시킬 것인지를 설정한다. 기본 설정은 비상출력을 클리어 시키는 것으로 되어있다.

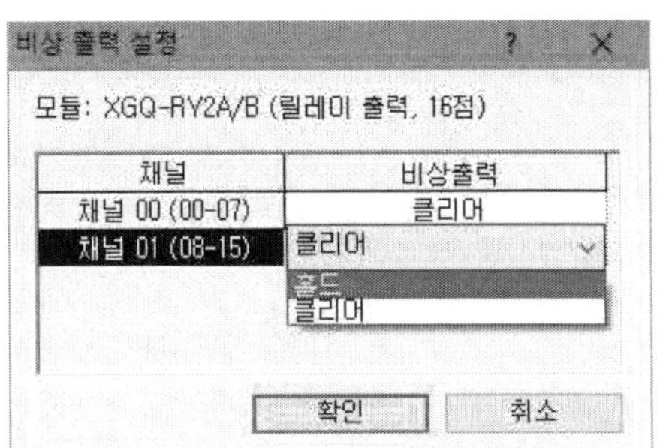

그림 3.16 비상 출력 설정

3.5 LD 프로그램

3.5.1 LD 프로그램 개요

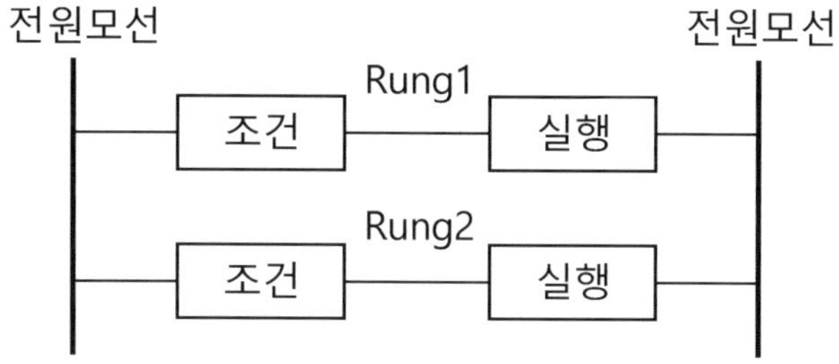

그림 3.17 래더도의 구조

래더도(Ladder Diagram)의 구조는 그림과 같이 양쪽 끝에 전원모선이 있고, 그 사이에 코드(Code)가 존재하는 사다리(Ladder)와 같은 모양을 하고 있다. 코드는 조건부분과 실행부분으로 구성되며 조건부분이 만족되면 실행부분이 수행된다. 래더도에서 하나의 라인을 렁(Rung)이라 부르는데 사다리를 가로지르는 가로대를 의미한다. 전원 흐름선은 언제나 BOOL(0 또는 1) 값을 가지고 있으며, 한 Rung에 하나만 존재한다. LD 프로그램의 가장 큰 장점은 여러 개의 코드로 구성되어 멀티태스킹 동작을 한다는 것이다.

(1) 전원 모선

LD 프로그램의 왼쪽 끝과 오른쪽 끝에는 전원선 개념의 모선이 수직으로 양쪽에 놓인다.

표 3.15 전원 모선의 기능

기 호	명 칭	설 명
├─	왼쪽 모선	언제나 BOOL 1 값을 가지고 있다
─┤	오른쪽 모선	값은 정해지지 않는다.

(2) 전원 흐름선

왼쪽 모선의 1의 값을 오른쪽으로 전달한다. 그 전달되는 값을 가진 선을 전원 흐름선 또는 연결선이라 하며, 접점이나 코일에 연결되어 있는 선이다.

표 3.16 전원 흐름선의 기능

기 호	명 칭	설 명
────	가로 연결선	왼쪽의 값을 오른쪽으로 전달한다.
│	세로 연결선	왼쪽에 있는 가로 연결선들의 논리합(OR) 연산을 한다.

(3) 접점

접점이란 비트 메모리에 저장되어 있는 상태정보를 읽어 우측으로 전달하는 프로그래밍 기호이다. XGK PLC 프로그램에서 사용하는 접점의 종류는 평상시 열린 접점, 평상시 닫힌 접점, 양변환 검출 접점, 음변환 검출 접점이 있으며, 각 접점의 동작특성은 다음과 같다.

표 3.17 접점의 기능

기 호	명 칭	설 명
─┤ ├─	평상시 열린 접점 (NO)	지정된 비트 메모리의 상태를 읽어 그대로 우측으로 전달하는 a접점의 기능을 갖는다.
─┤/├─	평상시 닫힌 접점 (NC)	지정된 비트 메모리의 상태를 읽어 반전시킨 후 우측으로 전달하는 b접점의 기능을 갖는다.
─┤P├─	양변환 검출 접점	지정된 비트 메모리의 상태가 OFF에서 ON으로 변경될 때(상승에지), 1 스캔시간 동안만 ON시켜 우측으로 전달한다.
─┤N├─	음변환 검출 접점	지정된 비트 메모리의 상태가 ON에서 OFF로 변경될 때(하강에지), 1 스캔시간 동안만 ON시켜 우측으로 전달한다.

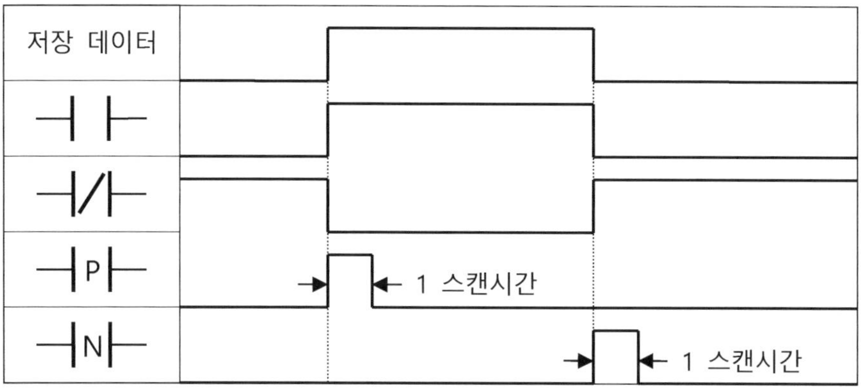

그림 3.18 접점의 동작 특성

(4) 코일

코일은 출력된 연산결과를 지정된 비트 메모리에 저장하는 프로그래밍 기호로 래더도의 가장 우측에 위치한다.

표 3.18 코일의 기능

기 호	명 칭	설 명
─( )─	코일	왼쪽 연결선의 상태를 그대로, ON이면 지정된 비트를 ON시키고, OFF면 지정된 비트를 OFF시킨다.
─(/)─	역 코일	왼쪽 연결선의 상태를 반전시켜, OFF면 지정된 비트를 ON시키고, ON이면 지정된 비트를 OFF시킨다.
─(S)─	SET 코일	왼쪽 연결선의 상태가 ON될 때 지정된 비트를 ON시키고, 조건이 해제되더라도 변경되지 않고, RESET 코일에 의해 OFF되기 전까지는 계속 ON상태를 유지한다.
─(R)─	RESET 코일	왼쪽 연결선의 상태가 ON될 때 지정된 비트를 OFF시키고, 조건이 해제되더라도 변경되지 않고, SET 코일에 의해 ON되기 전까지는 계속 OFF상태를 유지한다.
─(P)─	양변환 검출 코일	왼쪽 연결선의 상태가 OFF에서 ON으로 변경될 때(상승에지), 지정된 비트를 ON시켰다가 다음 스캔에서 OFF시킨다(1 스캔시간 동안만 ON).
─(N)─	음변환 검출 코일	왼쪽 연결선의 상태가 ON에서 OFF로 변경될 때(하강에지), 지정된 비트를 ON시켰다가 다음 스캔에서 OFF시킨다(1 스캔시간 동안만 ON).

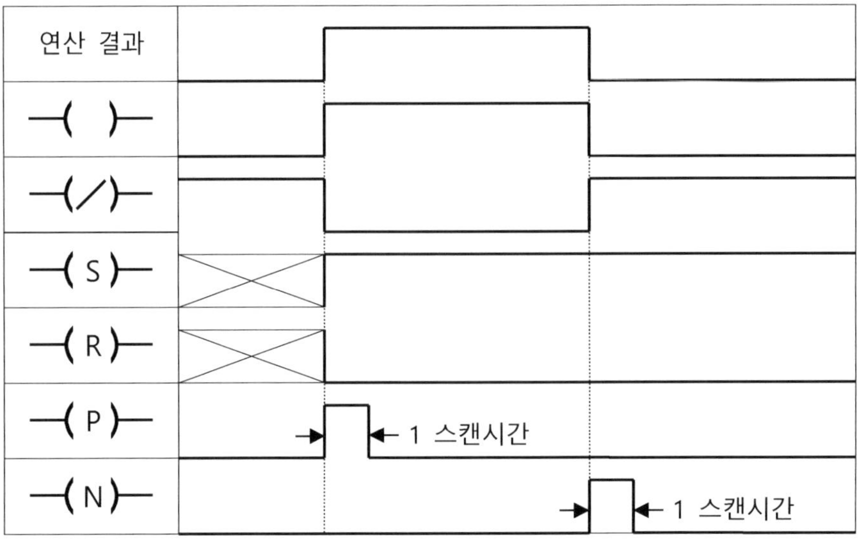

그림 3.19 코일의 동작 특성

(5) 펑션과 펑션블록

자동화 장치가 점차 고도화됨에 따라 프로그램의 크기가 커지고 처리할 데이터의 양도 늘어나므로 프로그램을 반복해서 재 사용하는 필요성이 크게 대두되고 있다. 자주 반복해서 사용하는 일부 프로그램을 펑션이나 펑션블록으로 미리 분할, 작성하여 사용자 명령어로 만든 후에 필요할 때마다 불러서 사용하는 것이 편리하다. 기본 펑션에는 전송 펑션, 형변환 펑션, 비교 펑션, 산술연산 펑션, 논리연산 펑션, 비트시프트 펑션 등이 있다. 기본 펑션블록 중 가장 일반적인 것은 타이머와 카운터이다.

표 3.19 펑션/펑션블록의 기능

기 호	명 칭	설 명
—[F]—	펑션	특정한 기능을 수행하기 위해 프로그램에서 호출하는 프로그램 모듈로서 하나의 출력을 갖는다.
—[FB]—	펑션블록	특정한 기능을 수행하기 위해 프로그램에서 호출하는 프로그램 모듈로서 출력이 여러 개 일 수 있다.

3.5.2 LD 프로그램 작성 시 주의사항

① 출력코일의 오른쪽에는 입력접점을 사용할 수 없다.

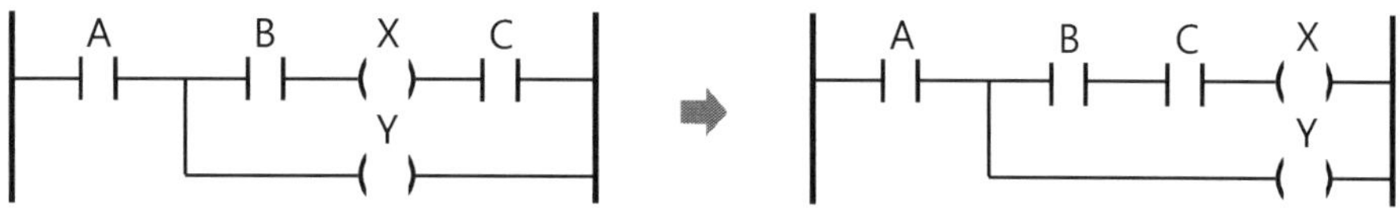

그림 3.20 입력접점과 출력코일의 위치

② 직렬 접점이 많은 회로는 위쪽에 사용하면 스텝 수를 줄일 수 있다.

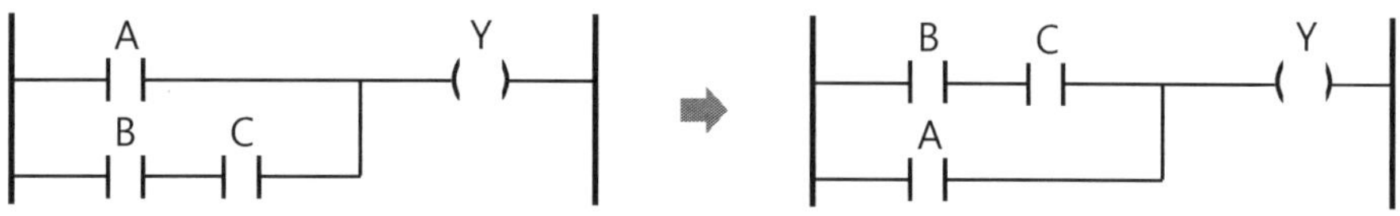

그림 3.21 직렬 접점의 위치

③ 병렬 접점이 많은 회로는 왼쪽에 사용하면 스텝 수를 줄일 수 있다.

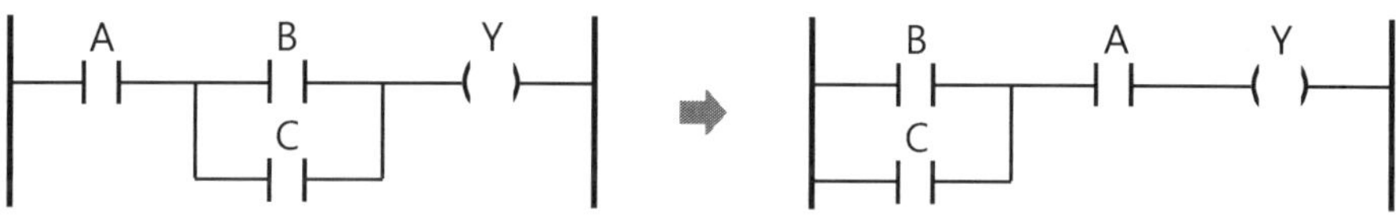

그림 3.22 병렬 접점의 위치

④ 접점의 상하 연결은 불가능하다.

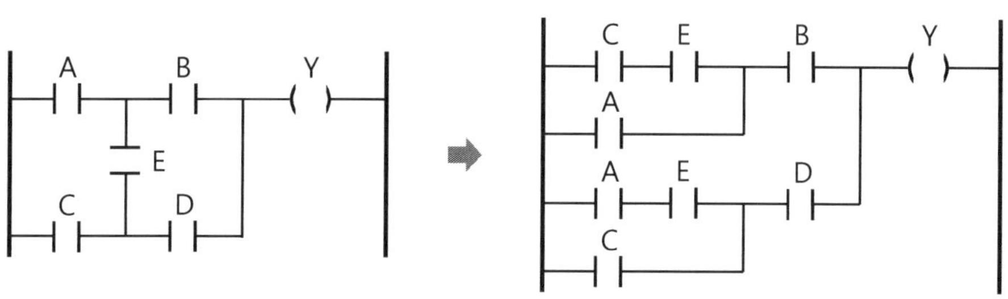

그림 3.24 접점의 상하 연결

⑤ 프로그램 시작 전의 입력 이미지 영역 리프레시와 프로그램 종료 후의 출력 이미지 영역 리프레시와 같은 PLC의 일괄 입출력 처리방식으로 인해 PLC 프로그램에서 동일한 출력번호를 한 번만 사용해야 한다. 동일한 출력번호가 두 번 이상 사용되는 것을 이중코일(double coil)이라고 한다. 이중코일을 사용한 출력접점은 항상 ON이 되거나 항상 OFF가 된다.

[입력] A=ON, B=OFF

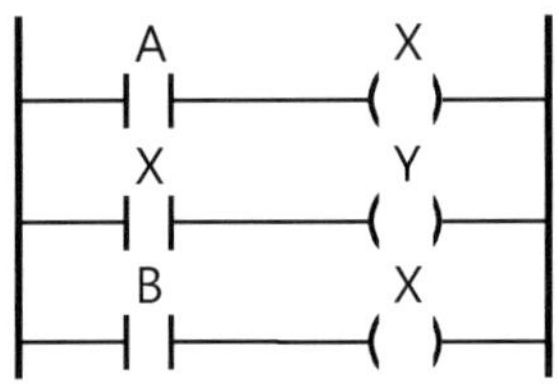

[출력] X=OFF, Y=ON

그림 3.23 이중코일 금지

그림 3.23과 같이 동일한 출력 X가 두 번 사용된 경우를 보면 먼저 입력조건 A=ON, B=OFF 라고 가정하면 프로그램의 첫 번째 줄은 A=ON 이므로 X=ON 이 되어 두 번째 줄의 Y=ON 이 된다. 그러나 세 번째 줄에서 B=OFF 이므로 첫 번째 줄의 X=ON 과 다른 X=OFF 가 된다. 그러나 PLC의 일괄 입출력 처리 방식 때문에 프로그램 수행 도중에 입출력 값이 변해도 실제 값은 변하지 않는다. 따라서 X의 실제 출력은 나중에 실행한 출력에 따라 항상 OFF가 된다. 결국 최종 출력은 X=OFF, Y=ON 이 된다.

PLC 프로그램을 실행했을 때 입력신호의 ON/OFF 값에 관계없이 출력이 항상 ON되거나 OFF된다면 이중코일을 의심해봐야 한다. 따라서 이중코일을 사용해서는 안 되므로 출력을 여러 번 사용해야 한다면 출력은 처음 한 번만 사용하여 출력과 병렬로 보조 메모리 M을 연결하고, 다음부터는 출력 대신에 보조 메모리를 사용하는 것도 하나의 방법이다.

3.6 프로그램 편집

3.6.1 제한사항

표 3.20 프로그램 제한사항

항 목	내 용	제한 사항
최대 접점 개수	한 라인에 입력할 수 있는 최대 접점의 개수	31개
최대 라인수	편집 가능한 최대 라인의 수	65,535라인
최대 복사 라인수	한 번에 복사할 수 있는 최대 라인 수	300라인
최대 붙여넣기 라인수	한 번에 붙여 넣을 수 있는 최대 라인 수	300라인

3.6.2 편집 도구모음

편집요소의 입력은 마우스로 해당 편집 도구모음을 선택한 다음 위치시킬 편집영역을 클릭하거나, 편집요소를 입력할 위치로 커서를 이동시킨 다음 해당 단축키를 눌러 시작한다.

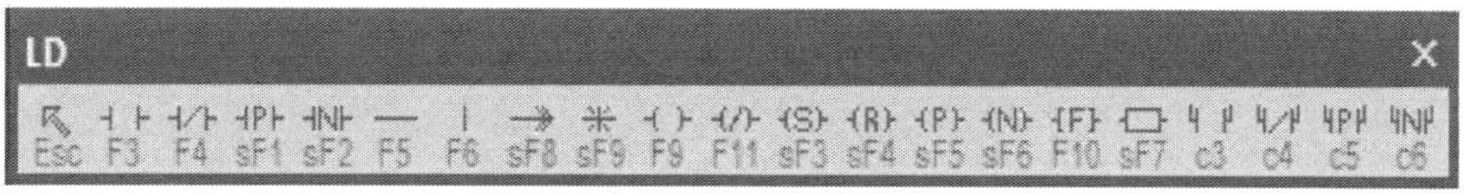

그림 3.25 편집 도구모음

그림 3.25는 LD 프로그램에서 많이 사용되는 편집 도구모음을 보여준다. 이중에서도 가장 많이 사용되는 평상시 열린 접점(F3), 평상시 닫힌 접점(F4), 양변환 검출접점(Shift+F1), 음변환 검출접점(Shift+F2), 코일(F9), SET 코일(Shift+F3), RESET 코일(Shift+F4), 응용명령(F10) 등의 도구모음은 꼭 기억해 둘 필요가 있다. ESC 키는 선택 모드로 변경하여 초기화할 때 사용한다.

3.6.3 접점 입력

접점을 입력할 위치로 커서를 이동시키고 해당 접점의 단축키를 누르거나, 마우스로 입력할 접점의 도구모음을 선택하고 위치시킬 편집영역을 클릭하면 '변수/디바이스 입력' 창이 활성화된다. 창에서 디바이스명과 변수명을 입력하면 접점이 삽입된다.

(1) 접점

접점에는 평상시 열린 접점, 평상시 닫힌 접점, 양변환 검출 접점, 음변환 검출 접점이 있다.

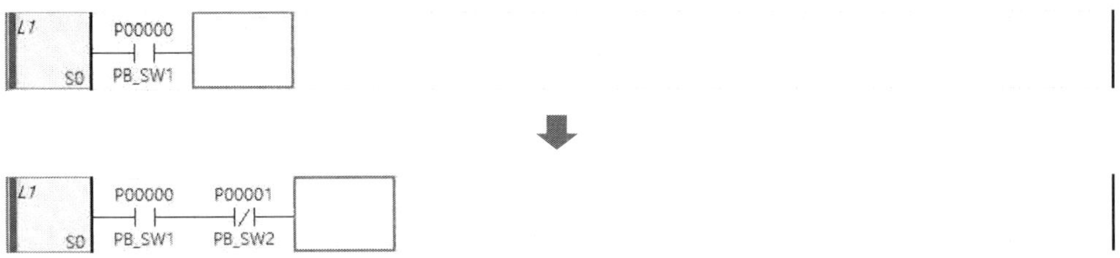

그림 3.26 접점 입력

(2) OR 접점

OR 접점에는 평상시 열린 OR 접점, 평상시 닫힌 OR 접점, 양변환 검출 OR 접점, 음변환 검출 OR 접점이 있다.

그림 3.27 OR 접점 입력

3.6.4 변수/디바이스

(1) 변수/디바이스 입력

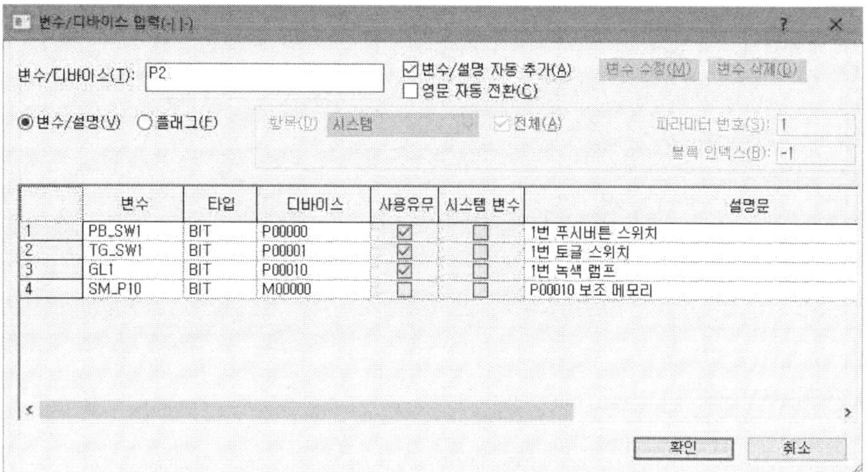

그림 3.28 변수/디바이스 입력

- 변수/디바이스 : 디바이스 또는 변수를 입력한다.
- 변수/설명 : 목록에 선언된 변수, 디바이스 및 설명문을 표시한다.
- 플래그 : 목록에 플래그를 표시한다.
- 변수/설명 자동 추가: 체크하면 변수/설명 목록에 등록되지 않은 디바이스를 입력한 경우 '변수/설명 추가' 창이 활성화되고 추가로 변수와 설명문을 입력한다.
- 변수 수정 : 선택한 변수의 변수나 설명문을 수정한다.
- 변수 삭제 : 선택한 변수를 삭제한다.

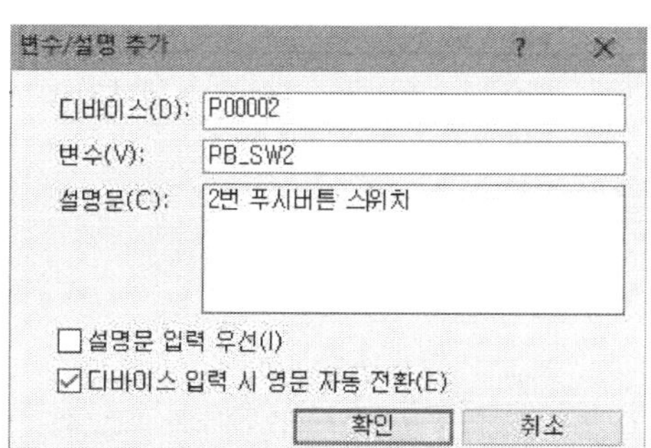

그림 3.29 변수/설명 추가

(2) 변수/디바이스 편집

디바이스에 대한 변수와 설명문은 프로그램에서 디바이스를 최초로 호출할 때 입력할 수도 있지만, 디바이스를 호출하기 전에 미리 등록하거나, 나중에 디바이스를 호출한 후 편집할 수도 있다. 프로젝트 창에서 변수/설명을 더블 클릭하여 '변수/설명' 창이 활성화되고 '변수 보기' 탭을 선택하여 현재 등록되어 있는 변수가 표시되면 디바이스, 설명문을 편집한다.

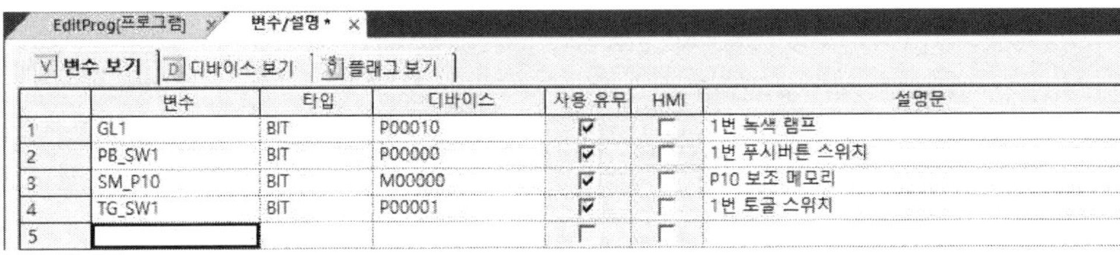

EditProg[프로그램] | 변수/설명*

V 변수 보기 | D 디바이스 보기 | 플래그 보기

	변수	타입	디바이스	사용 유무	HMI	설명문
1	GL1	BIT	P00010	☑	☐	1번 녹색 램프
2	PB_SW1	BIT	P00000	☑	☐	1번 푸시버튼 스위치
3	SM_P10	BIT	M00000	☑	☐	P10 보조 메모리
4	TG_SW1	BIT	P00001	☑	☐	1번 토글 스위치
5				☐	☐	

그림 3.30 변수 보기

'디바이스 보기' 탭을 선택한 후 디바이스 항목에 표시할 디바이스의 선두 주소를 입력하고 타입에서 BIT 또는 WORD를 선택하면 디바이스 항목에 지정된 주소부터 타입에 지정된 크기의 주소가 순서대로 표시된다. 디바이스에 대해 변수 또는 설명문의 셀을 선택한 후 편집한다.

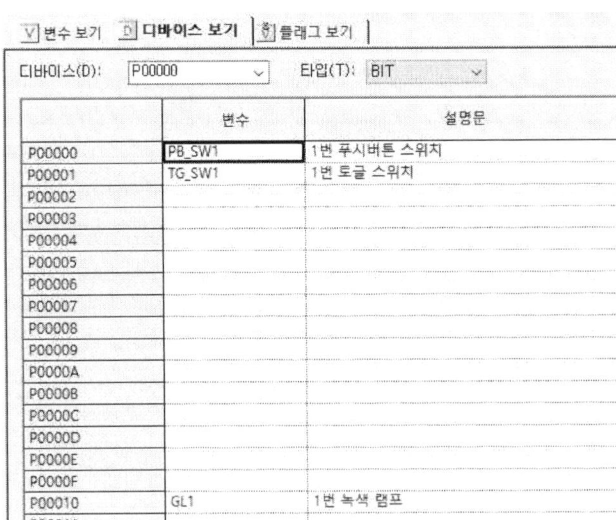

V 변수 보기 | D 디바이스 보기 | 플래그 보기

디바이스(D): P00000 타입(T): BIT

	변수	설명문
P00000	PB_SW1	1번 푸시버튼 스위치
P00001	TG_SW1	1번 토글 스위치
P00002		
P00003		
P00004		
P00005		
P00006		
P00007		
P00008		
P00009		
P0000A		
P0000B		
P0000C		
P0000D		
P0000E		
P0000F		
P00010	GL1	1번 녹색 램프
P00011		

그림 3.31 디바이스 보기

1) 변수/디바이스/설명문 복사

연속된 주소에 비슷한 내용의 디바이스/변수/설명문을 편집하고자 할 때 1개의 디바이스/변수/설명문을 입력한 후 마우스로 선택하고, 마우스를 선택된 사각형의 오른쪽 아래 구석으로 움직여서, 다음 그림과 같은 십자 커서가 나타날 때 마우스로 클릭한 채 아래 또는 위로 원하는 개수의 주소까지 끌어서 놓으면(드래그 & 드롭), 선택된 디바이스/변수/설명문이 복사된다.

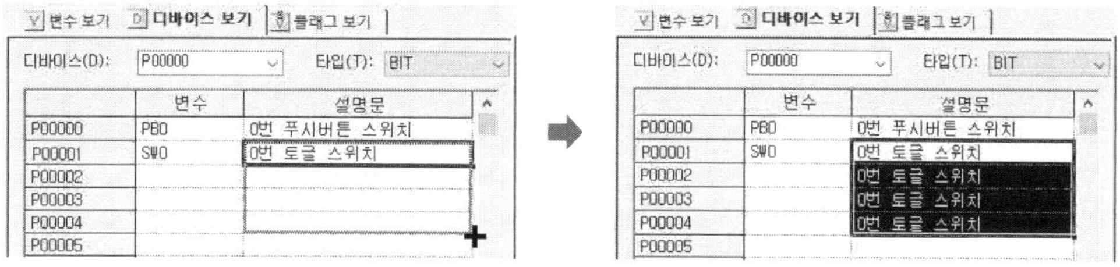

그림 3.32 디바이스/변수/설명문 복사

2) 변수/디바이스/설명문 숫자 자동 증가

연속된 번호의 숫자가 포함된 변수/디바이스/설명문을 입력한 후 마우스로 선택하고, 마우스를 움직여 십자 커서가 나타날 때 키보드의 'Ctrl' 키를 누른 상태에서 마우스로 아래 또는 위로 원하는 개수의 주소까지 드래그 & 드롭하면 변수/디바이스/설명문에 포함된 문자는 복사되고 숫자가 자동으로 증가한다. 만약, 선택된 변수/디바이스/설명문에 두 개 이상의 숫자가 포함된 경우에는 제일 뒤의 숫자만 자동으로 증가된다.

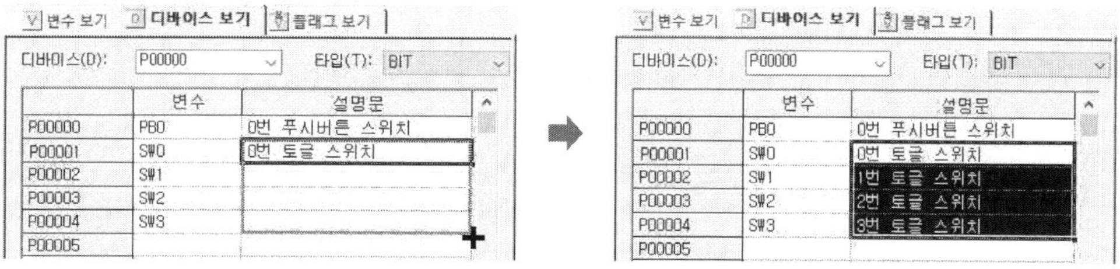

그림 3.33 디바이스/변수/설명문 숫자 자동 증가

3) 엑셀을 이용한 편집

엑셀로 디바이스 영역의 사용 용도를 자세하게 정리해 놓은 자료가 있을 경우 별도의 편집없이 자료의 내용을 그대로 복사하여 XG5000에 붙여넣기를 함으로써 간단히 변수 또는 설명문을 편집할 수 있다.

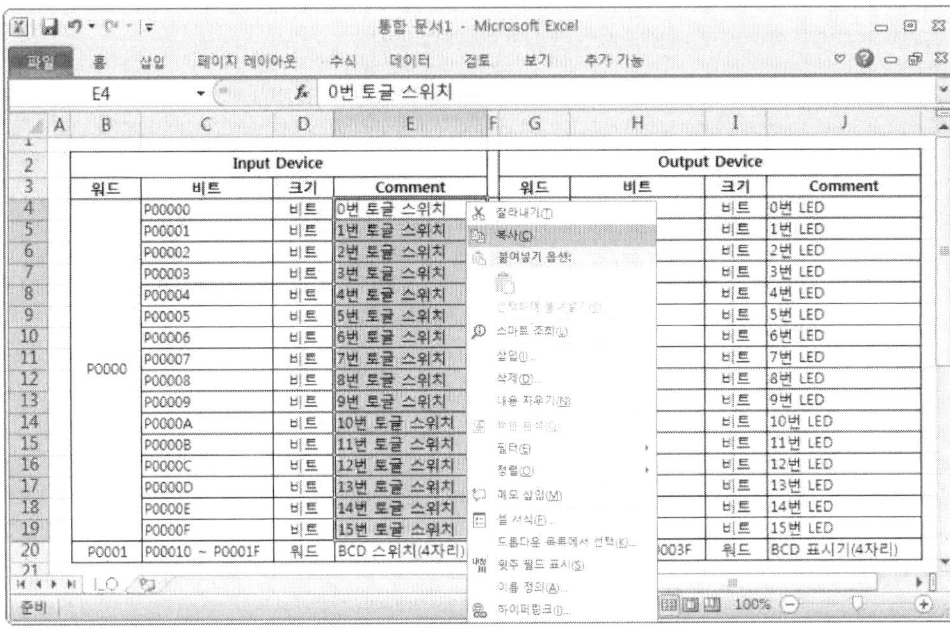

그림 3.34 엑셀을 이용한 복사

변수 또는 설명문을 마우스로 선택한 후 마우스 오른쪽 버튼을 클릭하여 나타나는 팝업 메뉴에서 '붙여넣기'를 선택하면, 엑셀 파일에서 복사된 내용이 XG5000의 변수 또는 설명문으로 등록된다. 반대로 XG5000의 변수 또는 설명문의 내용을 복사하여 엑셀에 붙여넣기 할 수도 있다.

그림 3.35 엑셀을 이용한 붙여넣기

3.6.5 코일 입력

코일을 입력할 위치로 커서를 이동시키고 해당 코일의 단축키를 누르거나 입력할 코일의 도구모음을 선택하고 위치시킬 편집영역을 클릭하면 활성화되는 '변수/디바이스 입력' 창에서 디바이스명와 변수명을 입력하면 코일이 입력된다.

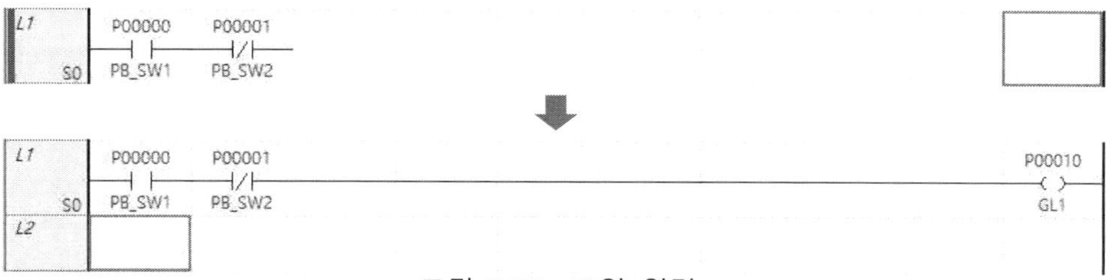

그림 3.36 코일 입력

3.6.6 선 입력

• 수평선 : 입력할 위치로 커서를 이동시키고 단축키 F5를 누르거나 '가로선' 도구모음을 선택하고 위치시킬 편집영역을 클릭하면 수평선이 입력된다.

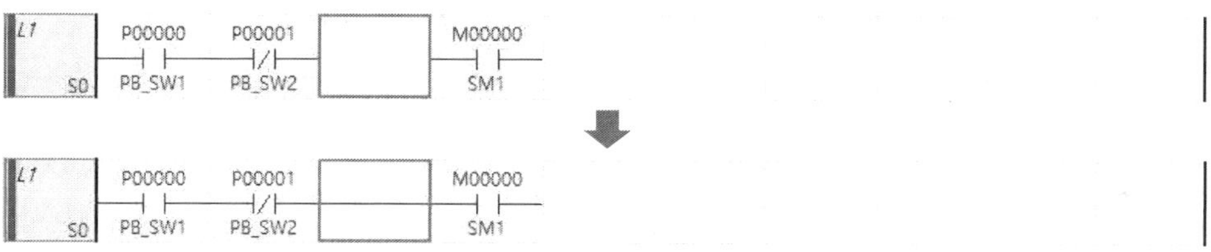

그림 3.37 수평선 입력

• 수직선 : 입력할 위치로 커서를 이동시키고 단축키 F6를 누르거나 '세로선' 도구모음을 선택하고 위치시킬 편집영역을 클릭하면 수직선이 입력된다.

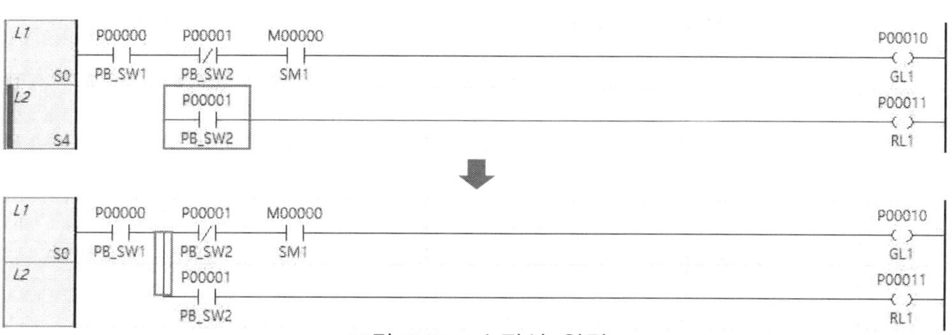

그림 3.38 수직선 입력

3.6.7 응용 명령어 입력

응용 명령어를 입력할 위치로 커서를 이동시키고 단축기 F10을 누르거나, '펑션/펑션블록' 도구모음을 선택하고 위치시킬 편집영역을 클릭하면 그림과 같은 '응용명령' 창이 활성화된다. '응용명령' 창에 응용 명령어를 입력하거나, 입력된 응용명령을 더블 클릭하여 편집할 수 있다. 프로그램의 끝을 표시하는 'END'도 응용명령이다.

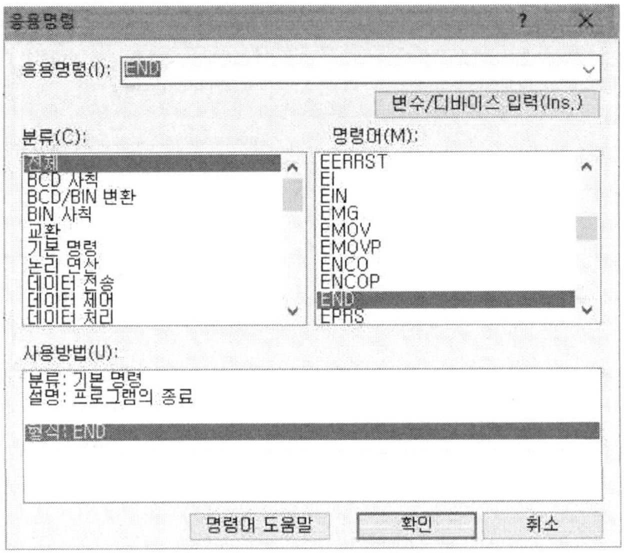

그림 3.39 응용명령 창

- 응용명령 : 응용 명령어를 입력하거나 편집하는 경우에는 이전의 응용 명령어가 표시된다.
- 분류 : 응용 명령어의 특정 분류를 선택하면 해당하는 명령어들이 명령어 리스트에 표시된다.
- 명령어 : 선택한 분류에 해당하는 명령어 리스트가 표시된다.
- 변수/디바이스 입력 : 클릭하여 '변수/디바이스 입력' 창이 활성화되면, 디바이스명과 변수명을 입력한다.
- 사용방법 : 입력한 응용 명령어의 분류, 설명, 형식 및 오퍼랜드별 가능 영역 등의 사용방법을 표시한다.

다음은 워드 데이터 16진수 hF0F0를 메모리 M0000에 전송하는 응용명령 "MOV hF0F0 M0000"을 입력하는 예이다. 워드 전송이므로 비트영역 M00000이 아닌 워드영역 M0000로 지정해야 한다. 또한, 마지막에는 프로그램의 끝을 표시하는 응용명령 'END'를 입력한다.

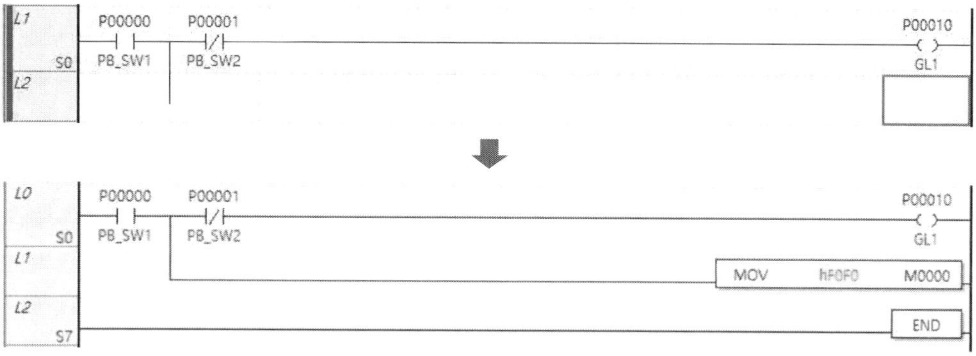

그림 3.40 응용 명령어 입력

3.6.8 설명문/레이블 입력

(1) 설명문

렁의 시작 위치에 표시되는 렁 설명문과 렁의 끝, 출력 다음에 표시되는 출력 설명문이 있다. 설명문은 녹색으로 표시된다.

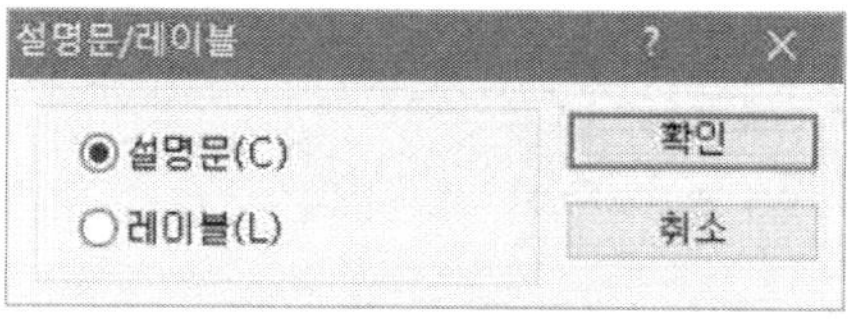

그림 3.41 설명문/레이블 창

1) 렁 설명문

메뉴 "편집-설명문/레이블 입력"을 선택하거나 렁의 시작, 즉 왼쪽 모선 좌측에 커서를 위치시키고, 마우스를 더블 클릭하거나 엔터키를 눌러, '설명문/레이블' 창이 활성화되면 설명문을 체크하고 '렁 설명문' 창에 설명문을 입력한다.

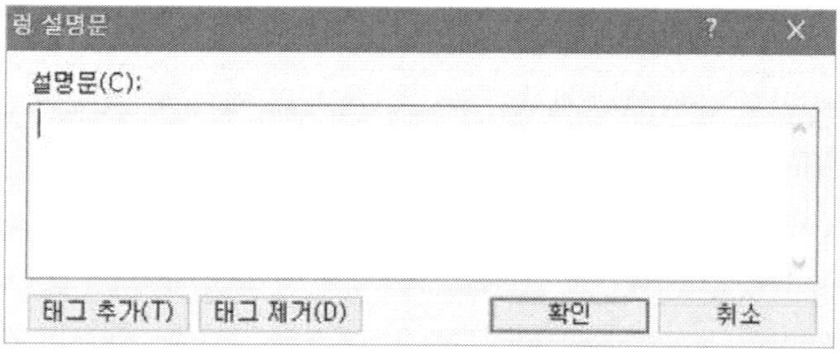

그림 3.42 렁 설명문 입력

2) 출력 설명문

렁의 끝, 즉 오른쪽 모선 우측에 커서를 위치시키고, 마우스를 더블 클릭하면 활성화되는 '출력 설명문' 창에 설명문을 입력한다.

그림 3.43　출력 설명문 입력

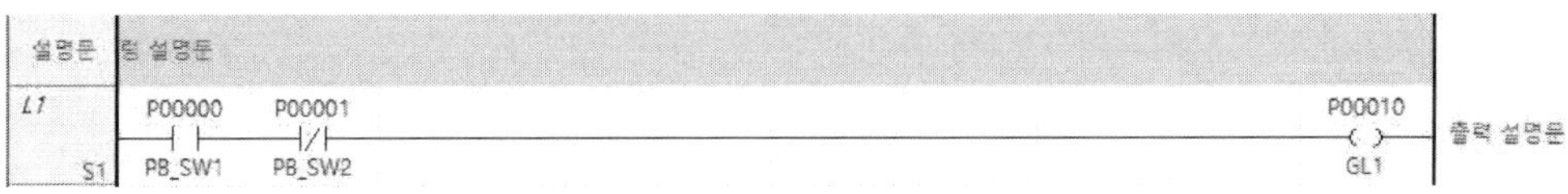

그림 3.44　설명문 입력 예

(2) 레이블

분기 응용명령인 JUMP 명령에서 참조할 레이블을 입력한다. '설명문/레이블' 창에서 레이블을 선택하여 '레이블 리스트' 창이 활성화되고, 추가할 레이블을 입력하면 레이블이 보라색으로 표시된다.

- 레이블 : 사용할 레이블을 입력한다. 레이블의 첫 글자는 숫자나 특수문자로 시작할 수 없다.
- 사용 중인 레이블 : 현재 스캔 프로그램에서 사용 중인 레이블을 표시한다.

※ 레이블은 스텝 또는 블록을 선택해야만 입력할 수 있다.

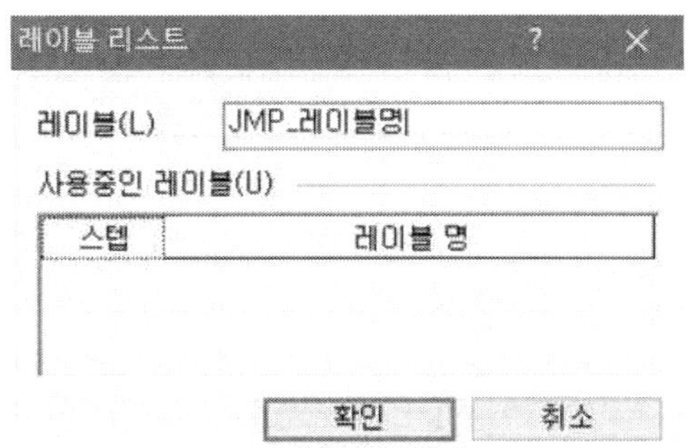

그림 3.45　레이블 입력

그림 3.46　레이블 입력 예

3.6.9 비 실행문 설정

LD 프로그램 중에서 PLC에 의해 실행되지 않을 영역을 비 실행문으로 설정하거나 해제한다. 비 실행문을 설정할 렁으로 커서를 이동시키고, 메뉴 "편집-비 실행문 설정" 또는 "편집-비 실행문 해제"를 선택하거나, 마우스 오른쪽 버튼을 클릭하여 나타나는 팝업 메뉴에서 '비 실행문 설정' 또는 '비 실행문 해제'를 선택한다.

그림 3.47 비 실행문 설정

3.6.10 요소 편집

(1) 셀 삽입

현재 커서 위치에 새로운 셀을 삽입하고 현재 위치의 셀을 다음 위치로 밀어낸다. 메뉴 "편집-셀 삽입"을 선택하거나, 마우스 오른쪽 버튼을 클릭하여 나타나는 팝업 메뉴에서 '셀 삽입'을 선택한다.

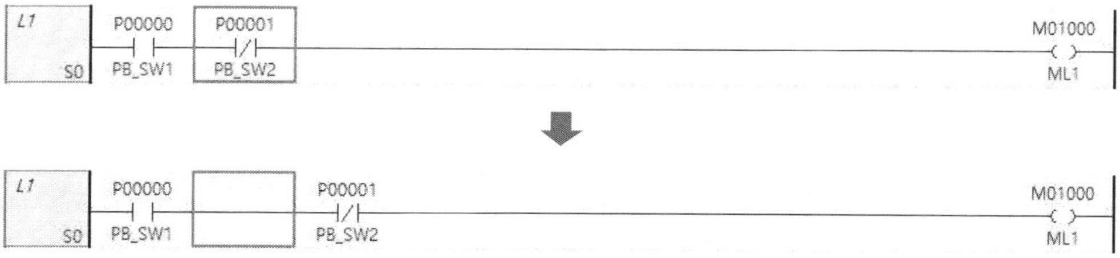

그림 3.48 셀 삽입

(2) 셀 삭제

현재 커서 위치의 접점, 수평선과 같은 요소를 삭제하고 다음 위치의 셀을 당긴다. 메뉴 "편집-셀 삭제"를 선택하거나, 마우스 오른쪽 버튼을 클릭하여 나타나는 팝업 메뉴에서 '셀 삭제'를 선택한다.

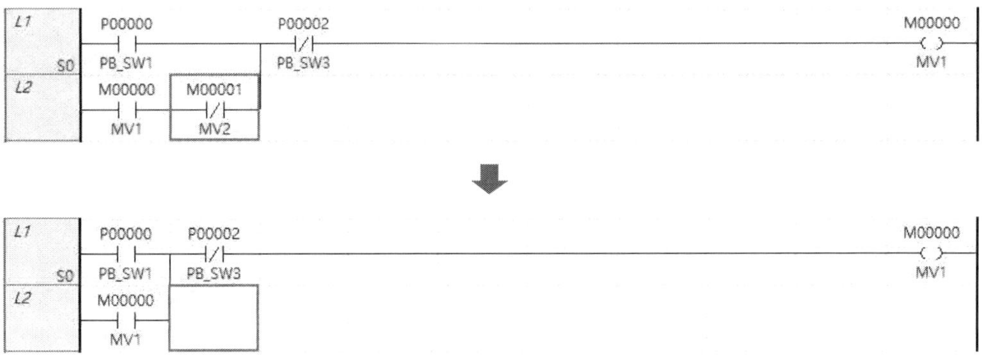

그림 3.49 셀 삭제

(3) 라인 삽입

현재 커서 위치 위에 새로운 라인을 삽입한다. 메뉴 "편집-라인 삽입"을 선택하거나, 마우스 오른쪽 버튼을 클릭하여 나타나는 팝업 메뉴에서 '라인 삽입'을 선택한다.

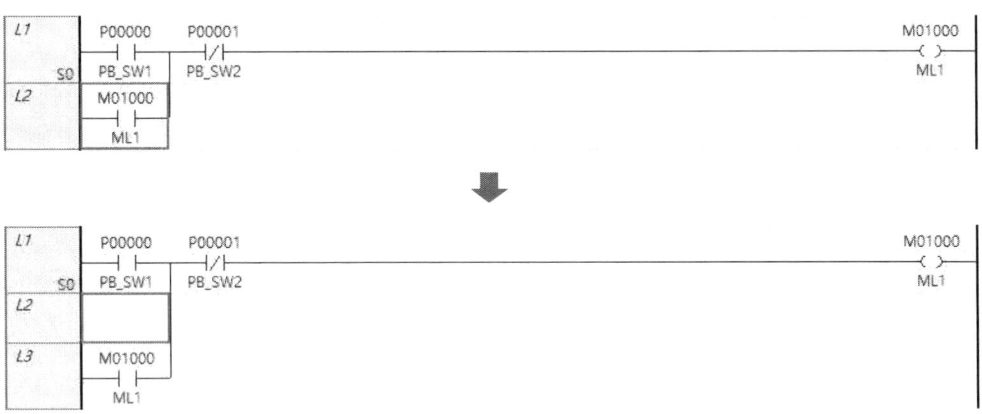

그림 3.50 라인 삽입

(4) 라인 삭제

현재 커서 위치의 라인이나 선택된 영역의 모든 라인을 삭제한다. 메뉴 "편집-라인 삭제"를 선택하거나, 마우스 오른쪽 버튼을 클릭하여 나타나는 팝업 메뉴에서 '라인 삭제'를 선택한다.

그림 3.51 라인 삭제

(5) 프로그램 최적화

접점과 접점 사이의 가로선과 비어있는 라인을 삭제하여 LD가 그려지는 각 셀들의 위치를 최적화한다. 메뉴 "편집-프로그램 최적화"를 선택한다.

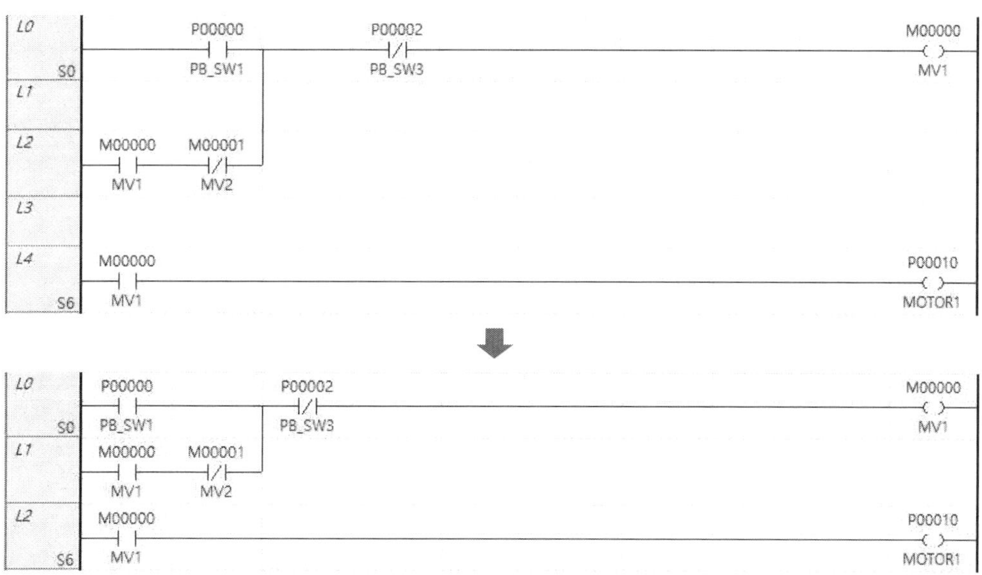

그림 3.52 프로그램 최적화

3.6.11 드래그 & 드롭

윈도우의 드래그 & 드롭(Drag & Drop, 끌어서 놓기) 기능을 이용하면 마우스를 이용하여 LD 프로그램을 보다 편리하게 편집할 수 있다. 프로그램 편집 창에서는 드래그 & 드롭을 이용하여 LD 프로그램 데이터의 이동 및 복사가 가능하고, 변수/설명 창에서는 디바이스, 변수, 설명문 등의 정보를 드래그하여 접점, 코일 및 응용 명령어의 오퍼랜드에 드롭할 수 있다.

(1) 데이터의 이동

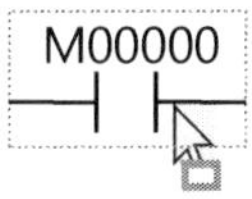

특정 영역의 LD 데이터, 또는 변수/설명 데이터를 이동하고자 하는 경우에 사용한다. 먼저, 이동할 LD 데이터를 선택한 후 회색의 선택 영역에 마우스 커서를 위치시킨다. 해당 위치에서 마우스 왼쪽 버튼을 누른 채로 오른쪽 그림과 같은 커서 모양으로 변경될 때까지 기다린다. 마우스 커서의 변경은 드래그 & 드롭이 준비되었음을 의미한다. 원하는 위치로 마우스 커서를 이동(드래그)한 후 누르고 있던 마우스 왼쪽 버튼을 해제(드롭)하면, 다음 그림과 같이 LD 데이터가 이동된다.

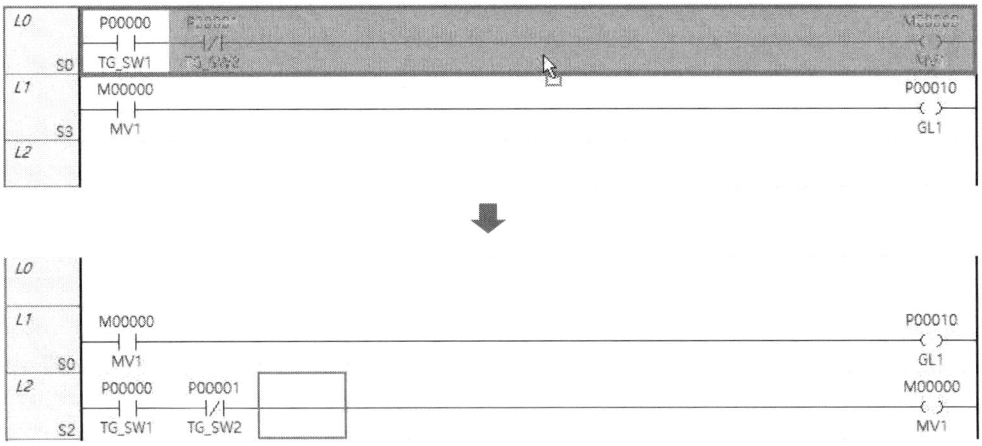

그림 3.53 드래그 & 드롭 이동

(2) 데이터의 복사

특정 영역의 LD 데이터, 또는 변수/설명 데이터를 복사하고자 하는 경우에 사용한다. 먼저, 복사할 LD 데이터를 선택한 후 회색의 선택 영역에 마우스 커서를 위치시킨다. 해당 위치에서 키보드의 'Ctrl' 키와 함께 마우스 왼쪽 버튼을 누른 채로 오른쪽 그림과 같은 커서 모양으로 변경될 때까지 기다린다. 원하는 위치로 마우스 커서를 이동한 후 누르고 있던 마우스 왼쪽 버튼을 해제하면, 다음 그림과 같이 LD 데이터가 복사된다. 데이터를 복사할 경우 'Ctrl' 키를 누르는 순간은 드래그 시작 전이나 시작 후 어느 때나 가능하다.

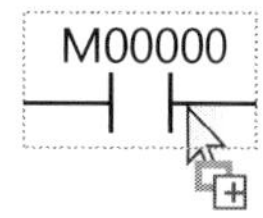

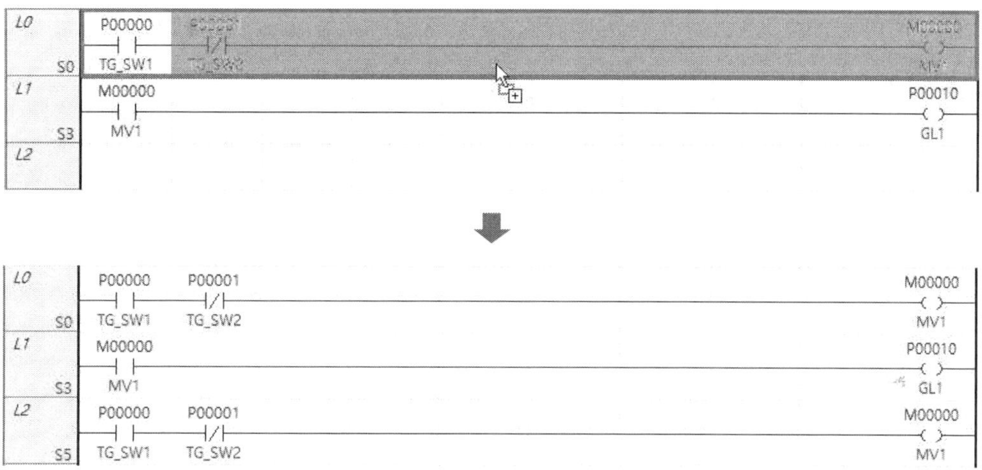

그림 3.54 드래그 & 드롭 복사

※ 드래그 & 드롭으로 데이터의 이동 및 복사가 불가능한 경우에는 다음 그림과 같은 커서 모양이 표시된다.

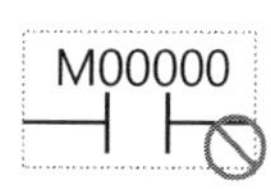

3.6.12 프로그램 보기

(1) IL 프로그램으로 보기

작성한 LD 프로그램을 니모닉 형태의 IL 프로그램으로 변환하여 표시하거나, IL 프로그램으로 편집할 수 있다. 변환할 LD 프로그램을 선택하고 메뉴 "보기-IL"을 선택한다.

렁	스텝	명령어	OP 1	OP 1 변수	OP 2	OP 2 변수	OP 3
0	0	LOAD	P00000	PB_SW1			
	1	OR	M00000	MV1			
	2	AND NOT	P00001	PB_SW2			
	3	OUT	M00000	MV1			
1	4	LOAD	M00000	MV1			
	5	OUT	P00010	GL1			
2	6	END					

그림 3.55 IL 프로그램으로 보기

(2) 디바이스 보기

접점, 코일 및 응용 명령어의 오퍼랜드로 사용된 디바이스에 대해 디바이스명으로만 표시한다. 메뉴 "보기-디바이스 보기"를 선택하면 디바이스명이 검은색으로 표시된다.

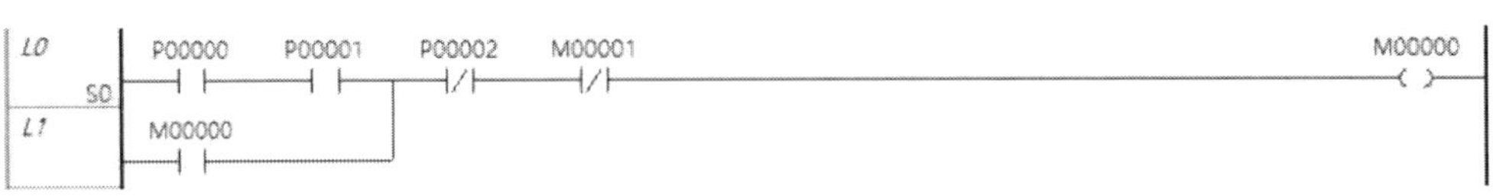

그림 3.56 디바이스 보기

(3) 변수 보기

접점, 코일 및 응용 명령어의 오퍼랜드로 사용된 디바이스에 대해 변수명으로만 표시한다. 메뉴 "보기-변수 보기"를 선택하면 변수명이 파란색으로 표시된다. 해당 디바이스에 변수가 선언되어 있지 않은 경우는 디바이스명으로 표시된다.

그림 3.57 변수 보기

(4) 디바이스/변수 보기

접점, 코일 및 응용 명령어의 오퍼랜드로 사용된 디바이스에 대해 디바이스명과 변수명으로 함께 표시한다. 가장 많이 사용하는 보기 형태이다. 메뉴 "보기-디바이스/변수 보기"를 선택한다.

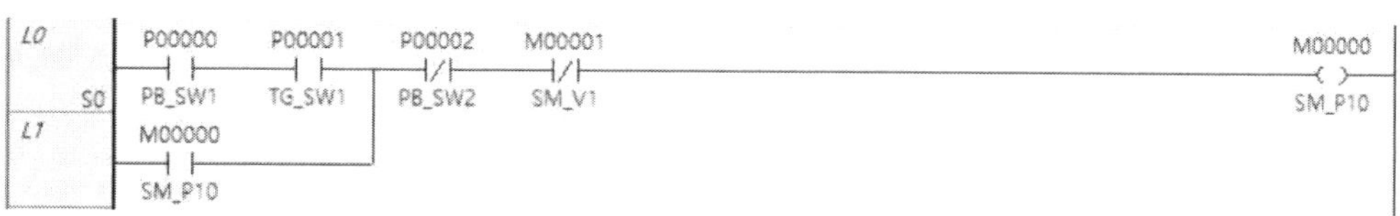

그림 3.58 디바이스/변수 보기

(5) 디바이스/설명문 보기

접점, 코일 및 응용 명령어의 오퍼랜드로 사용된 디바이스에 대해 디바이스명과 설명문으로 함께 표시한다. 메뉴 "보기-디바이스/설명문 보기"를 선택하면 디바이스는 검은색으로 설명문은 녹색으로 표시된다. 해당 디바이스에 설명문이 없는 경우 디바이스명만 표시된다.

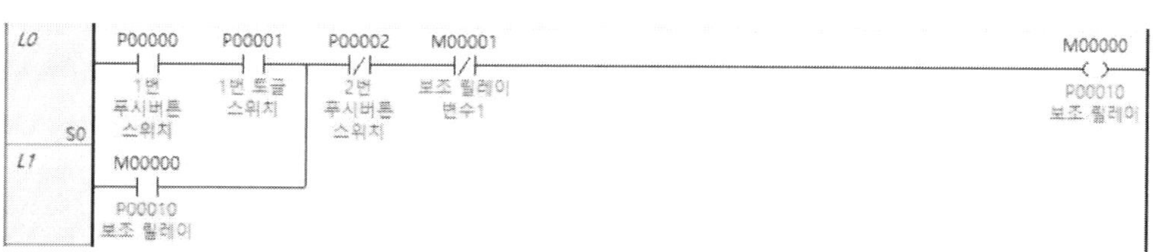

그림 3.59 디바이스/설명문 보기

(6) 변수/설명문 보기

접점, 코일 및 응용 명령어의 오퍼랜드로 사용된 디바이스에 대해 변수명과 설명문으로 함께 표시한다. 메뉴 "보기-변수/설명문 보기"를 선택한다.

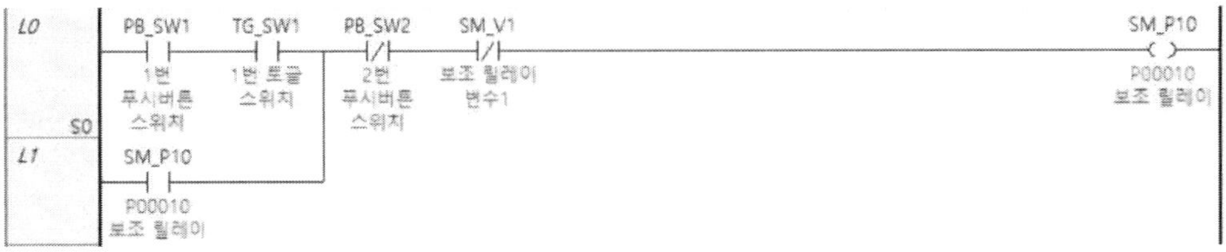

그림 3.60 변수/설명문 보기

3.6.13 찾아가기

(1) 스텝/라인 찾아가기

메뉴 "찾기/바꾸기-찾아가기-스텝/라인"을 선택한 후, 창에서 이동할 스텝/라인을 입력한다.

- 찾아갈 라인 : 이동할 라인을 입력한다.
- 찾아갈 스텝 : 이동할 스텝을 입력한다.
- 프로그램 목록 : 현재 PLC의 프로그램 목록을 표시한다.
- 찾아가기 : 창을 닫고 선택한 프로그램의 찾아갈 스텝으로 이동한다.

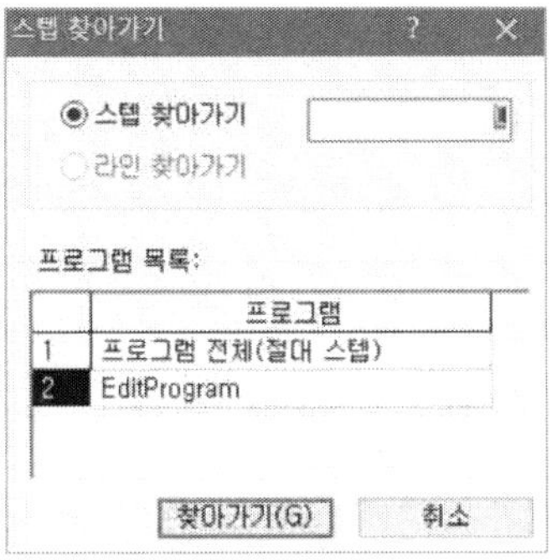

그림 3.61 스텝 찾아가기

(2) 레이블 찾아가기

메뉴 "찾기/바꾸기-찾아가기-레이블"을 선택한 후, 창의 목록에서 찾아갈 레이블을 선택한다.

- 프로그램 : 현재 PLC의 프로그램 목록을 표시한다. '프로그램 전체'를 선택한 경우 모든 레이블의 목록이 표시된다.
- 프로그램 내부의 레이블 목록 : 선택한 프로그램에서 사용 중인 레이블에 대한 목록을 표시한다.

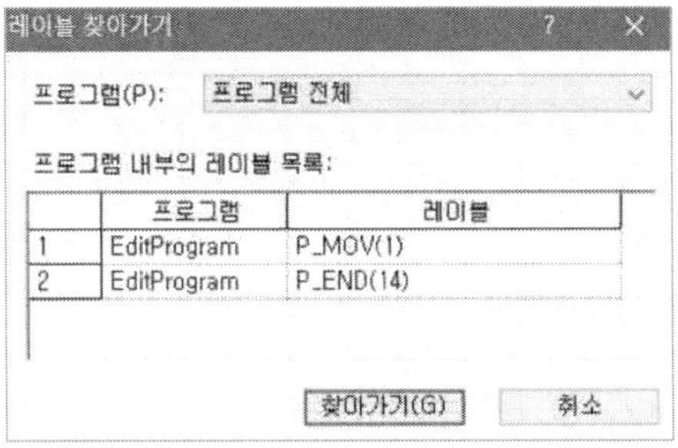

그림 3.62 레이블 찾아가기

(3) 렁 설명문 찾아가기

메뉴 "찾기/바꾸기-찾아가기-렁 설명문"을 선택한 후, 창의 목록에서 찾아갈 렁 설명문을 선택한다.

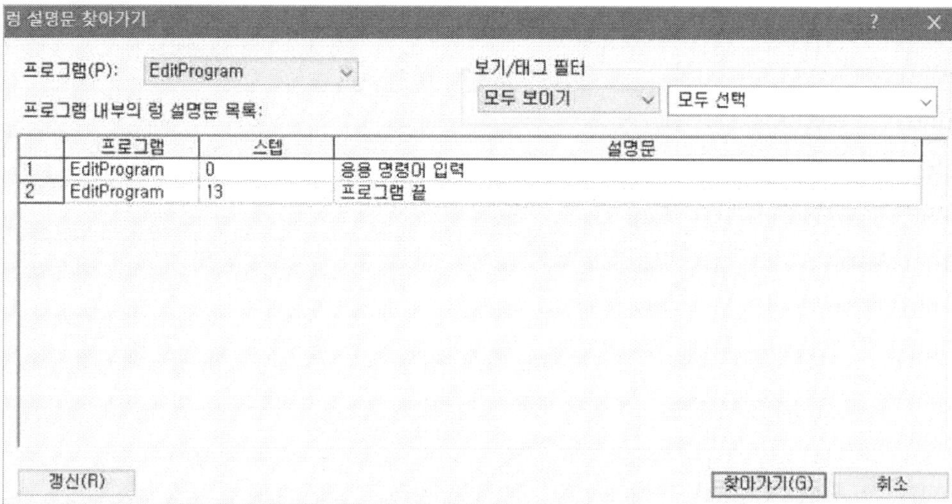

그림 3.63 렁 설명문 찾아가기

- 프로그램 : 현재 PLC의 프로그램 목록을 표시한다.
- 프로그램 내부의 렁 설명문 목록 : 선택한 프로그램에서 사용 중인 렁 설명문에 대한 목록을 표시한다.

(4) END 찾아가기

메뉴 "찾기/바꾸기-찾아가기-END 명령어"를 선택한 후, 창의 목록에서 찾아갈 END 명령어를 선택한다.

- 프로그램 : 현재 PLC의 프로그램 목록을 표시한다.
- 프로그램 내부의 END 명령어 목록 : 선택한 프로그램에서 사용 중인 END 명령어에 대한 목록을 표시한다.

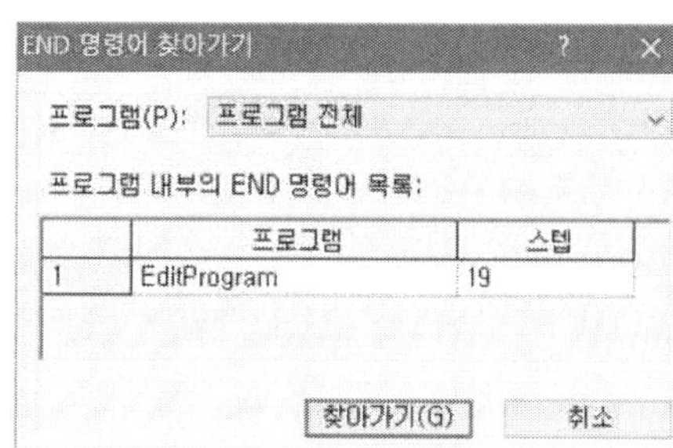

그림 3.64 END 찾아가기

3.7 PLC 접속 및 운전

3.7.1 PLC 접속

프로그램의 작성이 완료 되었으면 프로그램 및 파라미터를 PLC로 전송하고 PLC를 RUN 상태로 전환해 주어야 PLC가 동작한다. PC에서 작성한 프로그램을 PLC로 전송하기 위해서는 PC와 PLC 간에 접속이 이루어져야 한다.

(1) 접속 설정

메뉴 "온라인-접속 설정"을 선택하면 '접속 설정' 창이 활성화된다,

- 접속 방법 : PLC와 연결 시 통신 미디어를 USB, RS-232C, Ethernet, Modem 등으로 설정할 수 있다.
- 접속 단계 : PLC와의 연결 구조를 로컬, 리모트 1단, 리모트 2단으로 설정할 수 있다. PC와 PLC를 접속하기 위한 방법은 로컬 접속이다.
- 설정 : 선택된 접속 방법에 따른 상세 설정을 할 수 있다.

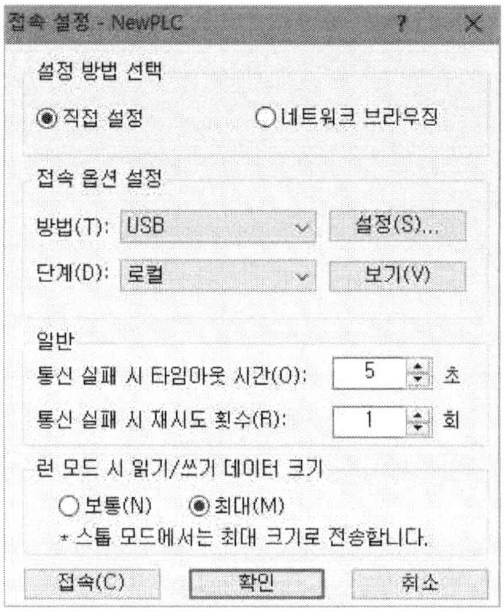

그림 3.65 접속 설정

- 보기 : 전체적인 접속 옵션을 한 눈에 확인할 수 있다.
- 통신 실패 시 타임아웃 시간 : 설정된 타임아웃 시간 내에 PLC와의 통신을 성공하지 못할 경우 타임아웃이 발생하여 통신 연결을 재 시도한다.
- 통신 실패시 재시도 횟수 : PLC와 통신 연결 실패 시 몇 회의 통신 연결을 다시 시도할 것인지 설정한다.
- 런 모드시 읽기/쓰기 데이터 크기 : 데이터 전송 프레임의 크기로 PLC 운전 모드가 RUN 모드일 때만 적용되며, 그 외 운전모드는 최대 프레임의 크기로 전송한다.
- 접속 : 위에서 설정한 접속 옵션으로 PLC와 연결을 시도한다.

(2) 로컬 USB 연결

USB 연결은 통신 상세설정이 필요 없지만 USB 장치 드라이버가 설치되어 있어야 한다. USB도 직렬통신 방법의 일종으로 현재 가장 많이 사용되는 접속방법이다. 케이블은 그림과 같은 USB Type-A to Mini Type-B 5핀을 사용한다.

그림 3.66 USB 케이블

(3) 로컬 RS-232C 연결

산업용으로 많이 사용되는 RS-232C 직렬포트는 과거에 가장 많이 사용되던 접속방법으로, PC에는 보통 USB 포트만 있고 RS-232C 포트가 없으므로 RS-232C로 연결하고자 할 경우에는 USB to Serial 컨버터가 필요하다. RS-232C 연결은 '설정' 버튼을 눌러 '세부 사항' 창에서 통신 상세설정을 해야 한다.

- 통신포트 : COM1(기본값) ~ COM8
- 통신속도 : 38,400bps, 115,200bps(기본값)

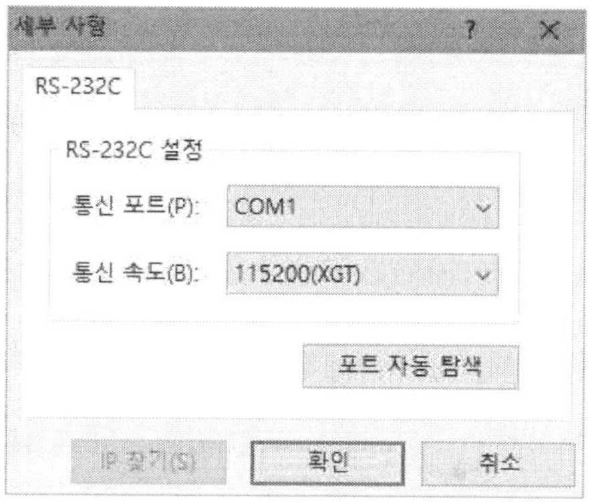

그림 3.67 RS-232C 설정

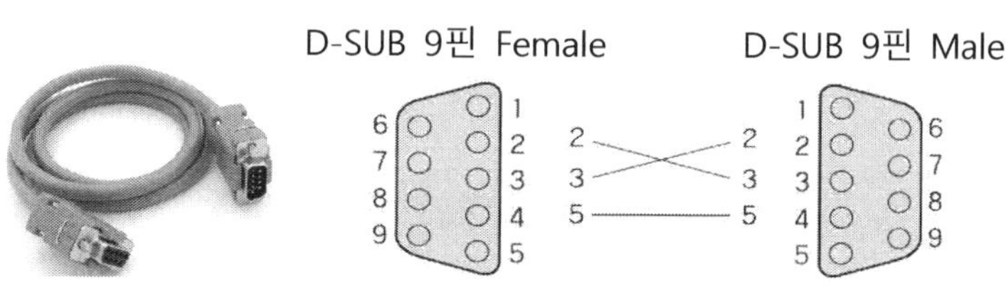

그림 3.68 RS-232C 케이블

(4) PLC 접속

메뉴 "온라인-접속"을 선택하여 PLC와 온라인으로 연결한다.

3.7.2 PLC 쓰기 및 읽기

(1) 쓰기

프로그램의 작성이 완료되면, PLC와 접속한 후 작성한 프로그램, 파라미터 및 설명문 등을 PLC로 전송하고 PLC를 운전시킨다. PLC와 접속한 다음 메뉴 "온라인-쓰기"를 선택하면 '쓰기' 창이 표시된다.

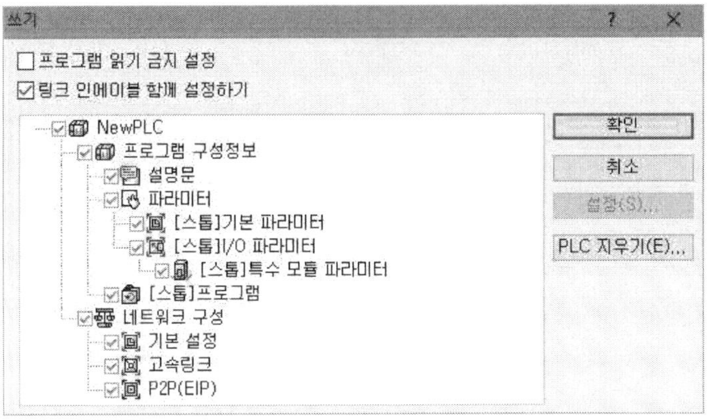

그림 3.69 PLC로 쓰기

- 선택 트리 : PLC로 전송할 데이터를 선택한다.
- PLC 지우기 : 프로그램을 쓰기 전 PLC 내부의 프로그램, 파라미터, 메모리 영역 등을 지울 수 있는 창을 띄운다.
- 설정 : 쓰기에 대한 추가 설정을 할 수 있다.

프로젝트를 전송할 때 PLC는 STOP 상태가 되어야 하지만, 전송목록에서 설명문만 선택된 경우에는 RUN 상태에서도 가능하다. PLC로의 프로젝트 전송은 "기본 파라미터➔I/O 파라미터➔프로그램➔설명문"의 순서로 전송된다.

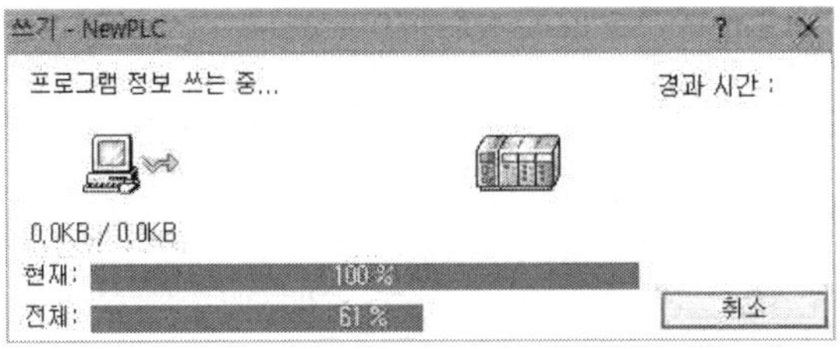

그림 3.70 PLC로 전송 상태

(2) 읽기

PLC에 저장되어 있는 프로그램, 파라미터 및 설명문 등을 읽어 PC로 업로드 한다. 메뉴 "온라인-읽기"를 선택하고 그림과 같은 '읽기' 창이 활성화되면 PLC로부터 업로드할 항목을 설정한 후 '확인' 버튼을 클릭하면 해당 항목을 읽어 들여 현재 프로젝트에 적용한다. 또한 "프로젝트-PLC로부터 열기"를 선택하면 PLC에 저장된 내용을 읽어와 새로운 프로젝트로 만들어 준다. PLC로부터 읽은 내용을 보존하려면 프로젝트를 PC에 저장한다.

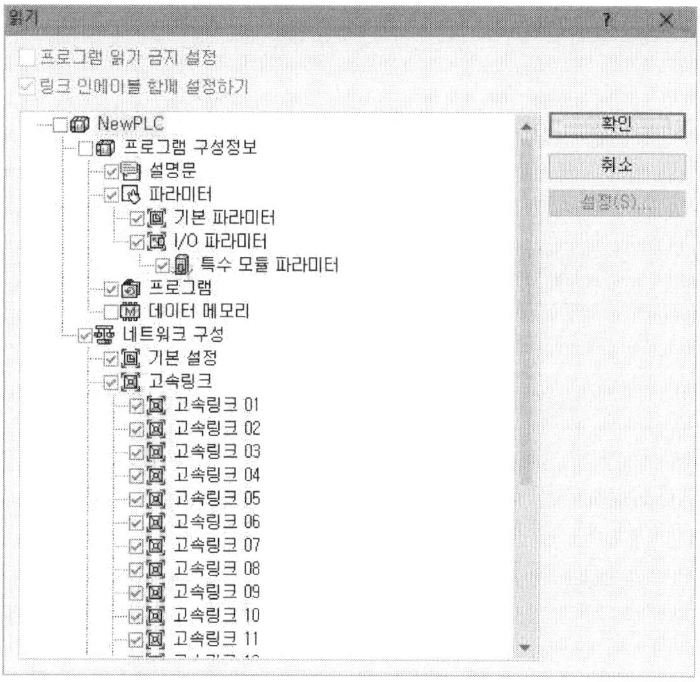

그림 3.71 PLC로부터 읽기

※ PLC에 쓰기로 전송하면 이전에 PLC에 저장되어 있던 파라미터, 프로그램 등은 모두 삭제되므로 이들을 보존하고자 할 경우, PLC의 파라미터, 프로그램 등을 미리 읽어 PC에 프로젝트로 저장해두어야 한다.

※ PLC로부터 읽기를 실행하면 현재 프로젝트의 내용은 모두 삭제되므로 이를 보존하고자 할 경우, 읽기를 실행하기 전에 미리 프로젝트를 저장해야 한다.

(3) PLC 지우기

PLC의 프로그램, 파라미터, 설명문, 메모리 영역, 래치 영역 등을 지운다. PLC가 STOP인 상태에서 메뉴 "온라인-리셋/클리어-PLC 지우기"를 선택하면 '항목', '메모리 영역', '래치 영역' 탭을 갖는 '지우기' 창이 활성화된다.

PLC에 새로운 파라미터와 프로그램이 전송되면 PLC에 저장되어 있던 파라미터, 프로그램, 래치영역이 아닌 데이터는 삭제되지만, 래치영역에 저장되어 있는 데이터는 지워지지 않으므로 'PLC 지우기'를 실행하여 래치영역의 데이터를 지울 수 있다.

1) 항목 지우기

PLC에 저장된 프로젝트의 내용을 지운다. '지우기' 창의 '항목' 탭에서 지울 항목을 선택하고 '지우기' 버튼을 클릭하면 선택된 항목이 지워진다.

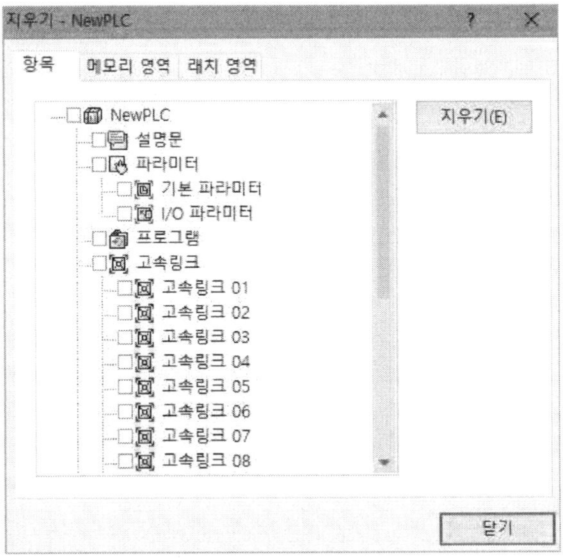

그림 3.72 항목 지우기

2) 메모리 지우기

PLC의 메모리 영역을 지운다. 그림 3.73과 같은 '지우기' 창의 '메모리 영역' 탭에서 지울 메모리 영역을 선택한 후 시작 주소와 끝 주소를 지정하고 '지우기' 버튼을 클릭하면 선택된 디바이스 메모리 영역이 지워진다.

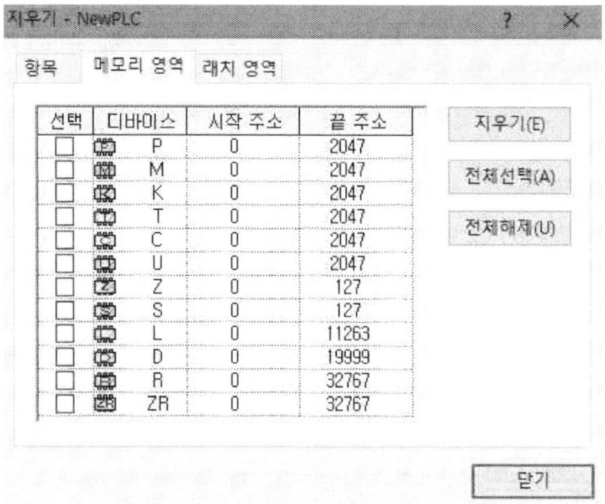

그림 3.73 메모리 지우기

3) 래치영역 지우기

PLC의 래치영역으로 설정된 디바이스 메모리의 래치 데이터를 지운다.

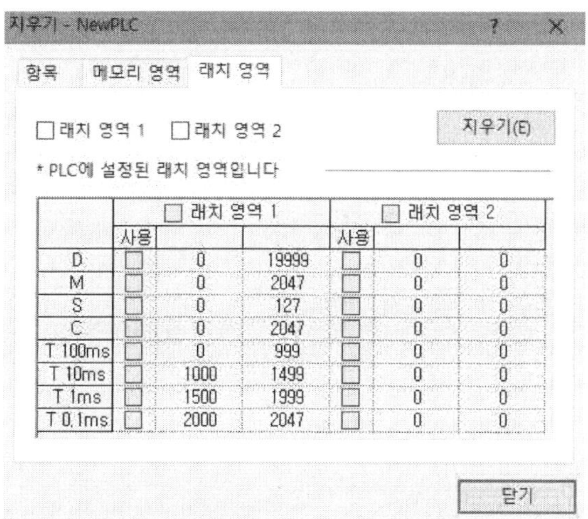

그림 3.74 래치영역 지우기

- 래치영역 체크박스 : 지울 래치영역을 선택한다.
- 래치 설정 영역 : PLC의 기본 파라미터에서 설정한 래치영역 및 설정 내용을 보여주기만 하고, 편집은 되지 않는다.

3.7.3 운전모드 전환

메뉴 "온라인-모드 전환-런/스톱/디버그"를 선택하면, PLC의 운전모드가 전환된다. CPU 모듈 그림 2.6의 'REMOTE 스위치'가 ON 위치에, RUN/STOP 모드 스위치가 'STOP' 위치에 있어야 모드전환이 가능하다. PLC의 프로그램과 현재 프로젝트의 프로그램이 같아야지만 디버그 모드로 전환할 수 있다.

PLC가 RUN 모드로 전환되면, 그림과 같이 PLC 운전모드 도구모음에서 삼각형 모양의 RUN 모드 도구상자에 RUN 상태가 표시된다.

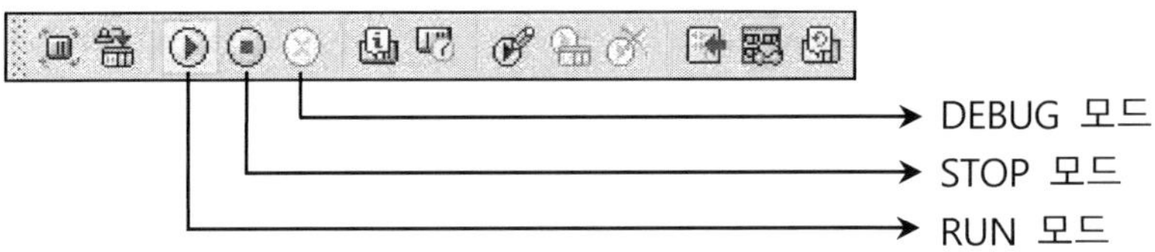

그림 3.75 운전모드 도구모음

PLC를 RUN 모드로 전환했을 때 PLC에 에러나 경고가 발생하면, '에러/경고' 창이 활성화되며 발생한 에러와 경고의 내용이 표시된다.

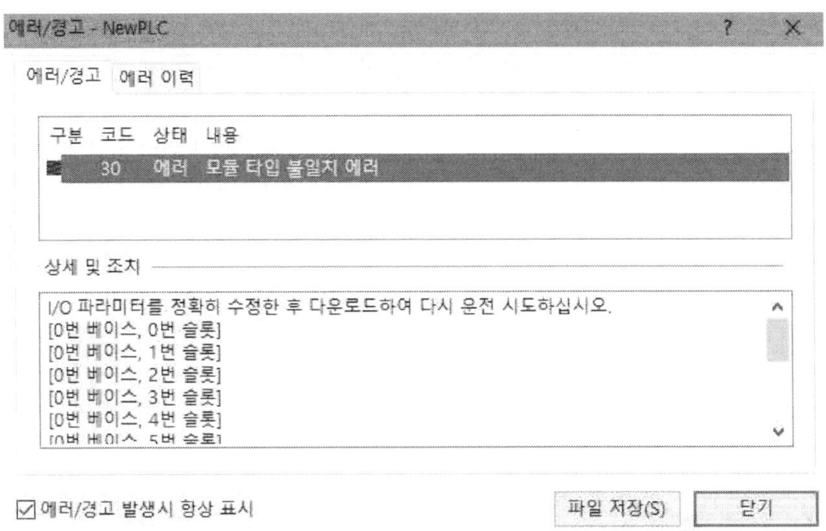

그림 3.76 에러/경고 창

3.7.4 런 중 수정

PC에서 작성한 프로그램을 PLC로 전송하기 위해서는 PLC를 STOP시켜야 하지만, PLC 특성상 PLC를 STOP시키지 않고 RUN 상태에서 프로그램을 수정해야 할 경우가 있다. 이럴 경우 '런 중 수정' 기능을 이용하면 PLC를 STOP시키지 않고 프로그램을 수정할 수 있다.

런 중 수정 기능은 PLC에 저장되어 있는 프로그램의 수정으로 한정되며, 프로그램 블록을 추가하거나 블록 전체를 삭제할 수 없으며, 파라미터도 수정할 수 없다. 기본 파라미터 및 I/O 파라미터를 변경하고자 할 경우 PLC를 정지시킨 후 "온라인-쓰기"를 수행해야 수정된 파라미터가 PLC 운전에 반영된다.

① 런 중 수정 시작 : 메뉴 "온라인-런 중 수정 시작"을 선택하여 런 중 수정을 시작한다. 런 중 수정이 시작되면 프로그램 창의 바탕색이 하늘색으로 변경된다.

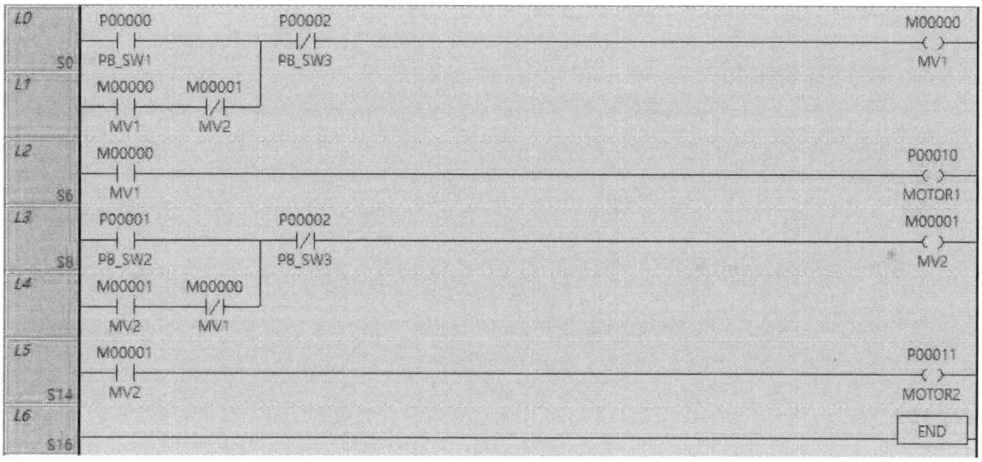

그림 3.77 런 중 수정

② 런 중 수정 편집 : 오프라인에서의 편집과 동일하다.

③ 런 중 수정 쓰기 : 프로그램의 수정이 완료되면 메뉴 "온라인-런 중 수정 쓰기"를 선택하여 수정된 프로그램을 PLC로 전송한다. 프로그램 쓰기가 완료되면 PLC는 전송된 프로그램을 PLC의 실행코드로 변환한 다음, 런 중 수정 완료 메시지를 표시하고, 수정된 프로그램을 실행한다.

④ 런 중 수정 종료 : 런 중 수정 쓰기가 완료되어 메뉴 "온라인-런 중 수정 종료"를 선택하여 런 중 수정을 종료하면 프로그램 창의 바탕색이 다시 흰색으로 변경된다. 런 중 수정 도중 PLC가 STOP 모드로 변경되었을 경우에도 런 중 수정은 자동으로 종료된다.
⑤ 런 중 수정 에러 : 런 중 수정 도중 PLC에 에러가 발생했을 경우 에러 메시지가 나타나지만, 런 중 수정 모드는 유지한다. 에러가 발생하면 런 중 수정하던 프로젝트를 저장하고 에러의 원인을 찾아 제거한 후 PLC를 리셋한 다음 저장된 프로그램 전체를 PLC로 전송한다.

3.7.5 PLC 리셋

메뉴 "온라인-리셋/클리어-PLC 리셋"을 선택하여 PLC를 리셋시킬 수 있다. CPU 모듈의 RST 스위치로도 PLC 리셋이 가능하다. '리셋' 창에서 리셋 종류를 선택하는데 '리셋'과 'Overall 리셋'이 있다.

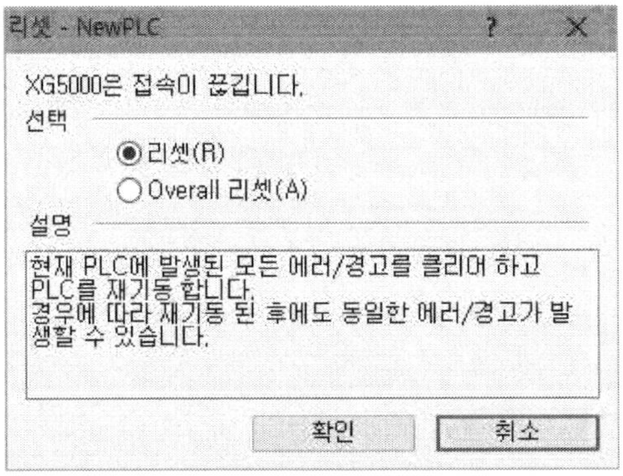

그림 3.78 PLC 리셋 창

- 리셋 : PLC가 전원이 다시 투입되어 재부팅될 때 에러/경고 정보와 일반영역 데이터를 지운다. 상황에 따라 에러/경고가 계속 발생할 수 있다.
- Overall 리셋 : PLC가 전원이 다시 투입되어 재부팅될 때 에러/경고 정보, 일반영역과 래치 영역1 데이터, I/O 스킵, 고장 마스크 및 강제 I/O 설정영역을 지운다.

3.8 PLC 모니터

모니터(Monitor)는 PLC의 현재 운전상태 및 데이터를 시각적으로 표시해 주는 기능으로 프로그램의 디버깅에 유용하게 사용할 수 있다. XG5000은 운전 데이터를 화면에 표시하는 기능 외에 변수 모니터, 시스템 모니터, 디바이스 모니터, 사용자 이벤트, 데이터 트레이스 등의 다양한 모니터링 기능을 제공함으로써 사용자가 쉽고 편하게 디버깅 할 수 있다. 또한, 입출력 접점이외 내부 디바이스의 경우는 데이터의 변경도 가능하다.

3.8.1 래더 모니터

모니터가 시작되면 래더 프로그램에 작성된 접점, 코일의 현재 비트상태와 기타 디바이스의 현재값을 표시한다. 래더 모니터에서 디바이스/변수의 표시 색을 통해 ON/OFF 상태와 래더 기호의 표시 색을 통해 도통 상태를 확인할 수 있다. PLC가 접속된 상태에서 메뉴 "모니터-모니터 시작/끝"을 선택하여, 현재 모니터를 수행하고 있지 않으면 모니터를 시작하고, 모니터링 중에 있으면 모니터를 종료한다.

(1) 접점의 모니터 표시

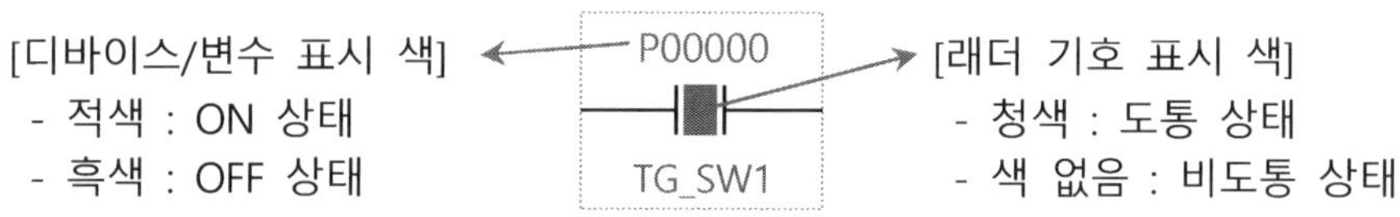

- 평상시 열린 접점 : 해당 접점의 값이 ON 상태인 경우 디바이스/변수는 붉은색으로 표시되며, 접점에 전류가 도통 상태이므로 파워 플로우는 파란색으로 표시된다.

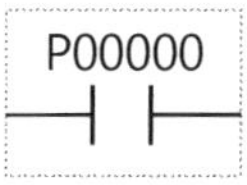

OFF 상태

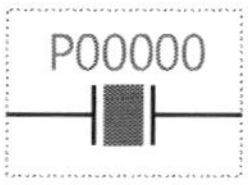

ON 상태

• 평상시 닫힌 접점 : 해당 접점의 값이 ON 상태인 경우 디바이스/변수는 붉은색으로 표시되며, 점점에 전류가 흐르지 않으므로 파워 플로우는 표시되지 않는다.

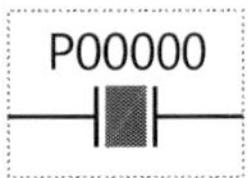

OFF 상태

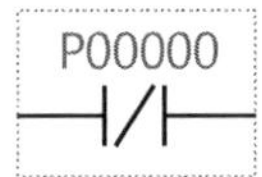

ON 상태

• 양변환 검출 접점/음변환 검출 접점 : 평상시 열린 접점과 동일하게 표시된다.

(2) 코일의 모니터 표시

• 코일 : 해당 코일의 값이 ON 상태인 경우 디바이스/변수는 붉은색으로 표시되며, 코일에 전류가 도통 상태이므로 파워 플로우는 파란색으로 표시된다.

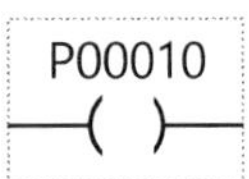

OFF 상태

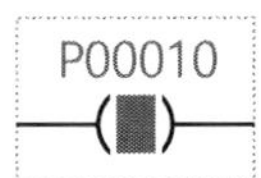

ON 상태

• 역 코일 : 해당 코일의 값이 ON 상태인 경우 디바이스/변수는 붉은색으로 표시되며, 코일에 전류가 도통되지 않으므로 파워 플로우는 표시되지 않는다.

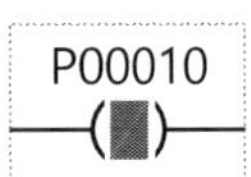

OFF 상태

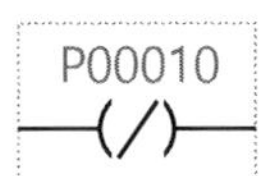

ON 상태

• SET 코일/양변환 검출 코일/음변환 검출 코일 : 코일과 동일하게 표시된다.
• RESET 코일 : 역 코일과 동일하게 표시된다.

(3) 접점 및 코일의 모니터 예

평상시 열린 접점의 토글 스위치 P00000이 코일의 녹색램프 P00010과 역 코일의 적색램프 P00011로 출력되고, 평상시 닫힌 접점의 토글 스위치 P00001이 코일의 청색램프 P00012와 역 코일의 황색램프 P00013로 출력되는 경우

① 입력접점 P00000과 P00001이 모두 OFF 되었을 때

토글 스위치 P00000이 OFF되면 평상시 열린 접점으로 전류가 흐르지 않으므

로 모든 출력코일에 전류가 흐르지 않는다. 코일 P00010은 그대로 OFF되어 녹색램프가 소등되고, P00011은 역 코일로 반전되어 ON되므로 적색램프는 점등된다. 또한, 토글 스위치 P00001도 OFF되면 평상시 닫힌 접점으로 전류가 흐르므로 모든 출력코일에 전류가 흘러 도통된다. 코일 P00012는 b접점 입력이 반전되어 ON되므로 청색램프가 점등되고, P00013은 역 코일로 b접점 입력이 반전에 반전되어 그대로 OFF되므로 황색램프는 소등된다.

② 입력접점 P00000과 P00001이 모두 ON 되었을 때

토글 스위치 P00000이 ON되면 평상시 열린 접점으로 전류가 흐르므로 모든 출력코일에 전류가 흘러 도통된다. 코일 P00010은 그대로 ON되어 녹색램프가 점등되고, P00011은 역 코일로 반전되어 OFF되므로 적색램프는 소등된다. 또한, 토글 스위치 P00001도 ON되면 평상시 닫힌 접점으로 전류가 흐르지 않으므로 모든 출력코일에 전류가 흐르지 않는다. 코일 P00012는 b접점 입력이 반전되어 OFF되므로 청색램프가 소등되고, P00013은 역 코일로 b접점 입력이 반전에 반전되어 그대로 ON되므로 황색램프는 점등된다.

(4) 모니터 일시 정지

모니터 중 사용자가 직접 또는 사용자 설정에 의해서 모니터를 일시 정지시키거나 모니터를 다시 시작할 수 있다.

① 모니터 일시 정지

사용자가 직접 메뉴 "모니터-모니터 일시 정지"를 선택하여 모니터를 일시 정지시킨다. 모니터가 일시 정지되어도 PLC는 계속 RUN 운전 상태에 있게 된다. 모니터 일시 정지된 상태에서 현재값 변경을 하면 PLC의 값은 변하지만 화면의 모니터 값은 갱신되지 않는다.

② 모니터 다시 시작

모니터가 일시 정지된 상태에서 사용자가 직접 메뉴 "모니터-모니터 다시 시작"을 선택하여 모니터를 다시 시작한다.

③ 모니터 일시 정지 설정

설정된 디바이스가 모니터 일시 정지 조건이 만족되면 모니터를 일시 정지한다. 메뉴 "모니터-모니터 일시 정지 설정"을 선택한 후 "일시 정지 설정" 창에서 디바이스의 일시 정지 조건을 설정한다.

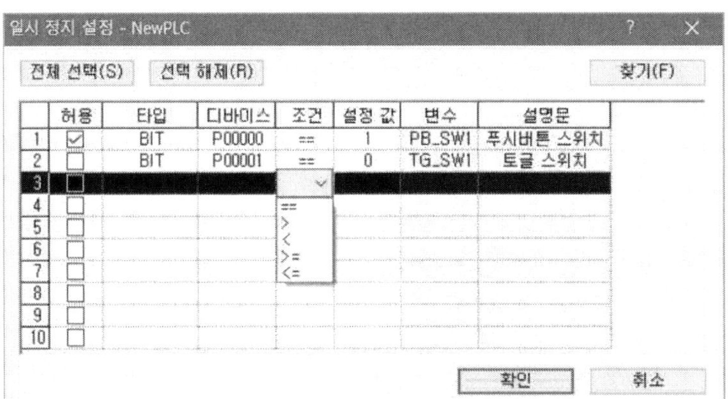

그림 3.79 모니터 일시 정지

- 허용 : 모니터 일시정지 설정 여부를 체크한다.
- 타입 : 변수의 타입을 보여준다.
- 디바이스 : 모니터를 일시 정지할 디바이스를 입력한다.

- 조건 : 모니터 일시정지 조건을 선택한다. 모니터 일시정지 조건은 '==', '>', '<', '>=', '<=' 다섯 가지 중 하나이고, 최대 10개까지 설정할 수 있다.
- 설정값 : 모니터 일시정지 조건의 설정값을 입력한다.
- 변수 : 모니터를 일시 정지할 변수를 보여준다.
- 설명문 : 디바이스/변수에 선언된 설명문을 보여준다.
- 찾기 : 변수목록에서 모니터를 일시 정지할 디바이스/변수를 찾는다.

3.8.2 현재 값 변경

모니터 중에 선택된 디바이스의 현재값 및 강제 I/O 설정을 변경할 수 있다. 데이터를 변경하고자 하는 디바이스/변수를 더블 클릭하여 '현재값 변경' 창이 활성화되면 현재값을 입력하여 변경한다.

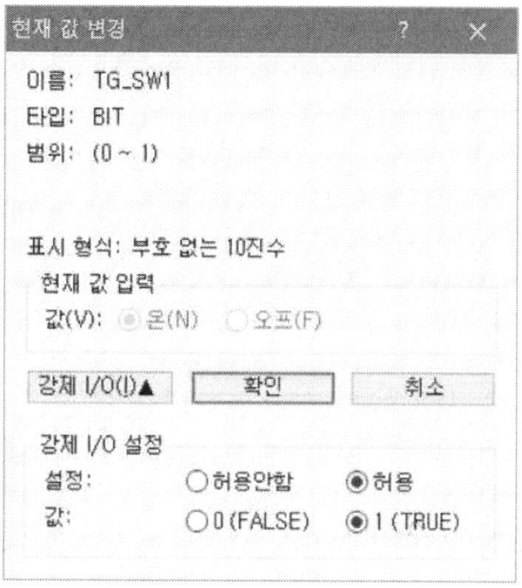

그림 3.80 현재값 변경

선택된 디바이스가 비트 접점일 경우 '현재값 변경' 창에서 ON 또는 OFF를 선택할 수 있으며, '현재값 변경' 창이 표시될 때 디바이스의 현재값이 반전되어 표시되므로 바로 확인만 누르면 데이터가 변경된다. 즉, PLC에서 선택된 디바이스의 현재값이 OFF 상태이면 현재값 변경 창에 ON이 표시되므로 바로 확인을 누르면 ON으로 변경된다.

- 이름 : 현재값을 변경할 디바이스/변수의 이름이다.
- 타입 : 현재값을 변경할 디바이스/변수의 타입이다.
- 범위 : 타입에 따른 현재값의 입력 가능 범위이다.
- 현재값 입력 : 타입이 BOOL인 경우 변수의 ON/OFF를 설정한다.
- 강제 I/O : 변수가 입출력 영역이고 BOOL 타입인 경우에만 강제 I/O 설정이 가능하다. 현재값 변경과 강제 I/O 설정은 동시에 수행되지 않으므로, 강제 I/O 버튼이 활성화된 경우 현재값 입력 편집상자와 ON/OFF 설정 버튼은 비활성화된다.

- 강제 I/O 설정 : 강제 I/O 입력 허용안함/허용을 설정한다.
- 강제 I/O 값 : 강제 I/O 데이터 값을 설정한다.

※ 선택된 디바이스가 입출력 접점일 경우에는 현재값 변경 기능을 사용하여 데이터를 변경하더라도 데이터가 변경되지 않고 입출력 리프레시에 의해 실제 입출력 데이터가 표시되고, 연산결과를 저장하는 내부 메모리 영역일 경우라도 데이터를 변경했을 때 연산조건에 따라 데이터가 변경되지 않을 수 있다.

3.8.3 변수 모니터

특정 변수 또는 디바이스를 등록하여 모니터할 수 있다. 4개의 변수 모니터 창(모니터1~모니터4)을 동시에 모니터할 수는 없다.

(1) 사용자 직접 등록

PLC, 프로그램, 변수, 디바이스 열은 사용자가 직접 편집할 수 있는 영역이므로 사용자가 '변수 모니터' 창에 직접 입력해서 등록할 수 있다.

(2) 변수목록에서 등록

변수 모니터 창이 실행되면 모니터할 변수를 등록한다. '디바이스/변수' 열을 선택한 후, 마우스 오른쪽 버튼을 눌러 나타나는 팝업 메뉴에서 '변수목록에서 등록'을 선택하여 활성화되는 '변수/디바이스 선택' 창에서 모니터하고자 하는 변수/디바이스를 선택하면 변수 모니터 창에 등록된다.

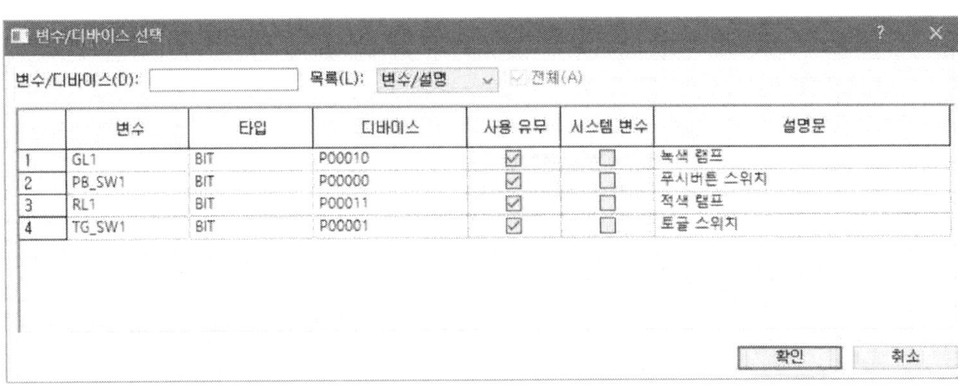

그림 3.81 변수목록에서 모니터 변수 등록

(3) 일괄 등록

모니터할 변수의 주소가 연속적일 때 일괄 등록을 사용하면 편리하게 모니터할 변수들을 등록할 수 있다. 디바이스/변수 열을 선택한 후 마우스 오른쪽 버튼을 눌러 나타나는 팝업 메뉴에서 '일괄 등록'을 선택하면 '일괄 등록' 창이 활성화된다.

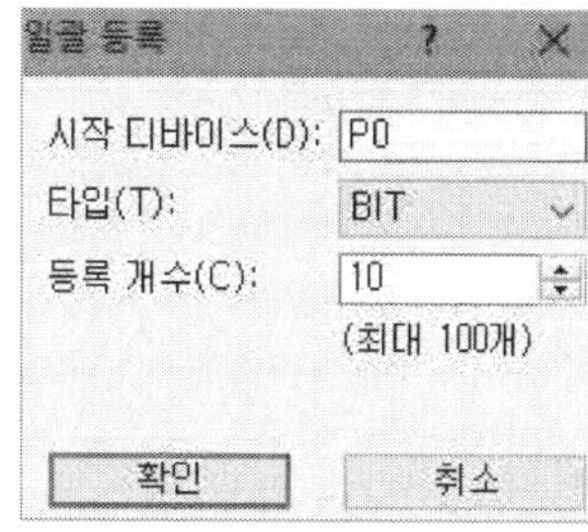

그림 3.82 일괄 등록 설정

창에서 시작 디바이스, 타입, 등록 개수를 입력하고 확인 버튼을 누르면 시작 디바이스부터 등록 개수만큼의 연속된 디바이스들이 변수 모니터 창에 등록되고, 각 디바이스의 현재값이 지정된 타입으로 표시된다. 한 번에 일괄 등록할 수 있는 디바이스의 수는 최대 100개까지이지만, 하나의 모니터 창에 등록할 수 있는 디바이스의 수는 제한이 없다.

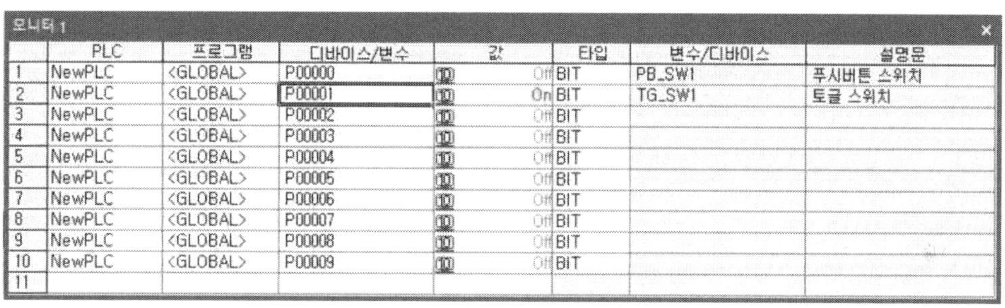

모니터 1

	PLC	프로그램	디바이스/변수	값	타입	변수/디바이스	설명문
1	NewPLC	<GLOBAL>	P00000	Off	BIT	PB_SW1	푸시버튼 스위치
2	NewPLC	<GLOBAL>	P00001	On	BIT	TG_SW1	토글 스위치
3	NewPLC	<GLOBAL>	P00002	Off	BIT		
4	NewPLC	<GLOBAL>	P00003	Off	BIT		
5	NewPLC	<GLOBAL>	P00004	Off	BIT		
6	NewPLC	<GLOBAL>	P00005	Off	BIT		
7	NewPLC	<GLOBAL>	P00006	Off	BIT		
8	NewPLC	<GLOBAL>	P00007	Off	BIT		
9	NewPLC	<GLOBAL>	P00008	Off	BIT		
10	NewPLC	<GLOBAL>	P00009	Off	BIT		
11							

그림 3.83 모니터 변수 일괄 등록

- PLC : 등록 가능한 PLC의 이름을 보여준다.
- 프로그램 : 등록된 변수가 존재하는 프로그램의 이름을 선택한다.
- 디바이스/변수 : 디바이스 이름을 입력한다.
- 값 : 모니터 시 해당 디바이스의 값을 표시한다. 모니터의 현재값 변경을 통해 변경할 수도 있다.
- 타입 : 디바이스/변수의 타입을 표시한다.
- 변수/디바이스 : 변수 이름을 입력한다. 마우스를 더블 클릭하면 변수목록에서 디바이스/변수를 선택할 수 있다.
- 설명문 : 디바이스/변수의 설명문을 표시한다.

3.8.4 시스템 모니터

(1) 시스템 모니터

모니터 중에 PLC에 설정된 베이스 정보, 슬롯정보, I/O 할당정보, 모듈 상태 및 데이터 값 등을 읽어 와서 새로운 모니터 창에 실시간으로 표시한다. XG5000에서 메뉴 "모니터-시스템 모니터"를 선택하면 '시스템 모니터' 창이 활성화되고, 상단에는 PLC 슬롯에 설치된 모든 모듈이 그림으로 표시되고, 하단에는 각 모듈에 대한 자세한 정보를 보여준다.

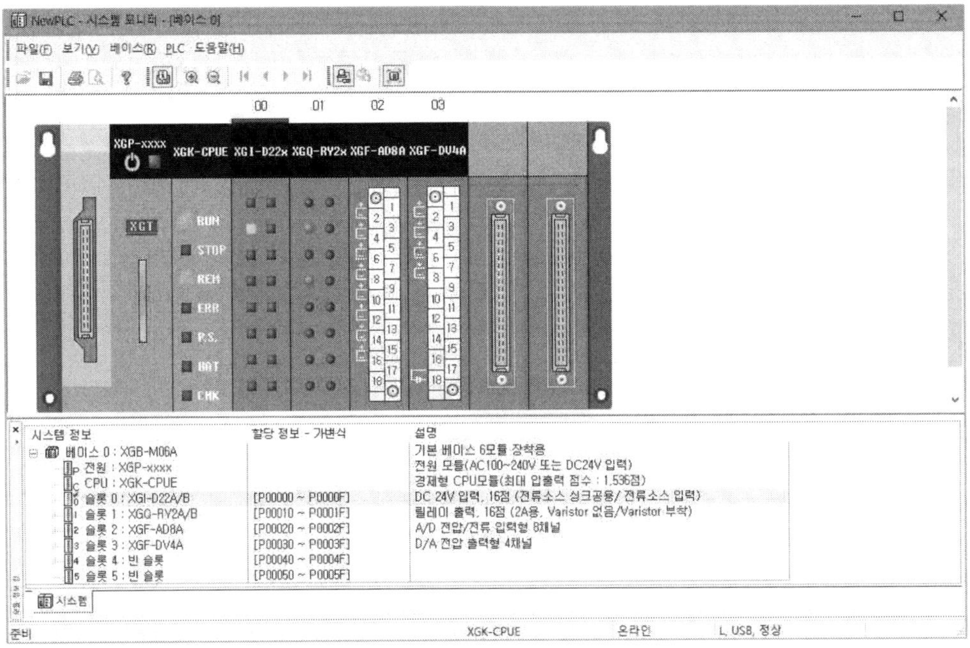

그림 3.84 시스템 모니터 창

(2) 시스템 동기화

시스템 모니터 창에서 메뉴 "PLC-시스템 동기화"를 선택하여 시스템 동기화를 수행하면 모듈 정보만 다시 갱신한다.

(3) 현재값 변경

입력접점의 현재값을 변경하기 위해 마우스로 입력모듈의 사각형('■') 모양의 접점을 클릭하면, 선택된 접점의 데이터 값이 ON/OFF 토글로 변경된다.

3.8.5 디바이스 모니터

PLC는 제어 데이터를 효과적으로 관리할 수 있도록 다양한 디바이스 영역을 제공한다. 디바이스 모니터는 모든 디바이스 영역의 데이터를 모니터할 수 있고, 특정 디바이스에 데이터 값을 쓰거나 읽어올 수 있다. 데이터 값을 화면에 표시하거나 입력할 때 비트 형태 및 표시 방법에 따라 다양하게 나타낼 수 있다.

메뉴 "모니터-디바이스 모니터"를 선택하면 '디바이스 모니터' 창이 활성화되고, 좌측의 '디바이스 정보' 창은 CPU 모듈에 따른 모든 디바이스 영역들을 표시한다. 이들 디바이스 아이콘(P, M, K, F, T, C, U, Z, S, L, N, D, R, ZR)을 더블 클릭하거나 마우스 오른쪽 버튼의 팝업 메뉴에서 '디바이스 열기'를 선택하면 오른쪽 창에서 해당 디바이스 영역을 모니터하고 데이터를 변경할 수 있다.

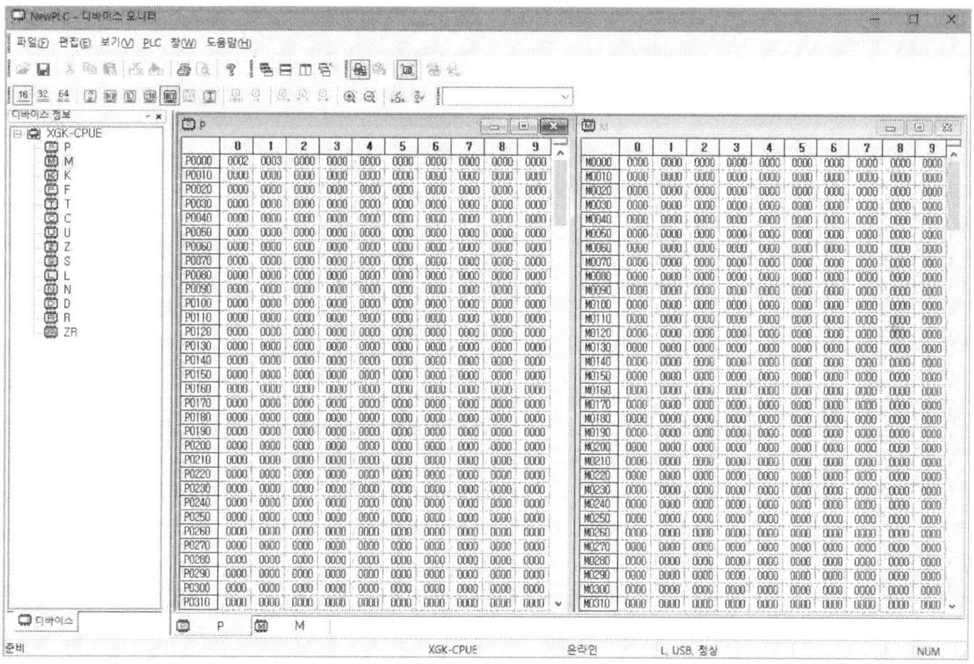

그림 3.85 디바이스 모니터 창

데이터를 화면에 표시하는 데이터의 크기 및 표시 형식은 다음과 같다.

표시 설정	설 명
데이터 크기	1비트형, 8비트형, 16비트형, 32비트형, 64비트형
표시 형식	2진수, BCD, 부호없는 10진수, 부호있는 10진수, 16진수, 실수형, 문자형

3.9 디버그

프로그램의 오류를 찾거나, 연산과정을 추적하기 위한 디버그 모드에서는 프로그램의 수행상태와 데이터의 내용을 확인해 보며 프로그램을 검증할 수 있다.

• 디버그 시작 : PLC와 접속하여 프로그램을 다운로드한 후, PLC가 STOP 모드인 상태에서 메뉴 "디버그-디버그 시작" 또는 메뉴 "온라인-모드전환-디버그"를 선택하면 디버그 모드로 전환되어 디버그를 시작한다.

• 디버그 종료 : 메뉴 "디버그-디버그 끝" 또는 "온라인-모드전환-스톱"을 선택하면 PLC는 디버그를 종료하고 STOP 모드가 된다. 디버그를 종료해도 모니터 기능은 종료되지 않는다.

※ PLC가 RUN 모드일 때는 디버그가 불가능하고, 디버그 중에는 모니터 기능도 가능하다.

※ XG5000의 프로그램과 PLC의 프로그램이 동일해야 디버그 기능을 수행할 수 있다. 동일하지 않다면 프로그램을 PLC로 다시 다운로드한다.

3.9.1 브레이크 포인트 설정/해제

그림 3.86 브레이크 포인트 설정

스텝 별로 브레이크 포인트를 설정하거나 해제한다. 브레이크 포인트는 디버그 중에 프로그램의 실행을 일시 정지하는 위치를 말한다.

• 브레이크 포인트 설정

브레이크 포인트를 설정하고자 하는 스텝을 마우스로 선택한 다음, 메뉴 "디버그-브레이크 포인트 설정" 항목을 선택하면 브레이크 포인트를 나타내는 갈색의 원이 스텝 좌측에 표시된다.

• 브레이크 포인트 해제

브레이크 포인트가 설정되어 있는 스텝을 마우스로 선택한 다음, 메뉴 "디버그-브레이크 포인트 해제" 항목을 선택하면 브레이크 포인트를 표시하는 갈색의 원이 사라져 브레이크 포인트가 해제된다.

3.9.2 디버그 실행

메뉴 "디버그-런"을 선택하면 설정된 브레이크 포인트까지 프로그램을 실행하고 일시 정지한 다음, 프로그램이 현재 정지한 위치를 나타내는 노란색의 작은 원이 스텝 좌측에 표시된다. 다음 브레이크 포인트로 프로그램을 진행시키려면 계속해서 메뉴 "디버그-런"을 실행한다.

그림 3.87 디버그 실행

3.9.3 커서 위치까지 실행

프로그램이 브레이크 포인트에 일시 정지한 상태에서 원하는 스텝으로 커서를 이동시킨 다음, 메뉴 "디버그-커서 위치까지 런"을 선택하면 커서 위치까지 프로그램을 실행하고, 커서가 위치한 스텝 바로 전에 일시 정지한다.

그림 3.88 커서 위치까지 디버그 실행

3.9.4 스텝 실행

디버깅 중 프로그램이 브레이크 포인트에 일시 정지한 상태에서 프로그램을 한 스텝씩 실행시킨다. 스텝 실행에는 '스텝 인', '스텝 아웃', '스텝 오버'가 있다.

(1) 스텝 인

메뉴 "디버그-스텝 인" 을 선택하면 프로그램을 한 스텝씩 실행한다. 만약 현재 스텝이 서브루틴을 호출하는 응용 명령 'CALL'이고, 실행조건을 만족하면 다음 스텝인 CALL 명령에서 호출한 서브루틴 블록 'SBRT'로 진입한다. 프로그램에서 'CALL' 명령의 실행조건은 '매 스캔 반전' 특수 플래그 'F0009D'이다.

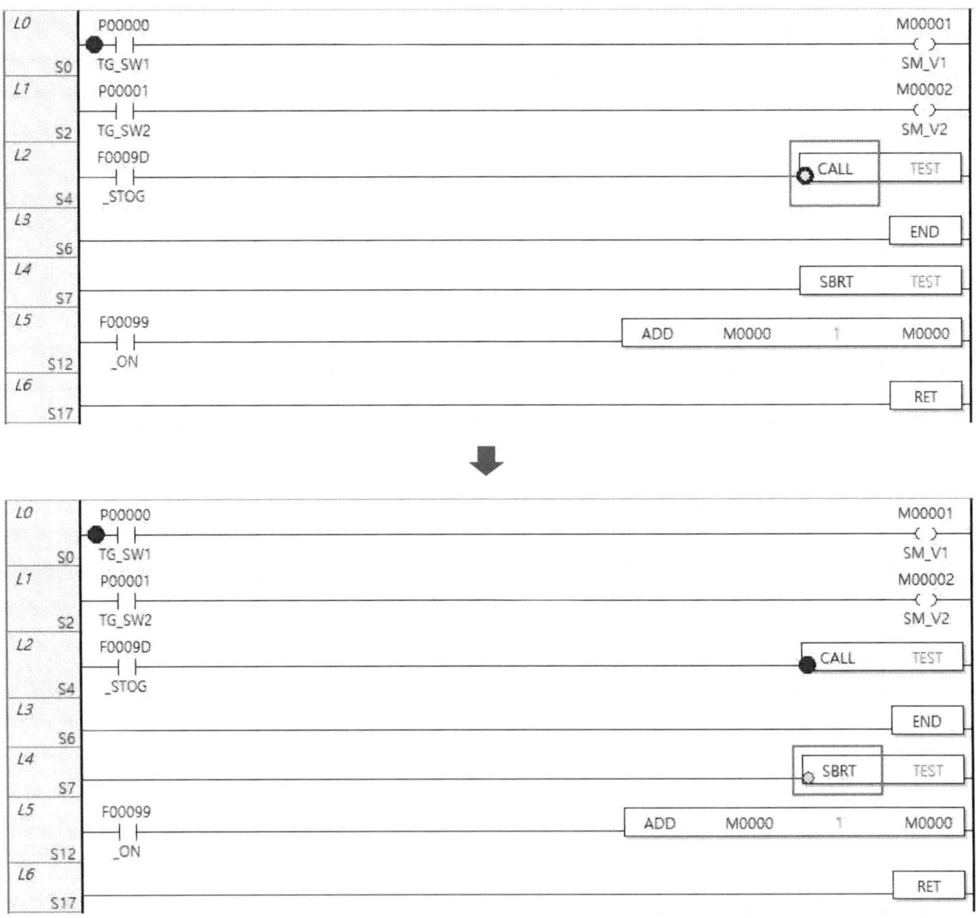

그림 3.89 스텝 인 디버그 실행

(2) 스텝 아웃

'스텝 인'을 실행하여 서브루틴 블록 SBRT로 진입한 경우, 메뉴 "디버그-스텝 아웃" 을 선택하면 바로 서브루틴 블록으로부터 빠져나와 메인 프로그램의 다음 스텝에서 일시 정지한다.

예제 프로그램처럼 서브루틴 블록 'SBRT TEST'의 '상시 ON' 특수 플래그 'F00099' 위치에 일시 정지한 상태에서 '스텝 아웃'을 실행시키면, 바로 서브루틴 블록으로부터 빠져나와 메인 프로그램에서 서브루틴 블록을 호출한 'CALL' 명령 다음 스텝의 'END' 명령에서 일시 정지한다.

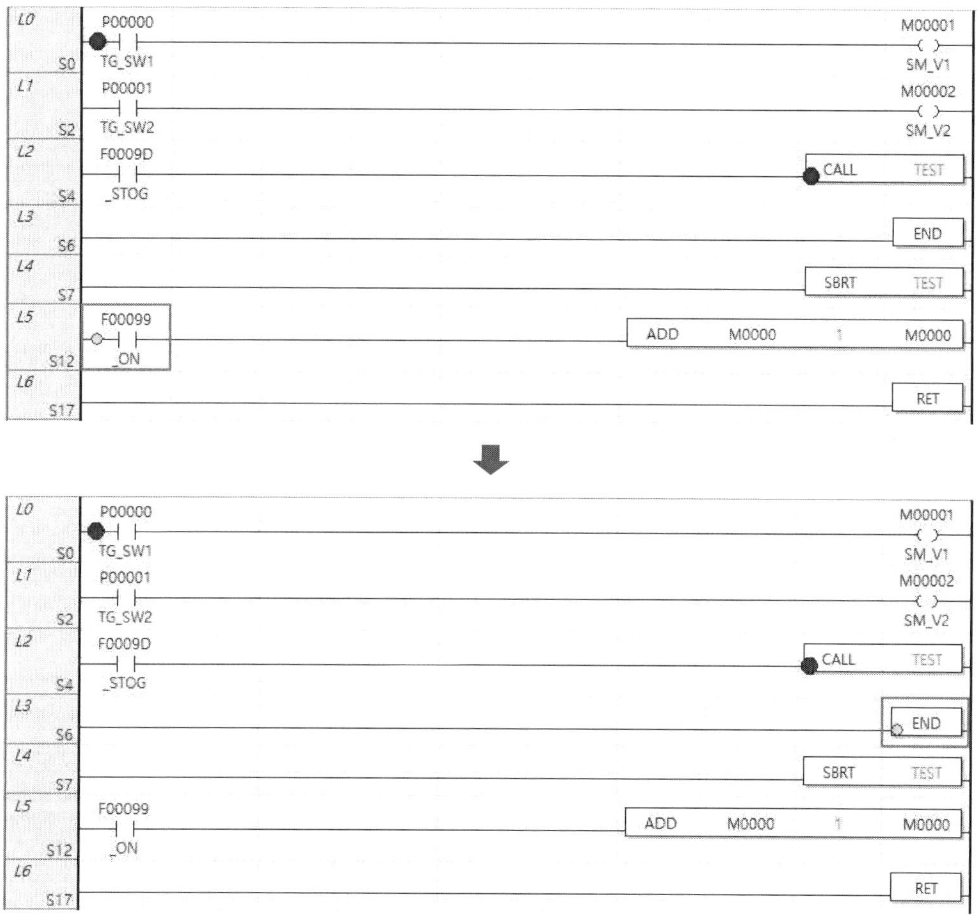

그림 3.90 스텝 아웃 디버그 실행

(3) 스텝 오버

메뉴 "디버그-스텝 오버" 를 선택하면 프로그램을 한 스텝씩 실행한다. 현재 스텝이 서브루틴을 호출하는 응용 명령 'CALL'이고, 실행조건을 만족하는 경우에도 스텝 인과 달리 서브루틴 블록으로 진입하지 않고, 호출명령을 하나의 스텝으로 간주하여 메인 프로그램의 다음 스텝에서 일시 정지한다.

예제 프로그램처럼 서브루틴 호출 명령 'CALL TEST'의 위치에 일시 정지한 상태에서 '스텝 오버'를 실행시키면, 실행조건인 '매 스캔 반전' 특수 플래그 'F0009D'를 만족해도 서브루틴 블록 'SBRT TEST'로 진입하지 않고 메인 프로그램의 'CALL' 명령 다음 스텝의 'END' 명령에서 일시 정지한다.

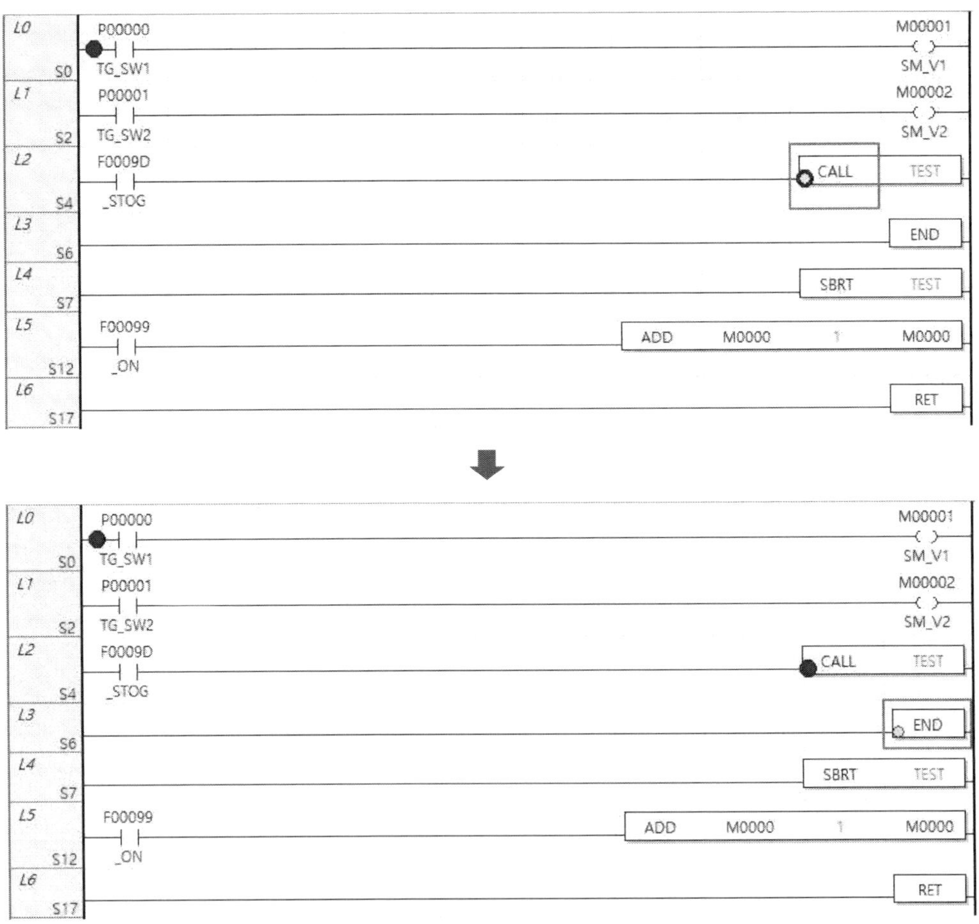

그림 3.91 스텝 오버 디버그 실행

3.9.5 브레이크 포인트 목록

프로그램에서 사용 중인 모든 브레이크 포인트를 보여준다. 메뉴 "디버그-브레이크 포인트 목록"을 선택하여 '브레이크 포인트 목록' 창이 활성화되면, 브레이크 포인트의 사용 여부를 설정하고 삭제도 가능하다. PLC에 등록할 수 있는 브레이크 포인트의 최대 수는 62개이다.

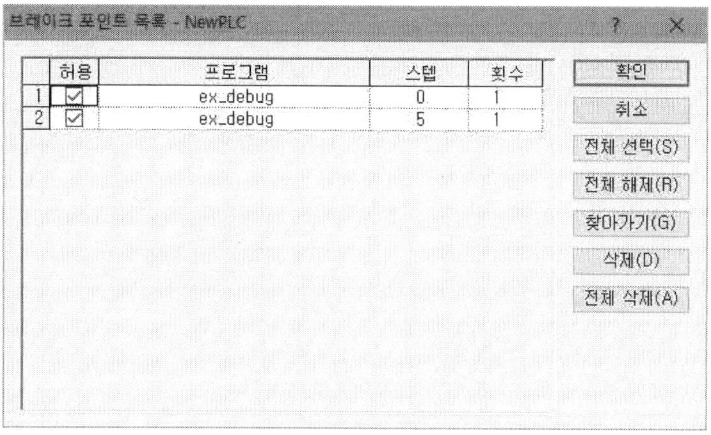

그림 3.92 브레이크 포인트 목록

- 허용 : 사용되고 있는 브레이크 포인트를 삭제하지 않고 해당 브레이크 포인트에서 프로그램을 일시 정지하지 않게 하려는 경우, '허용' 체크박스의 체크를 해제한다.
- 프로그램 : 브레이크 포인트가 사용되고 있는 프로그램의 이름을 보여준다.
- 스텝 : 브레이크 포인트가 설정되어 있는 스텝 번호를 표시한다.
- 횟수 : 브레이크 포인트가 설정되어 있는 스텝이 정해진 횟수만큼 수행된 후 프로그램을 일시 정지한다. 예를 들어 'FOR 100 ~ NEXT'와 같이 100번 반복하는 루프문 내에 브레이크 포인트를 설정하고 브레이크 포인트 횟수를 10으로 설정한 경우, 'FOR 100 ~ NEXT' 루프문 내의 프로그램이 10회만 수행된 후 일시 정지한다.
- 찾아가기 : 선택된 브레이크 포인트가 설정된 스텝으로 커서를 이동시킨다.
- 삭제 : 선택된 브레이크 포인트를 목록에서 삭제한다.

3.9.6 브레이크 조건

(1) 디바이스 브레이크

메뉴 “디버그-브레이크 조건”을 선택하여 활성화되는 ‘브레이크 조건’ 창에서 ‘변수 브레이크’ 탭을 선택하고 디바이스 브레이크 조건을 설정하면, 디바이스의 데이터 값과 사용조건에 따라 브레이크가 걸리고 프로그램을 정지시킴으로써 디버깅할 수 있다.

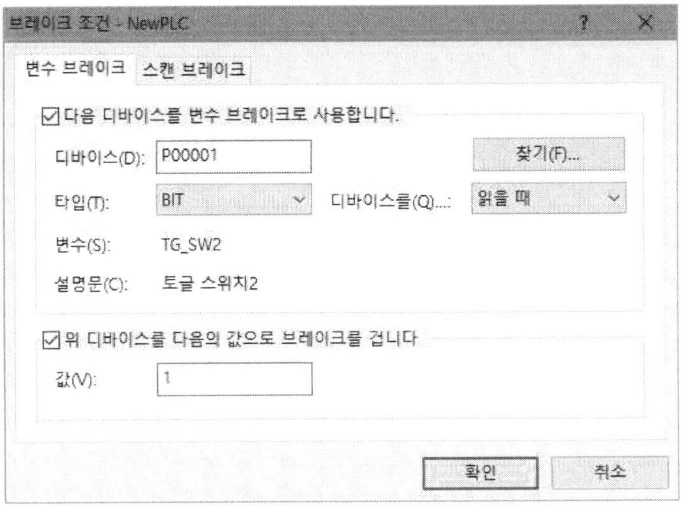

그림 3.93 디바이스 브레이크 설정

- “다음 디바이스를 변수 브레이크로 사용합니다.” : 디바이스 브레이크의 사용 여부를 체크한다. 체크박스를 해제하면 디바이스 브레이크 조건은 저장되지만, 디바이스 브레이크는 실행되지 않는다.
- 디바이스 : 디바이스 브레이크로 사용될 디바이스를 입력한다.
- 타입 : 디바이스 브레이크로 사용될 디바이스의 타입을 선택한다.
- 변수 : 해당 디바이스에 대한 변수를 보여준다.
- 설명문 : 해당 디바이스에 대한 설명문을 보여준다.

- "위 디바이스를 다음의 값으로 브레이크를 겁니다." : 값에 의한 디바이스 브레이크의 사용 여부를 체크한다. 체크박스를 해제하면 값은 저장되지만, 값에 의한 디바이스 브레이크는 실행되지 않는다.
- 값 : 디바이스가 설정된 값이 되면 브레이크가 실행된다. 값의 최소/최대는 디바이스의 타입에 따라 결정된다.
- 찾기 : '변수/설명' 목록에서 디바이스를 찾는다.
- "디바이스를...." : 값에 의한 브레이크 조건을 선택한다. 디바이스에 값을 "읽을 때/쓸 때/읽거나 쓸 때" 디바이스 브레이크가 실행된다.

디바이스 브레이크 조건을 설정하고, 메뉴 "디버그-런" 항목을 선택하면 PLC는 디버그 모드에서 운전을 시작한다. 설정된 디바이스 브레이크 조건이 만족되면 PLC는 브레이크가 걸려 운전을 정지하고, '변수 브레이크' 창에 디바이스 브레이크가 실행되었음을 알려준다.

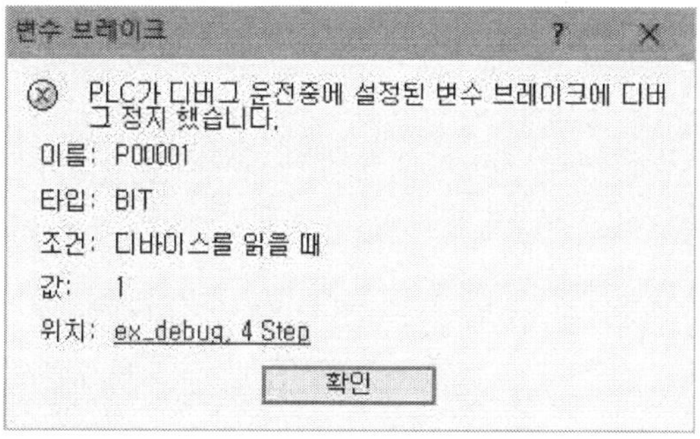

그림 3.94 디바이스 브레이크 표시 창

※ 디버그 동작 중에 브레이크 포인트, 디바이스 브레이크, 스캔 브레이크 조건 중 어느 하나라도 만족되면 브레이크가 실행된다.
※ '위치' 항목의 밑줄 쳐진 파란색 프로그램 이름을 마우스로 클릭하면 프로그램에서 디바이스 브레이크가 실행된 위치로 커서가 이동된다.

(2) 스캔 브레이크

메뉴 "디버그-브레이크 조건" 항목을 선택하여 활성화되는 '브레이크 조건' 창에서 스캔 브레이크' 탭을 선택하고 스캔 브레이크 조건을 설정하면, PLC는 프로그램을 설정된 스캔 횟수만큼 실행한 후 브레이크가 걸려 운전을 정지한다.

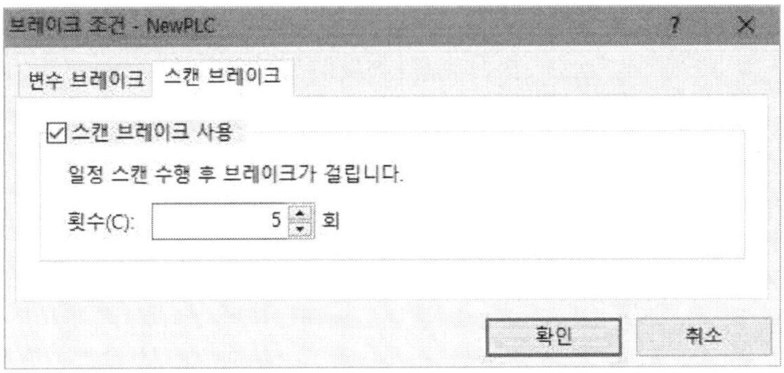

그림 3.95 스캔 브레이크 설정

- 스캔 브레이크 사용 : 체크 박스를 해제하면 설정된 스캔 브레이크 횟수는 저장되지만, 스캔 브레이크는 실행되지 않는다.
- 횟수 : 브레이크가 걸릴 스캔 프로그램의 실행 횟수를 입력한다.

스캔 브레이크 조건을 설정하고, 메뉴 "디버그-런" 항목을 선택하면 PLC는 디버그 모드에서 운전된다. PLC는 설정된 스캔 횟수만큼 프로그램을 실행한 후 정지하고, 메시지 창에 스캔 브레이크가 실행되었음을 알려준다.

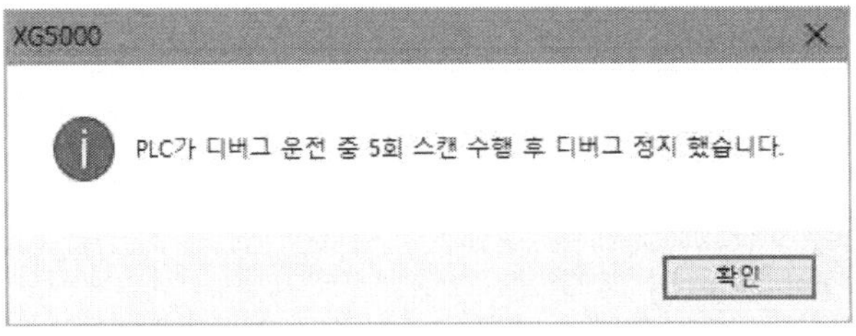

그림 3.96 스캔 브레이크 실행 메시지

4장 시뮬레이터 XG-SIM

4.1 XG-SIM의 개요

PLC는 산업용 제품으로 주로 공장에서 사용되고, 개인적으로 학교에서 실습키트로 경험하는 것 외에는 고가로 구입하여 사용하기 어렵다. 따라서 PLC를 공부하는 학생들에게 PLC가 없이 PC만으로 모의운전할 수 있는 가상 PLC가 필요하다. 시뮬레이터 XG-SIM은 XGT PLC 시리즈를 위한 윈도우 환경의 가상 PLC이다. XG-SIM을 이용하면 작성한 프로그램을 PLC 없이도 시뮬레이션할 수 있으며, 모듈 및 I/O 조건 시뮬레이션 기능을 이용하여 디버깅할 수 있다.

4.1.1 XG-SIM의 특징

① 프로그램 시뮬레이션

XG5000에서 LD 또는 IL 언어로 작성된 프로그램을 시뮬레이션할 수 있다. 또한 XG-SIM에서 실행 중인 프로그램을 RUN 상태에서 변경사항을 적용할 수 있는 런 중 수정 기능을 지원하며, 프로그램을 스텝 단위로 실행시키고 일시 정지시킬 수 있는 디버그 기능도 제공한다.

② 온라인 모니터

XG5000에서 제공하는 래더 모니터 기능 이외에도, 시스템 모니터, 디바이스 모니터, 트렌드 모니터, 데이터 트레이스, 사용자 이벤트 등 온라인 모니터 기능을 그대로 사용할 수 있다.

③ 모듈 시뮬레이션

디지털 입력모듈, 디지털 출력모듈, 아날로그 입력모듈, 아날로그 출력모듈, 고속카운터 모듈, 온도제어 모듈, 위치결정 모듈 등 설치 가능한 모듈에 대한 간략한 시뮬레이션 기능을 제공한다. 모듈 시뮬레이션 기능을 이용하면 모듈로부터의 입력값을 이용하여 프로그램을 시뮬레이션할 수 있다.

④ I/O 입력조건 설정

특정 디바이스의 값 혹은 모듈 내부의 채널값을 입력조건으로 하여 디바이스의 값을 설정할 수 있다. I/O 입력조건 설정 기능을 이용하면 작성한 PLC 프로그램을 테스트하기 위한 별도의 PLC 프로그램을 작성하지 않고도 작성한 그대로의 프로그램으로 시뮬레이션할 수 있다.

4.1.2 XG-SIM의 지원 기능

XG-SIM 시뮬레이터 실행 시 XG5000에서 지원하는 메뉴 항목은 다음과 같다.

표 4.1 XG-SIM 실행 시 XG5000이 지원하는 메뉴

메뉴 항목	지원 여부	메뉴 항목	지원 여부
PLC로부터 열기	○	모니터 시작/끝	○
모드 전환 런/스톱/디버그	○	모니터 일시 정지	○
접속	X	모니터 다시 시작	○
읽기	X	모니터 일시정지 설정	○
쓰기	○	현재값 변경	○
PLC와 비교	X	시스템 모니터	○
플래시 메모리 설정	X	디바이스 모니터	○
PLC 리셋	X	특수모듈 모니터	○
PLC 지우기	○	사용자 이벤트	○
PLC 정보	○	데이터 트레이스	○
PLC 이력	○	디버그 시작/끝	○
PLC 에러 경고	○	디버그 런	○
I/O 정보	○	디버그 스텝 오버	○
강제 I/O 설정	○	디버그 스텝 인	○
I/O 스킵 설정	○	디버그 스텝 아웃	○
고장 마스크 설정	X	디버그 커서 위치까지 실행	○
모듈 교환 마법사	X	브레이크 포인트 설정/해제	○
런 중 수정 시작/종료	○	브레이크 포인트 목록	○
런 중 수정 쓰기	○	브레이크 조건	○

4.2 XG-SIM 윈도우

XG5000을 실행하여 프로그램을 작성한 후, 메뉴 “도구-시뮬레이터 시작” 항목을 선택한다. ‘XG-SIM’ 윈도우가 실행되면 3색의 직사각형 모양의 LED로 구성된 작은 ‘XG-SIM 상태’ 창이 표시되고, 작성한 프로그램이 XG-SIM 시뮬레이터에 자동으로 다운로드된다. XG5000의 메뉴 “온라인-모드 전환-런” 항목을 선택하여 다운로드한 프로그램을 PLC 없이 가상으로 시뮬레이션할 수 있다.

그림 4.1 XG-SIM 윈도우

① 채널 리스트 : ‘모듈 채널’ 및 사용자 선택에 의한 ‘즐겨쓰는 채널’이 표시된다.
② I/O 조건 : ‘단일 I/O 조건’ 및 ‘연속 I/O 조건’이 표시된다.
③ 상태 창 : XG-SIM의 상태를 표시한다.

표 4.2 XG-SIM 시뮬레이터의 상태

상 태	설 명	창
초기 상태	초기상태를 나타내며 XG-SIM 시뮬레이터로 접속이 불가능하다.	
접속 가능	접속준비 완료 상태를 나타내며 적색 LED가 점등된다.	
단일 I/O 조건 실행	단일 I/O 조건이 실행 중임을 나타내며 녹색 LED가 점멸한다.	
연속 I/O 조건 실행	연속 I/O 조건이 실행 중임을 나타내며 황색 LED가 점멸한다.	

4.3 모듈 시뮬레이션

시뮬레이터 XG-SIM은 입출력 모듈 및 특수모듈에 대하여 간략한 시뮬레이션 기능을 제공한다. 디지털 입출력 모듈의 경우에는 P영역에 대한 입출력 기능을 제공하며, 특수모듈의 경우에는 외부로부터 아날로그 입력값 혹은 외부로의 아날로그 출력값에 대한 모니터링 등의 기능을 제공한다.

4.3.1 모듈의 설정

모듈을 시뮬레이션하여 PLC 프로그램에 반영하기 위해서는 우선 해당 모듈들을 XG5000의 I/O 파라미터에서 설정해 주어야 한다. 예를 들어, PLC 시스템을 표 4.3과 같이 디지털 입력모듈, 디지털 출력모듈, 아날로그 입력모듈, 아날로그 출력모듈의 4개 모듈의 구성으로 시뮬레이션하기 위해서는 그림 4.2와 같이 사용자가 직접 I/O 파라미터를 수동으로 설정한다.

표 4.3 시뮬레이션할 모듈의 구성

베이스	슬롯	모듈 명	모듈 종류
기본 베이스	0	XGI-D22A	DC 24V 디지털 입력모듈 16점
기본 베이스	1	XGQ-RY2A	릴레이 디지털 출력모듈 16점
기본 베이스	2	XGF-AD8A	전압/전류형 A/D 변환모듈 8채널
기본 베이스	3	XGF-DV4A	전압형 D/A 변환모듈 4채널

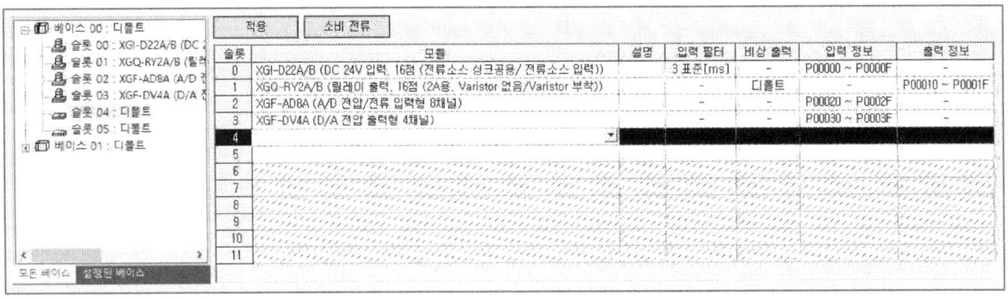

그림 4.2 시뮬레이션할 모듈의 I/O 파라미터 설정

XG-SIM이 실행되어 시뮬레이션 중에는 시스템 모니터 창에 그림과 같이 XG5000의 I/O 파라미터에서 설정한 모듈들이 표시되어, 입출력 접점의 현재 상태를 LED로 보여주고, 마우스로 선택한 입력접점의 현재값을 변경할 수 있으므로, 시뮬레이션을 통해 PLC 프로그램의 동작을 확인할 수 있다. I/O 파라미터의 상세 설정을 적용하기 위해서는 I/O 파라미터를 XG-SIM으로 다시 다운로드 해야 하므로, 만일 시뮬레이션할 모듈의 종류가 변경된 경우에는 시뮬레이터 XG-SIM을 다시 실행시켜 주어야 한다.

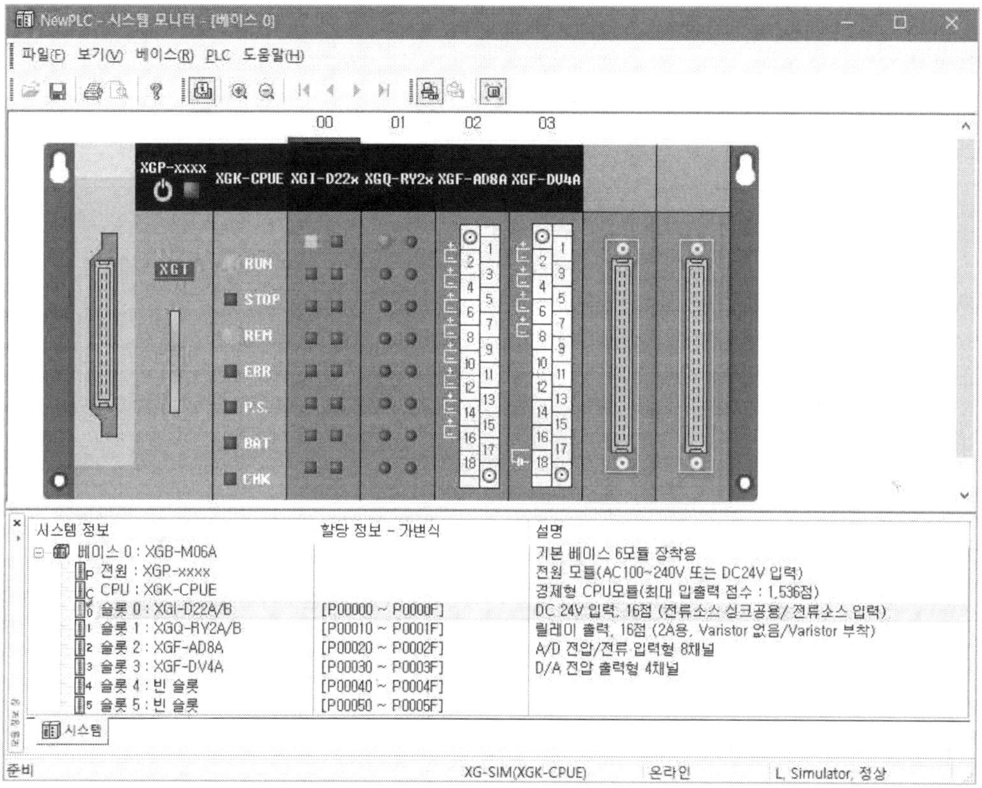

그림 4.3 시스템 모니터 시뮬레이션

(1) 디지털 입/출력 모듈

디지털 입/출력 모듈은 접점의 현재값을 변경하거나 프로그램에서 출력값이 정상적으로 출력되는지 XG-SIM을 통해 시뮬레이션할 수 있다. I/O 파라미터에서 입/출력 모듈의 설정 여부에 따라 표 4.4와 같이 현재값 변경에 차이가 있다. I/O 파라미터에서 입력모듈을 설정했으면 입력접점의 현재값은 XG-SIM 채널 모니터의 '채널값 변경'에서 변경할 수 있지만, XG5000 래더 모니터의 '현재값 변경'에서는 변경할 수 없다. I/O 파라미터에서 입력모듈을 설정하지 않았다면 입력접점의 현재값은 XG5000 래더 모니터의 '현재값 변경'에서 변경할 수 있다. 출력접점의 현재값은 I/O 파라미터에서 출력 모듈의 설정 여부에 관계없이 변경할 수 없다.

표 4.4 디지털 입/출력 모듈의 시뮬레이션

구 분	입/출력 모듈 미 설정	입/출력 모듈 설정
입력값 변경	XG5000 래더 모니터의 현재값 변경 이용 가능	XG-SIM 채널 모니터의 채널값 변경 이용 가능
출력값 변경	변경할 수 없음	변경할 수 없음
강제 I/O 입력	적용 안 됨	설정한 강제 I/O 데이터값 입력
강제 I/O 출력	적용 안 됨	설정한 강제 I/O 데이터값 출력

(2) 아날로그 입력모듈

시뮬레이터 XG-SIM에서 지원하는 아날로그 입력모듈(A/D 변환모듈)은 다음 표와 같이 전압형과 전류형이고, 절연형은 지원하지 않는다.

표 4.5 XG-SIM에서 지원하는 아날로그 입력모듈

모듈명	지원 여부
XGF-AV8A (전압형 8채널)	○
XGF-AC8A (전류형 8채널)	○
XGF-AD4S (절연형 4채널)	X

4가지 형태의 아날로그 입력전압 범위와 2가지 형태의 아날로그 입력전류 범위, 그리고 4가지 형태의 디지털 출력 데이터 타입를 지원한다. 아날로그 입력값은 XG-SIM의 모듈 채널에서 직접 설정할 수 있으며, 입력범위는 파라미터에서 설정한 입력 전압/전류 범위 내에서만 유효하다.

표 4.6 아날로그 입력 범위와 출력 데이터 타입

입력전압 범위	입력전류 범위	출력 데이터 타입
1 ~ 5V	4 ~ 20mA	0 ~ 16000
0 ~ 5V	0 ~ 20mA	-8000 ~ 8000
0 ~ 10V	-	1000 ~ 5000
-10 ~ 10V	-	0 ~ 10000 (%)

(3) 아날로그 출력모듈

XG-SIM에서 지원하는 아날로그 출력모듈(D/A 변환모듈)은 다음 표와 같다.

표 4.7 XG-SIM에서 지원하는 아날로그 출력모듈

모듈 명	지원 여부
XGF-DV4A (전압형 4채널)	○
XGF-DV8A (전압형 8채널)	○
XGF-DC4A (전류형 4채널)	○
XGF-DC8A (전류형 8채널)	○
XGF-DV4S(절연형 전압출력 4채널)	X
XGF-DC4S(절연형 전류출력 4채널)	X

4가지 형태의 디지털 입력 데이터 타입과 4가지 형태의 이날로그 출력전압 범위, 그리고 2가지 형태의 아날로그 출력전류 범위를 지원하며 다음과 같다.

표 4.8 입력 데이터 타입과 아날로그 출력범위

입력 데이터 타입	출력전압 범위	출력전류 범위
0 ~ 16000	1 ~ 5V	4 ~ 20mA
-8000 ~ 8000	0 ~ 5V	0 ~ 20mA
1000 ~ 5000	0 ~ 10V	-
0 ~ 10000 (%)	-10 ~ 10V	-

4.3.2 채널 리스트

(1) 모듈 채널

'트리' 창의 '채널 리스트'에는 XG5000의 I/O 파라미터에서 설정된 모듈만 표시된다. 모듈의 표시는 **"B베이스번호S슬롯번호: 모듈명"**의 형태로, 예를 들어 모듈 "B0S00: XGI-D22A"는 0번 기본 베이스의 0번 슬롯에 장착된 디지털 입력모듈 XGI-D22A를 나타낸다.

트리 창에서 모니터하고 싶은 모듈을 더블 클릭하면 우측의 '모듈 채널' 창에 각 모듈 별로 채널이 표시된다. 채널 명은 "B베이스번호S슬롯번호.IN/OUT/ANALOG_IN/ANALOG_OUT채널번호"의 형태로, 여기서 'IN'은 디지털 입력모듈, 'OUT'은 디지털 출력모듈, 'ANALOG_IN'은 아날로그 입력모듈, 'ANALOG_OUT'은 아날로그 출력모듈을 나타낸다. 예를 들어 디지털 입력모듈 채널 "B0S00.IN00" 는 기본 베이스의 0번 슬롯, 채널번호 0번이므로 입력접점 P00000을 나타내고, 디지털 출력모듈 채널 "B0S01.OUT01" 는 기본 베이스의 1번 슬롯, 채널번호 1번이므로 출력접점 P00011을 나타낸다.

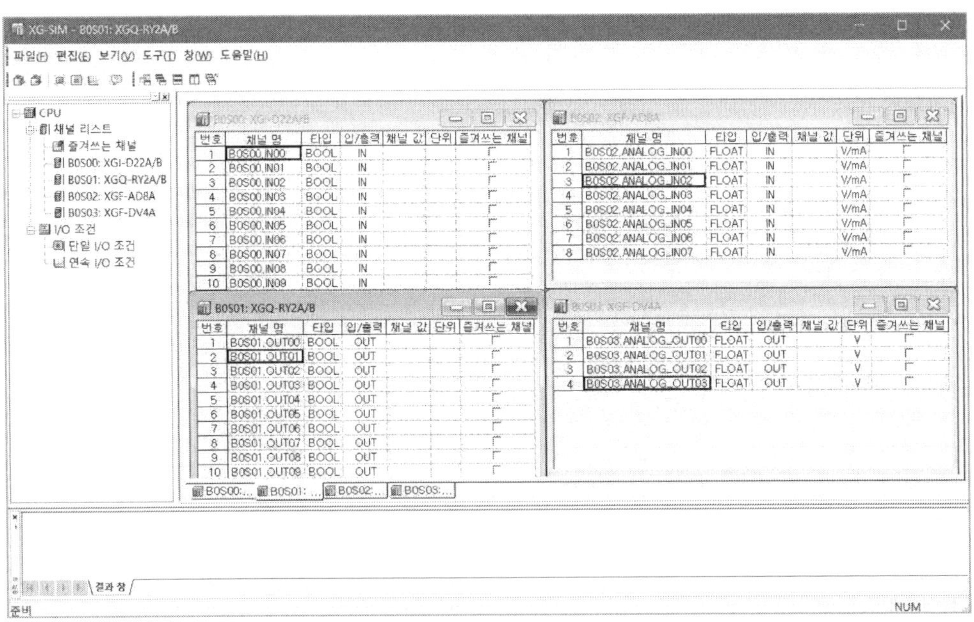

그림 4.4 모듈 채널

(2) 즐겨쓰는 채널

채널 리스트에 여러 개의 모듈이 있는 경우 여러 모듈 채널 창을 동시에 모니터하는 것은 매우 복잡하므로 특정 모듈의 채널을 즐겨쓰는 채널로 미리 등록시켜 놓은 다음, 즐겨쓰기 채널만 모니터하면 매우 편리하게 시뮬레이션할 수 있다.

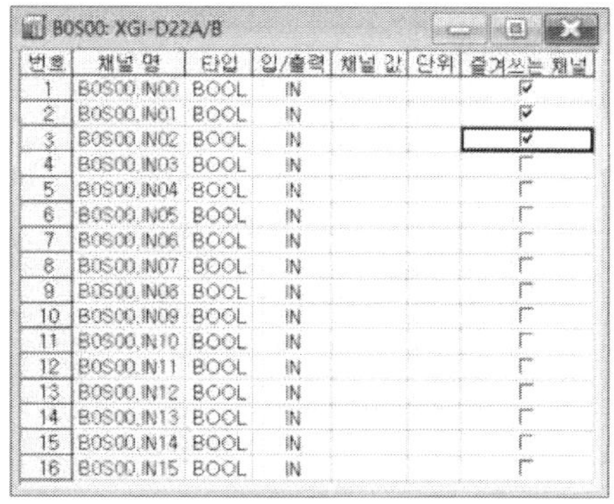

그림 4.5 디지털 입력모듈 채널 창

그림 4.5와 같이 각 모듈 채널 창에서 필요한 '채널 명'에 해당되는 '즐겨쓰는 채널' 열의 체크상자를 마우스로 선택하면, 모든 모듈에서 즐겨쓰는 채널로 선택한 채널명이 그림 4.6과 같이 '즐겨쓰는 채널' 창에 모두 모이게 된다.

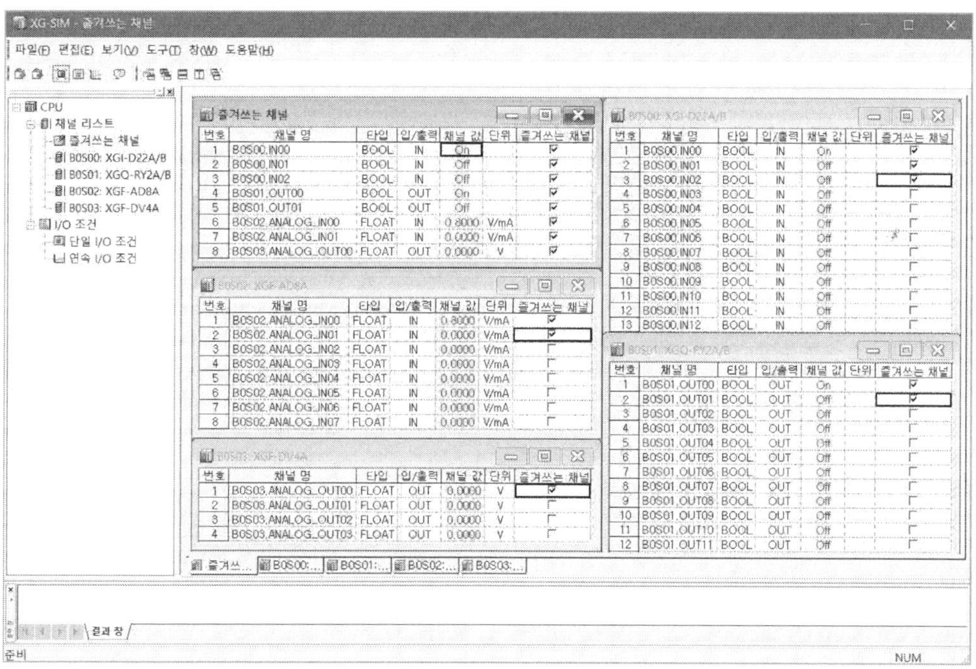

그림 4.6 즐겨쓰는 채널 설정

4.3.3 채널 모니터

XG5000에서 메뉴 "모니터-모니터 시작" 항목을 선택하여 래더 모니터를 시작한다.

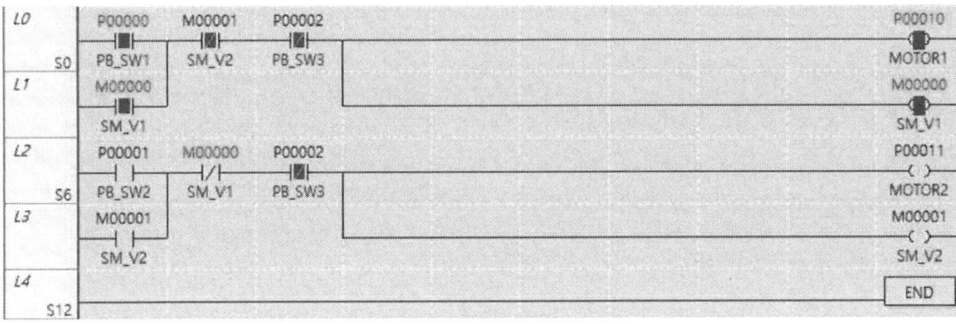

그림 4.7 XG5000 래더 모니터

시뮬레이터 XG-SIM에서 메뉴 "도구-채널 모니터 시작" 항목을 선택하여 채널 모니터를 시작하면 즐겨쓰는 채널에 채널값이 표시된다.

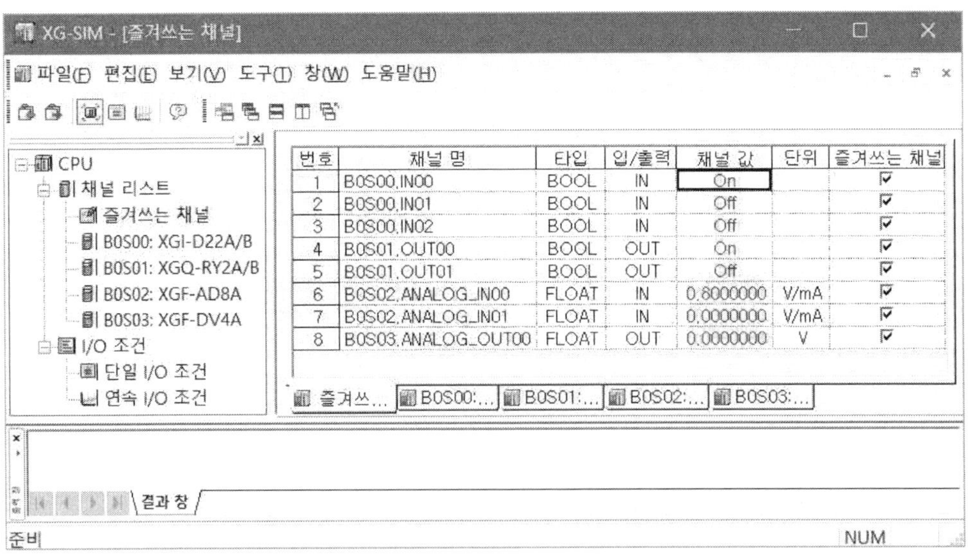

그림 4.8 XG-SIM 즐겨쓰는 채널 모니터

4.3.4 채널값 변경

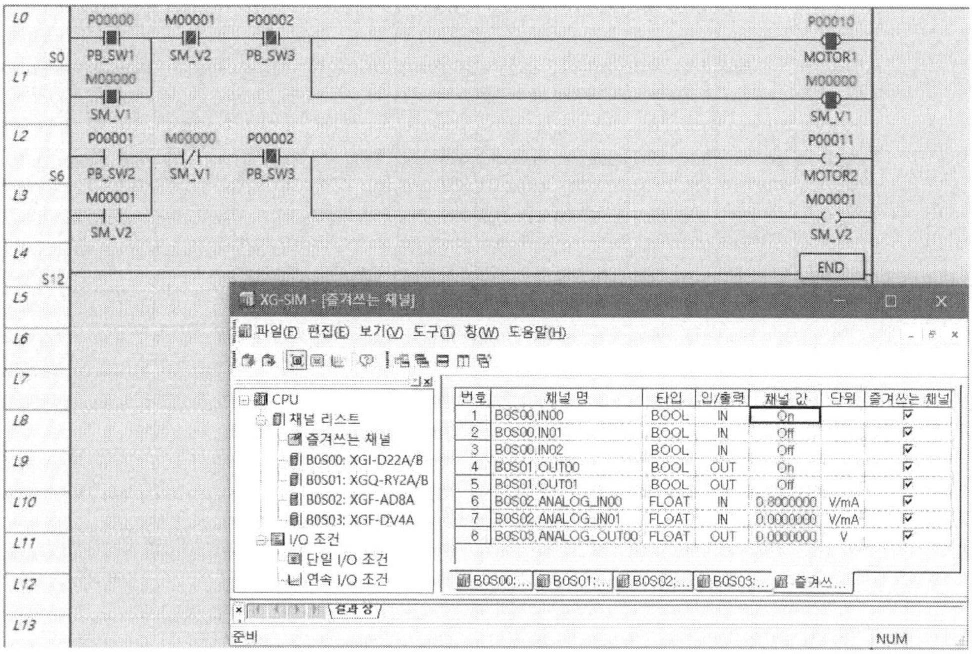

그림 4.9 시뮬레이션 모니터

즐겨쓰는 채널이나 현재값을 변경하고자 하는 모듈 채널을 선택하고 변경할 '채널값' 열로 이동한 다음, 마우스를 더블 클릭하면 '채널값 변경' 대화상자가 표시된다.

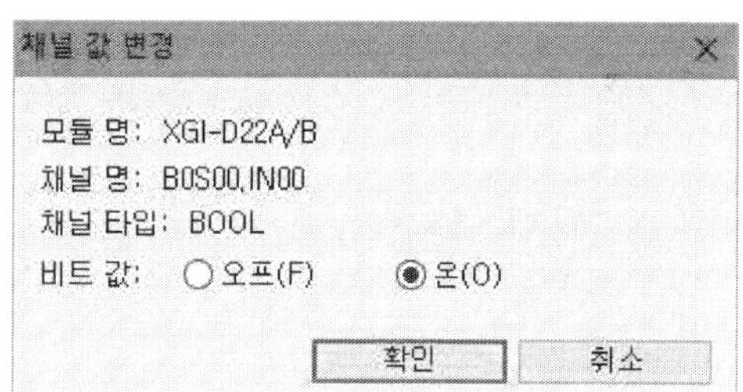

그림 4.10 시뮬레이션 채널값 변경

- 모듈명 : 선택한 모듈명을 표시한다.
- 채널명 : 선택한 채널명을 표시한다.
- 채널 타입 : 선택한 채널의 데이터 타입을 표시한다.
- 비트값/입력값 : 비트값인 경우에는 '오프/온'을 선택하고, 입력값인 경우에는 값을 직접 입력한다.

※ 채널의 '입/출력' 열의 방향이 OUT인 디지털 출력모듈이나 아날로그 출력모듈의 경우에는 해당 모듈의 채널값을 변경할 수 없다.

4.4 I/O 조건 시뮬레이션

I/O 조건이란 사용자가 입력한 사항에 해당하는 조건을 만족하였을 경우, 특정 디바이스에 사용자가 설정한 값을 강제로 기록하는 기능이다. 예를 들면, 모듈로부터 입력받은 데이터나 모듈로 출력하는 데이터를 프로그램에 반영시킬 수 있도록 "입력접점 P00000이 1이 되는 경우 보조 메모리 M00000~M00010의 값을 모두 1로 기록하라"라는 동작에서 'P00000이 1이 되는 경우'가 'I/O 조건'이 되며, 'M0000~M00010의 값을 모두 1로 기록하라'가 '사용자가 설정한 값을 강제로 기록'이 된다.

4.4.1 단일 I/O 조건

단일 I/O 조건은 동작 조건이 만족되었을 경우, 선택한 디바이스/채널에 입력한 값을 복사한다. XG-SIM '트리' 창의 '단일 I/O 조건'을 더블 클릭하면 우측에 '단일 I/O 조건' 리스트 창이 표시된다.

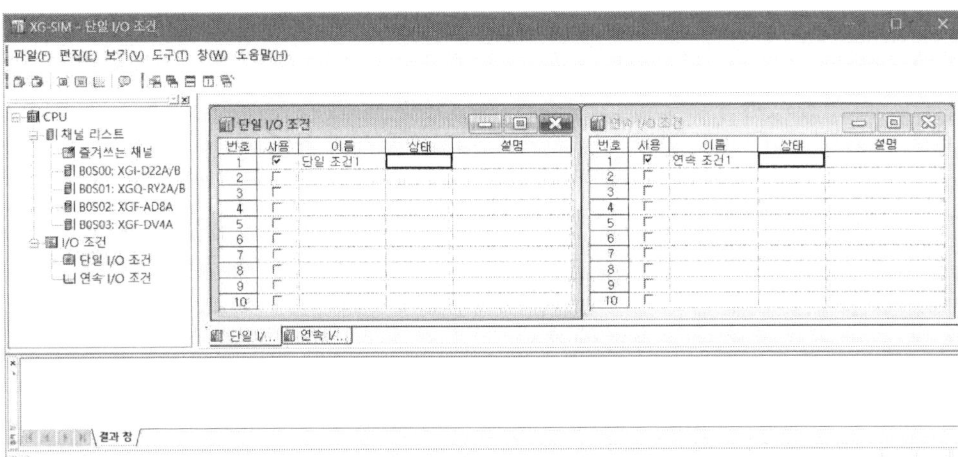

그림 4.11 I/O 조건 리스트

(1) 기본 설정

단일 I/O 조건 리스트 창에서 해당 번호의 어느 열이든지 더블 클릭하여 '단일 I/O 조건' 설정 창이 활성화되면 '기본 설정' 탭을 선택한다.

- 조건 사용 : 단일 I/O 조건 사용 여부를 설정한다. 체크하지 않으면 사용자가 설정한 조건을 사용하지 않는다.
- 이름 : I/O 조건의 이름을 입력한다.
- 설명 : I/O 조건에 대한 간단한 설명을 입력한다.
- 항상 동작 : 사용자가 지정한 조건에 상관없이 실행되는 순간부터 동작한다.
- 버튼에 의한 동작 : 사용자가 버튼을 누르는 경우에만 설정한 조건이 만족되었을 경우 동작한다.

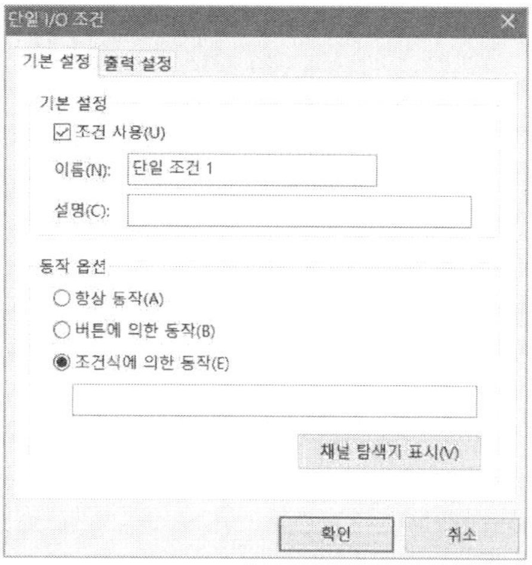

그림 4.12 단일 I/O 조건 기본 설정

- 조건식에 의한 동작 : 사용자가 지정한 조건식이 만족되는 경우에만 동작한다.
- 채널 탐색기 표시 : '조건식에 의한 동작'을 선택한 경우에만 버튼이 활성화된다. 버튼을 눌러 다음과 같은 '채널 탐색창' 창이 활성화되면 좌측의 트리 창에서 모듈을 더블 클릭한 다음, 우측에서 채널명을 클릭하고 선택 버튼을 누르면 채널명이 조건식에 입력된다.

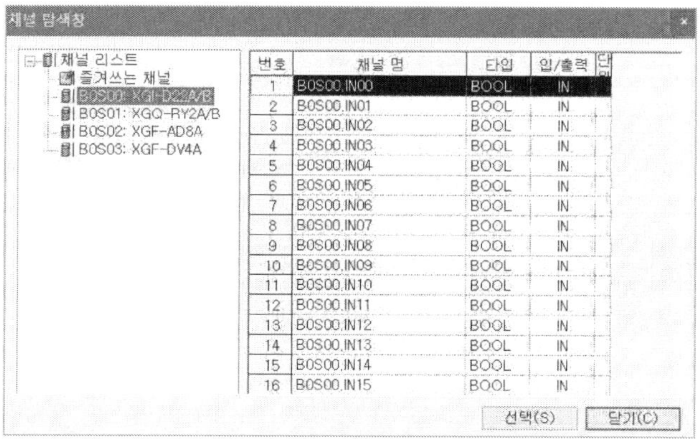

그림 4.13 채널 탐색기

(2) 출력 설정

'단일 I/O 조건' 설정 창에서 '출력 설정' 탭을 선택한다.

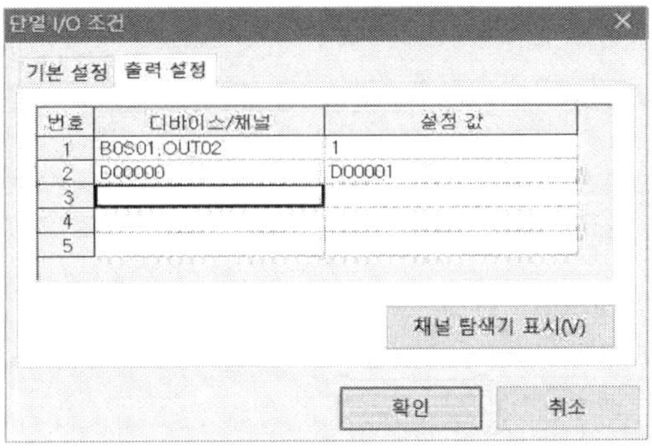

그림 4.14 단일 I/O 조건 출력 설정

- 디바이스/채널 : 출력값을 기록할 채널 명 또는 디바이스 명을 입력한다.
- 설정값 : 디바이스 명, 채널 명, 상수로 설정값을 입력한다.

4.4.2 연속 I/O 조건

연속 I/O 조건은 동작 옵션이 만족 되었을 경우, 선택한 디바이스/채널에 입력한 값을 스캔 마다 연속적으로 입력합니다. XG-SIM '트리' 창의 '연속 I/O 조건'을 더블 클릭하면 우측에 '연속 I/O 조건' 리스트 창이 표시된다.

(1) 기본 설정

그림 4.11의 XG-SIM '트리' 창의 '연속 I/O 조건'을 더블 클릭하면 우측에 '연속 I/O 조건' 리스트 창이 표시된다. 연속 I/O 조건 리스트 창에서 해당 번호의 어느 열이든지 더블 클릭하여 '연속 I/O 조건' 설정 창이 활성화되면 '기본 설정' 탭을 선택한다. '연속 I/O 조건'의 기본 설정은 앞 절의 단일 I/O 조건 설정의 기본 설정과 동일한 방법으로 설정한다.

(2) 출력 설정

'연속 I/O 조건' 설정 창에서 '출력 설정' 탭을 선택한다.

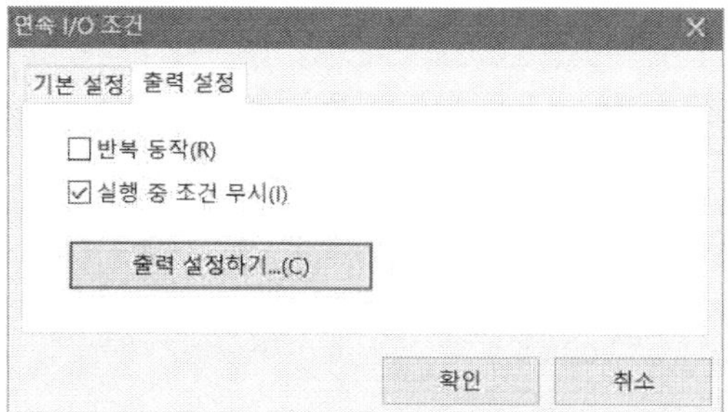

그림 4.15 연속 I/O 조건 출력 설정

- 반복 동작 : 출력값을 반복적으로 입력할지를 선택한다.
- 실행 중 조건 무시 : 연속값 입력 도중 동작조건 검사 여부를 선택한다.
- 출력 설정하기 : 버튼을 눌러 '연속값 설정' 창이 활성화되면 값을 설정한다.

'연속값 설정' 창에서 채널 또는 디바이스를 선택한 다음, 연속 I/O 조건에서 출력값으로 설정할 값을 연속해서 입력한다.

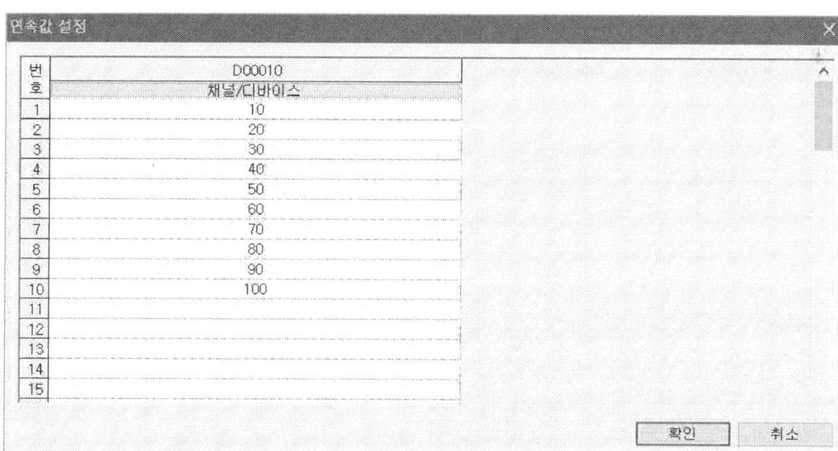

그림 4.16 연속값 설정

- 채널/디바이스 : 값을 설정할 채널 명 또는 디바이스 명을 입력한다.
- 값 : 정수, 실수, 16진수, TRUE/FALSE와 같은 상수만 입력할 수 있다,

채널/디바이스를 입력할 열을 더블 클릭하여 '채널/디바이스 입력' 창이 표시되면, 연속값을 설정할 디바이스 명을 입력하거나 채널탐색기를 통해 채널 탐색창에서 채널 명을 선택한다.

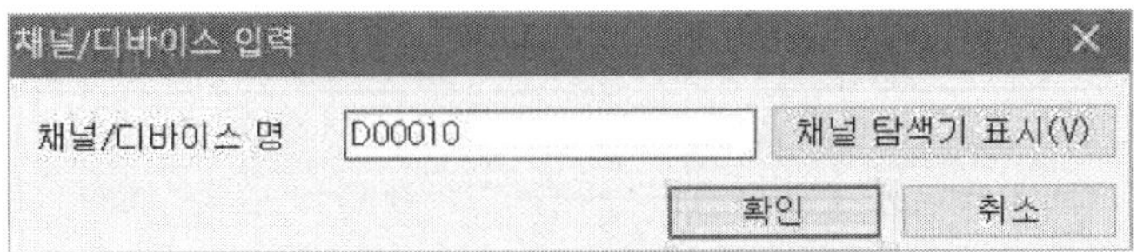

그림 4.17 채널/디바이스 입력

- 채널/디바이스 명 : 채널 또는 디바이스 명을 입력한다.
- 채널 탐색기 표시 : 버튼을 선택하여 표시되는 '채널 탐색창' 창에서 채널 명을 선택한다.

4.4.3 I/O 조건 모니터

XG_SIM의 메뉴 "도구-단일 I/O조건 사용" 또는 "도구-연속 I/O조건 사용" 항목을 선택하여 표시되는 '단일 I/O 조건' 창 또는 '연속 I/O 조건' 창에서 사용을 체크하여 I/O 조건 모니터를 시작하고, 동일 항목을 해제하여 I/O 조건 모니터를 종료한다.

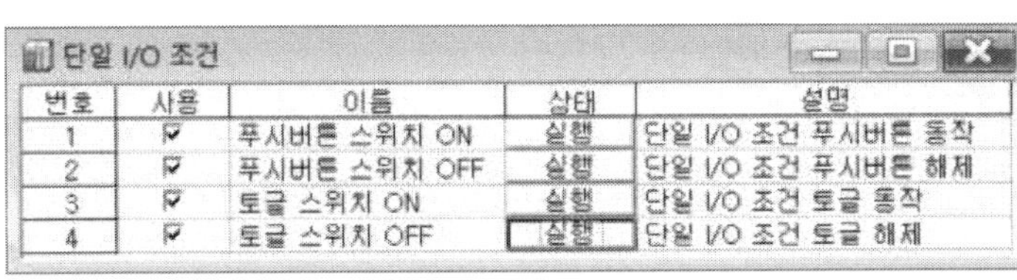

그림 4.18 단일 I/O 조건 모니터

5장
PLC 기초 프로그래밍

5.1 기본 회로

5.1.1 YES 회로

YES 회로는 입력이 ON이면 출력이 ON되고 입력이 OFF면 출력이 OFF되는 것과 같이, 입력의 논리 상태가 그대로 출력된다. 그림 5.1 (a)의 스위치 회로에서 스위치 A를 누르면(ON) 전류가 흘러 램프 Y는 점등되고(ON), 스위치를 놓으면(OFF) 전류가 흐르지 않으므로 램프는 소등(OFF)된다. 그림 (b)은 YES 회로의 논리식, 그림 (c)은 진리표, 그림 (d)은 이에 대한 타임차트를 보여준다.

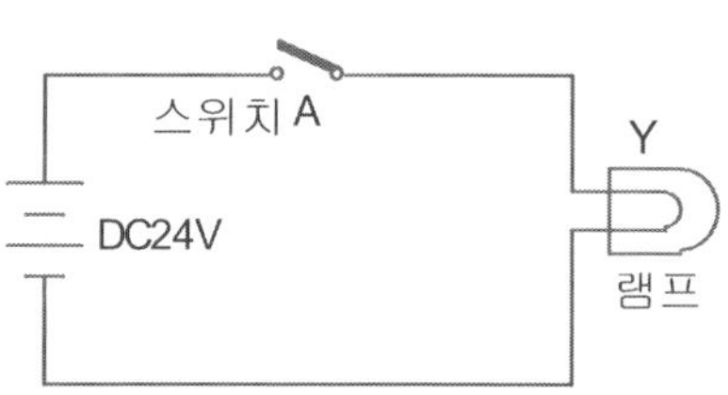

(a) 스위치 회로

$$Y = A$$

(b) 논리식

입력	출력
A	Y
0	0
1	1

(c) 진리표

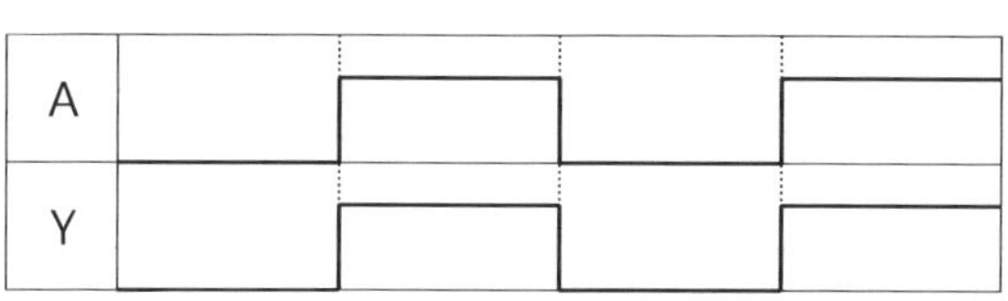

(d) 타임차트

그림 5.1 YES 회로의 동작 특성

YES 회로는 입력의 상태가 그대로 출력되므로 다음 그림과 같이 a접점 입력 P00000을 그대로 출력 코일 P00010에 연결하고, 마지막에는 프로그램의 끝을 표시하는 'END' 명령을 입력하여 LD 프로그램을 작성한다. 입력에 푸시버튼 스위치 PB_SW1(PushButton_SWitch1)을 사용하여 스위치를 누르고 있는 동안에만 출력인 녹색 램프 GL1(GreenLamp1)이 점등되고, 스위치를 놓으면 램프는 소등된다.

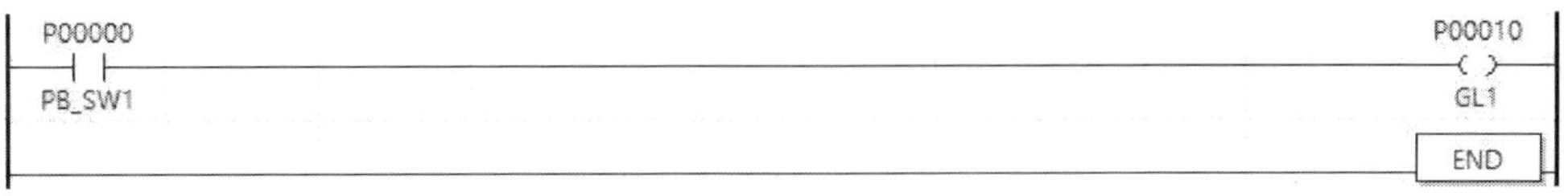

그림 5.2 YES 회로의 LD 프로그램

5.1.2 NOT 회로

NOT 회로는 입력이 ON이면 출력이 OFF되고 입력이 OFF면 출력이 ON되는 것과 같이, 입력의 논리 상태가 반전되어 출력된다. 그림 5.3 (a)의 스위치 회로에서 스위치 A를 누르면(ON) 전류는 스위치로 흘러 램프 Y에는 전류가 흐르지 않으므로 소등(OFF)되고, 스위치를 놓으면(OFF) 램프는 전류가 흘러 점등(ON)된다. 그림 (b)은 NOT 회로의 논리식, 그림 (c)은 NOT 회로에 대한 진리표, 그림 (d)은 NOT 회로의 동작에 대한 타임차트를 보여준다.

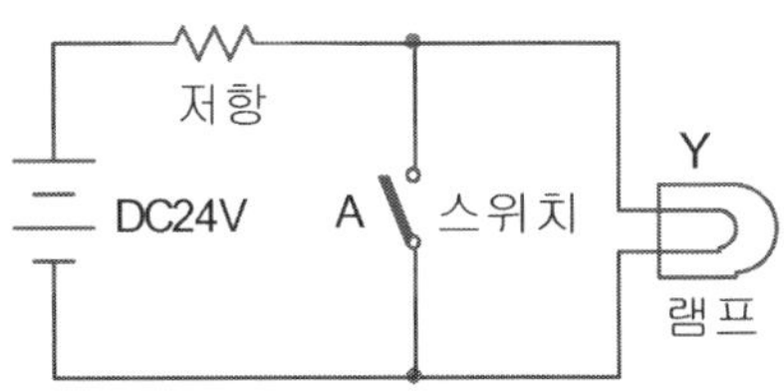

(a) 스위치 회로

$$Y = \overline{A}$$

(b) 논리식

입력	출력
A	Y
0	1
1	0

(c) 진리표

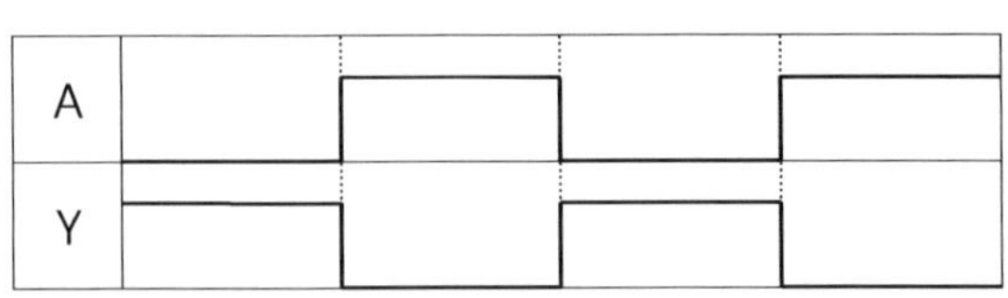

(d) 타임차트

그림 5.3 NOT 회로의 동작 특성

NOT 회로는 입력의 상태가 반전되어 출력되므로 그림과 같이 b접점 입력 P00000을 사용하고 출력 코일 P00010에 연결하여 구성한다. 입력에 푸시버튼 스위치 PB_SW1을 사용하여 스위치를 누르지 않아도 녹색 램프 GL1이 점등되고, 스위치를 누르면 램프는 소등된다.

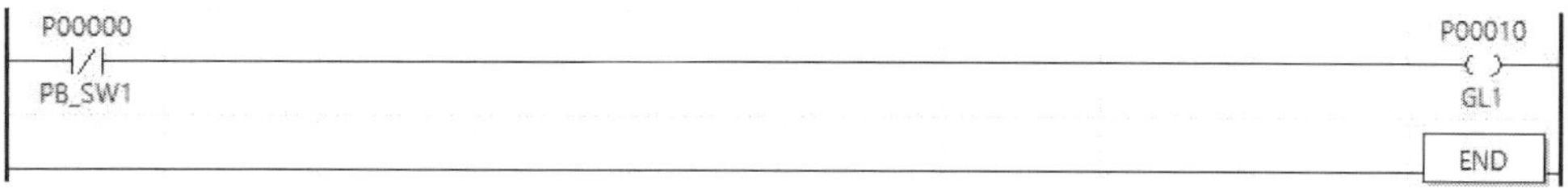

그림 5.4 NOT 회로의 LD 프로그램

5.1.3 AND 회로

AND 회로는 2개 이상의 입력과 1개의 출력으로 구성된다. AND 회로의 논리는 입력이 모두 ON 상태일 때만 출력이 ON되고, 입력이 어느 하나라도 OFF 상태이면 출력이 OFF된다. 그림 5.5 (a)의 스위치 회로에서 스위치 A와 스위치 B가 직렬로 연결되어 모두 누를 때만(ON) 전류가 흘러 램프 Y가 점등(ON)되고, 그 외의 스위치 조건에서는 전류가 흐르지 않으므로 램프가 소등(OFF)된다.

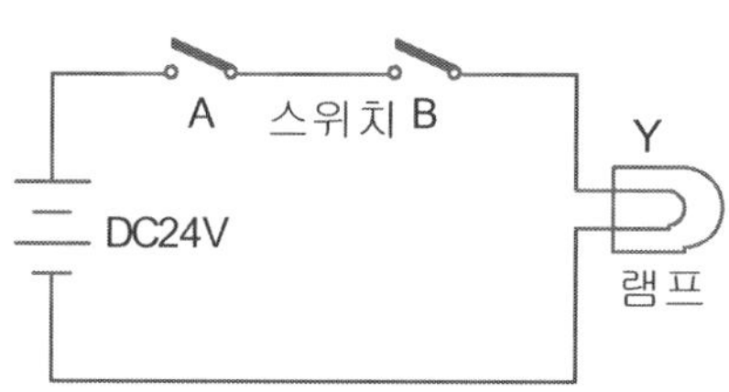

(a) 스위치 회로

$$Y = A \cdot B$$

(b) 논리식

입력		출력
A	B	Y
0	0	0
0	1	0
1	0	0
1	1	1

(c) 진리표

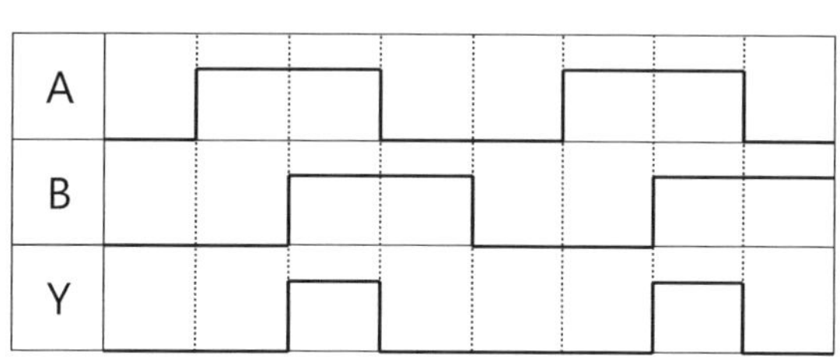

(d) 타임차트

그림 5.5 AND 회로의 동작 특성

AND 회로는 그림과 같이 2개의 입력접점 P00000과 P00001을 직렬로 연결하고 출력코일 P00010에 연결하여 구성한다. 입력에 토글 스위치 TG_SW1과 TG_SW2(ToGgle_SWitch2)를 사용하여 2개의 스위치를 모두 ON시켰을 때, 즉 입력 P00000이 ON **이고** P00001이 ON일 때 AND 논리로 램프 GL1이 점등된다.

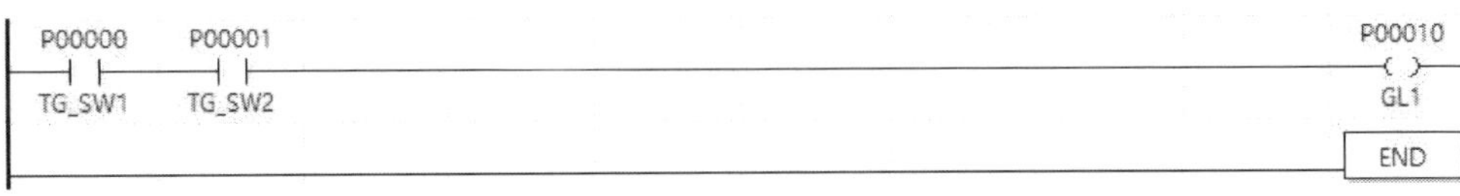

그림 5.6 AND 회로의 LD 프로그램

5.1.4 OR 회로

OR 회로는 2개 이상의 입력과 1개의 출력으로 구성된다. OR 회로의 논리는 입력중에 어느 하나라도 ON 상태이면 출력이 ON되고 입력이 모두 OFF 상태일 때만 출력이 OFF된다. 그림 5.7 (a)의 스위치 회로에서 스위치 A와 스위치 B가 병렬로 연결되어 아무것도 누르지 않으면(OFF) 전류가 흐르지 않으므로 램프 Y가 소등(OFF)되고, 그외 조건에서는 전류가 흘러 램프가 점등(ON)된다.

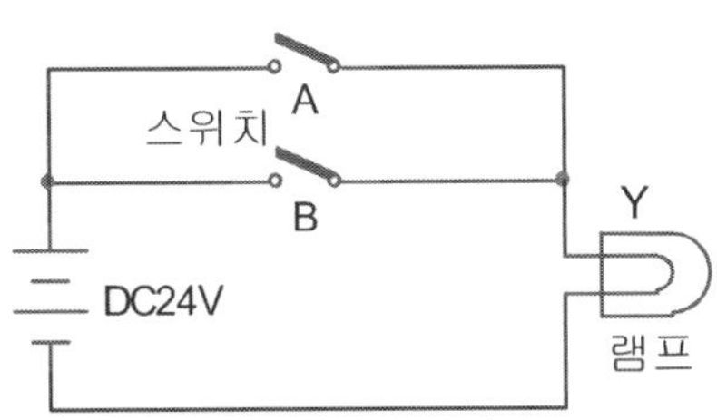

(a) 스위치 회로

$$Y = A + B$$

(b) 논리식

입력		출력
A	B	Y
0	0	0
0	1	1
1	0	1
1	1	1

(c) 진리표

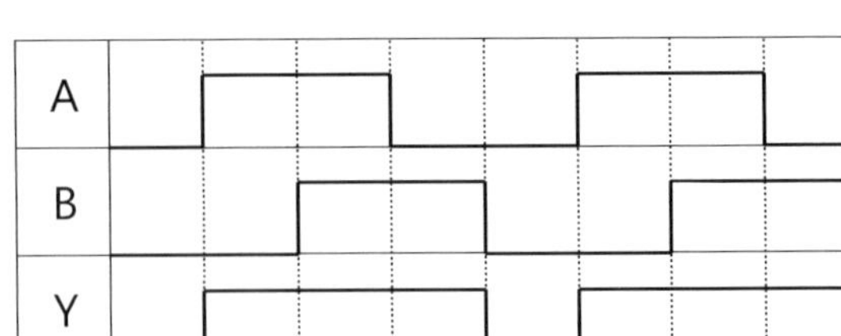

(c) 타임차트

그림 5.7 OR 회로의 동작 특성

OR 회로는 그림과 같이 2개의 입력접점 P00000과 P00001을 병렬로 연결하고 출력코일 P00010에 연결하여 구성한다. 입력에 토글 스위치 TG_SW1과 TG_SW2를 사용하여 2개의 스위치 중 어느 하나라도 ON시켰을 때, 즉 P00000이 ON **이거나** P00001이 ON일 때 OR 논리로 녹색 램프 GL1이 점등된다.

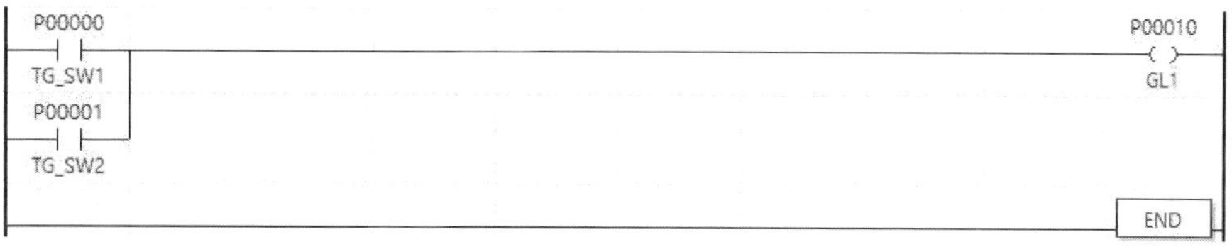

그림 5.8 OR 회로의 LD 프로그램

[예제 5-1] 논리식 $P00010 = P00000 \cdot \overline{P00001} + \overline{P00000} \cdot P00001$에 해당하는 LD 프로그램을 작성하시오.

논리식에서 출력은 P00010 1개이므로 녹색 램프 GL1을 사용하고, 입력은 P00000과 P00001 2개이므로 토글 스위치 TG_SW1과 TG_SW2를 사용한다. 좌측 최소항 "$P00000 \cdot \overline{P00001}$"은 P00000과 $\overline{P00001}$의 AND(•) 논리이므로 입력 P00000의 a접점과 P00001의 b접점을 사용하여 직렬로 연결한다. 우측 최소항 "$\overline{P00000} \cdot P00001$"도 $\overline{P00000}$과 P00001의 AND 논리이므로 입력 P00000의 b접점과 P00001의 a접점을 사용하여 직렬로 연결한다. 2개의 최소항이 OR(+) 논리이므로 그림과 같이 두 최소항을 병렬로 연결하여 출력코일 P0010에 연결한다.

프로그램을 동작시키면 토글 스위치 2개의 상태가 서로 다를 때에만 녹색 램프가 점등된다. 결론적으로 이 논리식을 말로 정리하여 설명하면, "입력 P00000이 ON **이고(AND)** 입력 P00001이 OFF **이거나(OR)** 입력 P00000이 OFF **이고(AND)** 입력 P00001이 ON일 때 출력은 ON이 된다."

5.2 자기유지회로

출력코일에 사용된 비트의 상태를 다시 입력으로 귀환(feedback)시켜 출력의 상태를 계속 유지하는 회로를 자기유지회로라고 한다. 자기유지회로는 조건이 처음 만족되었을 때 출력코일을 ON 상태로 계속 유지시킨 후, 사용자가 원하는 시점에 출력코일을 OFF 상태로 해제시킬 때 사용된다.

푸시버튼 스위치를 이용하여 토글 스위치처럼 장비를 조작할 때는 자기유지회로를 사용하는 것이 편리하다. 푸시버튼 스위치를 처음 한번 누르면 램프가 점등된 상태로 자기 유지되어 푸시버튼 스위치를 놓거나 다시 눌러도 램프가 계속 점등된 상태로 유지되고, 다른 푸시버튼 스위치를 누르면 자기유지가 해제되어 램프가 소등되도록 하는 자기유지회로를 여러 가지 방법으로 구현해 본다.

5.2.1 출력접점을 이용한 자기유지회로

푸시버튼 스위치 PB_SW1을 누르면 a접점 입력 P00000이 ON되고, 푸시버튼 스위치 PB_SW2를 누르지 않아도 b접점 입력 P00001은 평상시 ON되어 있으므로, 출력접점 P00010이 ON되어 녹색 램프 GL1이 점등된다. 푸시버튼 스위치 PB_SW1을 놓아서 P00000이 OFF되더라도 출력코일을 다시 입력으로 피드백시킨 P00010이 ON 상태로 OR 논리로 병렬 연결되어 있으므로, P00010은 계속 ON 상태로 유지된다. 이 상태에서 푸시버튼 스위치 PB_SW2를 누르게 되면 AND 논리로 직렬 연결되어 있는 b접점 P00001이 OFF되어 회로가 차단되므로, 출력접점 P00010은 OFF 상태가 되어 녹색 램프 GL1이 소등된다. 래더 모니터를 수행시켜 놓고 입력접점, 출력접점, 디바이스 메모리 등의 현재 상태값를 보면서 PLC를 동작시키면 프로그램을 이해하기 더 쉬워진다.

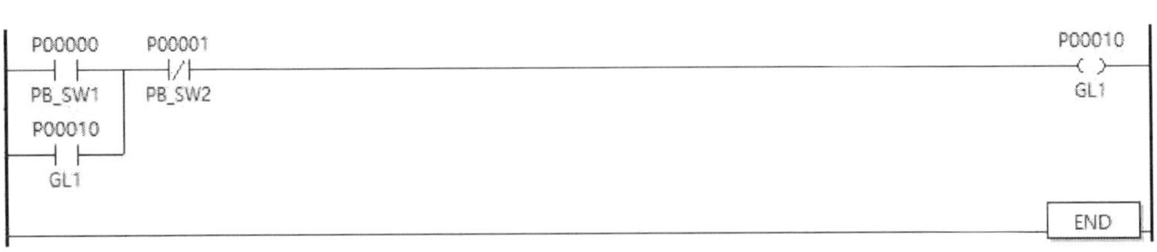

그림 5.9 출력접점을 이용한 자기유지회로

5.2.2 보조 메모리 M을 이용한 자기유지회로

출력접점을 이용한 자기유지회로는 가장 간단하게 구성할 수 있지만 동일한 출력코일를 두 번 이상 사용(그림 5.9의 출력 P00010)해서는 안 되는 이중코일 금지조건 때문에 잘 사용하지 않고, 그림과 같이 출력접점 P00010과 동일하게 보조 메모리 M00000을 병렬로 연결하여 출력코일로 구성한 다음, 출력접점 대신에 다시 M00000을 피드백시켜 입력접점 P00000과 병렬로 연결한 자기유지회로가 주로 사용된다.

PLC 프로그램에 가장 많이 사용되는 자기유지회로이므로 반드시 기억해 두어야 한다. 기억하기 쉽게 머릿속에 그려보며 정리하면 "먼저 자기유지하기 위한 a접점의 입력과 자기유지를 해제하기 위한 다른 b접점의 입력, 그리고 출력코일의 3개를 직렬로 연결한다. 그 다음에 출력접점과 동일하게 보조 메모리 M을 병렬로 연결하여 출력코일로 구성하고, 이 보조 메모리 M을 다시 피드백시켜 a접점의 입력과 병렬로 연결한다."

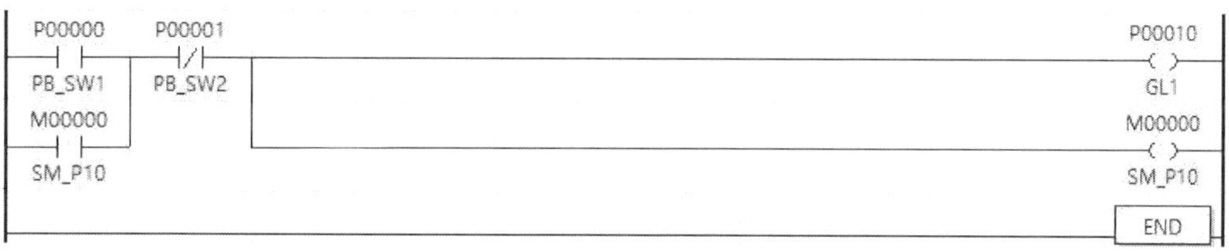

그림 5.10 보조메모리 M을 이용한 자기유지회로

5.2.3 SET, RESET 코일을 이용한 자기유지회로

SET 코일과 RESET 코일을 이용하여 자기유지회로를 구현하는 방법도 있는데, 그림 5.11과 같이 푸시버튼 스위치 PB_SW1을 누르면 보조 메모리 M00000이 SET되어 계속 ON 상태로 유지되고, 푸시버튼 스위치 PB_SW2을 누르면 보조 메모리 M00000이 RESET되어 계속 OFF 상태로 유지된다. 보조 메모리 M00000을 입력으로 출력코일 P00010으로 연결하면 녹색 램프 GL1은 보조 메모리 M00000의 상태에 따라 점등되거나 소등된다.

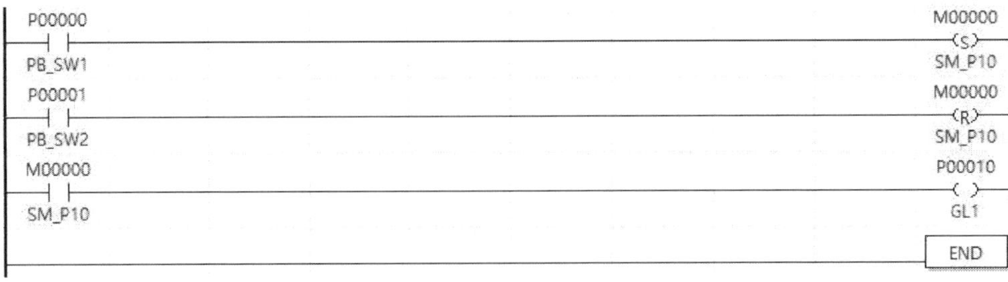

그림 5.11 SET, RESET 코일을 이용한 자기유지회로

5.2.4 양변환/음변환 검출접점을 이용한 자기유지회로

푸시버튼 스위치 P00000이 눌려지는 순간(OFF➔ON 변환, 상승에지) 양변환 검출에 의해 b접점의 푸시버튼 스위치 P00001은 평상시 ON되어 있으므로 보조 메모리 출력코일 M00000이 ON 상태로 되고, 그 다음 스캔에서는 P00000에 관계없이 입력에 병렬로 피드백시킨 M00000이 이전 스캔부터 ON되어 있으므로 M00000은 ON 상태로 자기유지된다. 따라서 M00000이 그대로 출력되는 녹색 램프 P00010이 자기유지되어 계속 점등된다. b접점의 푸시버튼 스위치 P00001을 누르면 회로가 차단되어 M00000이 OFF되고 녹색램프도 소등된다.

마찬가지로 동일한 푸시버튼 스위치 P00000을 눌렀다 놓는 순간(ON➔OFF 변환, 하강에지) 음변환 검출에 의해 다른 보조 메모리 M00001이 ON 상태로 자기유지되어 적색 램프 P00011이 자기유지되어 계속 점등되고, 다른 b접점의 푸시버튼 스위치 P00002를 누르면 M00001이 OFF되고 적색 램프도 소등된다.

그림 5.12 양변환/음변환 검출접점을 이용한 자기유지회로

5.2.5 자기유지회로와 래치

래치영역은 비휘발성으로 정전 시에도 데이터가 지워지지 않고 보존되므로, 자기유지회로에서 출력이 ON된 상태에서 PLC가 리셋된 후 재 기동할 때 출력 코일에 사용된 디바이스 영역의 래치영역 설정 여부에 따라 출력값의 유지상태가 달라진다. 기본 파라미터 설정 창의 '디바이스 영역 설정' 탭에서 먼저 좌측 '래치 영역 선택'의 '영역1 사용'이나 '영역2 사용'을 체크하여 사용할 래치영역을 선택하고, 우측의 '래치영역'에서 각 디바이스 영역별로 래치 영역1과 래치 영역2에 해당되는 시작 워드주소와 끝 워드주소를 입력하여 설정한다.

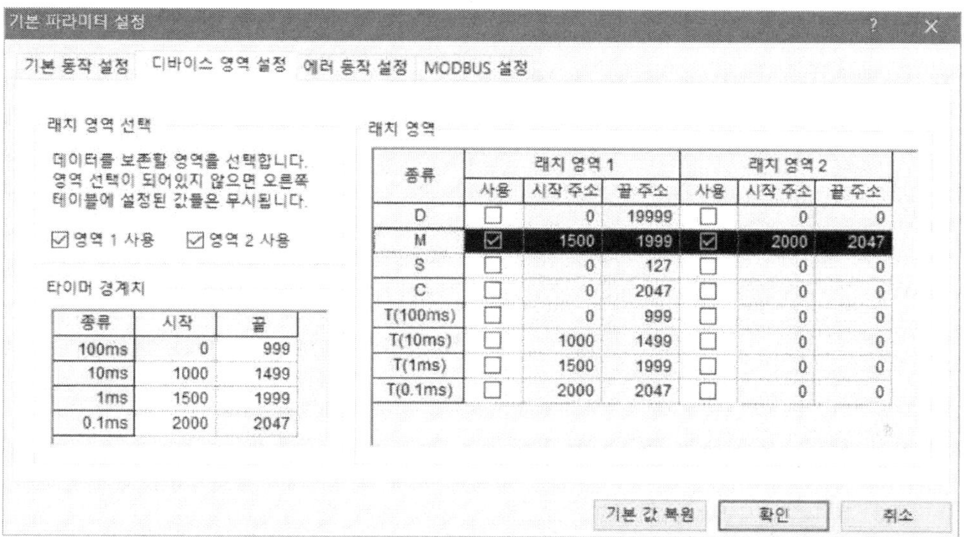

그림 5.13 래치영역 설정

그림 5.13과 같이 디바이스 메모리 M에 대해 래치영역의 주소를 설정하면 전체 2,048워드 크기의 M 영역은 다음과 같이 정전 시에 데이터가 지워지는 일반영역과 데이터가 보존되는 래치 영역1, 래치 영역2의 3가지 영역으로 구분된다. 비트 디바이스 영역 M 다음의 숫자 4자리는 워드, 5자리는 비트를 나타낸다.

- 일반영역 : M0000 ~ M1499 (1,500워드)
- 래치 영역1 : M1500 ~ M1999 (500워드)
- 래치 영역2 : M2000 ~ M2047 (48워드)

그림 5.14 자기유지회로와 래치

그림의 프로그램을 실행시킨 후, 푸시버튼 스위치 P00000을 눌러 모든 출력(P00010 녹색 램프, P00011 적색 램프, P00012 황색 램프)을 ON으로 자기유지시킨 상태에서 PLC를 '리셋' 하면 일반영역의 데이터만 지워지고 래치영역1과 래치영역2의 데이터는 지워지지 않는다. 따라서, 일반영역의 비트 디바이스 M10000(워드주소 M1000)에 해당되는 녹색 램프 GL1만 소등되고, 래치영역1의 M15000(워드주소 M1500)과 래치영역2의 M20000(워드주소 M2000)의 데이터가 지워지지 않고 유지되어 적색 램프 RL1과 황색 램프 YL1은 소등되지 않는다. 다시 모든 출력을 ON시키고 CPU 모듈의 RST 스위치를 6개 LED 전체가 깜박일 때까지 3초 이상 동작시켜 'Overall 리셋' 하면, 래치영역2만 데이터가 지워지지 않으므로 녹색 램프와 적색 램프가 소등되고 황색 램프만 계속 점등된다.

푸시버튼 스위치 P00000을 눌러 모든 출력을 ON시킨 상태에서 PLC를 STOP 모드로 전환한 후 CPU 모듈의 D.CLR 스위치로 '데이터 클리어' 하면, Overall 리셋의 경우와 같이 래치영역2만 데이터가 지워지지 않으므로, 다시 RUN 시키면 녹색 램프와 적색 램프가 소등되고 황색 램프만 계속 점등된다. 다시 모든 출력을 ON시키고 PLC를 STOP 모드로 전환한 후 CPU 모듈의 D.CLR 스위치를 6개 LED 전체가 깜박일 때까지 3초 이상 동작시켜 'Overall 데이터 클리어' 하면, 래치영역2를 포함한 모든 영역의 데이터가 지워지므로, 다시 RUN 시키면 모든 램프가 소등된다.

5.3 인터록회로

전기장치를 보호하거나 작업자의 안전을 위해 서로 연관된 전기장치의 동작을 금지시켜, 한 쪽이 동작하면 다른 쪽이 동작할 수 없는 논리로 2개 이상의 출력이 동시에 발생하지 않도록 출력을 제어하는 동시투입 방지회로를 인터록회로라고 한다. 릴레이의 b접점을 상대측 회로에 연결하여 어느 한 릴레이가 동작 중일 때는 상호 연관된 다른 릴레이가 동작할 수 없도록 규제하므로, 주로 모터의 정•역회전 제어나 공압 실린더의 전•후진 제어에 많이 사용된다.

인터록회로는 일반적으로 자기유지회로와 함께 사용되는데, 5.2.2절 그림 5.10의 보조 메모리를 이용한 자기유지회로가 2개 이상 반복해서 사용된다.

5.3.1 후입우선 인터록회로

그림에서 보는 바와 같이 어떤 자기유지회로의 동작 입력에 다른 자기유지회로의 출력과 동일하게 연결된 보조 메모리의 b접점이 OR 논리의 병렬로 추가 연결된 경우에는 나중에 동작한 출력코일이 먼저 동작한 출력코일을 차단하는 후입우선 인터록회로가 된다. 모터에서 정회전 지령과 역회전 지령이 동시에 투입되지 않도록 하여 전기회로의 파손을 방지하므로 주로 모터의 정•역회전 제어에 사용된다.

그림 5.15 후입우선 인터록회로

그림 5.15의 모터 정•역회전 제어를 위한 후입우선 인터록회로에서 정회전 푸시버튼 스위치 P00000을 누르면 모터 정회전 출력 P00010이 ON 상태로 자기유지되어 정방향 회전을 표시하는 녹색 램프가 계속 점등되고, 같이 연결된 보조 메모리 M00000의 b접점이 역회전 입력 P00001에 병렬로 연결되므로 반전되어 역회전 출력 P00011을 OFF시킨다. 반대로 역회전 푸시버튼 스위치 P00001을 누르면 역회전 출력 P00011이 ON 상태로 자기유지되어 역방향 회전의 적색 램프가 점등되고, 정회전 입력 P00000에 병렬로 연결된 M00001의 b접점이 반전되어 정회전 출력 P00010을 OFF시키므로, 2개의 출력이 동시에 ON 될 수는 없다. 정지 푸시버튼 스위치 P00002를 누르면 b접점으로 입력에 직렬 연결되어 출력이 모두 OFF되므로 모터는 모두 정지하고 램프는 모두 소등된다.

5.3.2 선입우선 인터록회로

그림에서 보는 바와 같이 어떤 자기유지회로의 동작 입력에 다른 자기유지회로의 출력과 동일하게 연결된 보조 릴레이의 b접점이 리셋 스위치처럼 AND 논리의 직렬로 연결된 경우에는 먼저 동작한 출력코일이 나중의 다른 출력코일의 동작을 차단하는 선입우선 인터록회로가 된다. 선입우선 인터록회로는 퀴즈 참가자가 사회자의 문제에 따라 선착순으로 정답을 말하려고 스위치를 누르는 퀴즈 프로그램 등에 사용될 수 있다.

그림 5.16 선입우선 인터록회로

그림 5.16의 퀴즈 프로그램 선입우선 인터록회로에서, 한 참가자가 제일 먼저 자신의 푸시버튼 스위치 P00000을 누르면 자신의 녹색 램프 P00010이 자기유지되어 계속 점등된다. 다른 참가자가 조금 늦게 자신의 푸시버튼 스위치 P00001을 눌러도 직렬 연결된 b접점의 보조 메모리 M00000이 항상 OFF되어 먼저 누른 참가자의 램프가 점등되어 있는 동안에는 다른 참가자의 적색 램프 P00011은 점등되지 않으므로 2개 이상의 출력이 동시에 ON될 수는 없다. 사회자가 리셋 푸시버튼 스위치 P00002를 누르기 전까지 램프는 계속 점등 상태를 유지한다.

그러나 푸시버튼 스위치 P00000과 P00001을 동시에 누른 경우 PLC에서는 프로그램의 위쪽에 위치하여 먼저 수행되는 푸시버튼 스위치 P00000이 우선 동작하도록 되어 있으므로 항상 녹색램프가 먼저 점등되고, 동시에 눌렀지만 프로그램의 아래쪽에 위치하여 나중에 수행되는 P00001은 선입우선 인터록에 의해 차단되므로 적색 램프는 점등되지 않게 된다. 따라서 퀴즈 프로그램에서 여러 참가자가 스위치를 동시에 눌렀을 경우에 어느 램프도 점등되지 않게 하려면, 그림 5.17과 같이 입력조건에서 a접점의 자신의 스위치 입력에 추가로 b접점의 다른 스위치 입력을 직렬로 연결해 주도록 하는(P00000 a접점과 P00001 b접점, 또한 P00001 a접점과 P00000 b접점) 프로그램의 변경이 필요하다.

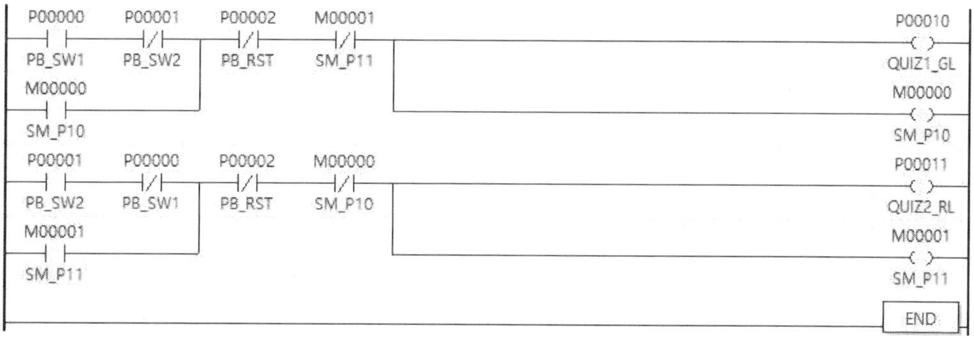

그림 5.17 퀴즈 프로그램 선입우선 인터록회로

퀴즈 참가자가 4명인 제대로 된 퀴즈 프로그램의 경우는 7장의 [실습과제 7-5] 퀴즈 프로그램을 참조하도록 한다.

모터의 정역회전 제어에 후입우선 인터록회로가 사용된다고 설명하였지만, 모터가 정방향으로 회전하다가 역방향으로 회전하려면 반드시 모터가 정지했다가 다시 회전해야하므로 선입우선 인터록회로도 모터의 정•역회전 제어에 사용 가능하다. 그림 5.16의 선입우선 인터록회로를 그대로 사용해도 되지만 변수가 퀴즈 프로그램과 혼동되므로 그림 5.18과 같이 변수만 수정하여 모터 정역회전 제어에 사용할 수 있다. 동작은 정회전 푸시버튼 스위치 PB_FWD를 누르면 자기유지되어 모터가 정방향으로 계속 회전하면서 녹색 램프 MOTF_GL가 계속 점등되고, 정지 푸시버튼 스위치 PB_STOP을 눌러 모터를 정지시킨 후에 역회전 푸시버튼 스위치 PB_REV를 누르면 역시 자기유지되어 모터가 역방향으로 계속 회전하면서 적색 램프 MOTR_RL가 계속 점등된다. 실제로 7장의 [실습과제 7-3] 전동기 정역운전 시퀀스회로에 선입우선 인터록회로가 사용되고 있다.

그림 5.18 모터 정역회전 제어 선입우선 인터록회로

인터록회로를 기억하기 쉽게 다시 정리하면 자기유지회로와 함께 사용되므로 “먼저 자기유지하기 위한 a접점의 입력과 자기유지를 해제하기 위한 다른 b접점의 입력, 인터록하기 위한 상대방의 b접점의 보조 메모리, 그리고 출력코일의 4개를 직렬로 연결한다. 그 다음에 출력접점과 병렬로 자신의 보조 메모리를 코일로 연결하고, 이 보조 메모리의 a접점을 다시 a접점의 입력과 병렬로 연결하여 한 쪽을 구성한다. 이 두 줄을 복사하여 아래쪽에 붙여넣기한 다음 다른 쪽의 입력접점, 출력코일, 보조메모리 번호를 수정한다.”

5.4 타이머

타이머는 지정된 시간동안 조건이 만족될 때 어떤 동작을 수행해야 하는 경우와 같이 시간지연 요소가 필요한 경우에 사용한다.

XGK PLC에는 총 2,048개의 타이머가 있으며, 기능별로 TON, TOFF, TMR, TMON, TRTG의 5종류의 타이머가 있다. 또한, 타이머를 사용하지 않고 비트 디바이스를 직접 시간으로 제어하는 TFLK 명령이 있다. 타이머의 시간설정 단위는 최대 100ms이므로 타이머는 최대 6,553.5초(65,535×100ms) 까지, 타이머를 사용하지 않는 TFLK 명령은 최대 65,535초까지 설정할 수 있다

5.4.1 타이머 경계치 및 래치 설정

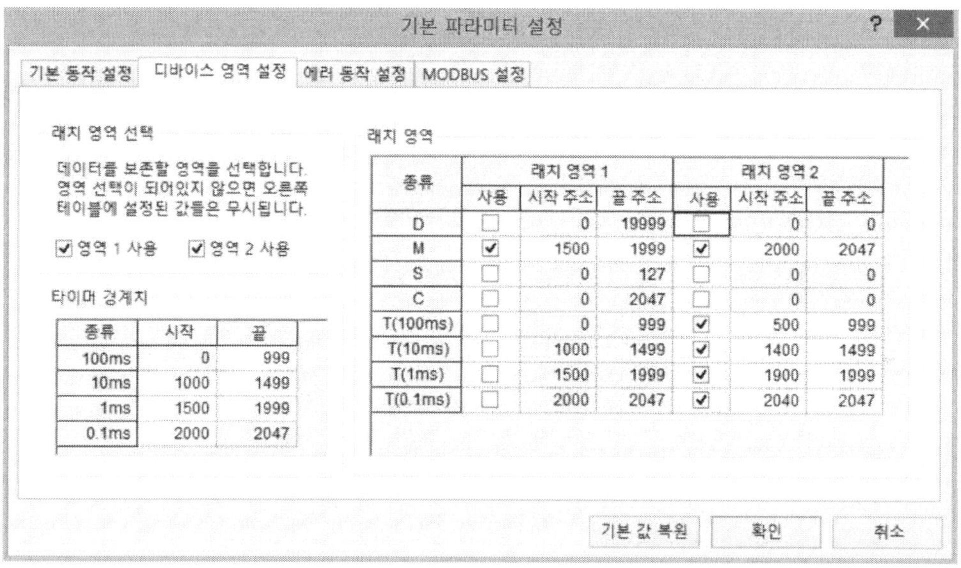

그림 5.18 타이머의 경계치 및 래치영역 설정

타이머의 시간설정 단위는 100ms, 10ms, 1ms, 0.1ms의 4종류가 있다. 시간설정 단위란 프로그램에서 타이머 편집시 설정값을 1로 했을 때의 타이머 동작을 위한 기본 단위시간으로, 100ms 타이머에 설정값을 10으로 했다면 1초의 설정시간을 의미한다. 시간설정 단위별로 사용할 수 있는 타이머는 기본 파라미터 설정 창의 '디바이스 영역 설정' 탭의 '타이머 경계치' 영역에서 각 시간설정 단위 별로 시작과 끝의 타이머 번호를 입력하여 설정할 수 있다.

정전 시에도 타이머의 동작시간 데이터가 보존되도록 비휘발성이어야 할 경우에는 래치 타이머를 사용해야 하며, '5.2.5 자기유지회로와 래치'의 경우와 같이 기본 파라미터 설정 창의 디바이스 영역 설정 탭에서 각 설정 시간별 타이머에 '래치영역'을 래치 영역1과 래치 영역2로 설정하여 사용할 수 있다. 초기 설정은 모든 타이머 영역이 휘발성 영역으로 설정되어 있으므로 래치 타이머가 필요한 경우 사용자가 지정해서 사용해야 한다.

5.4.2 타이머의 편집

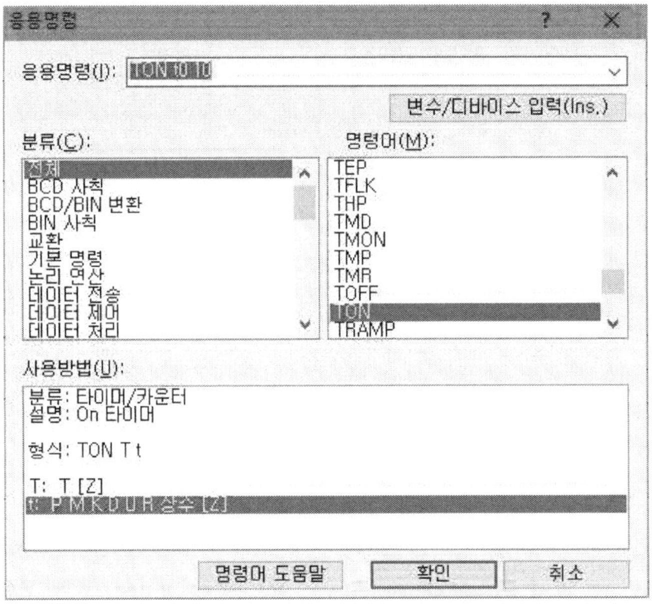

그림 5.19 응용명령 창에서 타이머의 입력

메뉴 "편집-편집도구-펑션/펑션블록"을 선택하거나, 단축키 F10을 눌러 그림과 같은 '응용명령' 창이 활성화되면, 다음의 '사용방법'을 참조하여 타이머 종류, 타이머 번호 및 설정값 순으로 입력한다.

다음 프로그램에서 TON 타이머 T0000의 설정값 위치에 상수 10을 입력하였는데, 타이머 경계치에서 타이머 T0000의 시간설정 단위가 100ms이므로 설정 시간은 1초(100ms×10＝1000ms)가 된다. 직사각형 모양의 타이머 블록에서 상수 '10'의 위치를 클릭하여 활성화되는 '변수/디바이스 입력' 창에서 상수값을 변경할 수 있다. 마찬가지로 타이머 블록에서 'TON' 위치를 클릭하여 활성화되는 응용명령 창에서 타이머 명령 전체를 수정하고, 'T0000' 위치를 더블 클릭하여 활성화되는 변수/디바이스 입력 창에서 타이머 번호를 수정할 수 있다.

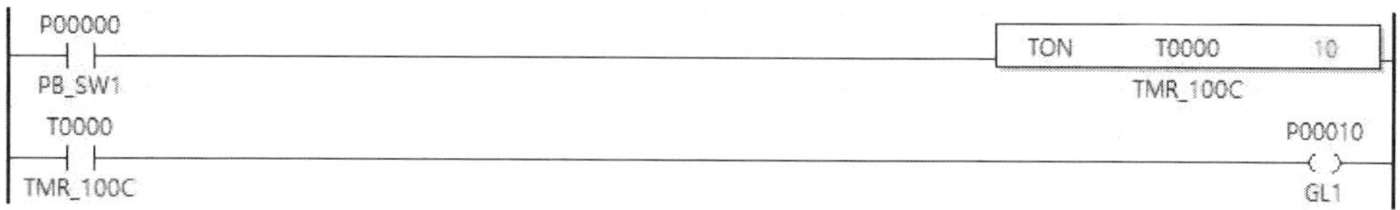

그림 5.20 타이머 설정값의 고정 설정

타이머의 설정값을 고정하지 않고 가변적으로 사용하고자 할 경우에는 설정값 위치에 워드 디바이스 영역을 입력한다. 다음 프로그램에서 타이머 번호 T0001과 워드 디바이스 D00001의 값에 따라 타이머의 설정시간이 달라질 수 있다.

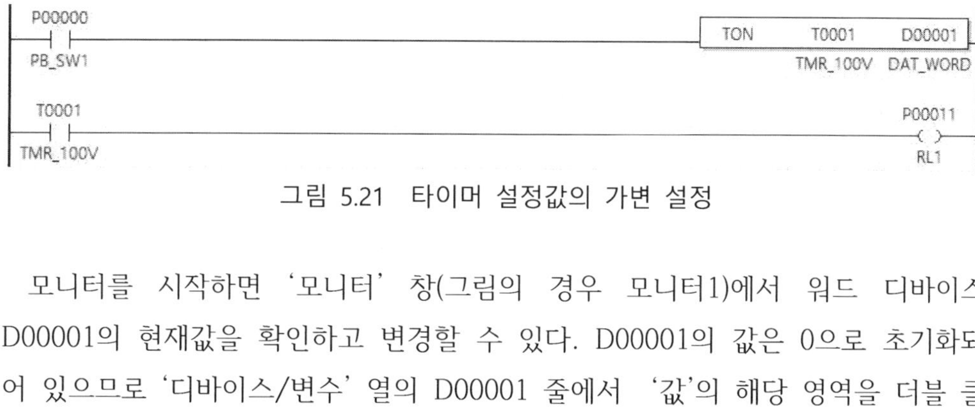

그림 5.21 타이머 설정값의 가변 설정

모니터를 시작하면 '모니터' 창(그림의 경우 모니터1)에서 워드 디바이스 D00001의 현재값을 확인하고 변경할 수 있다. D00001의 값은 0으로 초기화되어 있으므로 '디바이스/변수' 열의 D00001 줄에서 '값'의 해당 영역을 더블 클릭하여 활성화되는 '현재값 변경' 창에서 변경할 수 있다.

모니터 1

	PLC	프로그램	디바이스/변수	값	타입	변수/디바이스	설명문
1	NewPLC	<GLOBAL>	D00001	HEX h0010	WORD		
2	NewPLC	<GLOBAL>	T0000	10 Off	BIT	TMR_100C	
3	NewPLC	<GLOBAL>	T0001	10 Off	BIT	TMR_100V	

5.4.3 타이머 동작특성

5개 타이머의 종류별 동작특성을 다음 표와 같이 정리하였다.

표 5.1 타이머 동작특성 총괄

종 류	계 수	동 작	타임차트
TON (ON 딜레이 타이머)	가산	입력이 ON되면 타이머가 동작하여 설정시간이 경과된 후에 출력이 ON되며, 입력이 OFF됨과 동시에 출력도 OFF된다.	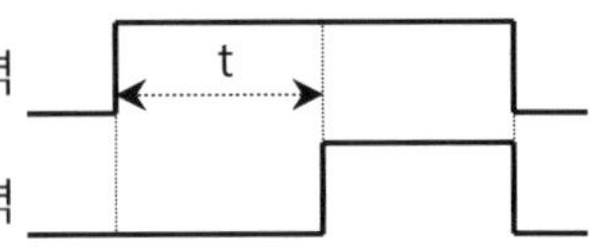
TOFF (OFF 딜레이 타이머)	감산	입력이 ON됨과 동시에 출력도 ON되며, 입력이 OFF되면 타이머가 동작하여 설정시간이 경과된 후에 출력이 OFF된다.	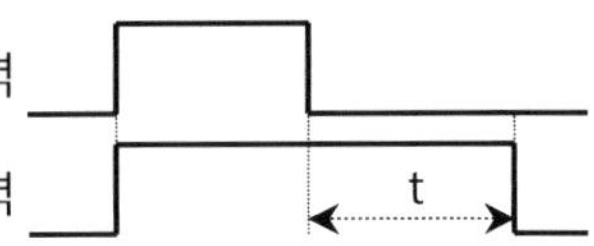
TMR (적산 타이머)	가산	입력이 ON될 때만 타이머가 동작하여 값을 누적시켜 가다가 설정시간이 경과되면 출력이 ON되고, 리셋할 때에만 출력이 OFF된다.	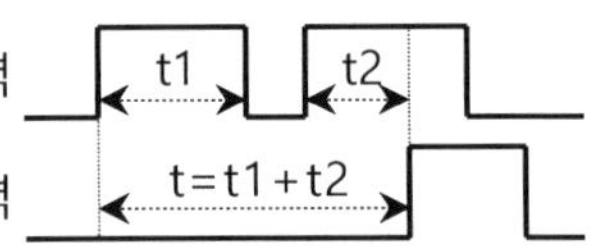
TMON (인터벌 타이머)	감산	입력이 ON됨과 동시에 출력도 ON되고, 타이머가 동작하면 입력상태와 관계없이 설정시간이 경과된 후에 출력이 OFF된다.	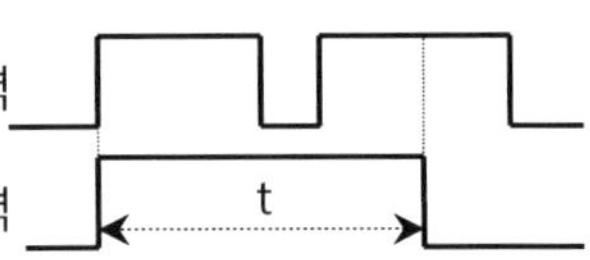
TRTG (재기동 타이머)	감산	입력이 ON됨과 동시에 출력도 ON되고, 입력에서 상승에지가 발생할 때마다 타이머는 재 기동되어 동작하다가, 설정시간이 경과되면 출력이 OFF된다.	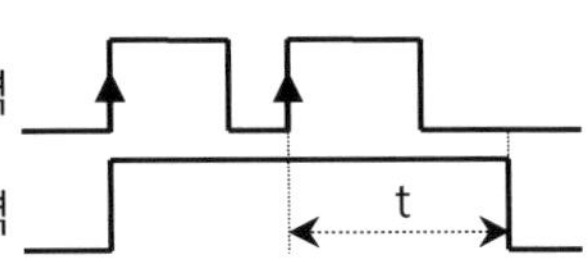

5.4.4 TON (ON 딜레이 타이머)

ON 딜레이 타이머는 입력신호가 ON되면 타이머가 동작하여 사용자가 설정한 시간이 경과된 후에 타이머 출력이 ON되고 입력신호가 OFF되면 타이머 출력도 OFF된다. 타이머 입력의 ON 신호가 설정시간보다 커야 타이머 출력이 ON된다.

- 타이머 입력이 ON되면 현재값은 시간설정 단위로 1씩 증가되고, '현재값 = 설정값'이 될 때 출력은 ON된다.
- 타이머 동작 중 입력이 OFF되면 '현재값 = 0'이 된다.
- 타이머 출력이 ON 상태에서 입력이 OFF되면 출력은 OFF된다.
- 타이머를 리셋하면 '현재값 = 0'이 되고, 출력이 ON되어 있는 경우 OFF된다.

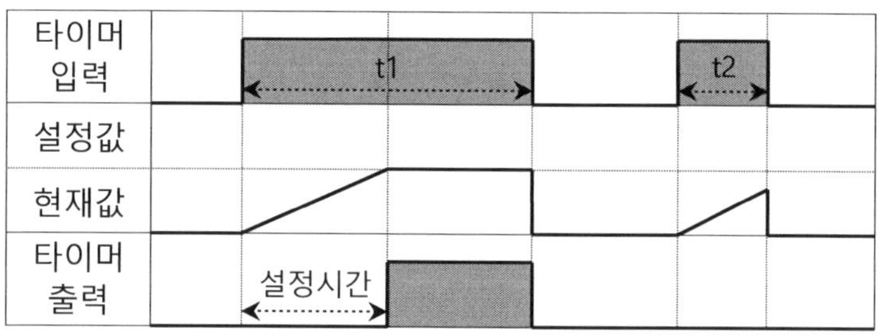

그림 5.22 TON 타이머의 동작

[예제 5-2] 푸시버튼 스위치를 계속 누르고 있으면 일정시간이 지난 후 램프가 점등되고, 스위치를 놓는 즉시 램프가 소등된다.

타이머 경계치

종류	시작	끝
100ms	0	999
10ms	1000	1499
1ms	1500	1999
0.1ms	2000	2047

타이머 T0000은 오른쪽 그림의 타이머 경계치에서 보는 바와 같이 시간설정 단위가 100ms이고 설정값이 10이기 때문에 지연시간은 100ms×10=1000ms=1s(1초), 즉 푸시버튼 스위치 P00000을 누른지 1초 후에 타이머 T0000의 출력이 ON된다. 푸시버튼 스위치 P00000을 1초 이상 누르고 있으면 타이머 T0000의 출력이 1초 후에 ON되고, 동시에 T0000에 연결된 녹색램프 P00010이 점등된다. 녹색 램프가 점등된 후 푸시버튼 스위치 P00000을 놓으면 타이머 T0000이 OFF되어 녹색 램프가 소등된다.

타이머 T1000은 시간설정 단위가 10ms이고 설정값이 100이므로 지연시간은 1초(10ms×100=1000ms)가 되고, 타이머 T1500은 시간설정 단위가 1ms이고 설정값이 1000이므로 지연시간은 역시 1초(1ms×1000=1000ms)가 된다. 이처럼 타이머 번호에 따라 타이머의 시간설정 단위가 달라지므로 주의하여야 한다.

스위치의 ON 동작 후 지연이므로 ON 딜레이 타이머(TON)를 사용한다. 푸시버튼 스위치를 1초 이상동안 누르고 있을 때만 누른 순간부터 1초 후에 램프가 점등되고, 스위치를 놓으면 램프는 즉시 소등된다. 타이머 번호와 타이머 설정값을 바꿔가면서 스위치의 ON 또는 OFF에 따른 램프의 동작시간을 확인해 본다.

[예제 5-3] 토글 스위치를 ON시키면 1초가 지난 후 녹색 램프가 점등되고, 스위치를 OFF시키면 녹색 램프가 즉시 소등된다(ON 딜레이 타이머). 푸시버튼 스위치를 누르면 리셋코일을 이용하여 타이머를 리셋시킨다.

5.4.5 TOFF (OFF 딜레이 타이머)

아파트 입구 현관의 전등은 전등 센서에 어떤 동작이 감지되는 즉시 전등이 점등되고, 동작 감지가 사라지면 일정 시간이 지난 후에 소등되는 동작을 한다. 이와 같이 OFF 딜레이 타이머는 입력신호가 ON되면 타이머 출력도 동시에 ON되고, 입력신호가 OFF되면 타이머가 동작하여 사용자가 설정한 시간이 경과된 후에 타이머 출력이 OFF된다.

- 타이머 입력이 ON되면 '현재값 = 설정값'이 되고, 출력은 ON된다.
- 타이머 입력이 OFF되면 현재값은 시간설정 단위로 1씩 감소되고, '현재값 = 0'이 될 때 출력은 OFF된다.
- 타이머 현재값이 감소되고 있는 상태에서 다시 타이머 입력이 ON되면 '현재값 = 설정값'이 되고, 타이머 출력은 계속 ON된다.
- 타이머를 리셋하면 '현재값 = 0'이 되고, 타이머 출력이 ON되어 있는 경우 OFF된다.

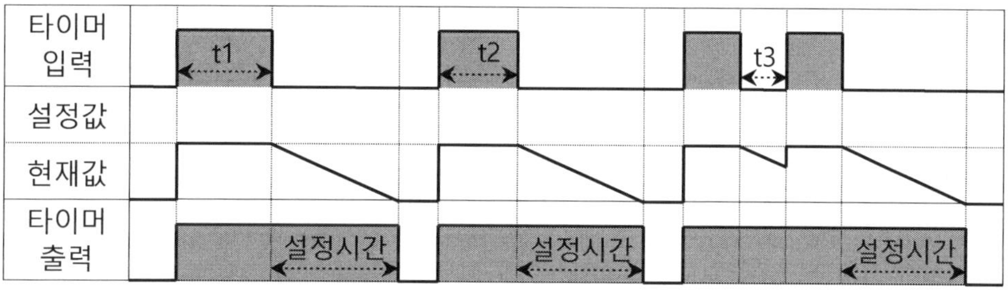

그림 5.23 TOFF 타이머의 동작

[예제 5-4] 푸시버튼 스위치를 누르면, 즉시 램프가 점등되고, 스위치를 놓으면 일정시간이 지난 후 램프가 소등된다.

스위치의 OFF 동작 후 지연이므로 OFF 딜레이 타이머(TOFF)를 사용한다. 푸시버튼 스위치를 누르는 순간 램프는 즉시 점등되고, 스위치를 놓으면 지연시간 1초 후에 램프가 소등된다. 푸시버튼 스위치를 지연시간보다 빠른 속도로 눌렀다 뗐다를 반복하면 램프는 계속 점등된 상태를 유지한다.

[예제 5-2]의 프로그램에서 TON 타이머가 TOFF 타이머로 종류만 바뀌고 나머지는 그대로이므로, 타이머의 번호와 설정값을 바꿔가면서 푸시버튼 스위치의 ON 또는 OFF에 따른 OFF 딜레이 타이머에 의한 램프의 동작시간을 확인한다.

[예제 5-5] ON 딜레이 타이머를 이용한 OFF 딜레이 타이머의 동작 구현

다음과 같이 자기유지 회로와 ON 딜레이 타이머를 조합하여 OFF 딜레이 타이머의 동작을 구현할 수 있다. 보조 메모리 M00000을 사용한 자기유지회로에 의해 푸시버튼 스위치 P00000을 누르면 자기유지되어 녹색 램프 P00010이 계속 점등된다. 스위치 P00000을 놓으면 P00000의 b접점 입력에 의해 TON 타이머 T0000이 동작하고 설정시간 2초(100ms×20=2000ms)가 경과되면 T0000이 ON되며, T0000의 b접점 입력에 의해 녹색 램프가 소등되고 T0000이 OFF된다.

그림 5.24 ON 딜레이 타이머를 이용한 OFF 딜레이 타이머의 구현

5.4.6 TFLK (플리커)

자동차의 방향 지시등은 동작이 시작되면 일정시간 간격으로 점멸을 반복한다. 이와 같이 일정시간 간격으로 ON 동작과 OFF 동작을 계속 반복하는 것을 플리커라 한다. 플리커 동작은 다음 예제들과 같이 2개의 TON 타이머, TFLK 명령, 특수 플래그를 사용하여 3가지 방법으로 구현할 수 있다.

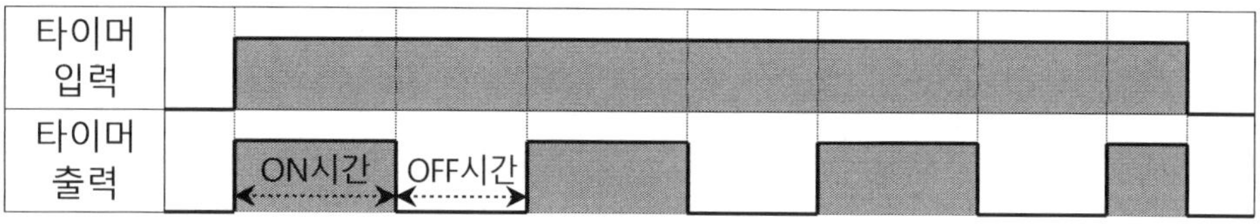

그림 5.25 플리커의 동작

[예제 5-6] 2개의 TON 타이머를 사용한 플리커

(a) LD 프로그램

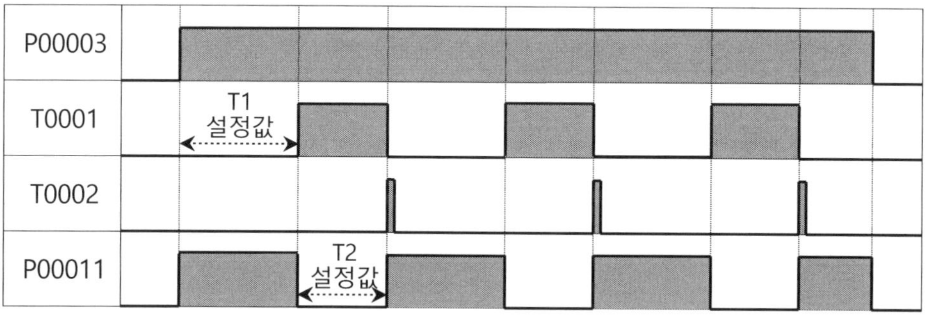

(b) 타임차트

그림 5.26 2개의 TON 타이머를 사용한 플리커

그림 5.26 (a)과 같이 2개의 TON 타이머를 사용한 플리커에서 토글 스위치 P00003을 ON시키면 타이머 T0002의 b접점 입력에 의해 TON 타이머 T0001이 동작하여 1초 후에 ON된다. 타이머 T0001의 a접점 입력에 의해 TON 타이머 T0002가 동작하여 0.5초 후에 ON된다. 타이머 T0002가 ON되면 프로그램 첫 번째 라인의 b접점 입력이 타이머 T0001을 OFF시킨다. 이와 같이 출력접점 P00011의 입력은 타이머 T0001의 b접점이므로 반전되어 적색 램프 P00011은 1초 동안 ON, 0.5초 동안 OFF의 동작을 계속 반복한다.

플리커에서 ON/OFF 시간을 서로 바꾸려면(1초 ON, 0.5초 OFF ➜ 0.5초 ON, 1초 OFF) 타이머의 설정값을 바꿔도 되지만, 출력접점의 입력인 타이머 T0001의 b접점 입력을 a접점으로 변경해도 된다.

[예제 5-7] TFLK 명령를 사용한 플리커 동작

명령어 형식 : [TFLK D1 S1 S2 D2]
- D1 : ON/OFF할 접점(비트)
- S1 : ON 시간(워드)
- S2 : OFF 시간(워드)
- D2 : 데이터 메모리 영역(4워드)
  - D(2+0) : 수행중인 현재시간 저장
  - D(2+1) : 수행할 시간단위 설정 (0: 1ms, 1: 10ms, 2: 100ms, 3: 1s)
  - D(2+2) ~ D(2+3) : 시스템 영역(명령어 내부에서 사용)

그림 5.27의 TFLK 명령을 사용한 플리커 프로그램에서 "TFLK P00011 100 50 D00000" 명령의 첫 번째 오퍼랜드 D1은 비트로 지정하므로 적색 램프에 해당하는 출력접점 P00011을 입력한다. 마지막 오퍼랜드 D2에 D00000을 입력하면 데이터 메모리 영역 D00000부터 시작되는 4워드의 데이터를 지정하므로 워드 D00000에는 수행중인 현재시간이 저장되고, 워드 D00002와 D00003은 명령어 내부에서 사용되므로 설정할 필요가 없으며, 워드 D00001은 수행할 시간의 단위를 설정한다.

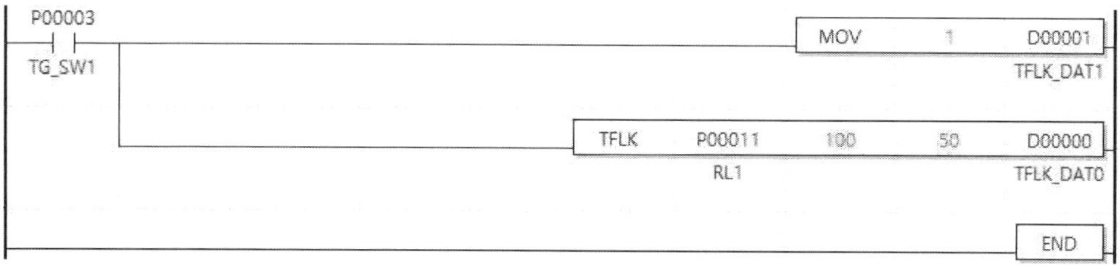

그림 5.27 TFLK 명령를 사용한 플리커

첫 번째 라인의 “MOV 1 D00001” 명령은 워드 디바이스 영역 D00001에 1을 전송하는 응용명령(6.2 전송명령 참조) 이다. 워드 D00001의 값이 1이므로 단위 시간이 10ms가 되어, 두 번째 오퍼랜드 S1은 100으로 1초(10ms×100=1000ms) 동안 ON되고, 세 번째 오퍼랜드 S2는 50으로 0.5초(10ms×50=500ms) 동안 OFF된다. 따라서 토글 스위치 P00003을 ON시키면 계속해서 적색 램프 P00011이 1초 동안 ON, 0.5초 동안 OFF되는 플리커 동작을 반복한다.

프로그램에서 워드 데이터 D00001과 오퍼랜드 S1, S2의 값을 변경해가면서 적색 램프의 점등시간과 소등 시간의 변화를 확인해 본다.

[예제 5-8] 특수 플래그를 사용한 플리커 동작

스위치를 ON시키면 램프가 0.5초 동안 점등되었다가, 0.5초 동안 소등을 반복하는 플리커 동작을 한다. 특수 플래그 F00093은 1초 주기의 클록으로 0.5초 동안 ON, 0.5초 동안 OFF 동작을 계속 반복한다. 따라서 스위치가 ON되면 램프가 점멸을 반복해야 하므로, 적색 램프 P00011의 입력으로 토글 스위치 P00003과 특수 플래그 F00093을 직렬로 연결하였다. 여기서 주의할 사항으로 특수 플래그를 사용한 플리커 동작은 구성이 가장 간단하지만 ON 시간과 OFF 시간이 동일한 경우에만 사용하고, 스위치 P00003을 ON시킨 후 최초의 동작이 ON일지 OFF일지 알 수 없고, 또한 그 시간이 정확하지 않을 수 있다.

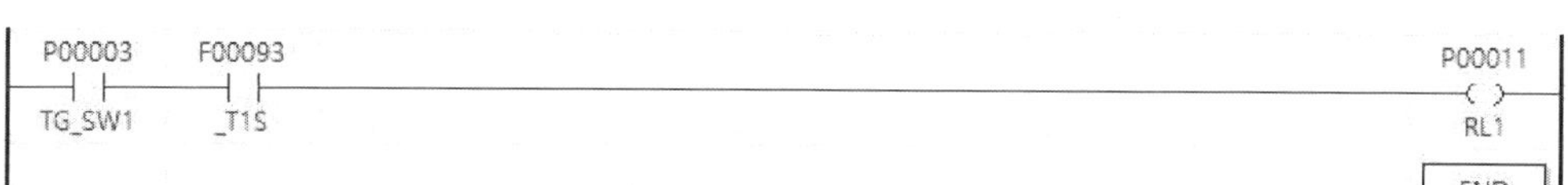

그림 5.28 특수 플래그를 사용한 플리커

다음 표는 플리커에 사용될 수 있는 특수 플래그들을 보여준다.

표 5.2 플리커에 사용할 수 있는 특수 플래그

디바이스	변 수	설 명
F00090	_T20MS	20ms 주기 클록 (10ms ON, 10ms OFF)
F00091	_T100MS	100ms 주기 클록 (50ms ON, 50ms OFF)
F00092	_T200MS	200ms 주기 클록 (100ms ON, 100ms OFF)
F00093	_T1S	1초 주기 클록 (0.5초 ON, 0.5초 OFF)
F00094	_T2S	2초 주기 클록 (1초 ON, 1초 OFF)
F00095	_T10S	10초 주기 클록 (5초 ON, 5초 OFF)
F00096	_T20S	20초 주기 클록 (10초 ON, 10초 OFF)
F00097	_T60S	1분 주기 클록 (30초 ON, 30초 OFF)

5.4.7 TMR (적산 타이머)

적산 타이머는 입력신호가 ON되면 타이머가 동작하여 ON되는 시간만 누적시켜 가다가 ON 딜레이 타이머와 유사하게 사용자가 설정한 시간이 경과된 후에 출력을 ON시킨다. 타이머 출력이 ON되면 입력신호의 ON/OFF와 관계없이 출력은 계속 ON 상태를 유지한다. 따라서 타이머 출력을 강제로 OFF시키기 위한 별도의 리셋 입력이 필요하다.

- 타이머 입력이 ON되면 현재값은 1씩 증가되고, '현재값 = 설정값'이 될 때 타이머 출력은 ON된다.
- 타이머 출력이 ON된 상태에서는 타이머 입력이 계속 ON 상태이더라도 현재값은 더 이상 증가되지 않는다.
- 타이머 동작 중 타이머 입력이 OFF되어도 현재값은 계속 유지된다.
- 타이머 출력이 ON된 상태에서 타이머 입력이 OFF되어도 타이머 출력은 계속 ON 상태가 유지된다.
- 타이머를 리셋하면 '현재값 = 0'이 되고, 타이머 출력이 ON되어 있는 경우는 OFF된다.

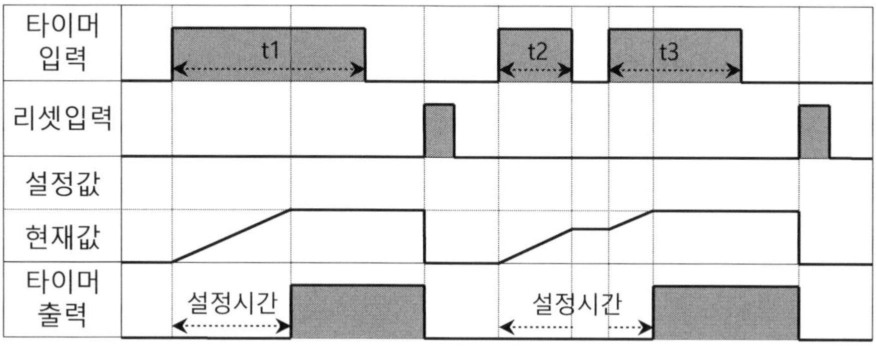

그림 5.29 TMR 타이머의 동작

[예제 5-9] 푸시버튼 스위치 P00000을 누를 때마다 녹색 램프 P00010이 점등되고, 적산 타이머 T0500은 푸시버튼 스위치 P00000의 ON시간을 누적한다. 계속 푸시버튼 스위치를 눌러 타이머 T0500의 총 누적시간이 3초가 경과되면 적색 램프 P00011이 1초 주기로 점멸한다. 푸시버튼 스위치 P00001을 누르면 타이머 T0500이 리셋된다.

ON시간을 누적하므로 적산 타이머를 사용하고, TMR 타이머 T0500은 시간설정 단위가 100ms이고 설정값이 30이므로 설정시간은 3초가 된다. 램프가 1초 주기로 점멸해야 하므로 1초 주기 클록인 특수 플래그 F00093을 사용한다. 푸시버튼 스위치 P00000은 타이머 T0500과 녹색 램프 P00010에 바로 연결하고, 푸시버튼 스위치 P00001은 타이머 T0500의 리셋코일에 연결하였다. 타이머 T0500과 특수 플래그 F00093을 AND로 직렬 연결하였으므로 누적시간이 3초가 경과되어 타이머가 ON되면 적색 램프 P00011이 1초 주기로 점멸한다.

5.4.8 TMON (Monostable 인터벌 타이머)

인터벌 타이머는 OFF 딜레이 타이머와 유사하게 입력이 ON됨과 동시에 출력이 ON되고, 입력상태의 변화에 관계없이 타이머가 동작하여 사용자가 설정한 시간이 경과된 후에 출력이 OFF된다. OFF 딜레이 타이머는 입력의 ON 시간이 타이머 설정시간에 포함되지 않지만, 인터벌 타이머는 입력의 ON 시간이 타이머의 설정시간에 포함된다.

- 타이머 입력이 ON되면 '현재값 = 설정값'이 되고, 타이머 출력은 ON된다.
- 타이머 입력이 ON된 후 입력의 변화에 관계없이 현재값은 1씩 감소되고, '현재값 = 0'이 될 때 타이머 출력은 OFF된다.
- 타이머를 리셋하면 '현재값 = 0'이 되고, 타이머 출력이 ON되어 있는 경우는 OFF된다.

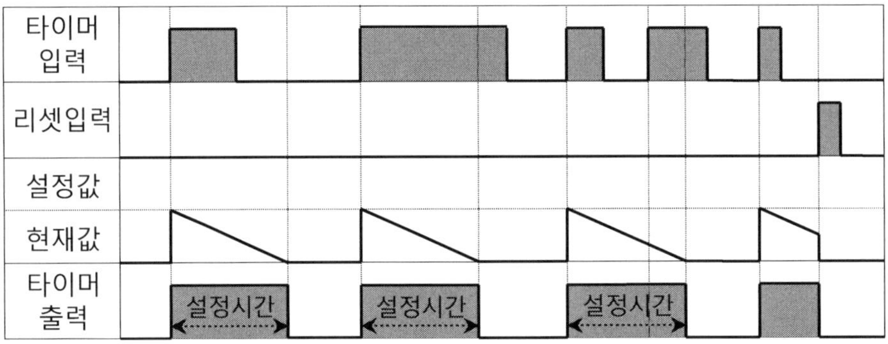

[예제 5-10] 녹색 램프는 평소에 점등되어 있다가, 푸시버튼 스위치를 누르면 녹색 램프가 10초 동안 1초 주기로 점멸한 다음 초기상태로 다시 점등된다.

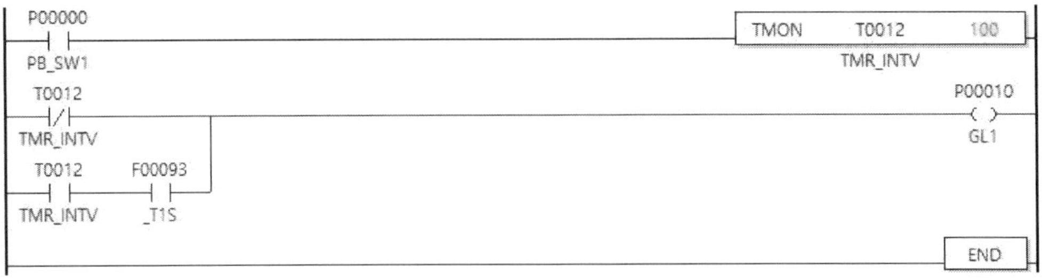

푸시버튼 스위치 P00000을 한번 누르면 누르고 있는 시간에 관계없이 리셋하기 전까지는 10초 동안 동작해야 하므로 인터벌 타이머를 사용한다. TMON 타이머 T0012는 시간설정 단위가 100ms이므로 10초를 설정하기 위해 설정값을 100으로 하였다. 녹색 램프는 평소에 점등되어 있어야 하므로 입력으로 타이머 T0012의 b접점을 사용하고, 또한 타이머가 ON되면 램프가 점멸해야 하므로 이에 병렬로 타이머 T0012의 a접점과 특수 플래그 F00093을 연결하였다.

5.4.9 TRTG (Retriggerable 재기동 타이머)

재기동 타이머는 OFF 딜레이 타이머와 유사하게 입력이 ON됨과 동시에 출력이 ON되고 타이머가 동작하여, 사용자가 설정한 시간이 경과된 후에 출력이 OFF된다. 그러나 타이머의 입력상태에 상승에지(OFF➔ON)가 발생될 때마다 타이머는 재기동(retrigger)된다.

- 타이머 입력이 ON되면 '현재값 = 설정값' 이 되고, 타이머 출력은 ON된다.
- 타이머 입력이 ON된 후 현재값은 1씩 감소되며, '현재값 = 0' 이 될 때 타이머 출력은 OFF된다.
- 타이머 동작 중 타이머 입력의 상태에서 상승에지가 발생하면, 다시 '현재값 = 설정값' 이 되어 타이머는 재 기동된다.
- 타이머를 리셋하면 '현재값 = 0' 이 되고, 타이머 출력이 ON되어 있는 경우는 OFF된다.

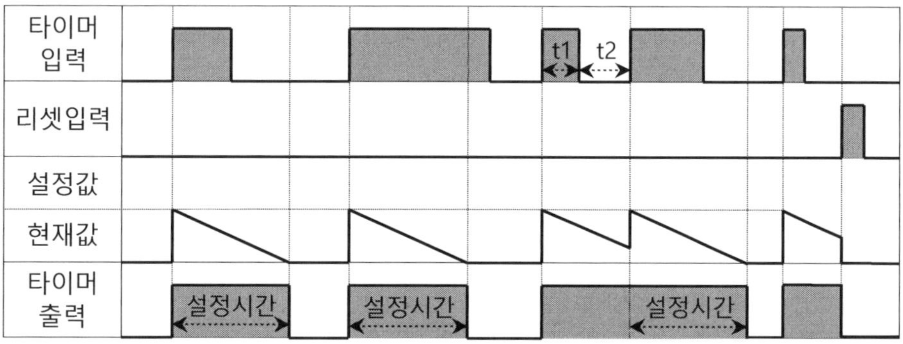

그림 5.31 TRTG 타이머의 동작

[예제 5-11] 녹색 램프 P00010은 평소에 점등되어 있다가, 토글 스위치 P00003을 ON시키거나 OFF시킬 때마다 녹색 램프는 즉시 소등되고, 스위치를 ON 상태나 OFF 상태로 3초 이상 계속 상태변화없이 유지하면 녹색 램프는 초기상태로 다시 점등된다.

스위치를 동작시킬 때마다 램프가 즉시 소등하고, 스위치의 상태변화없이 설정시간이 지나면 램프가 다시 점등되어야 하므로 재기동 타이머를 사용한다. TRTG 타이머 T0013은 시간설정 단위가 100ms이므로 램프를 3초 동안 소등하기 위해 설정값을 30으로 하였다.

스위치를 ON시키거나 OFF시키는 순간마다 타이머를 ON시켜 램프를 소등해야 하므로 토글 스위치 P00003의 양변환 검출접점과 음변환 검출접점을 OR로 병렬연결하여 보조 메모리 M00001을 통해 TRTG 타이머 T0013으로 입력한다. 여기서, 보조 메모리 M00001을 제거하고 병렬의 토글 스위치 P00003에 바로 타이머 T0013을 연결해도 전체 동작에는 아무런 영향을 미치지 않는다. 녹색 램프 P00010은 평소에 점등되고 타이머가 동작하면 소등되어야 하므로 입력으로 타이머 T0013의 b접점을 사용하였다.

5.5 카운터

카운터는 조건의 만족 횟수를 계수할 필요가 있는 경우 사용하는데, 즉 조건이 만족될 때마다 현재값을 1씩 증가시키거나 감소시켜 조건이 만족되는 횟수를 계수한다. XGK PLC에는 총 2,048개의 카운터가 있으며, 기능별로 CTU, CTD, CTUD, CTR 등 4종류의 카운터가 있으며, 1개의 카운터는 최대 65,535까지 계수할 수 있다. 카운터도 이중코일 사용금지 조건에 해당되기 때문에 중복으로 사용할 수 없다. 디지털 입력접점을 이용하여 카운터가 펄스 입력신호를 계수할 때, 입력되는 펄스의 ON/OFF 상태가 "입력필터 시간 + 1스캔시간" 이상 시간 동안 유지되어야 정확한 계수가 가능하다.

5.5.1 카운터의 정전 유지

PLC의 정전 시에도 카운터의 현재값이 유지되어야 하는 경우가 있다. 특히 장기적인 데이터의 누적이 필요한 경우 래치영역의 카운터를 사용하는 것이 권장된다. 카운터 영역의 래치는 기본 파라미터에서 설정할 수 있으며, 초기 설정은 모든 영역이 휘발성으로 설정되어 있으므로 래치 카운터가 필요한 경우 사용자가 직접 래치영역을 설정해야 한다.

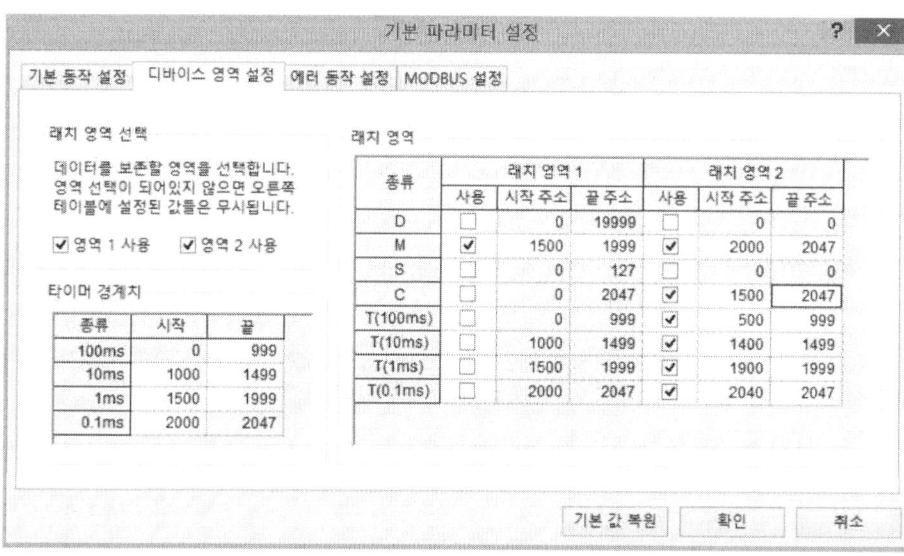

그림 5.32 카운터의 래치영역 설정

5.5.2 카운터의 편집

메뉴 "편집-편집도구-펑션/펑션블록"을 선택하거나 단축키 F10을 눌러 다음과 같은 응용명령 창이 활성화되면, 아래의 '사용방법'을 참조하여 카운터 종류, 카운터 번호, 설정값 순으로 입력한다. 만일 카운터의 설정값을 고정하지 않고 가변적으로 설정하고자 할 경우는 설정값 위치에 워드 디바이스를 입력한다.

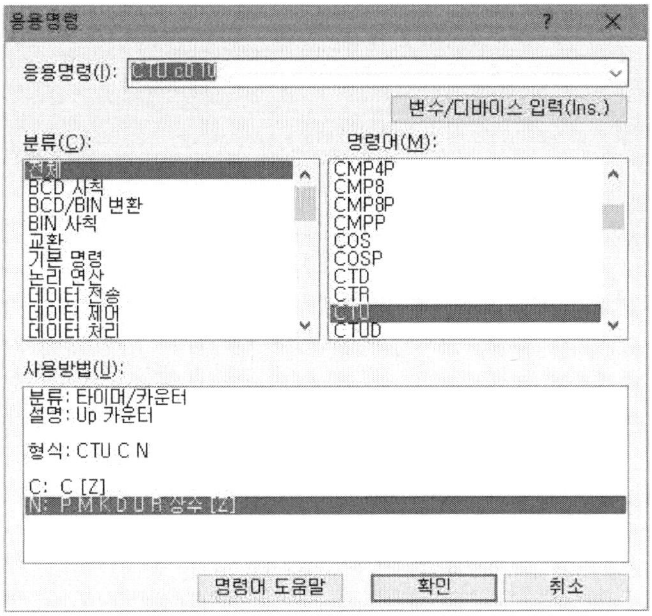

그림 5.33 카운터의 편집

[예제 5-12] CTUD 카운터의 편집

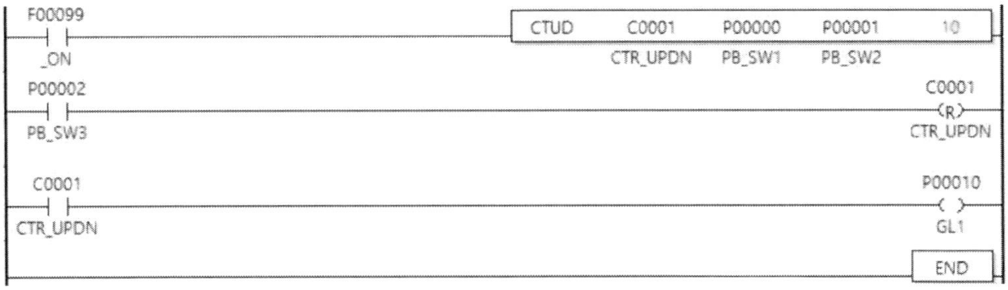

UP/DOWN 카운터 CTUD는 동작조건(증가조건, 감소조건)이 오퍼랜드에 포함되어 있으므로 입력조건을 '상시 ON' 특수 플래그 F00099로 사용해야 하며, 오퍼랜드를 카운터 번호, 증가조건, 감소조건, 설정값 순으로 입력한다. CTUD 카운터 C0001을 사용하고, 푸시버튼 스위치 P00000을 카운터의 증가조건, 푸시버튼 스위치 P00001을 카운터의 감소조건으로 사용한다. 푸시버튼 스위치 P00002를 카운터 C0001의 리셋코일에 연결하여 카운터를 리셋시키고, 카운터 C0001의 상태는 녹색 램프 P00010로 확인한다.

5.5.3 카운터의 동작특성

4개 카운터의 종류별 동작특성을 다음 표와 같이 정리하였다.

표 5.3 카운터 동작특성 총괄

종 류	계 수	동 작	타임차트
CTU (Up 카운터)	가산	펄스신호가 입력될 때마다 현재값이 1씩 증가하여 설정값 이상이 되면 출력이 ON된다. 리셋하면 현재값은 0이 된다.	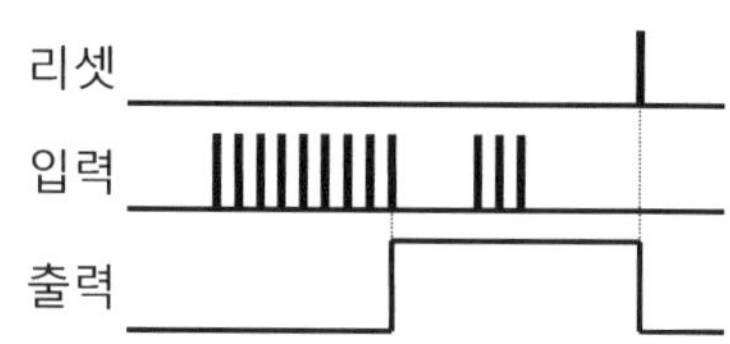
CTD (Down 카운터)	감산	펄스신호가 입력될 때마다 현재값이 1씩 감소하여 0이 되면 출력이 ON된다. 리셋하면 현재값은 설정값이 된다.	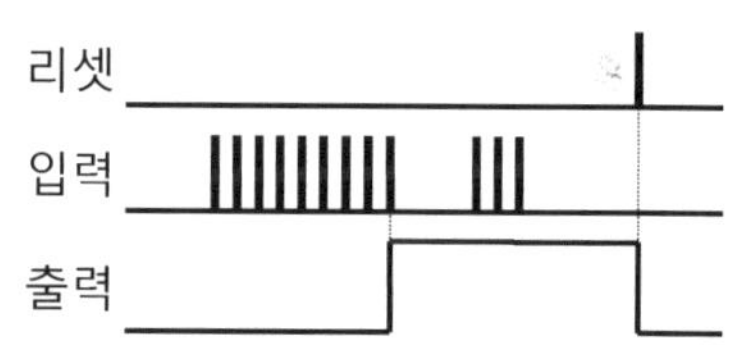
CTUD (Up/Down 카운터)	가산/감산	증가 펄스신호가 입력되면 현재값이 1씩 증가하고, 감소 펄스신호가 입력되면 현재값이 1씩 감소하여, 현재값이 설정값 이상이 되면 출력이 ON되고 설정값보다 작으면 출력이 OFF된다.	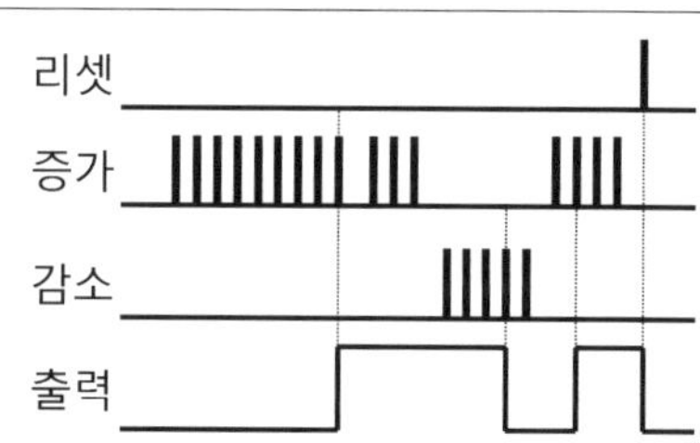
CTR (Ring 카운터)	가산	펄스신호가 입력될 때마다 현재값이 1씩 증가하여 설정값에 도달하면 출력이 ON된다. 이후에 다시 펄스신호가 입력되면 현재값은 0이 되고 출력은 OFF된다.	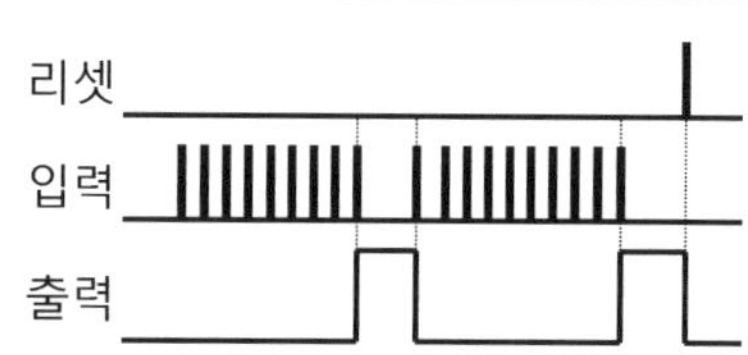

5.5.4 CTU (UP 카운터)

UP 카운터는 입력조건이 OFF 상태에서 ON 상태로 변경될 때마다 동작하여 현재값을 0에서부터 증가시켜 가다가 사전에 정해 놓은 설정값 이상이 되면 카운터 출력을 ON시킨다.

- 초기에 '현재값 = 0' 이며, 카운터 입력에 상승에지(OFF ➜ ON)가 발생할 때마다 현재값은 1씩 증가된다.
- 카운터 '현재값 = 설정값' 이 될 때 출력이 ON되고, 이 상태에서 입력에 상승에지가 발생하도 현재값은 1씩 증가되며, 출력은 ON 상태를 계속 유지한다.
- 카운터 현재값이 65,535인 상태에서는 카운터 입력에 상승에지가 발생해도 현재값은 변경되지 않는다.
- 카운터를 리셋하면 '현재값 = 0'이 되고, 출력이 ON되어 있는 경우 OFF된다.
- 카운터 현재값을 강제로 변경시킬 경우에도 출력상태는 변경되지 않는다.

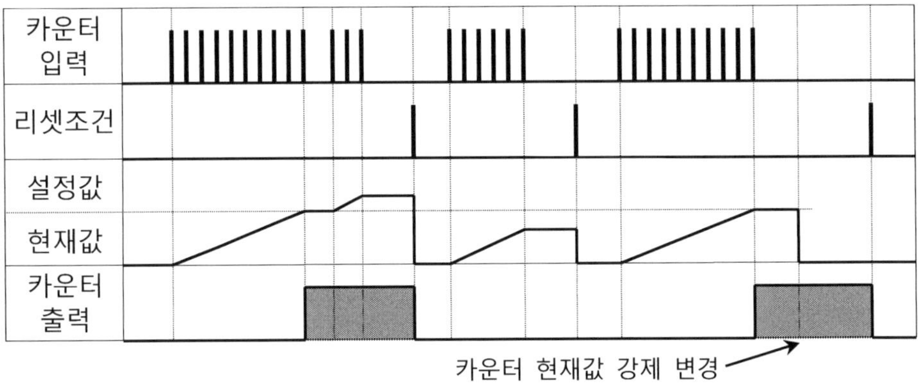

그림 5.34 CTU 카운터의 동작

[예제 5-13] 푸시버튼 스위치를 10회 누르면 UP 카운터가 동작하여 녹색 램프가 점등되고, 다른 스위치를 눌러 카운터를 리셋하면 녹색 램프가 소등된다.

UP 카운터 CTU C0000의 설정값을 10으로 하고, 입력에 푸시버튼 스위치 P00000을 연결한다. 카운터를 리셋하기 위해 푸시버튼 스위치 P00001을 카운터의 리셋 코일에 연결하고, 카운터의 상태를 확인하기 위해 녹색 램프 P00010을 카운터에 연결한다. XG5000에서 래더 모니터링 기능으로 카운터 현재값을 확인할 수 있는데, 푸시버튼 스위치 P00000를 10회 이상 눌러도 현재값은 10이상으로 계속 증가되지만, 카운터는 ON 상태이므로 녹색 램프는 계속 점등되어 있다.

[예제 5-14] 카운터를 이용한 타이머의 계측시간 연장

타이머에 설정할 수 있는 최대시간은 설정값이 최대 65,535이므로 시간설정 단위 100ms를 기준으로 6,553.5초이다. 따라서 타이머의 최대시간을 초과하여 시간을 설정할 필요가 있을 경우 타이머와 카운터를 조합하여 사용하면 타이머의 설정시간을 크게 늘일 수 있다. 다음 프로그램과 같이 시간설정 단위가 1ms인 적산 타이머 TMR T1500과 UP 카운터 CTU C0036을 결합하여, 타이머는 설정값을 최대값에 가까운 60,000으로 지정하여 60초(1ms×60,000=60,000ms), 즉 1분을 설정하고, 카운터는 60으로 지정하여 60분, 즉 1시간을 설정하였다.

푸시버튼 스위치 P00000을 누르면 보조 메모리 M00001에 의해 녹색 램프 P00010이 자기유지로 점등되어 타이머 T1500을 동작시키고, 푸시버튼 스위치 P00001을 누르면 자기유지가 해제되어 녹색 램프가 소등된다. 녹색 램프의 누적 점등시간이 1분이 되면 타이머 T1500가 ON되어 카운터 C0036이 1씩 증가되고, 타이머는 ON되자마자 자신을 리셋하여 다시 처음부터 동작한다. 카운터

C0036이 계속해서 60번을 카운트하면 1시간이 경과되어 카운터가 ON되고, 적색 램프 P00011이 특수 플래그 F00093에 의해 1초 주기로 점멸한다. 푸시버튼 스위치 P00002를 누르면 타이머와 카운터를 모두 리셋시킨다.

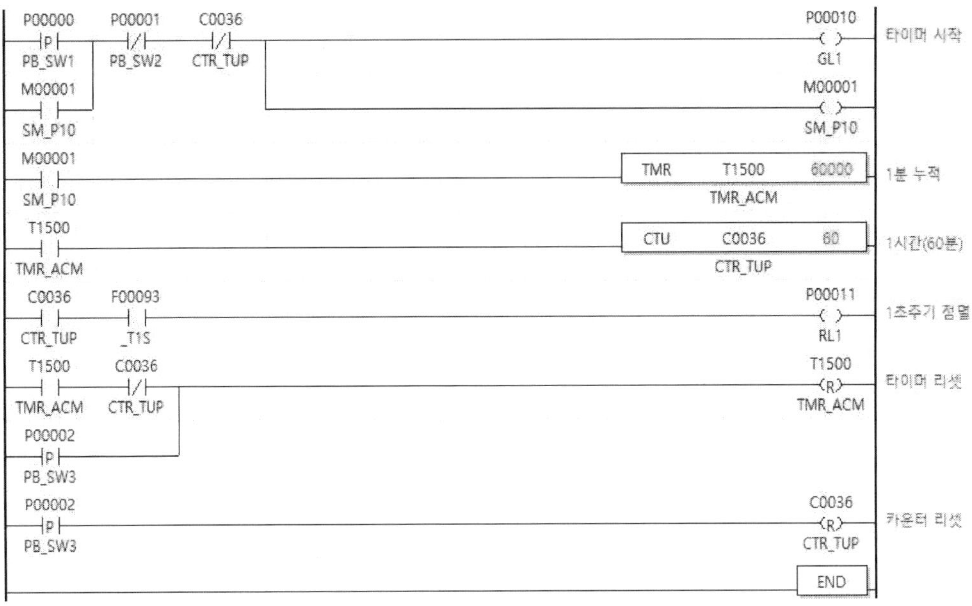

그림 5.35 카운터를 이용한 타이머의 계측시간 연장

5.5.5 CTD (DOWN 카운터)

DOWN 카운터는 로켓을 발사할 때 발사순간을 10부터 카운트 다운하는 것처럼, 입력조건이 OFF 상태에서 ON 상태로 변경될 때마다 동작하여 현재값을 사전에 정해놓은 설정값부터 감소시켜 가다가 0이 되면 카운터 출력을 ON시킨다.

- 초기에 '현재값 = 설정값' 이며, 입력에 상승에지가 발생할 때마다 현재값은 1씩 감소된다.
- 카운터 '현재값 = 0' 이 될 때 출력은 ON되고, 현재값이 0인 상태에서는 카운터 입력에 상승에지가 발생해도 현재값은 변경되지 않는다.
- 카운터를 리셋하면 '현재값=설정값'이 되고, 출력이 ON되어 있는 경우 OFF된다.
- 카운터 현재값을 강제로 변경시킬 경우에도 출력상태는 변경되지 않는다.

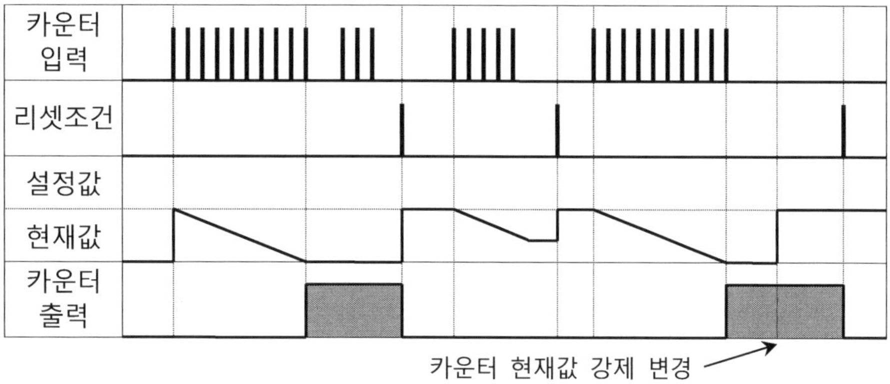

그림 5.36 CTD 카운터의 동작

[예제 5-15] 푸시버튼 스위치 P00000을 10회 이상 누르면 DOWN 카운터가 동작하여 녹색 램프 P00010이 점등되고, 푸시버튼 스위치 P00001을 누르면 카운터는 리셋되어 녹색 램프가 소등된다.

DOWN 카운터 CTU C0002의 설정값을 10으로 하고, 카운터 입력에 푸시버튼 스위치 P00000을 연결하고, 카운터 출력에 녹색 램프 P00010을 연결한다. XG5000에서 래더 모니터링 기능으로 카운터 현재값을 확인할 수 있는데, 푸시버튼 스위치를 10회 이상 눌러도 현재값은 감소되지 않고 계속 0에 머무르고, 카운터는 ON 상태이므로 녹색 램프는 계속 점등되어 있다. 카운터를 리셋하기 위해 푸시버튼 스위치 P00001을 카운터의 리셋 코일에 연결한다.

5.5.6 CTUD (UP/DOWN 카운터)

UP/DOWN 카운터는 UP 카운터와 DOWN 카운터를 조합한 형태로 카운터 현재값을 증가시키거나 감소시킬 수 있다. 그러나 카운터 출력은 UP 카운터와 동일한 방식으로 동작하므로 카운터 현재값이 설정값 이상이 되면 카운터 출력이 ON된다. UP/DOWN 카운터의 입력조건은 상시 ON 특수 플래그 F00099를 사용해야 하며, 명령어 편집시 증가조건 및 감소조건을 설정해주어야 한다.

- 형식 : [CTUD C(카운터번호) U(증가조건) D(감소조건) N(설정값)]
- 초기에 카운터 '현재값 = 0' 이며, 증가조건에 상승에지가 발생하면 현재값은 1씩 증가 되고, 감소조건에 상승에지가 발생하면 1씩 감소된다.
- 카운터 '현재값 = 설정값' 이 될 때 출력이 ON된다. 카운터 출력이 ON된 상태에서 증가조건에 상승에지가 발생해도 현재값은 1씩 증가되지만, 출력은 ON 상태를 계속 유지한다.
- 카운터 현재값이 65,535인 상태에서 증가조건에 상승에지가 발생해도 현재값은 변경되지 않고, 카운터 현재값이 0인 상태에서 감소조건에 상승에지가 발생해도 현재값은 변경되지 않는다.
- 카운터를 리셋하면 '현재값 = 0'이 되며, 출력이 ON되어 있는 경우 OFF된다.
- 카운터 현재값을 강제로 변경시킬 경우에도 출력상태는 변경되지 않는다.

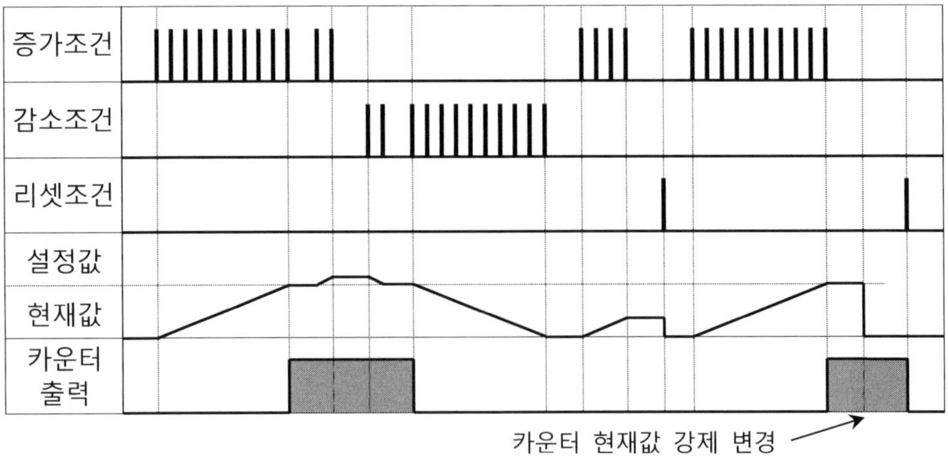

그림 5.37 CTUD 카운터의 동작

[예제 5-16] 입고센서와 출고센서가 있는 창고에 재고가 5개 이하일 때 녹색 램프가 2초 주기로 점멸하고, 재고가 10개를 초과할 때 적색 램프가 1초 주기로 점멸한다.

창고의 재고가 입고센서/출고센서에 의해 증가/감소하고, 재고를 체크하는 기준이 5개와 10개이므로 2개의 UP/DOWN(CTUD) 카운터가 필요하다. 2개의 카운터 모두 창고의 재고를 체크하므로 증가조건 및 감소조건이 동일하다. 입고센서는 푸시버튼 스위치 P00000으로 각 카운터의 증가조건이고, 출고센서는 푸시버튼 스위치 P00001로 각 카운터의 감소조건이다. 카운터 C1500의 재고기준이 5개 이하이므로 설정값을 6으로 하고, 카운터 C1500의 b접점을 사용한다. 카운터 의 재고기준이 10개 초과이므로 설정값은 11로 하고, 카운터 C1501의 a접점을 사용한다. 푸시버튼 스위치 P00002를 누르면 2개의 카운터가 모두 리셋된다.

녹색 램프 P00010은 2초 주기로 점멸해야 하므로 _T2S 특수 플래그 F00094를 사용하여 카운터 C1500의 b접점과 직렬로 연결하고, 적색 램프 P00011은 1초 주기로 점멸해야 하므로 _T1S 특수 플래그 F00093을 사용하여 카운터 C1501의 a접점과 직렬로 연결한다.

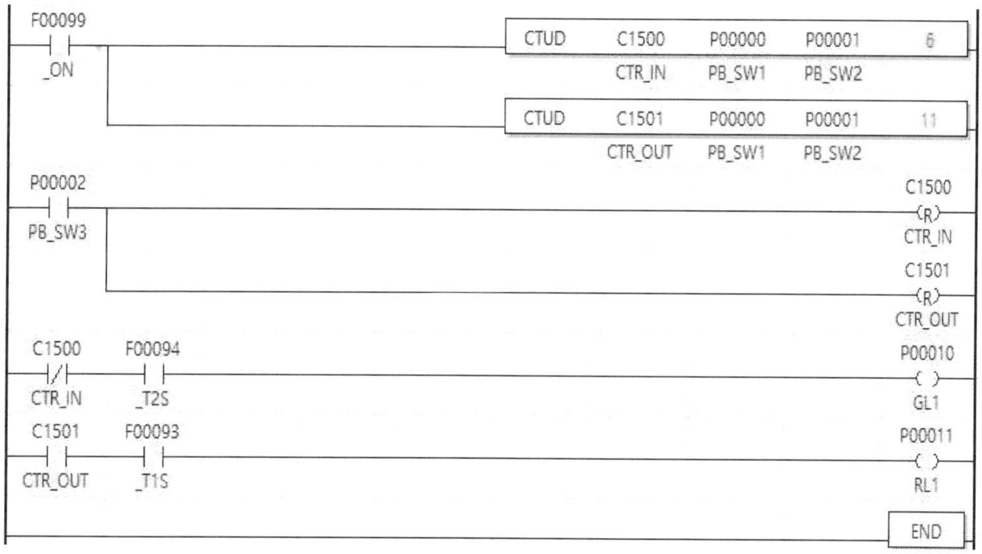

5.5.7 CTR (RING 카운터)

입력조건에 상승에지가 발생할 때마다 동작하여 카운터 현재값을 증가시켜 가다가 설정값과 같아지면 출력을 ON시키고, 이 상태에서 다시 입력조건에 상승에지가 발생하면 현재값은 0으로 초기화됨과 동시에 카운터 출력은 OFF된다. 즉, 별도의 카운터 리셋입력이 없어도 입력펄스에 의해 카운터는 초기화된다. 이와 같이 카운터 현재값이 증가되고 초기화되는 동작이 계속 순환되므로 RING 카운터라 한다.

- 초기에 카운터 '현재값 = 0' 이며 카운터 입력에 상승에지가 발생할 때마다 현재값은 1씩 증가된다.
- 카운터 '현재값 = 설정값' 이 될 때 카운터 출력은 ON된다.
- 카운터 출력이 ON인 상태에서 입력에 상승에지가 1번만 발생해도 다시 카운터 '현재값 = 0' 으로 초기화되고 출력은 OFF된다.
- 카운터를 리셋하면 '현재값 = 0' 이 되며, 카운터 출력이 ON되어 있는 경우에는 OFF된다.
- 카운터 현재값을 강제로 변경시킬 경우에도 출력상태는 변경되지 않는다.

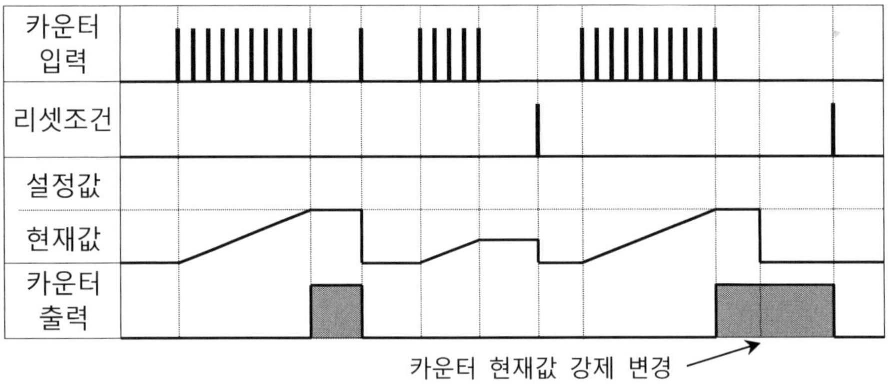

그림 5.38 CTR 카운터의 동작

[예제 5-17] 제품 감지센서로 박스 안에 10개의 제품을 감지하면 컨베이어가 정지되고, 박스 감지센서로 박스를 감지하면 컨베이어가 다시 기동된다.

카운터를 리셋하지 않고 계속 순환해서 일정값을 카운트하기 위해 RING 카운터를 사용한다. 제품감지 센서 P00000을 입력으로 하는 CTR 카운터 C1502의 설정값은 제품감지 기준이 10개이고, RING 카운터는 설정값 다음의 카운트에서 초기화되므로 9로 입력하고, 카운터 C1502의 음변환 검출접점을 사용하여 보조 메모리 M00000로 출력하여 10개의 제품을 감지한다. 박스 감지센서 P00001로 박스를 감지하면 컨베이어 P00010을 기동하고, 한번 기동되면 계속 유지시켜 주기 위해 보조 메모리 M00001을 이용한 자기유지 회로를 사용한다. 또한, 박스에 10개의 제품이 쌓이면 컨베이어를 정지해야 하므로 자기유지 해제를 위한 b접점 입력으로 RING 카운터의 10개 제품 감지조건에 해당하는 보조 메모리 M00000을 사용한다.

5.6 특수 플래그

사용자가 직접 작성하지 않아도 PLC에서 미리 준비하여 제공해 주는 기능을 특수 플래그라고 하는데, 프로그램을 작성하는데 매우 유용하다. 특수 플래그는 F00000~F2047F가 비트 영역으로 할당되어 있으며, XG5000에서 변수와 설명문을 미리 등록해 놓았기 때문에 사용자가 입력하지 않아도 된다.

프로젝트 창의 '변수/설명' 항목을 더블 클릭하여 활성화되는 '변수/설명' 탭에서 '플래그 보기' 탭을 선택하면 사용할 수 있는 모든 특수 플래그를 확인할 수 있다. 다음 표는 PLC 프로그램에서 자주 사용되는 특수 플래그들이다.

표 5.4 자주 사용되는 특수 플래그

디바이스	타 입	변 수	기 능	설 명
F00000	BIT	_RUN	Run	Run 상태
F00001	BIT	_STOP	Stop	Stop 상태
F00002	BIT	_ERROR	Error	Error 상태
F00003	BIT	_DEBUG	Debug	Debug 상태
F00092	BIT	_T200MS	200ms	200ms 주기 클록
F00093	BIT	_T1S	1s	1s 주기 클록
F00094	BIT	_T2S	2s	2s 주기 클록
F00099	BIT	_ON	상시 ON	항상 ON 상태인 비트
F0009A	BIT	_OFF	상시 Off	항상 OFF 상태인 비트
F0009B	BIT	_1ON	1스캔 On	첫 스캔만 ON 상태인 비트
F0009C	BIT	_1OFF	1스캔 Off	첫 스캔만 OFF 상태인 비트
F0009D	BIT	_STOG	반전	매 스캔 반전
F00110	BIT	_LER	연산 에러	연산 에러시 1스캔동안 ON
F00111	BIT	_ZERO	제로 플래그	연산 결과가 0일 경우 ON
F00112	BIT	_CARRY	캐리 플래그	연산시 캐리가 발생했을 경우 ON
F00113	BIT	_ALL_OFF	전출력 OFF	모든 출력이 OFF일 경우 ON
F00120	BIT	_LT	LT 플래그	"보다 작다"인 경우 ON
F00121	BIT	_LTE	LTE 플래그	"보다 작거나 같다"인 경우 ON
F00122	BIT	_EQU	EQU 플래그	"같다"인 경우 ON
F00123	BIT	_GT	GT 플래그	"보다 크다"인 경우 ON
F00124	BIT	_GTE	GTE 플래그	"보다 크거나 같다"인 경우 ON
F00125	BIT	_NEQ	NEQ 플래그	"같지 않다"인 경우 ON

6장

PLC 응용 프로그래밍

6.1 응용 명령어의 구조

XGK PLC에서는 접점과 코일에 이용되는 비트 데이터 이외에 니블(4비트), 바이트(8비트), 워드(16비트), 더블워드(32비트), 롱워드(64비트) 등 다양한 크기의 데이터를 이용하여 연산하기 위해 응용 명령어를 사용할 수 있다. 응용 명령어는 다음과 같이 16비트의 워드 데이터를 처리하는 기본 응용 명령어에 접두어와 접미어를 추가하여 구성된다.

접두어	+	기본 응용 명령어	+	접미어

6.1.1 접두어

기본 명령어 앞에 추가하여 기본 명령어의 기능을 보조하는 문자를 접두어라 한다. 하나의 기본 명령어에 최대 2개의 접두어를 사용할 수 있다.

- 없음 : 워드(Word, 16비트) 정수 데이터 연산
  예 : MOV, =, ADD, SUB, MUL, DIV
- D : 더블워드(Double Word, 32비트) 정수 데이터 연산
  예 : DMOV, D=, DADD, DSUB, DMUL, DDIV
- R : 32비트 실수 데이터 연산
  예 : RMOV, R=, RADD, RSUB, RMUL, RDIV

- L : 64비트 실수 데이터 연산

  예 : LMOV, L=, LADD, LSUB, LMUL, LDIV

- G : 그룹 데이터 연산

  예 : GMOV, G=, GADD, GSUB

- B : 16비트 데이터 내에서 비트 연산

  예 : BMOV

- $: 문자열 데이터 연산

  예 : $MOV, $ADD

- 8 : 바이트(Byte, 8비트) 데이터 연산

  예 : 8=, 8<>, 8<, 8>

- 4 : 니블(Nibble, 4비트) 데이터 연산

  예 : 4=, 4<>, 4<, 4>

6.1.2 접미어

기본 명령어 뒤에 추가하여 기본 명령어의 기능을 보조하는 문자를 접미어라 한다. 하나의 기본 명령어에 최대 2개의 접미어를 사용할 수 있다.

- U : XGK 명령어는 부호있는 연산을 기본으로 하고 있는데, 부호없는 10진 정수 데이터의 연산에 사용한다.

  예 : ADDU, SUBU, MULU, DIVU

- P : 펄스타입 응용 명령어의 상승에지 연산

  예 : MOVP, ADDP, SUBP, MULP, DIVP

- B : BCD 데이터 연산

  예 : ADDB, SUBB, MULB, DIVB

- 8 : 8비트 데이터 연산

  예 : MOV8, CMP8, INC8, DEC8

- 4 : 4비트 데이터 연산

  예 : MOV4, CMP4, INC4, DEC4

- 3 : 3개 데이터의 연산

  예 : =3, <>3, >3, <3, >=3, <=3

6.2 전송 명령

전송명령은 상수 데이터를 PLC의 데이터 메모리에 저장하거나, 저장되어 있는 데이터를 다른 영역의 데이터 메모리로 복사한다. 전송 명령어 'MOV'는 1워드, 즉 16비트 크기의 데이터를 전송하고, 명령어에 접두어와 접미어를 추가함으로써 다양한 형태의 데이터를 전송할 수 있다.

6.2.1 워드 전송

- 형식 : [MOV S(Source) D(Destination)]
- S로 지정된 상수 또는 워드 디바이스 데이터를 D로 지정된 워드 디바이스에 16비트 크기로 전송한다.
- S를 상수로 지정할 경우, 16진수는 h0000에서 hFFFF까지이며, 10진수는 -32,768에서 65,535까지 가능하다.

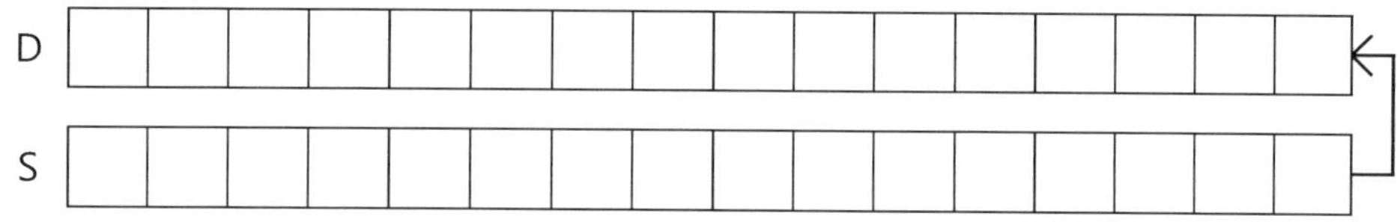

그림 6.1 워드 전송명령

[예제 6-1] 푸시버튼 스위치 P00000을 누르면 16진수 hA05F를 P00010~P0001F에 연결된 램프 16점에 출력하고, 푸시버튼 스위치 P00001을 누르면 P00000~P0000F에 연결된 입력 16점의 상태를 읽어 P00010~P0001F에 연결된 램프 16점에 출력한다.

MOV는 16비트 전송명령이므로, 16 비트 디바이스 P00000~P0000F를 워드로 나타내면 P0000이고, 16비트 P00010~P0001F를 워드로 나타내면 P0001이다.

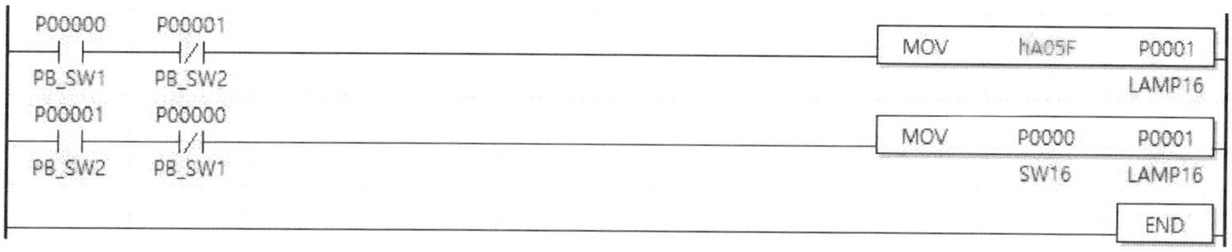

6.2.2 더블워드 전송

- 형식 : [DMOV S D]
- S로 지정된 상수 또는 워드영역부터의 더블워드 데이터를 D로 지정된 워드영역부터 32비트 크기로 전송한다.
- S를 상수로 지정할 경우 16진수 h00000000에서 hFFFFFFFF까지 가능하다.
- S를 워드 디바이스로 지정할 경우 지정된 워드 디바이스와 그 다음 워드 디바이스의 더블워드 데이터가 전송된다.
- D는 워드 디바이스로 지정되어야 하며 전송된 데이터는 D로 지정된 워드 디바이스와 그 다음 워드 디바이스에 더블워드 데이터가 저장된다.

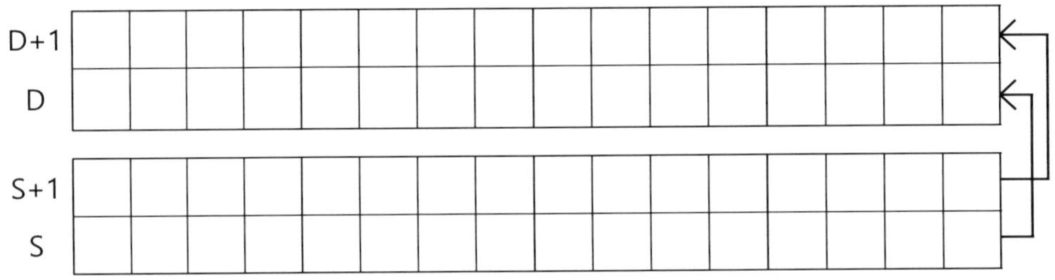

그림 6.2 더블워드 전송명령

[예제 6-2] 푸시버튼 스위치 P00000을 누르면 16진수 h1234ABCD를 데이터 레지스터 D00000, D00001로 전송하고, 푸시버튼 스위치 P00001을 누르면 D00000, D00001의 32비트 데이터를 D00002, D00003으로 전송한다.

DMOV는 32비트 전송명령이므로, 오퍼랜드에 워드 디바이스 D00000을 입력하면 32비트 D00000+D00001을 지정하고, 오퍼랜드에 워드 디바이스 D00002을 입력하면 32비트 D00002+D00003을 지정한다.

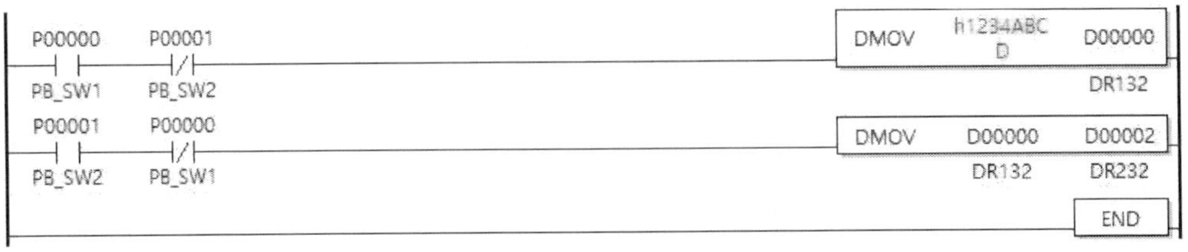

6.2.3 실수 전송

- 형식 : [RMOV/LMOV S D]
- S로 지정된 상수를 각각 32비트/64비트 실수로 변환하여 D로 지정된 워드영역부터 저장한다.
- S를 워드 디바이스로 지정할 경우 데이터를 실수로 변환하지 않고, S로 지정된 워드영역부터 각각 2워드(32비트)/4워드(64비트)의 데이터를 전송한다.
- D는 워드 디바이스로 지정해야 하며 전송된 데이터는 D로 지정된 워드 디바이스부터 각각 2워드(32비트)/4워드(64비트)의 영역에 저장된다.

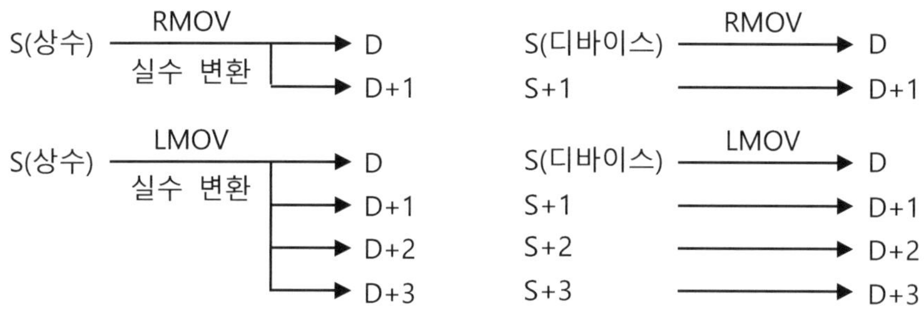

그림 6.3 실수 전송명령

[예제 6-3] 푸시버튼 스위치 P00000을 누르면 3.1415926535를 32비트 실수로 D00000에 저장한 후 D00002로 전송하고, 푸시버튼 스위치 P00001을 누르면 같은 수를 64비트 실수로 D00004에 저장한 후 D00008로 전송한다.

32비트 데이터는 디바이스 D00000(~D00001) 다음 영역이 D00002(~D00003)이고, 64비트 데이터는 D00004(~D00007) 다음 영역이 D00008(~D00011)이다.

실행 결과 32비트 실수형 '3.141592741'은 원래의 데이터 '3.1415926535'와 소수점 6번째 자리까지만 일치하지만, 64비트 실수형은 10번째 자리까지 모두 일치함을 알 수 있다. 따라서 정밀한 실수 연산이 필요한 경우에는 32비트 단정도형이 아닌 64비트 배정도형 실수형 데이터를 사용해야 한다.

6.2.4 다중 전송

- 형식 : [FMOV S D n]
- S로 지정된 상수 또는 워드 디바이스의 데이터를 D로 지정된 워드영역부터 n개의 워드 디바이스로 전송한다.
- n은 1에서 65,535까지 지정할 수 있으나, D로 지정된 디바이스의 영역을 초과하지 않는 범위에서 사용해야 한다. 예를 들어 D로 D15000을 지정했을 경우 CPU모듈 XGK-CPUE에서 D영역의 마지막 주소가 D19999이므로 n은 5,000이하로 설정해야 한다. D로 지정된 디바이스의 영역을 초과하는 경우에는 S로 지정된 데이터가 의도하지 않은 디바이스 영역에 저장될 수 있다.

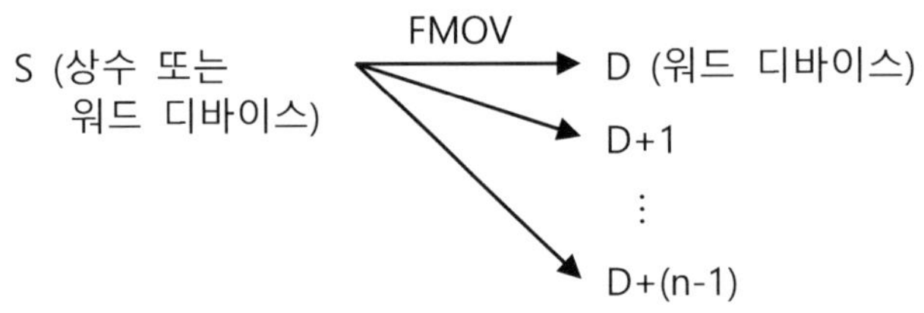

그림 6.4 다중 전송명령

[예제 6-4] 푸시버튼 스위치 P00000을 누르면 D00000부터 10개의 워드 디바이스에 100을 저장하고, 푸시버튼 스위치 P00001을 누르면 10개의 워드 디바이스를 모두 0으로 클리어한다.

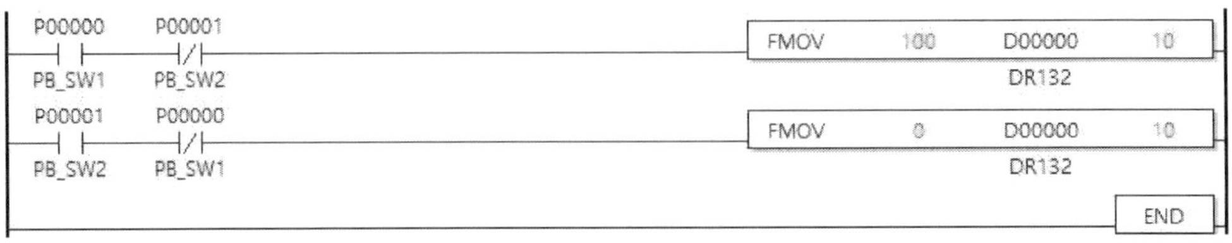

6.2.5 그룹 전송

- 형식 : [GMOV S D n]
- S로 지정된 워드 디바이스부터 n개의 워드 데이터를 D로 지정된 워드 디바이스부터 n개의 워드 디바이스로 전송한다.
- S를 상수로 지정할 경우 지정된 상수가 D로 지정된 워드 디바이스부터 n개의 워드 디바이스로 전송된다(FMOV 명령과 동일).
- n은 1에서 65,535까지 지정할 수 있으나, S 및 D로 지정된 디바이스의 영역을 초과하지 않는 범위에서 사용해야 한다. S 또는 D로 지정된 디바이스의 영역을 초과하는 경우, 의도하지 않은 데이터가 의도하지 않은 디바이스 영역에 저장될 수 있다.

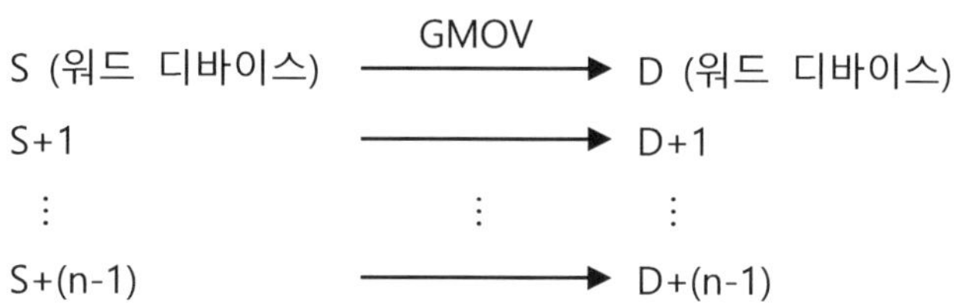

그림 6.5 그룹 전송명령

[예제 6-5] 푸시버튼 스위치 P00000을 누르면 R00000부터 10개의 워드 데이터를 D00100부터 10개의 워드 디바이스 영역에 저장하고, 푸시버튼 스위치 P00001을 누르면 R00010부터 10개의 워드 데이터를 D00100부터 10개의 워드 디바이스 영역에 저장한다.

6.2.6 4/8 비트 전송

- 형식 : [MOV4/MOV8 S D]
- S로 지정된 비트부터 4/8 개의 비트를 D로 지정된 비트부터 4/8 개의 비트로 전송한다.
- S를 상수로 지정할 경우 4비트 전송의 경우 h0에서 hF까지 가능하고, 8비트 전송의 경우 h00에서 hFF까지 가능하다.
- S와 D는 비트 디바이스로 지정해야 하며, 4비트 전송의 경우 비트번호 0에서 C까지, 8비트 전송의 경우 비트번호 0에서 8까지만 사용해야 한다. 그 이상의 비트번호를 지정할 경우 지정된 비트부터 F번 비트까지만 전송된다.

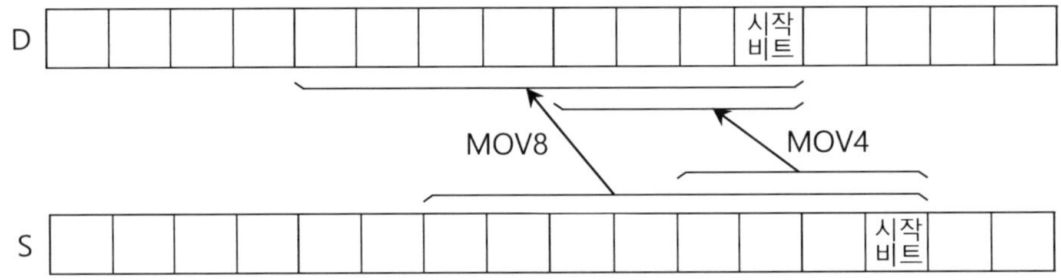

그림 6.6 4/8 비트 전송명령

[예제 6-6] 푸시버튼 스위치 P00000을 누르는 순간 P00004~P00007에 연결된 입력 4점의 상태를 읽어 P00010~P00013의 4점에 출력하고, 푸시버튼 스위치 P00001을 누르는 순간 P00000~P00007에 연결된 입력 8점의 상태를 읽어 P00018~P0001F의 8점에 출력한다.

4비트 또는 8비트 전송명령에서 오퍼랜드의 비트 디바이스는 4비트나 8비트 중 맨 첫 번째 비트번호를 입력한다.

6.2.7 비트 전송

- 형식 : [BMOV S D Z]
- S로 지정된 1워드 상수 또는 워드 디바이스에서 Z로 지정된 형식에 따라 지정된 개수의 비트를 D로 지정된 워드 디바이스로 전송한다.
- Z의 형식은 1워드 상수 또는 워드 디바이스로 지정해야 하며, 지정된 데이터를 16진수로 변환했을 때 최상위 4비트가 S의 시작 비트번호, 다음 하위 4비트가 D의 시작 비트번호, 하위 바이트가 이동할 비트수(h10, 16개까지 가능)를 의미한다. 예를 들어 Z가 h140A일 경우, 1이 S의 시작 비트번호, 4가 D의 시작 비트번호, 나머지 h0A(10)가 이동할 비트수이다. 즉, S의 1번 비트부터 10개의 비트를 D의 4번 비트부터 10개의 비트로 전송한다.

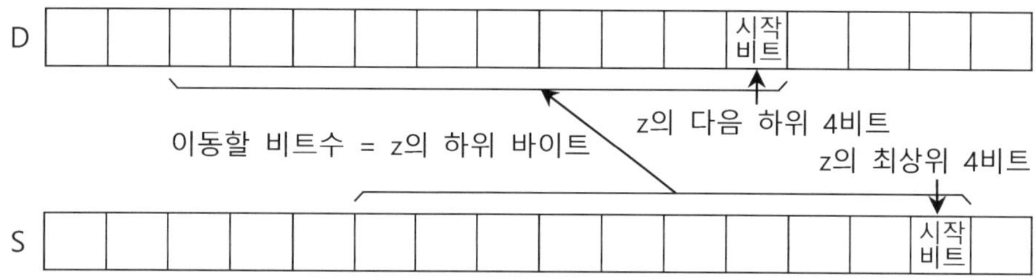

[예제 6-7] 푸시버튼 스위치 P00000을 눌렀다 떼는 순간 P00000~P0000F에 연결된 입력 16점의 상위 바이트와 하위 바이트의 위치를 서로 교환하여 P00010~P0001F에 출력한다.

스위치가 눌렀다 떼는 순간 동작을 위해 음변환 검출접점을 사용한다. 상위 바이트와 하위 바이트의 위치를 교환하기 위해 비트 전송명령을 2번 실행하고, 비트 디바이스를 P0000, P0001과 같이 앞 4자리만 사용하여 워드로 지정한다.

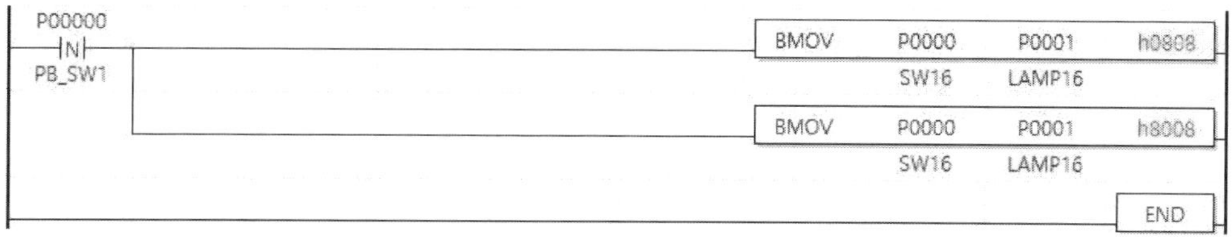

6.2.8 문자열 전송

- 형식 : [$MOV S D]
- S로 지정된 문자열을 D로 지정된 워드 디바이스 영역의 하위 바이트부터 31개의 바이트를 전송하고, 32번째 바이트에는 h00을 저장한다.
- S를 문자열 상수로 지정할 경우 작은 따옴표(' ')을 해 주어야 하고, 1 바이트의 문자열 상수를 전송하더라도 D에는 32 바이트의 데이터가 저장된다.

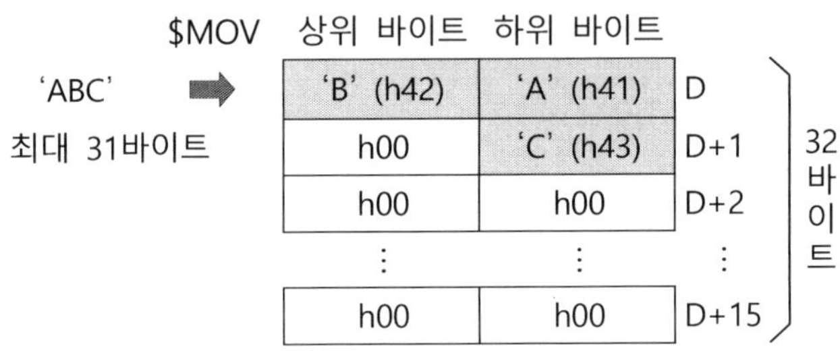

그림 6.8 문자열 상수 전송명령

- S를 워드 디바이스로 지정할 경우 지정된 워드영역의 하위 바이트부터 데이터가 연속적으로 31 바이트 이하 h00이 아닌 경우에는 데이터가 h00이 아닐 때까지 문자열이 전송되어 D로 지정된 워드 디바이스 영역의 하위 바이트부터 저장되고, 그 이후 D영역의 32번째 바이트까지 h00이 계속 저장된다.

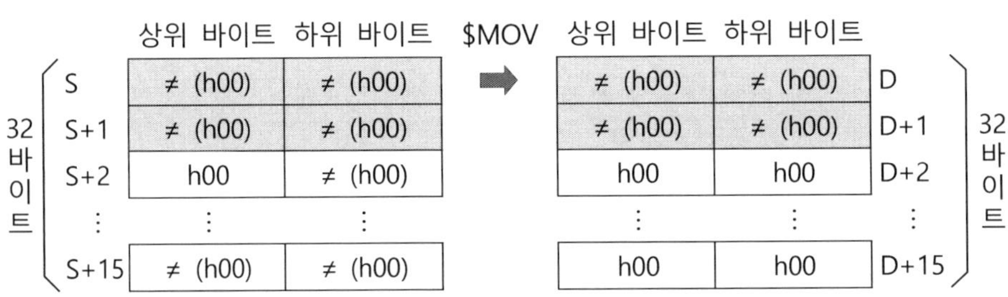

그림 6.9 4 바이트 문자열 전송명령

- S를 워드 디바이스로 지정할 경우 지정된 워드영역의 하위 바이트부터 데이터가 연속적으로 32 바이트 이상 h00이 아닌 경우에는 하위 31 바이트의 문자열만 전송되어 D로 지정된 워드 디바이스 영역의 하위 바이트부터 31 바이트가 저장되고 32번째 바이트에는 h00이 저장된다.

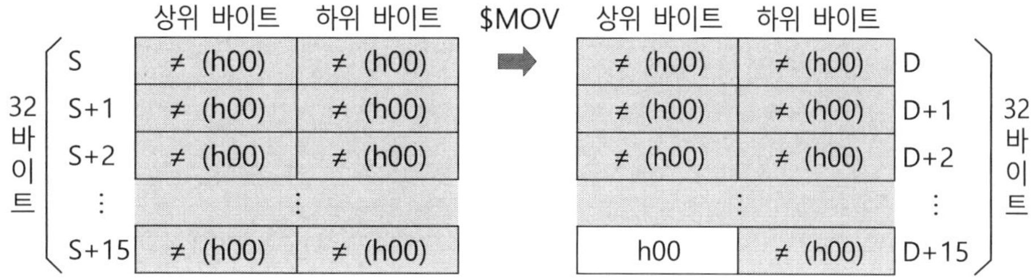

그림 6.10 32 바이트 문자열 전송명령

[예제 6-8] 푸시버튼 스위치 P00000을 누르면 문자열 'XGK PLC'를 D00000에 저장하고 푸시버튼 스위치 P00001을 D00000에 있는 문자열을 D00010에 저장한다.

1워드 메모리에 상위 바이트와 하위 바이트의 2개의 문자가 저장되므로 문자열 'XGK PLC'를 D00000에 전송한 결과는 D00000에 'GX', D00001에 ' K', D00002에 'LP', D00003에 'C'가 저장된다. D00000의 문자열을 D00010에 전송한 결과는 마찬가지로 D00010에 'GX', D00011에 ' K', D00012에 'LP', D00013에 'C'가 저장된다.

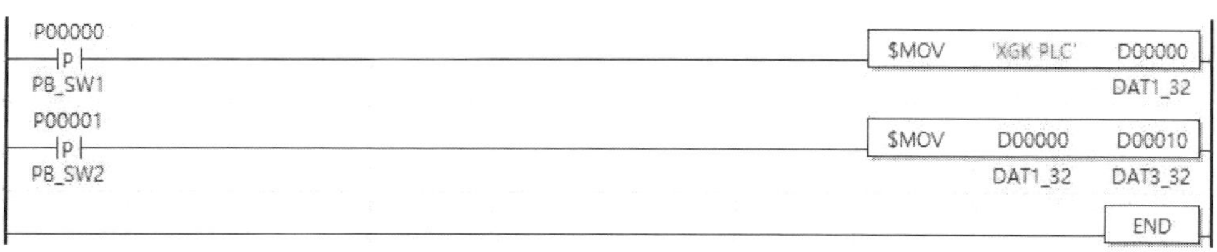

6.3 형변환 명령

6.3.1 정수 to 실수 형변환

- [I2R/U2R S D] : S로 지정된 워드 데이터를 부호있는/부호없는 10진 정수로 환산하여 32비트 단정도형 실수로 변환하고 D, D+1에 저장한다.
- [D2R/UD2R S D] : S, S+1의 더블워드 데이터를 부호있는/부호없는 10진 정수로 환산하여 32비트 단정도형 실수로 변환하고 D, D+1에 저장한다.
- [I2L/U2L S D] : S로 지정된 워드 데이터를 부호있는/부호없는 10진 정수로 환산하여 64비트 배정도형 실수로 변환하고 D~D+3 에 저장한다.
- [D2L/UD2L S D] : S, S+1의 더블워드 데이터를 부호있는/부호없는 10진 정수로 환산하여 64비트 배정도형 실수로 변환하고 D~D+3 에 저장한다.

6.3.2 실수 to 정수 형변환

- [R2I/R2U S D] : S, S+1의 더블워드 데이터를 32비트 단정도형 실수로 환산하여 16비트 부호있는/부호없는 정수로 변환하고 D에 저장한다.
- [R2D/R2UD S D] : S, S+1의 더블워드 데이터를 32비트 단정도형 실수로 환산하여 32비트 부호있는/부호없는 정수로 변환하고 D, D+1에 저장한다.
- [L2I/L2U S D] : S~S+3 의 4워드 데이터를 64비트 배정도형 실수로 환산하여 16비트 부호있는/부호없는 정수로 변환하고 D에 저장한다.
- [L2D/L2UD S D] : S~S+3 의 4워드 데이터를 64비트 배정도형 실수로 환산하여 32비트 부호있는/부호없는 정수로 변환하고 D, D+1에 저장한다.

※ 실수 데이터가 변환된 후에 데이터의 범위를 벗어날 경우 연산에러가 발생하며, 저장영역에는 변환 후 데이터의 최대값 또는 최소값이 저장된다. 예를 들어 'R2I' 명령의 경우 변환될 실수 데이터가 32,767보다 클 경우 연산에러가 발생하며 저장영역에는 최대값 32,767이 저장되고, -32,768보다 작을 경우 연산에러가 발생하고 저장영역에는 최소값 -32,768이 저장된다.

※ 연산에러가 발생할 경우 기본 파라미터의 에러동작 설정에 따라 CPU는 운전을 계속하거나 정지할 수 있다.

※ 실수 데이터의 소수 부분은 0.5를 기준으로 반올림한다.

6.3.3 BCD to BIN 형변환

- [BIN S D] : S로 지정된 워드 데이터를 BCD 형으로 환산하여 16비트 부호없는 정수로 변환하고 D에 저장한다.
- [DBIN S D] : S, S+1의 더블워드 데이터를 BCD 형으로 환산하여 32비트 부호없는 정수로 변환하고 D, D+1에 저장한다.

[예제 6-9] 푸시버튼 스위치 P00000을 누르면 D00000의 16진수 데이터를 BCD로 환산하여 부호없는 정수로 변환하고 D00010에 저장한다.

래더 모니터링 상태에서 마우스 오른쪽 버튼을 누르고 활성화된 팝업 메뉴에서 '16진수로 표시'를 선택하면 그림과 같이 D00000이 16진수 'h1234'로 표시되고 BCD 형으로 환산해도 '1234'가 된다.

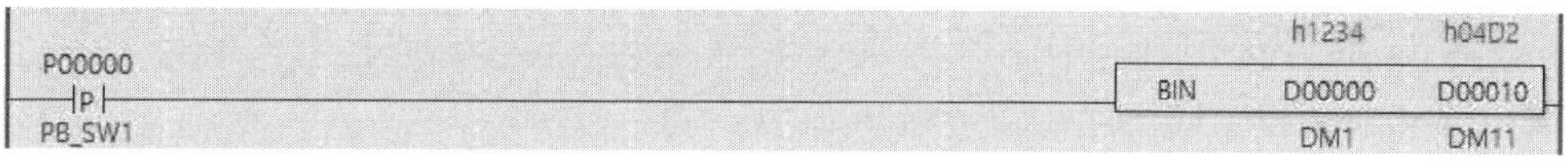

마우스 오른쪽 버튼을 누르고 팝업 메뉴에서 '부호없는 10진수로 표시'를 선택하면 그림과 같이 D00010이 10진수 '1234'로 변환되어 표시된다.

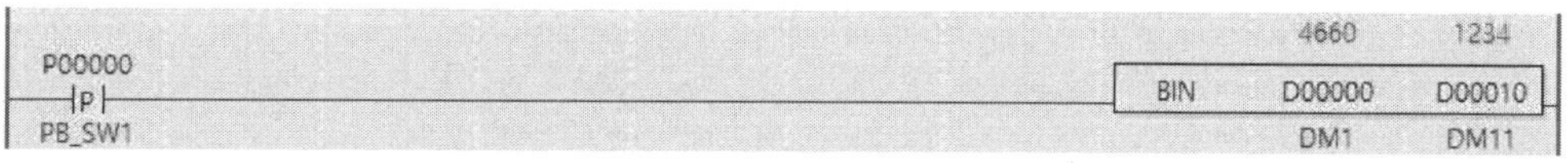

6.3.4 BIN to BCD 형변환

- [BCD S D] : S로 지정된 워드 데이터를 부호없는 10진수로 환산하여 BCD 형으로 변환하고 D에 저장한다.
- [DBCD S D] : S, S+1의 더블워드 데이터를 부호없는 10진수로 환산하여 BCD 형으로 변환하고 D, D+1에 저장한다.

[예제 6-10] 푸시버튼 스위치 P00001을 누르면 D00000의 16진수 데이터를 부호없는 10진수로 환산하여 BCD 형으로 변환하고 D00011에 저장한다.

래더 모니터링 상태에서 마우스 오른쪽 버튼을 누르고 활성화된 팝업 메뉴에서 '부호없는 10진수로 표시'를 선택하면 그림과 같이 D00000이 10진수 '1234'로 표시된다.

마우스 오른쪽 버튼을 누르고 팝업 메뉴에서 '16진수로 표시'를 선택하면 그림과 같이 D00011이 BCD 형의 16진수 'h1234'로 변환되어 표시된다.

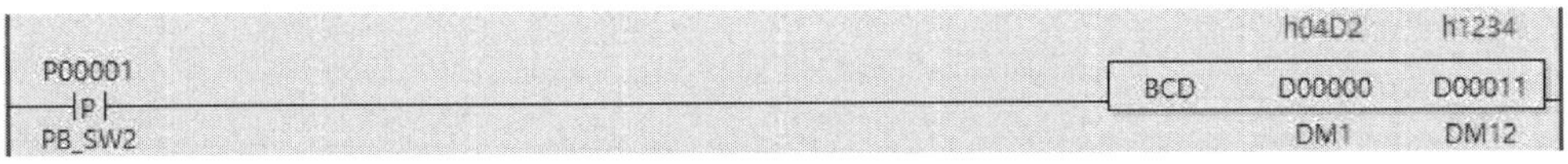

[예제 6-11] 입고센서 P00002와 출고센서 P00003으로 재고를 카운트하는 창고에 재고가 16개가 쌓이면 입고 컨베이어 P00010은 정지하고, 재고 숫자는 BCD형으로 외부에서 볼 수 있도록 비트전송 명령을 사용하여 P00018~P0001F에 출력한다. 푸시버튼 스위치 P00004로 카운터를 리셋한다.

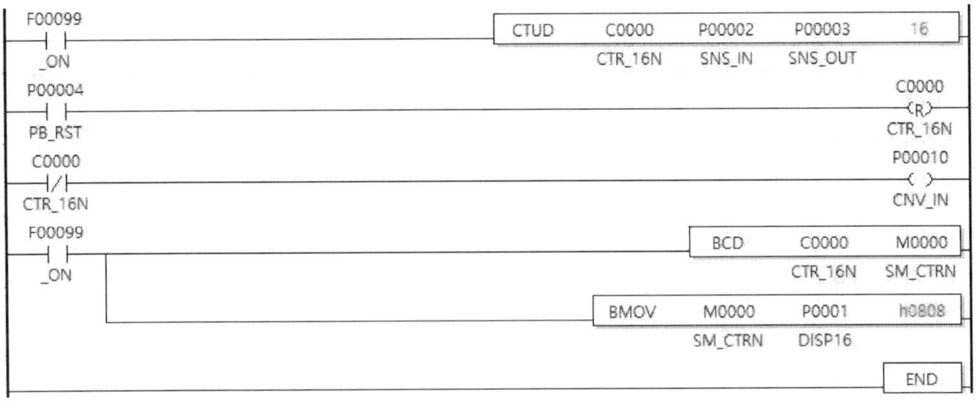

6.4 산술연산 명령

산술연산에 사용되는 명령어는 사칙연산인 덧셈(ADD), 뺄셈(SUB), 곱셈(MUL), 나눗셈(DIV)이 있으며, 기본적으로 워드 데이터의 부호있는 10진 연산을 수행한다. 단, 곱셈의 경우는 그 결과가 더블워드로 저장되며, 나눗셈의 경우도 몫과 나머지 각각 1워드씩 더블워드로 저장된다.

부호있는 10진 연산이외에 'D'(32비트 정수), 'R'(32비트 실수), 'L'(64비트 실수)등의 접두어와 'U'(부호없는), 'B'(BCD) 접미어를 사용하여 다른 형태의 연산을 수행할 수 있다. 조건의 상승에지가 발생할 때 1번만 연산을 수행하고자 할 때는 접미어로써 'P'를 사용할 수 있다.

6.4.1 워드 10진 연산

- [ADD/SUB/MUL/DIV S1 S2 D] : S1, S2로 지정된 각각의 워드 데이터를 부호있는 10진 덧셈/뺄셈/곱셈/나눗셈 연산을 수행한다. 덧셈/뺄셈 연산은 그 결과를 D로 지정된 워드 메모리에, 곱셈 연산은 그 결과를 D, D+1의 더블워드 메모리에, 나눗셈 연산은 몫을 D로 지정된 워드 메모리, 나머지를 D+1 워드 메모리의 더블워드 메모리에 저장한다.
- [ADDU/SUBU/MULU/DIVU S1 S2 D] : S1, S2로 지정된 각각의 워드 데이터를 부호없는 10진 덧셈/뺄셈/곱셈/나눗셈 연산을 수행한다. 덧셈/뺄셈 연산은 그 결과를 D로 지정된 워드 메모리에, 곱셈연산은 그 결과를 D, D+1의 더블워드 메모리에, 나눗셈연산은 몫을 D로 지정된 워드 메모리, 나머지를 D+1 워드 메모리의 더블워드 메모리에 저장한다.

※ 덧셈에서 연산결과가 저장영역의 데이터 범위를 초과할 가능성이 있는 경우 데이터 영역의 크기를 고려하여 연산명령의 선택에 주의하여야 한다. 예를 들어 첫 번째 데이터의 범위가 -10,000~10,000이고 두 번째 데이터의 범위가 -30,000~30,000일 때 'ADD' 명령을 사용한 덧셈연산의 결과는 -40,000~40,000이 되어 부호있는 워드 데이터의 범위 -32,768~32,767를 초과하므로 'DADD' 명령을 사용해야 한다.

[예제 6-12] 푸시버튼 스위치 P00000을 누르면 D00000과 D00001에 저장된 워드 데이터의 부호있는 사칙연산을 수행하고, 푸시버튼 스위치 P00001을 누르면 같은 워드 데이터의 부호없는 사칙연산을 수행하여 그 결과를 저장한다.

프로그램에서 곱셈과 나눗셈은 그 결과가 32비트 더블워드에 저장되므로 곱셈 결과와 나눗셈 결과가 저장되는 영역을 각각 D00012, D00032와 D00014, D00034로 지정하였다. 따라서 D00013, D00033과 D00015, D00035 영역은 다른 데이터의 저장 용도로 사용할 수 없다. 부호있는 사칙연산과 부호없는 사칙연산 중에서 뺄셈의 결과만 서로 다르지만 메모리에 실제 저장되어 있는 16진수 값은 서로 같음을 알 수 있다.

부호있는 10진수 -1 ➜ 16진수 hFFFF

부호없는 10진수 65535 ➜ 16진수 hFFFF

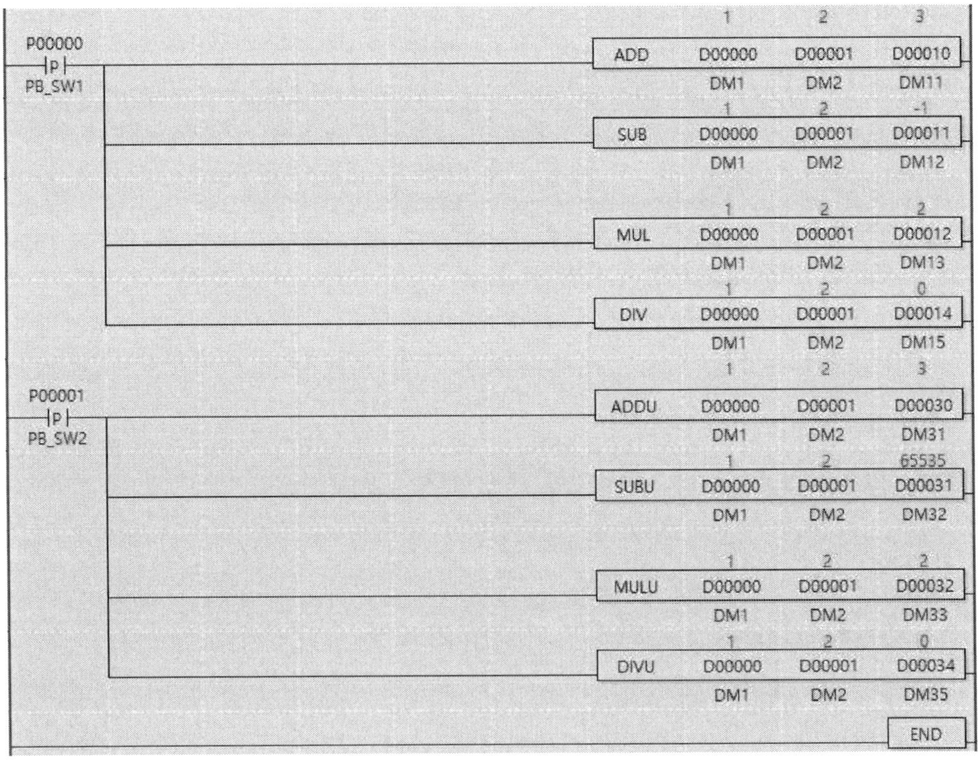

[예제 6-13] 푸시버튼 스위치 P00000과 P00001이 모두 ON 일 때마다 워드 데이터 D영역을 1씩 증가시킨다.

데이터를 증가시키거나 감소시키는 산술명령을 사용하면 조건이 만족되어 있는 동안 매 스캔마다 연산을 수행하므로 조건이 만족되는 상태가 유지되는 시간 간격에 따라 다른 결과를 나타낼 수 있다. 따라서 연산조건이 만족될 때 상승에지에서 1번만 연산을 수행하도록 명령어에 접미어 'P'를 붙여 사용해야 한다.

프로그램 실행 초기에 데이터 영역 D00000과 D00001은 0으로 초기화된다. 푸시버튼 스위치 P00000과 P00001을 동시에 한번 눌렀는데 그 결과가 그림에서와 같이 'ADD' 명령을 사용하면 두 스위치가 눌러져 있는 동안 계속해서 234번 실행되므로 1이 234번 더해져서 D00000의 값이 234이고, 스위치가 눌러지는 양변환 검출 순간 한번만 실행되는 'ADDP' 명령은 D00001의 값이 1이다.

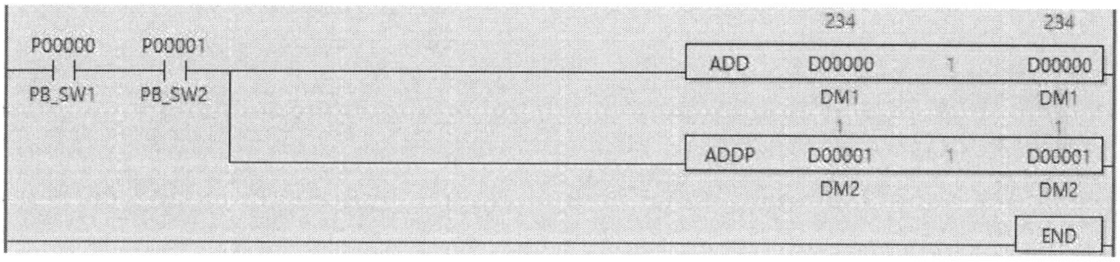

6.4.2 더블워드 10진 연산

- [DADD/DSUB/DMUL/DDIV S1 S2 D] : S1, S1+1과 S2, S2+1 각각의 더블워드 데이터를 부호있는 10진 덧셈/뺄셈/곱셈/나눗셈 연산을 수행한다. 덧셈/뺄셈 연산은 그 결과를 D, D+1로 지정된 더블워드 메모리에, 곱셈 연산은 그 결과를 D, D+1, D+2, D+3의 4워드 메모리에, 나눗셈 연산은 몫을 D, D+1 더블워드, 나머지를 D+2, D+3 더블워드의 4워드 메모리에 저장한다.
- [DADDU/DSUBU/DMULU/DDIVU S1 S2 D] : S1, S1+1과 S2, S2+1 각각의 더블워드 데이터를 부호없는 10진 덧셈/뺄셈/곱셈/나눗셈 연산을 수행한다. 덧셈/뺄셈 연산은 그 결과를 D, D+1로 지정된 더블워드 메모리에, 곱셈 연산은 그 결과를 D, D+1, D+2, D+3의 4워드 메모리에, 나눗셈 연산은 몫을 D, D+1 더블워드, 나머지를 D+2, D+3 더블워드의 4워드 메모리에 저장한다.

[예제 6-14] 푸시버튼 스위치 P00000을 누르면 D00000과 D00002에 저장된 더블워드 데이터의 부호있는 사칙연산을 수행하고, 푸시버튼 스위치 P00001을 누르면 같은 데이터의 부호없는 사칙연산을 수행하여 그 결과를 저장한다.

덧셈, 뺄셈의 결과는 모두 2워드로 저장되지만, 곱셈의 결과는 4워드로 D00014~D00017에 저장되고, 나눗셈은 총 4워드로 몫이 2워드로 D00018, D00019에, 나머지가 2워드로 D00020, D00021에 저장된다. 이와 같은 사칙연산 명령은 반복 실행해도 항상 같은 결과이므로 접미어 'P'를 붙일 필요가 없다.

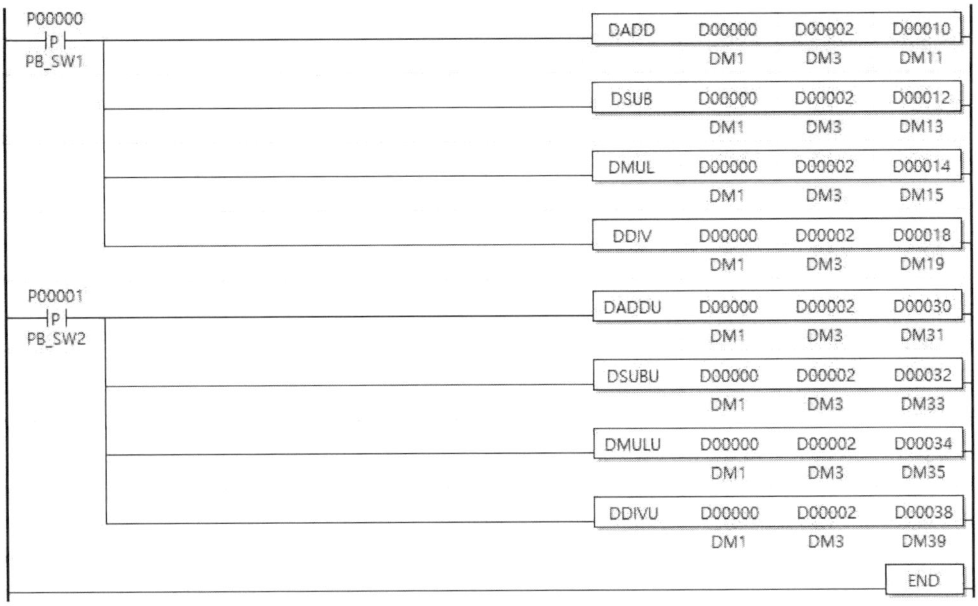

6.4.3 실수 연산

- [RADD/RSUB/RMUL/RDIV S1 S2 D] : S1, S+1과 S2, S2+1 각각의 더블워드 데이터를 32비트 단정도형 실수 덧셈/뺄셈/곱셈/나눗셈 연산을 수행한 후, 그 결과를 D, D+1의 더블워드 메모리에 단정도형 실수로 저장한다.
- [LADD/LSUB/LMUL/LDIV S1 S2 D] : S1, S1+1, S1+2, S1+3과 S2, S2+1, S2+2, S2+3 각각의 4워드 데이터를 64비트 배정도형 실수 덧셈/뺄셈/곱셈/나눗셈 연산을 수행한 후, 그 결과를 D, D+1, D+2, D+3의 4워드 메모리에 배정도형 실수로 저장한다.

[예제 6-15] 푸시버튼 스위치 P00000을 누르면 반지름이 주어진 원의 원주 및 면적을 계산한다.

반지름은 D00000에 10진수로 입력하고 32비트 실수로 형변환하여 D00050, D00051에 저장하고, 면적은 32비트 실수로 D00058, D00059에 저장된다.

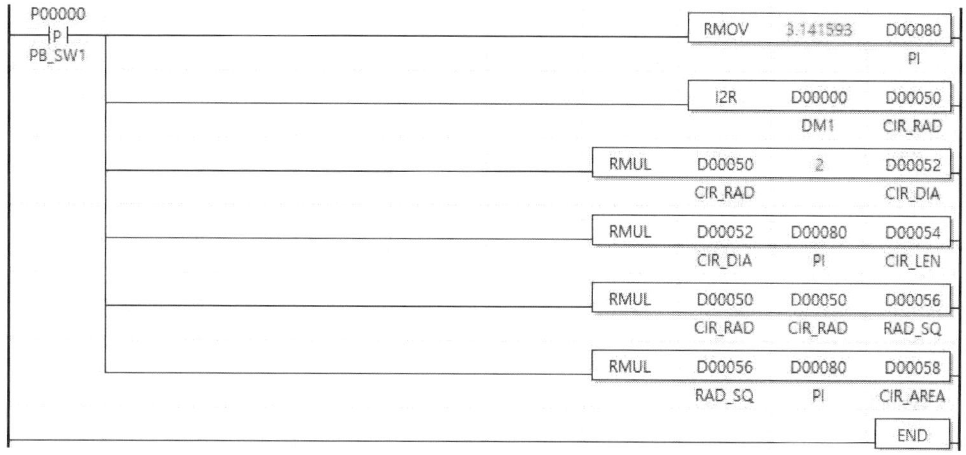

6.4.4 증가/감소

- [INC/DEC S] : S로 지정된 워드 데이터를 부호있는 10진수로 환산하여 1을 증가/감소 시킨 후 다시 S영역에 저장한다.

[예제 6-16] 데이터 영역 D를 이용하여 16비트 UP/DOWN 카운터를 설계한다.

푸시버튼 스위치 P00002가 증가조건, 푸시버튼 스위치 P00003이 감소조건이고, 현재값은 D00010에 저장되며, 푸시버튼 스위치 P00004로 0으로 리셋한다.

그림 6.11 D영역을 이용한 UP/DOWN 카운터 설계

6.5 비교 명령

6.5.1 부호없는 10진 비교

- [CMP S1 S2] : S1, S2로 지정된 워드 데이터를 부호없는 10진수로 비교하여 그 결과를 특수 플래그 영역(F00120~F00125 비트)에 저장한다.
  ① 작을 때 (S1<S2) : F00120
  ② 작거나 같을 때 (S1≤S2) : F00121
  ③ 같을 때 (S1=S2) : F00122
  ④ 클 때 (S1>S2) : F00123
  ⑤ 크거나 같을 때 (S1≥S2) : F00124
  ⑥ 같지 않을 때 (S1≠S2) : F00125
- [DCMP S1 S2] : S1, S1+1과 S2, S2+1의 더블워드 데이터를 부호없는 10진수로 비교하여 그 결과를 특수 플래그 F00120~F00125 비트에 저장한다.
- [CMP4 S1 S2] : S1, S2로 지정된(0~C 비트까지 가능) 4비트 데이터를 부호없는 10진수로 비교하여 그 결과를 특수 플래그 F00120~F00125 비트에 저장한다.
- [CMP8 S1 S2] : S1, S2로 지정된(0~8 비트까지 가능) 8비트의 데이터를 부호없는 10진수로 비교하여 그 결과를 특수 플래그 F00120~F00125 비트에 저장한다.

※ 프로그램에 여러 개의 CMP 명령이 사용될 때 CMP 명령이 수행될 때마다 비교결과 플래그 영역(F00120~F00125 비트)은 새롭게 리프레시되므로 연산결과를 프로그램 전역에서 사용하고자 할 경우, CMP 명령 수행 후 비교결과를 내부 디바이스 영역에 저장한 다음 연산에 사용해야 한다.

※ CMP 명령은 부호없는 10진 비교연산을 수행하므로 '-1 > 0' 인 결과가 출력될 수 있다. 그 이유는 수치 데이터가 메모리에 -1 ➜ hFFFF ➜ 65,535 로 저장되기 때문이다.

6.5.2 입력단 비교

등호나 부등호 기호를 이용하여 2개 데이터의 크기를 비교하고 비교연산의 결과를 출력한다. 비교연산 명령 뒤에 다른 명령을 편집하여 비교연산의 결과가 만족되면 연결된 명령어가 바로 실행되게 하거나, 출력코일을 연결하여 사용자가 지정한 비트에 저장할 수 있다.

- 형식 : [=/</<=/>/>=/<> S1 S2]
- S1, S2로 지정된 워드 데이터를 부호있는 10진수로 비교하여 S1=S2/S1<S2/S1≤S2/S1>S2/S1≥S2/S1≠S2 이면 1(ON), 그 외에는 0(OFF)이 출력된다.

[예제 6-17] 푸시버튼 스위치 P00000, P00001, P00002, P00003을 누르면 D00010의 4개 니블(4비트) 데이터를 1씩 증가시킨다.

워드 디바이스 D00010의 각 니블 D00010.0, D00010.4, D00010.8, D00010.C의 데이터는 4비트로 0~15의 값을 갖지만 BCD로 표시하기 위해 접두어 '4'를 붙인 4비트 입력단 비교명령을 사용하여 9 다음에는 10이 아닌 0으로 초기화한다.

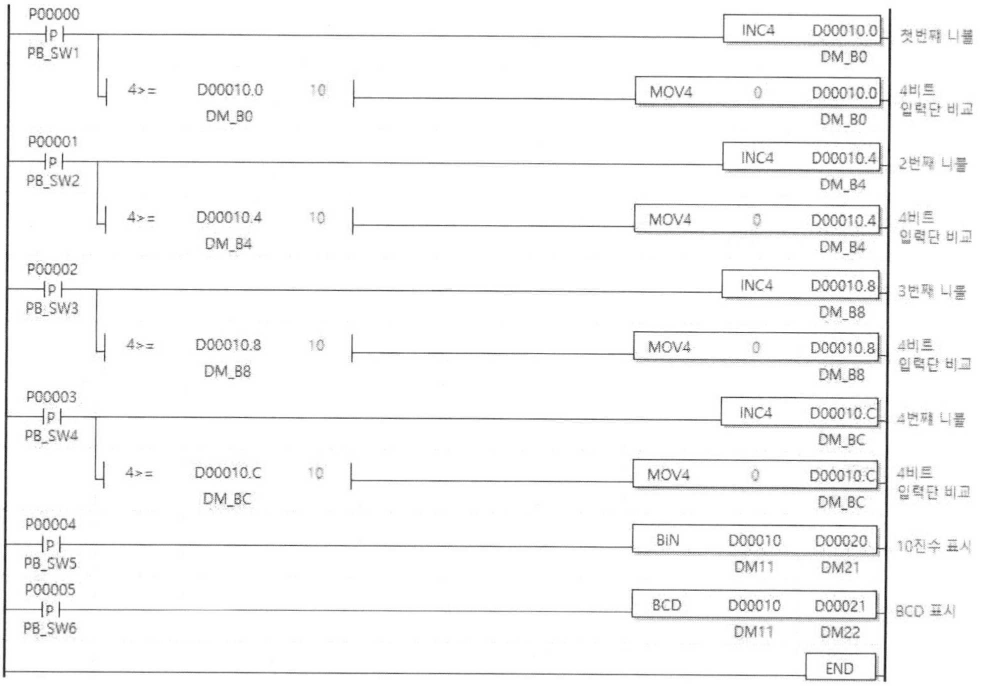

[예제 6-18] 입고센서 P00007과 출고센서 P00008이 있는 창고에 재고 D00000이 8개 미만일 때 녹색 램프 P00010이 1초 주기로 점멸하고 재고가 20개를 초과할 때 적색 램프 P00011이 2초 주기로 점멸한다. 푸시버튼 스위치 P00009로 재고를 초기화한다.

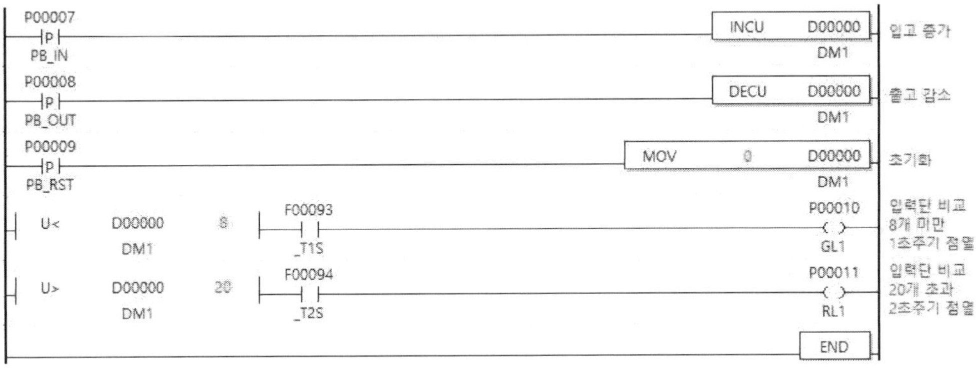

[예제 응용] 녹색 램프만 사용하여, 재고가 8개 미만일 때는 녹색 램프가 1초 주기로 점멸되고, 재고가 8개 이상 20개 이하일 때는 녹색 램프가 계속 점등되고, 재고가 20개를 초과할 때는 녹색 램프가 2초 주기로 점멸된다.

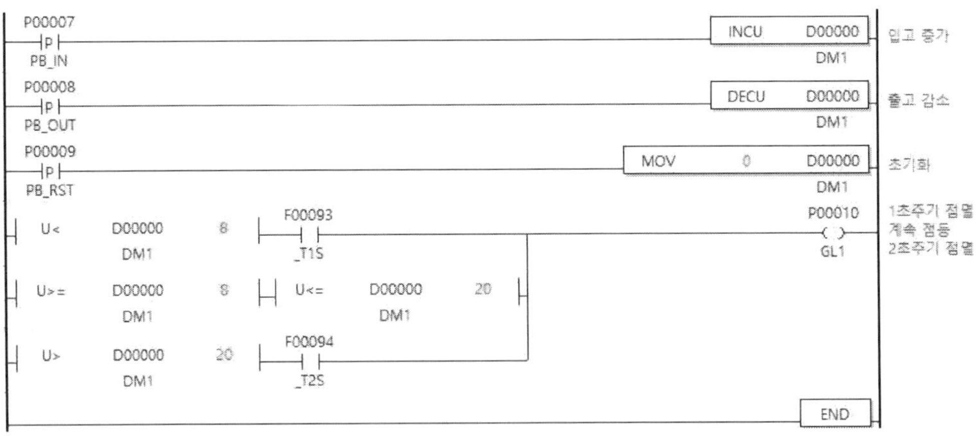

[예제 6-19] 운전중인 타이머와 카운터의 설정값 변경 : 푸시버튼 스위치를 누르면 녹색 램프는 타이머에 설정한 시간간격으로 카운터에 설정한 횟수만큼 점멸하고, 점멸동작 중에 푸시버튼 스위치를 다시 누르면 남은 점멸 횟수에 관계없이 녹색 램프는 즉시 소등된다.

4비트 디지털 스위치1(P00008~P0000B)은 플리커용 타이머의 시간 설정용으로 설정값을 1~15로 할 때 녹색 램프의 점등시간과 소등시간은 똑같이 0.1~1.5초가 되고, 4비트 디지털 스위치2(P0000C~P0000F)는 카운터의 횟수 설정용으로 설정값을 1~15로 할 때 점멸 횟수는 1~15회가 된다. 타이머나 카운터의 설정값이 하나라도 0이면 푸시버튼 스위치를 눌러도 램프는 동작하지 않는다.

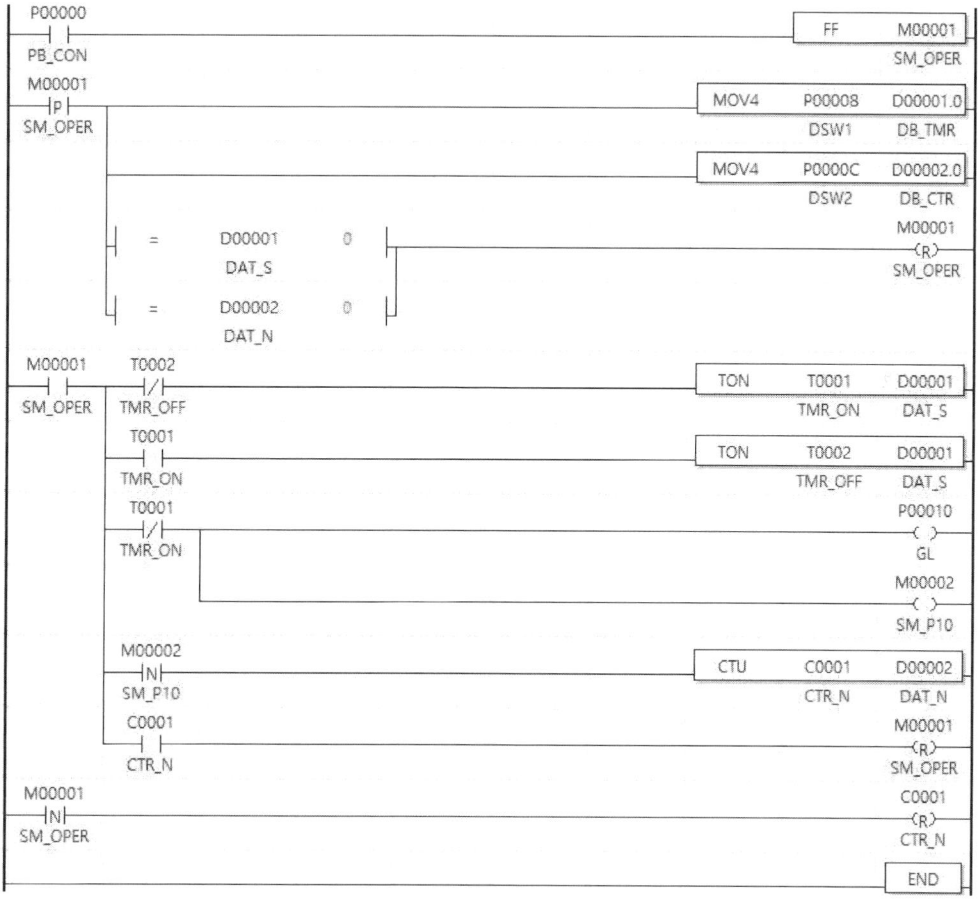

응용명령 'FF'는 비트출력 반전명령으로 입력접점 P00000의 상승에지마다 M00001의 비트를 반전시켜 램프의 점멸동작을 시작하거나 끝낸다. M00001이 ON되는 순간(양변환 검출접점) 4비트 전송명령으로 타이머와 카운터의 설정값을 디지털 스위치 P00008, P0000C로부터 데이터 메모리 D00001.0, D00002.0에 저장하고, 설정값이 하나라도 0이면 램프가 점멸되지 않도록 입력단 비교명령을 병렬로 연결하여 M00001을 리셋시킨다. M00001이 ON이면 TON 타이머 T0001, T0002를 모두 D00001로 설정하고, 플리커를 구성하여 녹색 램프 P00010에 출력한다. 점멸 중인 램프 P00010이 소등될 때(음변환 검출접점)마다 CTU 카운터 C0001의 현재값을 증가시켜 D00002로 설정한 횟수가 되면 M00001을 OFF시켜 점멸동작을 끝내고, 카운터를 리셋시켜 초기화한다.

6.5.3 입력단 3개 비교

3개 데이터의 크기를 등호나 부등호 기호를 이용하여 부호있는 10진수로 비교하고 비교연산의 결과를 출력한다.

- [=3 S1 S2 S3] : S1, S2, S3로 지정된 3개의 워드 데이터를 부호있는 10진수로 비교하여 S1=S2=S3 이면 1(ON), 그 외에는 0(OFF)을 출력한다.
- [<3 S1 S2 S3] : S1, S2, S3로 지정된 3개의 워드 데이터를 부호있는 10진수로 비교하여 S1<S2<S3 이면 1(ON), 그 외에는 0(OFF)을 출력한다.
- [<=3 S1 S2 S3] : S1, S2, S3로 지정된 3개의 워드 데이터를 부호있는 10진수로 비교하여 S1≤S2≤S3 이면 1(ON), 그 외에는 0(OFF)을 출력한다.
- [>3 S1 S2 S3] : S1, S2, S3로 지정된 3개의 워드 데이터를 부호있는 10진수로 비교하여 S1>S2>S3 이면 1(ON), 그 외에는 0(OFF) 을 출력한다.
- [>=3 S1 S2 S3] : S1, S2, S3로 지정된 3개의 워드 데이터를 부호있는 10진수로 비교하여 S1≥S2≥S3 이면 1(ON), 그 외에는 0(OFF)을 출력한다.
- [<>3 S1 S2 S3] : S1, S2, S3로 지정된 3개의 워드 데이터를 부호있는 10진수로 비교하여 S1≠S2≠S3 이면 1(ON), 그 외에는 0(OFF)을 출력한다.

※ 입력단 3개 비교 명령어에 사용 가능한 접두어는 32비트 더블워드 연산을 의미하는 D만 사용할 수 있다. (D=3, D<3, D<=3, D>3, D>=3, D<>3)

[예제 6-20] UP/DOWN 카운터의 현재값이 0~10일 경우 황색램프, 11~20일 경우 녹색램프, 20을 초과할 경우 적색램프를 점등시킨다.

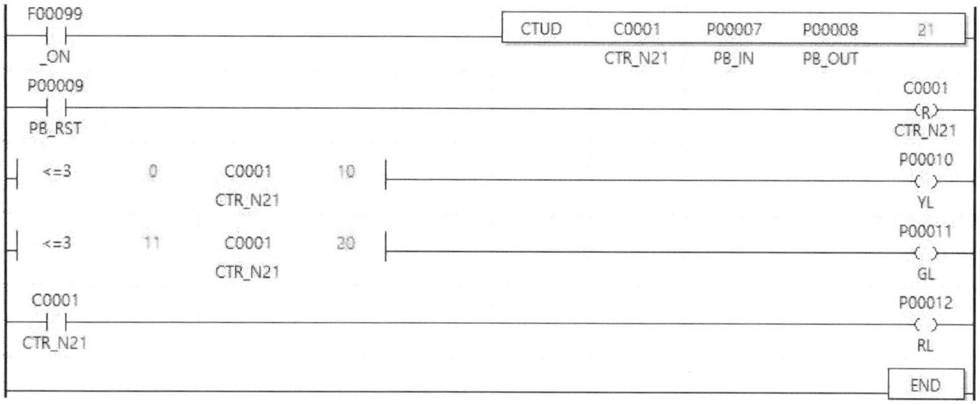

카운터 C0001의 현재값이 32,767을 초과할 경우에는 부호있는 10진수로 비교하는 3정수 비교명령을 사용할 수 없으므로, 다음과 같이 부호없는 비교명령을 사용하여 프로그램을 수정해야 한다.

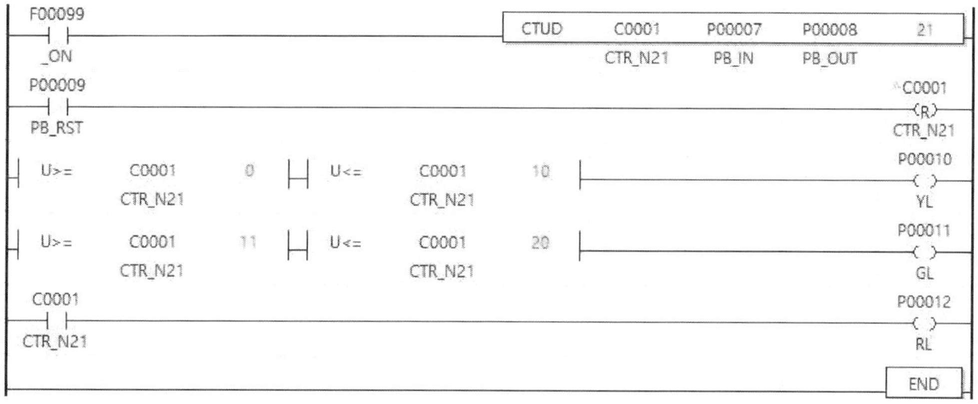

카운터의 현재값이 65,535를 초과할 경우에는 16비트인 카운터 명령을 사용할 수 없으므로, [예제 6-16]에서 직접 설계한 16비트 D영역을 이용한 UP/DOWN 카운터를 더블워드 D영역과 더블워드 증가, 감소 명령을 사용한 32비트 UP/DOWN 카운터로 수정하여 사용할 수 있다.

6.5.4 그룹 비교

- [GEQ S1 S2 D N] : S1부터 N개의 워드 데이터와 S2부터 N개의 워드 데이터 각각을 부호없는 10진수로 순차적으로 비교하여 두 데이터가 같으면 1(ON), 다르면 0(OFF)을 D로 지정된 워드 메모리의 0번 비트부터 순차적으로 저장한다.
- [GLT S1 S2 D N] : S1부터 N개의 워드 데이터와 S2부터 N개의 워드 데이터 각각을 부호없는 10진수로 순차적으로 비교하여 S1<S2 이면 1, 그 외에는 0을 D로 지정된 워드 메모리의 0번 비트부터 순차적으로 저장한다.
- [GLE S1 S2 D N] : S1부터 N개의 워드 데이터와 S2부터 N개의 워드 데이터 각각을 부호없는 10진수로 순차적으로 비교하여 S1≤S2 이면 1, 그 외에는 0을 D로 지정된 워드 메모리의 0번 비트부터 순차적으로 저장한다.
- [GGT S1 S2 D N] : S1부터 N개의 워드 데이터와 S2부터 N개의 워드 데이터 각각을 부호없는 10진수로 순차적으로 비교하여 S1>S2 이면 1, 그 외에는 0을 D로 지정된 워드 메모리의 0번 비트부터 순차적으로 저장한다.
- [GGE S1 S2 D N] : S1부터 N개의 워드 데이터와 S2부터 N개의 워드 데이터 각각을 부호없는 10진수로 순차적으로 비교하여 S1≥S2 이면 1, 그 외에는 0을 D로 지정된 워드 메모리의 0번 비트부터 순차적으로 저장한다.
- [GNE S1 S2 D N] : S1부터 N개의 워드 데이터와 S2부터 N개의 워드 데이터 각각을 부호없는 10진수로 순차적으로 비교하여 두 데이터가 다르면 1, 같으면 0을 D로 지정된 워드 메모리의 0번 비트부터 순차적으로 저장한다.

※ N은 0에서 16까지 가능하다. 비교 데이터를 데이터 메모리로 지정할 경우 "시작주소+(N-1)" 이 데이터 메모리 영역의 최대주소를 초과할 수 없으며, 상수로 지정할 경우는 S2와 N만 상수로 지정할 수 있다.

※ 그룹비교 명령어에 사용 가능한 접두어는 부호있는 32비트 10진 연산을 의미하는 D만 사용할 수 있다. (GDEQ, GDLT, GDLE, GDGT, GDGE, GDNE)

6.5.5 입력단 그룹 비교

- [G= S1 S2 N] : S1, S2부터 각각 N개의 워드 데이터를 부호있는 10진수로 비교하여 N개의 데이터가 모두 같으면 1(ON), 그 외에는 0(OFF)을 출력한다.
- [G< S1 S2 N] : S1, S2부터 각각 N개의 워드 데이터를 부호있는 10진수로 비교하여 N개의 데이터가 모두 S1<S2 이면 1, 그 외에는 0을 출력한다.
- [G<= S1 S2 N] : S1, S2부터 각각 N개의 워드 데이터를 부호있는 10진수로 비교하여 N개의 데이터가 모두 S1≤S2 이면 1, 그 외에는 0을 출력한다.
- [G> S1 S2 N] : S1, S2부터 각각 N개의 워드 데이터를 부호있는 10진수로 비교하여 N개의 데이터가 모두 S1>S2 이면 1, 그 외에는 0을 출력한다.
- [G>= S1 S2 N] : S1, S2부터 각각 N개의 워드 데이터를 부호있는 10진수로 비교하여 N개의 데이터가 모두 S1≥S2 이면 1, 그 외에는 0을 출력한다.
- [G<> S1 S2 N] : S1, S2부터 각각 N개의 워드 데이터를 부호있는 10진수로 비교하여 N개의 데이터가 모두 다르면 1, 그 외에는 0을 출력한다.

※ N은 최대 65,535까지 지정할 수 있다. 비교 데이터를 데이터 메모리로 지정할 경우 "시작주소+(N-1)" 이 데이터 메모리 영역의 최대주소를 초과할 수 없다.

※ 입력단 그룹비교 명령에 사용 가능한 접두어는 부호있는 32비트 10진 연산을 의미하는 D만 사용할 수 있다. (DG=, DG<, DG<=, DG>, DG>=, DG<>)

6.5.6 테이블 데이터 비교

- 형식 : [TCMP/DTCMP S1 S2 D]
- S1/S1,S1+1 과 S2/S2,S2+1 로 지정된 워드/더블워드 데이터 메모리부터 16개의 워드/더블워드 데이터 각각을 순차적으로 비교하여 두 데이터가 같으면 1(ON), 다르면 0(OFF)을 D로 지정된 워드 메모리의 0번 비트부터 16개 비트에 순차적으로 저장한다.
- 비교 데이터를 상수로 지정할 경우 S1만 상수로 지정할 수 있다.

6.6 회전 명령

6.6.1 캐리 비트를 포함하지 않는 비트 회전

- [ROL/ROR D n] : D로 지정된 워드 데이터를 왼쪽(상위비트)/오른쪽(하위비트) 방향으로 n비트 회전(rotate)시켜 다시 D에 저장한다.
- [DROL/DROR D n] : D, D+1의 더블워드 데이터를 왼쪽(상위비트)/오른쪽(하위비트) 방향으로 n비트 회전시켜 다시 D, D+1에 저장한다.

※ n=1인 경우 ROL 명령의 동작

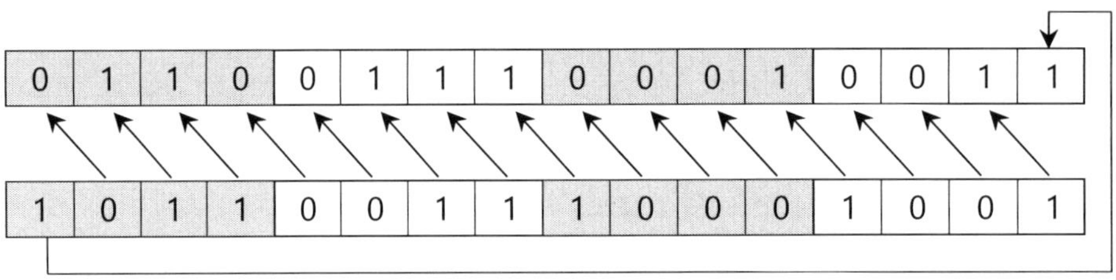

그림 6.12 n=1인 경우 ROL 명령의 동작

※ n=2인 경우 ROR 명령의 동작

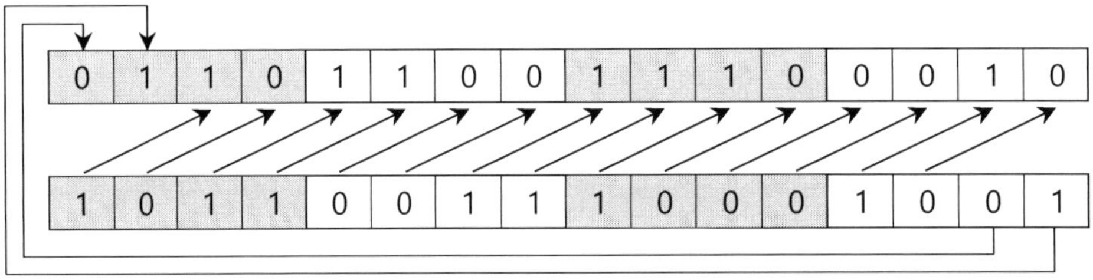

그림 6.13 n=2인 경우 ROR 명령의 동작

6.6.2 캐리 비트를 포함하는 비트 회전

- [RCL/RCR D n] : D로 지정된 워드 데이터를 왼쪽/오른쪽 방향으로 n비트 이동시키고, 캐리 플래그(F00112) 비트는 최하위/최상위 비트로 이동시키고, 최상위/최하위 비트의 데이터는 캐리플래그(F00112) 비트로 이동시켜 다시 D에 저장한다.
- [DRCL/DRCR D n] : D, D+1의 더블워드 데이터를 왼쪽/오른쪽 방향으로 n비트 이동시키고, 캐리 플래그(F00112) 비트는 최하위/최상위 비트로 이동시키고, 최상위/최하위 비트의 데이터는 캐리플래그(F00112) 비트로 이동시켜 다시 D, D+1에 저장한다.

※ n=1인 경우 RCL 명령의 동작(캐리 플래그 F00112 = 0)

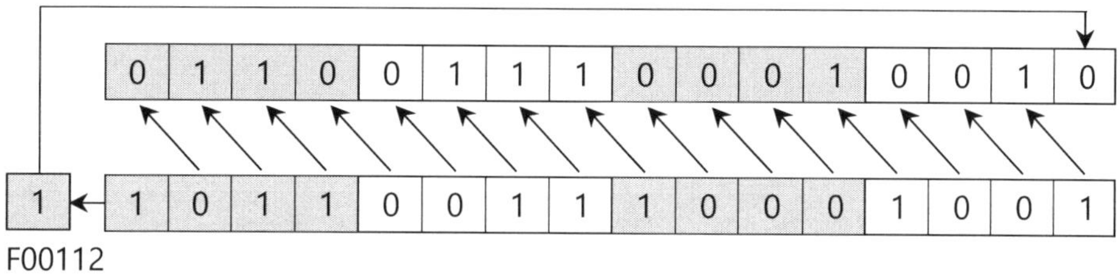

그림 6.14 n=1인 경우 RCL 명령의 동작

※ n=2인 경우 RCR 명령의 동작(캐리 플래그 F00112 = 0)

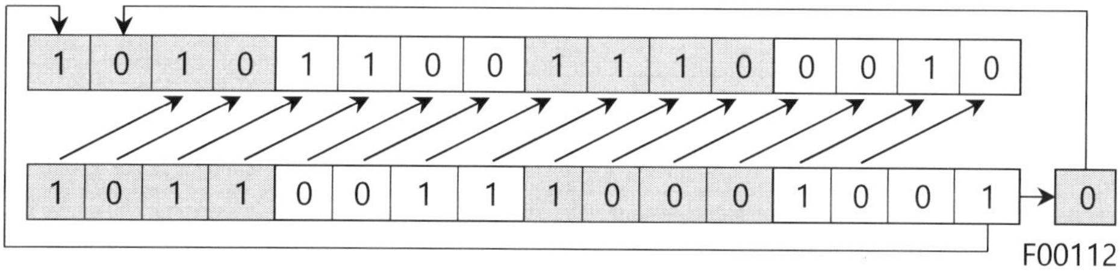

그림 6.15 n=2인 경우 RCR 명령의 동작

[예제 6-21] 푸시버튼 스위치를 누를 때마다 16개의 출력접점 중 1개를 순차적으로 ON시킨다.

16개의 출력접점 중 1개를 비트 P00010부터 순차적으로 ON시키기 위해 워드 출력 P0001에 1을 MOV 명령으로 전송하여 초기화한다. 이 초기화 동작은 프로그램 RUN시 처음 한번만 수행하면 되므로 첫 번째 스캔시간 동안만 ON되어 한 번만 실행되는 '_1ON' 특수 플래그 F0009B를 사용한다.

캐리 비트를 포함하지 않는 회전명령 ROL, ROR과 캐리 비트를 포함하는 회전명령 RCL, RCR을 각각 실행시킨 다음, 출력 16점 P00010~P0001F의 상태를 표시하는 출력모듈의 LED 상태가 어떻게 점등되는지 확인해 보면서 회전명령들의 동작을 비교한다. 푸시버튼 스위치를 누르는 순간에 비트회전 명령이 한번만 실행되어야 하므로 프로그램에서와 같이 회전명령의 입력으로 푸시버튼 입력 P00000, P00001, P00002, P00003의 양변환 검출접점을 사용하거나, 응용 명령어에 접미어 P를 붙여 입력조건이 만족될 때 상승에지에서 1번만 수행되도록 하는 ROLP, RORP, RCLP, RCRP 명령을 사용한다.

6.7 이동 명령

6.7.1 비트 이동

- [BSFT S E] : 시작 비트 S에서 끝 비트 E 방향으로 데이터가 1비트씩 이동(shift)한다.
  ① S < E : 데이터는 왼쪽으로 1비트씩 이동되어 끝 비트 E는 삭제되고, 시작 비트 S는 0으로 채워진다.
  ② S > E : 데이터는 오른쪽으로 1비트씩 이동되어 시작 비트 S는 삭제되고, 끝 비트 E는 0으로 채워진다.

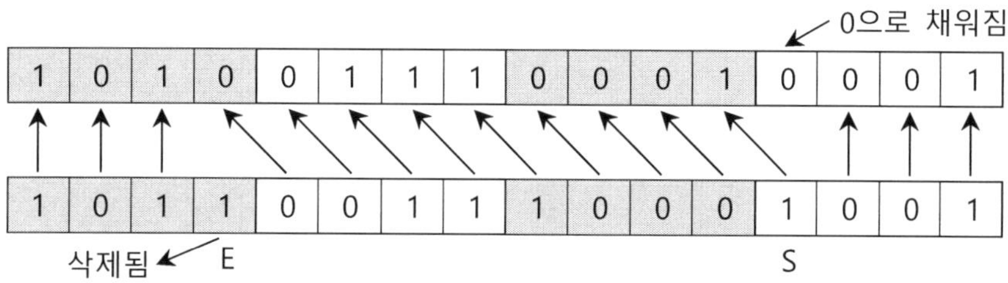

그림 6.16 S<E인 경우 BSFT 명령의 동작

[예제 6-22] 모두 ON되어 있는 출력모듈의 LED 16개를 푸시버튼 스위치를 누를 때마다 순차적으로 1개씩 OFF시킨다.

초기에 16개의 출력접점이 모두 ON되어야 하므로 푸시버튼 스위치 P00000을 누르면 MOV 명령으로 hFFFF를 워드 출력 P0001에 전송한다. 푸시버튼 스위치 P00001을 누를 때마다 BSFT 명령의 시작 비트 S가 P0001F이고 끝 비트 E가 P00010이므로 S > E가 되어 오른쪽으로 1비트씩 이동하면서 시작 비트는 삭제되고 끝 비트는 0으로 채워지므로 결국 1비트씩 순차적으로 OFF된다.

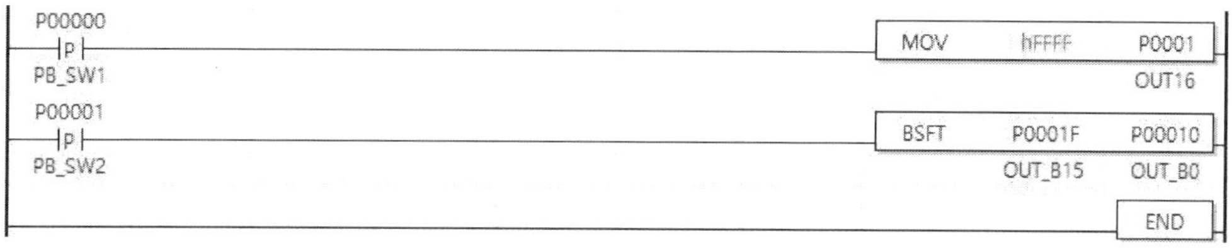

- [BSFL/BSFR D n] : D로 지정된 워드 데이터를 왼쪽/오른쪽으로 n비트 이동시킨다. 최상위/최하위 n비트 데이터는 삭제되고, 최하위/최상위 n비트 데이터는 0으로 채워져 비트이동하기 전 값의 $2^n / \frac{1}{2^n}$ 배가 된다.
- [DBSFL/DBSFR D n] : D, D+1의 더블워드 데이터를 왼쪽/오른쪽으로 n비트 이동시킨다. 최상위/최하위 n비트 데이터는 삭제되고, 최하위/최상위 n비트 데이터는 0으로 채워져 비트이동하기 전 값의 $2^n / \frac{1}{2^n}$ 배가 된다.

※ n=2인 경우 BSFL 명령의 동작

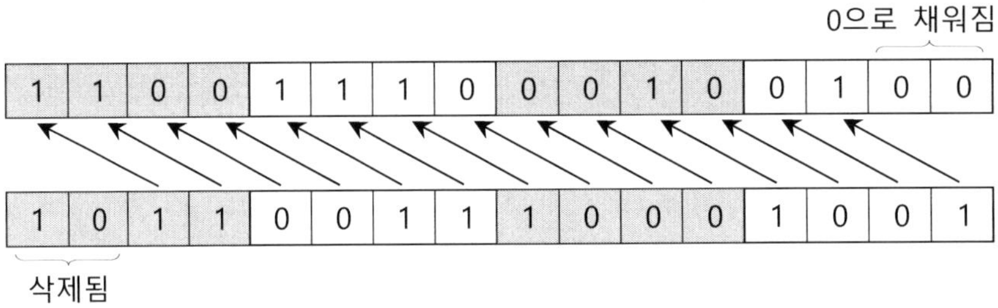

그림 6.17 n=2인 경우 BSFL 명령의 동작

- 형식 : [SR S I D n]

 오퍼랜드 S : 시작 비트

 I : 비트 이동에 의해 비워진 비트를 채울 데이터, 상수 입력 불가

 D : 1비트 이동 방향(0 : 왼쪽, 1 : 오른쪽), 상수입력 불가

 n : 1비트 이동할 개수

※ S=3, I=1, D=1, n=10 인 경우 SR 명령의 동작 : 오른쪽으로 1비트 이동

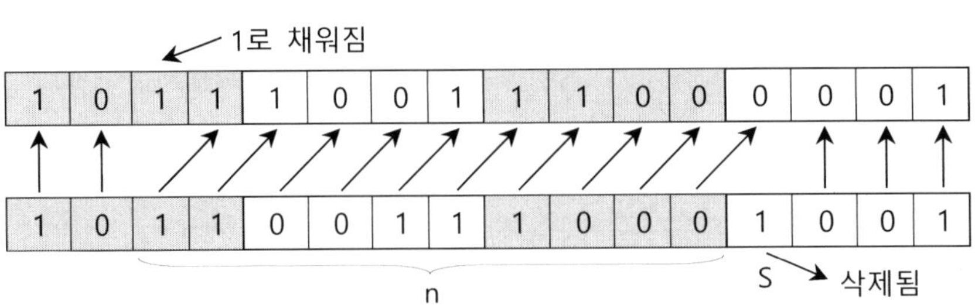

그림 6.18 SR 명령의 동작

[예제 6-23] 출력모듈에서 ON되는 LED의 숫자를 증가시키거나 감소시킨다.

푸시버튼 스위치 P00002를 누르면 워드출력 P0001 16점을 모두 0으로 초기화한다. SR 명령의 오퍼랜드 I, D 영역에 상수 0이나 1을 사용할 수 없기 때문에, 상시 ON 플래그 F00099와 상시 OFF 플래그 F0009A를 사용한다. 푸시버튼 스위치 P00000을 누르면 ON되는 LED의 숫자가 하나씩 증가하고, 푸시버튼 스위치 P00001을 누르면 ON되는 LED의 숫자가 하나씩 감소된다.

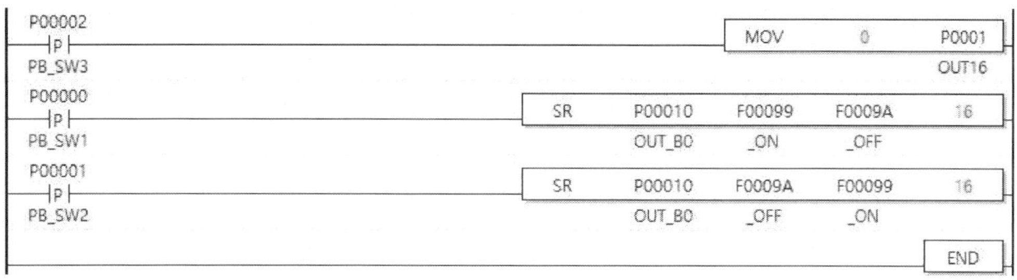

6.7.2 워드 이동

- [WSFT S E] : 시작 워드 S에서 끝 워드 E의 방향으로 데이터가 1워드씩 이동된다.
  ① S < E : 데이터는 상위 워드(주소가 증가되는) 방향으로 1워드씩 이동되며, 끝 워드 E의 데이터는 삭제되고 시작 워드 S는 0으로 채워진다.
  ② S > E : 데이터는 하위 워드(주소가 감소되는) 방향으로 1워드씩 이동되며, 시작 워드 S의 데이터는 삭제되고 끝 워드 E는 0으로 채워진다.

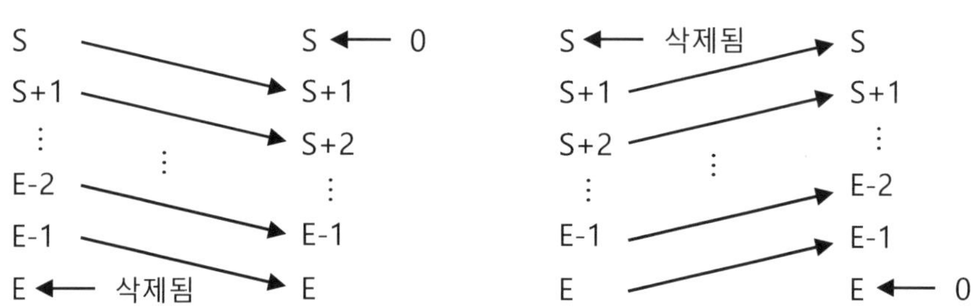

① S<E인 경우 ② S>E인 경우

그림 6.19 WSFT 명령의 동작

[예제 6-24] 푸시버튼 스위치 P00000을 누르면 D00010 워드 데이터가 1씩 증가되고, 푸시버튼 스위치 P00001을 누르면 D00010~D00017의 8워드 데이터가 상위 방향으로 1워드씩 이동되며, 푸시버튼 스위치 P00002를 누르면 D00010~D00017의 8워드 데이터를 0으로 지운다.

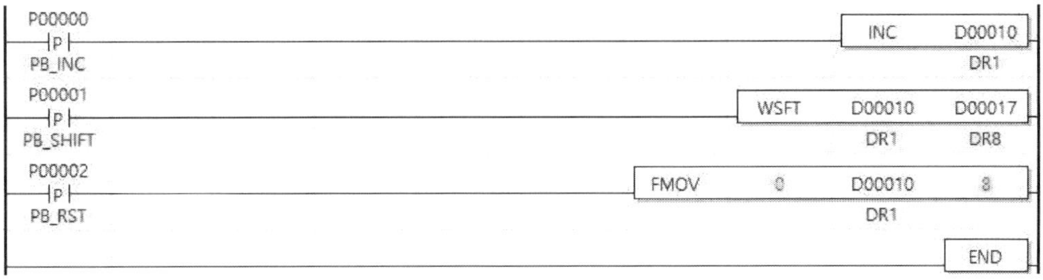

- [WSFL/WSFR D1 D2 n] : D1, D2의 워드영역에서 상위/하위(주소가 증가/감소되는) 워드 방향으로 데이터가 n워드씩 이동된다. D1, D2 중 주소가 높은/낮은 영역부터 낮아지는/높아지는 방향으로 n워드의 데이터는 삭제되고, 주소가 낮은/높은 영역부터 높아지는/낮아지는 방향으로 n워드는 0으로 채운다.

※ [예제 6-24]에서 이동할 데이터가 1워드를 초과할 경우에 'WSFL' 또는 'WSFR' 명령을 사용할 수 있다.

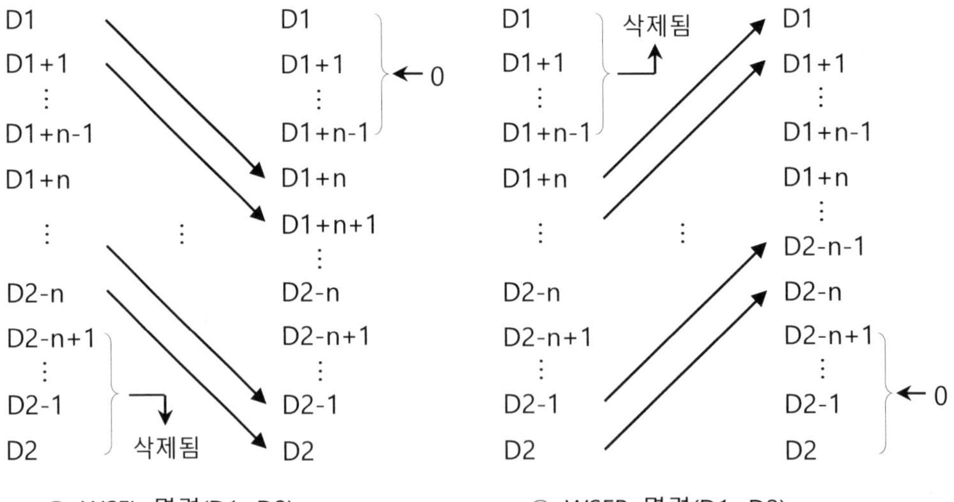

그림 6.20 WSFL/WSFR 명령의 동작

6.8 교환(SWAP) 명령

6.8.1 데이터 교환명령

- [XCHG D1 D2] : D1과 D2로 지정된 워드 데이터를 서로 교환한다.
- [DXCHG D1 D2] : D1, D1+1의 더블워드 데이터와 D2, D2+1의 더블워드 데이터를 서로 교환한다.
- [GXCHG D1 D2 n] : D1부터 n워드의 데이터와 D2부터 n워드의 데이터를 서로 교환한다.

6.8.2 바이트 교환명령

- [SWAP D] : D로 지정된 워드 데이터의 상위 바이트(8~F번 8비트)와 하위 바이트(0~7번 8비트)를 서로 교환하여 다시 D에 저장한다.
- [SWAP2 D1 D2] : D1로 지정된 워드 데이터의 상위/하위 바이트를 서로 교환하여 D2에 저장한다.
- [GSWAP D n] : D로 지정된 주소부터 n워드 데이터의 상위/하위 바이트를 서로 교환하여 다시 D부터 n워드 영역에 저장한다.
- [GSWAP2 D1 D2 n] : D1로 지정된 주소부터 n워드 데이터의 상위/하위 바이트를 서로 교환하여 D2부터 n워드 영역에 저장한다.

※ SWAP 명령의 동작

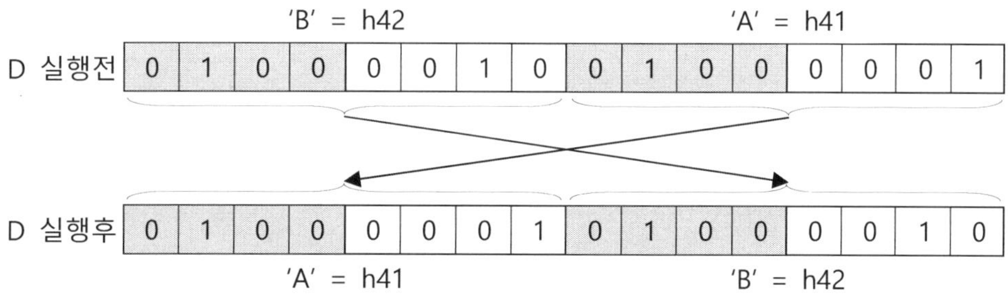

그림 6.21 SWAP 명령의 동작

[예제 6-25] 푸시버튼 스위치 P00000을 누르면 워드 메모리 D00100, D00101, D00102를 데이터 h1234, hABCD, h89EF로 설정하고, 푸시버튼 스위치 P00001을 누르면 각 워드 데이터의 상위 바이트와 하위 바이트를 서로 교환하여 D00200, D00201, D00202에 저장한다.

장비 간 통신으로 데이터를 서로 교환할 경우 송신장비의 데이터가 수신장비에서 상위/하위 바이트가 바뀌어 수신되는 경우가 있다. 이 경우 SWAP 명령을 사용하면 원래 데이터로 복원할 수 있다.

워드 메모리 D00100, D00101, D00102의 초기값은 모두 0이므로, 푸시버튼 스위치 P00000을 눌러 'MOV' 전송명령으로 h1234, hABCD, h89EF로 설정한다. 푸시버튼 스위치 P00001을 누르면 교환할 데이터가 3개이므로 'GSWAP2' 명령을 사용하여 송신 데이터 h1234는 수신 데이터 h3412, 데이터 hABCD는 hCDAB, 데이터 h89EF는 hEF89로 상위 바이트와 하위 바이트를 서로 교환하고, 워드 메모리 D00200, D00201, D00202에 저장한다.

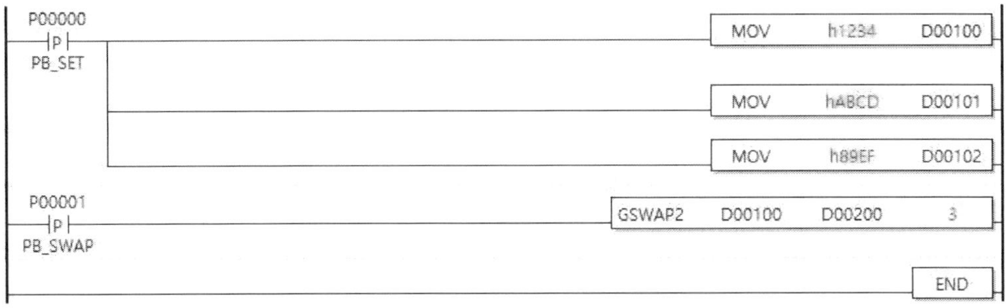

6.9 논리연산 명령

6.9.1 1개 데이터 논리연산 명령

- [WAND/WOR/WXOR/WXNR S1 S2 D] : S1로 지정된 워드 데이터와 S2로 지정된 워드 데이터에 대해 각 비트별로 AND/OR/XOR/XNOR 연산을 수행하여 그 결과를 D로 지정된 워드 데이터 영역에 저장한다.
- [DWAND/DWOR/DWXOR/DWXNR S1 S2 D] : S1, S1+1의 더블워드 데이터와 S2, S2+1의 더블워드 데이터에 대해 각 비트별로 AND/OR/XOR/XNOR 연산을 수행하여 그 결과를 D, D+1의 더블워드 데이터 영역에 저장한다.

표 6.1 논리연산 명령의 동작

입 력		논리연산 출력			
S1	S2	AND	OR	XOR	XNOR
0	0	0	0	0	1
0	1	0	1	1	0
1	0	0	1	1	0
1	1	1	1	0	1

6.9.2 여러 데이터 논리연산 명령

- [GWAND/GWOR/GWXOR/GWXNR S1 S2 D n] : S1로 지정된 워드영역부터 n워드 데이터와 S2로 지정된 워드영역부터 n워드 데이터에 대해 각 비트별로 AND/OR/XOR/XNOR 연산을 수행하여 그 결과를 D로 지정된 워드영역부터 n워드의 데이터 영역에 저장한다.
- [BAND/BOR/BXOR/BXNR S1 S2 D n] : S1로 지정된 비트부터 n바이트 데이터와 S2로 지정된 비트부터 n바이트 데이터에 대해 각 비트별 AND/OR/XOR/XNOR 연산을 실행하고, 그 결과를 D로 지정된 비트부터 n바이트의 데이터 영역에 저장한다.

※ BAND, BOR, BXOR, BXNR 명령의 오퍼랜드 S1, S2, D에 비트 메모리 주소를 지정할 경우에는 비트 0번 또는 비트 8번만 지정해야 한다.

예 : M00108, D00000.0 ➜ 가능
M0020C, D00010.4 ➜ 불가능

[예제 6-26] 입력접점의 16비트 데이터 중 4자리 6진수의 각 자리에 해당하는 접점이 ON되었는지 확인하여 해당 램프를 점등한다.

16비트 입력접점은 16진수 4자리이므로 16진수 각 자리(니블)의 데이터만 처리하기 위해 WAND 논리연산 명령을 사용하여 워드입력 P0000과 상수 h000F, h00F0, h0F00, HF000을 AND시켜 워드 메모리 D00010, D00011, D00012, D00013에 저장한다. WAND 명령은 입력접점의 상태 변화를 반영하기 위해 항상 실행되어야 하므로 입력으로 상시 ON 플래그 F00099를 사용한다.

16진수로 비교하기 위해 부호없는 입력단 비교명령을 사용한다. 최하위 16진수 D00010을 비교하여 h0001 보다 크거나 같으면(P00000~P00003이 ON되면) 녹색 램프 P00010을 점등하고, 다음 16진수 D00011을 비교하여 h0010보다 크거나 같으면(P00004~P00007이 ON되면) 적색 램프 P00010을 점등하고, 다음 16진수 D00012를 비교하여 h0100보다 크거나 같으면(P00008~P0000B가 ON되면) 황색 램프 P00012를 점등하고, 다음 16진수 D00013을 비교하여 h1000보다 크거나 같으면(P0000C~P0000F가 ON되면) 청색 램프 P00013을 점등한다.

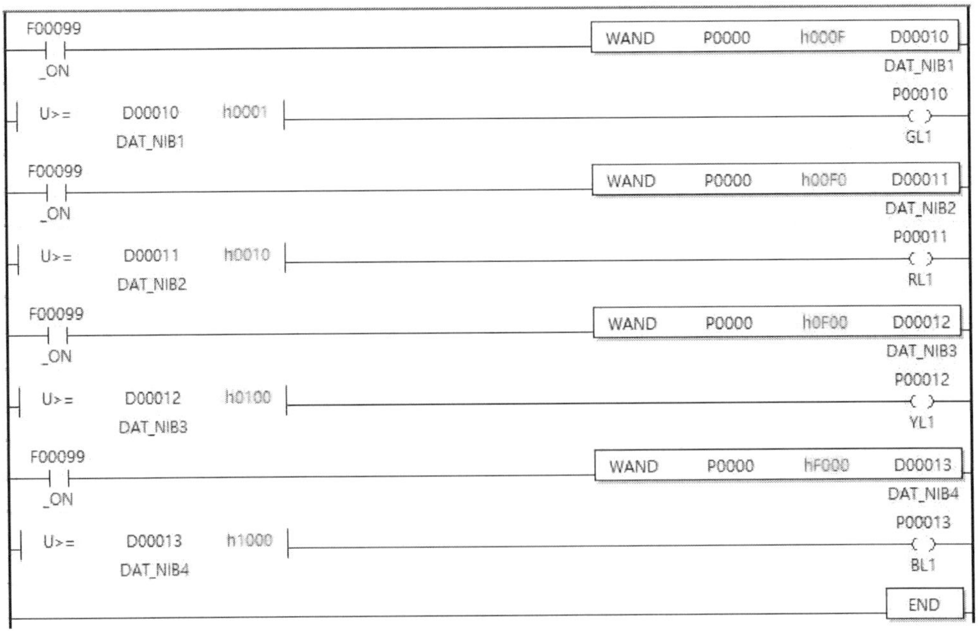

6.10 데이터 처리 명령

6.10.1 ON 비트 계수

- [BSUM S D] : S로 지정된 워드영역에서 데이터가 1(ON)인 비트의 수를 D로 지정된 워드영역에 저장한다.
- [DBSUM S D] : S, S+1의 더블워드 영역에서 데이터가 1(ON)인 비트의 수를 D로 지정된 워드영역에 저장한다.

※ BSUM 명령의 동작 : S에서 데이터가 1인 비트의 개수가 10개이므로 D에는 10이 저장된다.

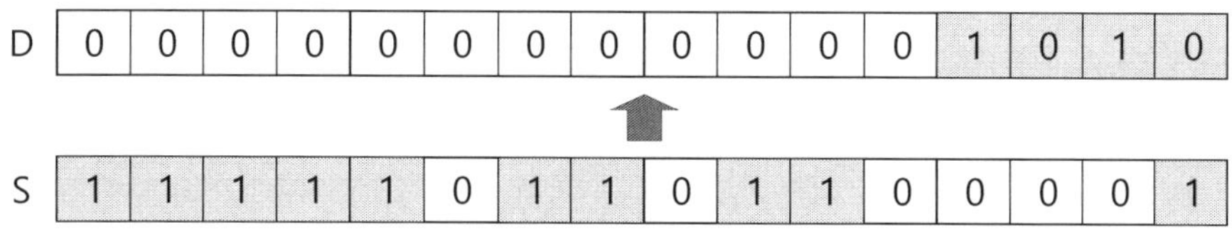

그림 6.22 BSUM 명령의 동작

[예제 6-27] 이동하는 컨베이어에 일정한 간격으로 놓여있는 팔레트 위의 제품을 감지하여 그 수량을 저장한다.

컨베이어가 이동할 때 팔레트 센서 P00001로 팔레트가 감지(양변환 검출접점)되면 제품센서 P00002로 감지한 제품의 유무를 출력비트 P00010에 저장하고 SR 비트이동 응용명령을 사용하여 8비트를 왼쪽으로 1비트씩 이동시킨다. 워드 메모리 M0001을 0으로 초기화한 다음 P00010부터 8개의 제품유무를 M00010부터 8비트에 전송하고, BSUM 명령으로 제품 수량을 읽어 D00010에 저장한다.

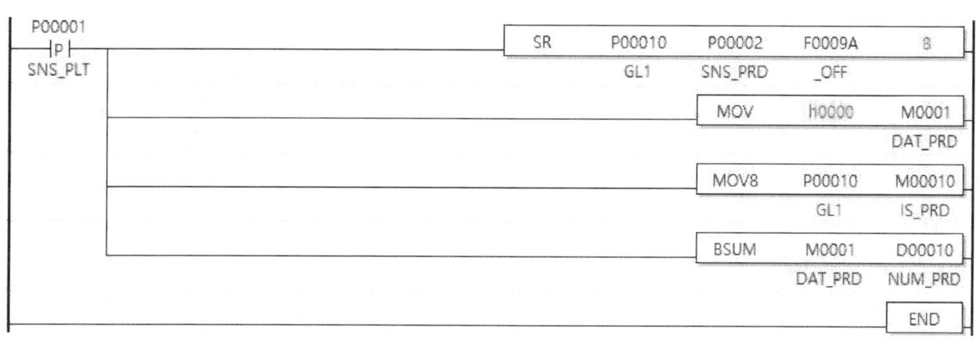

6.10.2 인코더/디코더

- [ENCO S D n] : S로 지정된 워드영역부터 2^n개(1≤n≤8)의 비트영역에서 데이터가 1인 최상위 비트의 번호를 D로 지정된 워드영역에 저장한다.

※ n=5인 경우 ENCO의 동작 : $2^5 = 32$이므로 S로 지정된 워드영역부터 32개 비트 중에서(S+1 워드영역의 최상위 비트까지) 1이 저장되어 있는 최상위 비트의 번호가 25이므로 D영역에는 25가 저장된다.

D	0	0	0	0	0	0	0	0	0	0	0	1	1	0	0	1
S+1	0	0	0	0	0	0	1	1	0	1	0	1	0	1	0	1
S	1	0	1	1	0	0	1	1	1	0	0	0	1	0	0	1

그림 6.23 ENCO 명령의 동작

- [DECO S D n] : ENCO와 반대로 S로 지정된 워드영역의 0번 비트부터 n개(1≤n≤8) 비트의 데이터를 디코드하여, 그 결과를 D로 지정된 워드 디바이스의 2^n개의 비트영역 내에 저장하고, 나머지 비트는 0으로 지운다.

※ n=5인 경우 DECO의 동작 : S로 지정된 워드영역의 0번 비트부터 5개 비트는 b01100(=12) 이므로, D로 지정된 워드영역부터 32개($2^5 = 32$, S+1 영역의 최상위 비트까지) 비트 중 12번 비트만 1로 세트시키고, 나머지 비트는 모두 0으로 지운다.

D+1	0	0	0	0	0	0	0	0	0	0	0	0	0	0	0	0
D	0	0	0	1	0	0	0	0	0	0	0	0	0	0	0	0
S	1	0	1	1	0	0	1	1	1	0	0	0	1	1	0	0

그림 6.24 DECO 명령의 동작

[예제 6-28] 1초 마다 16개의 출력접점을 1개씩 순차적으로 ON시킨다.

F00093으로 매초 UP 카운터 C0010의 값을 증가시키고, 카운터 값을 디코드하여 순차적으로 0에서 15까지의 4비트 값을 워드출력 P0001에 출력한다. 16초가 카운트되면 카운터를 리셋하여 처음부터 다시 반복한다.

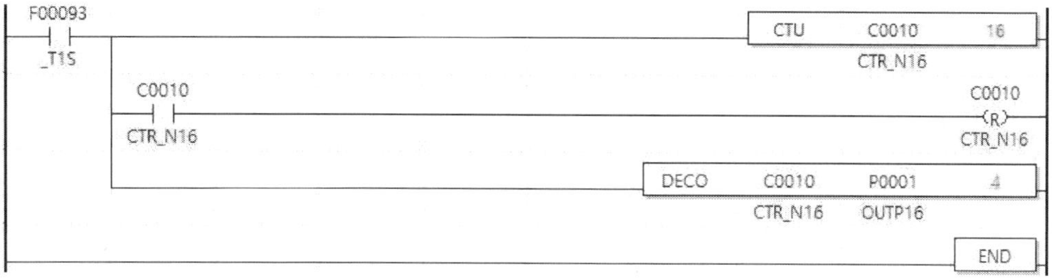

6.10.3 최소값/최대값 검색

- [MIN/MAX S D n] : S로 지정된 워드영역부터 n개 워드 데이터 중 최소값/최대값을 검색하여 D로 지정된 워드영역에 저장한다.
- [DMIN/DMAX S D n] : S, S+1의 더블워드 영역부터 n개 더블워드 데이터 중 최소값/최대값을 검색하여 D, D+1의 더블 워드영역에 저장한다.

※ 검색된 최소값/최대값이 0일 경우 D에는 0이 저장되고, 제로 플래그 F00111이 ON된다.

6.10.4 합계/평균값 계산

- [SUM/AVE S D n] : S로 지정된 워드영역부터 n개 워드 데이터의 합계/평균값을 계산하여 D로 지정된 워드영역에 저장한다.
- [DSUM/DAVE S D n] : S, S+1의 더블워드 영역부터 n개 더블워드 데이터의 합계/평균값을 계산하여 D, D+1의 더블 워드영역에 저장한다.

※ 계산은 부호있는 10진 연산을 수행한다.

※ 계산 결과가 0일 경우 D에 저장되고, 제로 플래그 F00111이 ON된다.

※ 덧셈 결과가 16/32비트 부호있는 10진수의 범위를 초과할 경우 연산 에러 플래그 F00110과 캐리 플래그 F00112가 ON된다.

※ 평균값 계산에서 소수점 이하는 무시된다(버림).

6.11 문자열 처리 명령

6.11.1 2진 to 10진 ASCII 변환

- [BINDA/DBINDA S D] : S로 지정된 16/32 비트 2진(Binary) 데이터를 부호있는 10진수(Decimal)로 환산하여 각 자리수를 상위부터 차례로 ASCII 문자코드로 변환하고, D에서부터 1워드 당 2자리씩 저장한다.

※ BINDA 명령의 동작

(S≥0): S(16비트) (F–0) →

	F–8	7–0
D	천자리	만자리
D+1	십자리	백자리
D+2	0	일자리

(S<0): S(16비트) (F–0) →

	F–8	7–0
D	만 자리	부호 (-)
D+1	백 자리	천 자리
D+2	일 자리	십 자리
D+3		0

그림 6.25 BINDA 명령의 동작

※ DBINDA 명령의 동작

(S≥0): S(32비트) (1F–0) →

	F–8	7–0
D	억 자리	십억 자리
D+1	백만 자리	천만 자리
D+2	만 자리	십만 자리
D+3	백 자리	천 자리
D+4	일 자리	십 자리
D+5		0

(S<0): S(32비트) (1F–0) →

	F–8	7–0
D	십억 자리	부호 (-)
D+1	천만 자리	억 자리
D+2	십만 자리	백만 자리
D+3	천 자리	만 자리
D+4	십 자리	백 자리
D+5	0	일 자리

그림 6.26 DBINDA 명령의 동작

[예제 6-29] 다음 프로그램에서 BINDA 명령의 결과가 저장되는 영역의 데이터를 모니터링으로 확인한다.

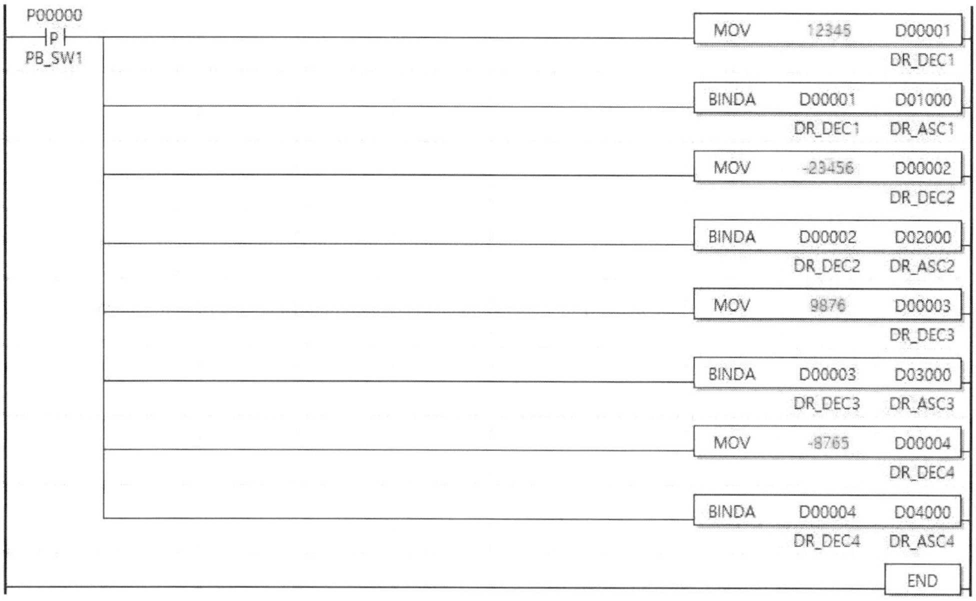

푸시버튼 스위치 P00000을 눌렀을 때 'BINDA' 명령을 실행하여 D01000, D02000, D03000, D04000에 문자로 저장한 결과는 다음과 같다.

	F 8	7 0
D01000	h32 ('2')	h31 ('1')
D01001	h34 ('4')	h33 ('3')
D01002	h00	h35 ('5')
D01003		

	F 8	7 0
D02000	h32 ('2')	h2D ('-')
D02001	h34 ('4')	h33 ('3')
D02002	h36 ('6')	h35 ('5')
D02003		h00

	F 8	7 0
D03000	h38 ('8')	h39 ('9')
D03001	h36 ('6')	h37 ('7')
D03002		h00
D03003		

	F 8	7 0
D04000	h38 ('8')	h2D ('-')
D04001	h36 ('6')	h37 ('7')
D04002	h00	h35 ('5')
D04003		

6.11.2 2진 to 16진 ASCII 변환

- [BINHA/DBINHA S D] : S로 지정된 16/32 비트 2진 데이터를 16진수(Hexadecimal)로 환산하여 각 자리수를 상위부터 차례로 ASCII 코드로 변환하고, D로 지정된 워드영역부터 1워드 당 2자리씩 저장한다.

※ BINHA/DBINHA 명령의 동작

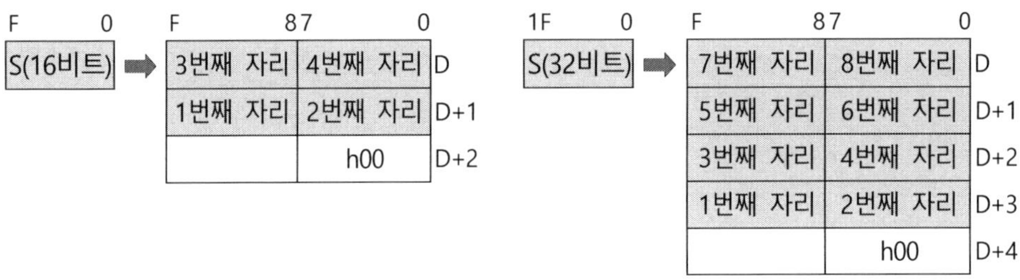

그림 6.27 BINHA/DBINHA 명령의 동작

[예제 6-30] 다음 프로그램에서 BINHA 명령의 결과가 저장되는 영역의 데이터를 모니터링으로 확인한다.

	F 8	7 0
D01000	h32 ('2')	h31 ('1')
D01001	h34 ('4')	h33 ('3')
D01002		h00

	F 8	7 0
D02000	h41 ('A')	h39 ('9')
D02001	h43 ('C')	h42 ('B')
D02002		h00

6.11.3 10진 ASCII to 2진 변환

- [DABIN S D] : S~S+2 영역에 ASCII 코드로 저장된 부호있는 10진수(Decimal)를 2진(Binary) 데이터로 변환하여 D로 지정된 16비트 영역에 저장한다.

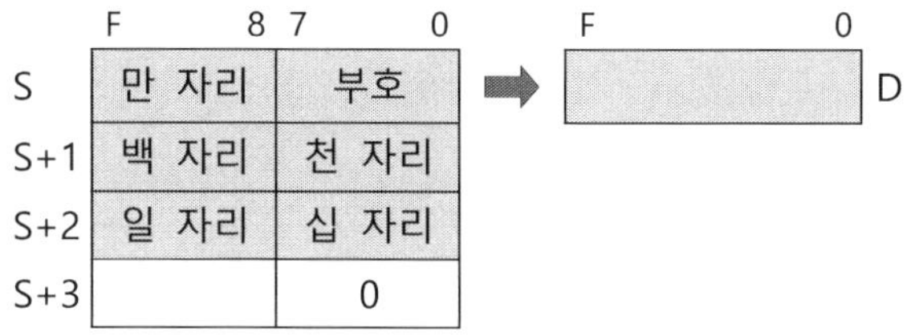

그림 6.28 DABIN 명령의 동작

- [DDABIN S D] : S~S+5 영역에 ASCII 코드로 저장된 부호있는 10진수를 2진 데이터로 변환하여 D, D+1의 32비트 영역에 저장한다.

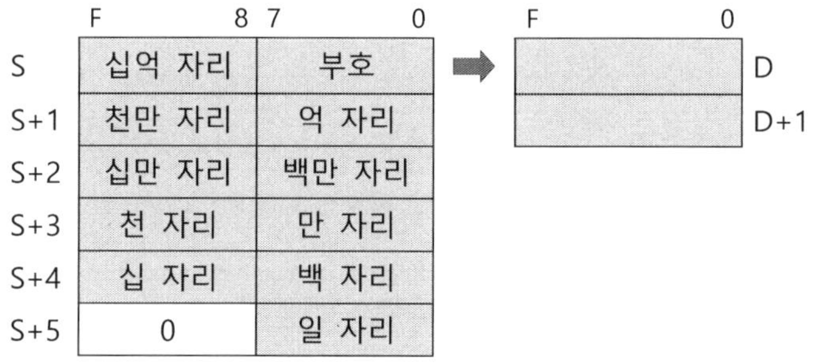

그림 6.29 DDABIN 명령의 동작

※ S로 지정된 영역의 하위 바이트에는 부호('+' : h2B, '-' : h2D)가 저장되어야 하며, 양수의 경우 부호는 생략할 수 있다.

※ 아스키 문자열의 끝에는 반드시 NULL(0)이 있어야 한다.

6.11.4 16진 ASCII to 2진 변환

- [HABIN S D] : S, S+1 영역에 ASCII 코드로 저장된 16진수(Hexadecimal)를 2진(Binary) 데이터로 변환하여 D로 지정된 16비트 영역에 저장한다.

	F　　　C	B　　　8	7　　　4	3　　　0
D	4번째 자리	3번째 자리	2번째 자리	1번째 자리

↑

	F　　　8	7　　　0
S	3번째 자리	4번째 자리
S+1	1번째 자리	2번째 자리
S+2		h00

그림 6.30　HABIN 명령의 동작

- [DHABIN　S　D] : S~S+3 영역에 ASCII 코드로 저장된 16진수를 2진 데이터로 변환하여 D, D+1의 32비트 영역에 저장한다.

	F　　　C	B　　　8	7　　　4	3　　　0
D	4번째 자리	3번째 자리	2번째 자리	1번째 자리
D+1	8번째 자리	7번째 자리	6번째 자리	5번째 자리

↑

	F　　　8	7　　　0
S	7번째 자리	8번째 자리
S+1	5번째 자리	6번째 자리
S+2	3번째 자리	4번째 자리
S+3	1번째 자리	2번째 자리
S+4		h00

그림 6.31　DHABIN 명령의 동작

6.11.5 BCD to 10진 ASCII 변환

- [BCDDA/DBCDDA S D] : S로 지정된 16비트/32비트 BCD 데이터를 10진수(Decimal)로 환산하여 각 자리수를 상위부터 차례로 ASCII 코드로 변환하고, D로 지정된 워드영역부터 1워드 당 2자리씩 저장한다.

※ BCDDA 명령의 동작

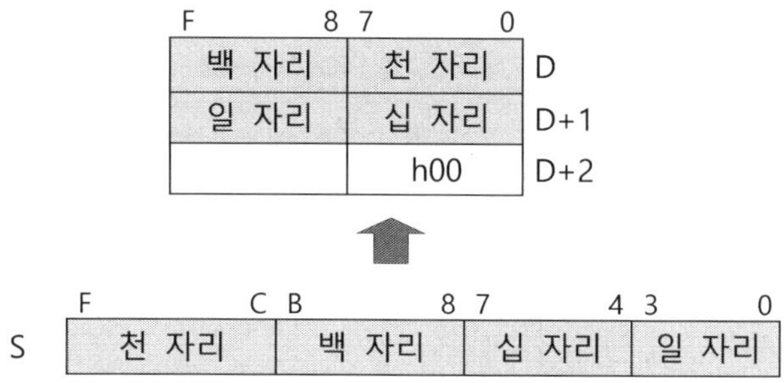

그림 6.32 BCDDA 명령의 동작

※ DBCDDA 명령의 동작

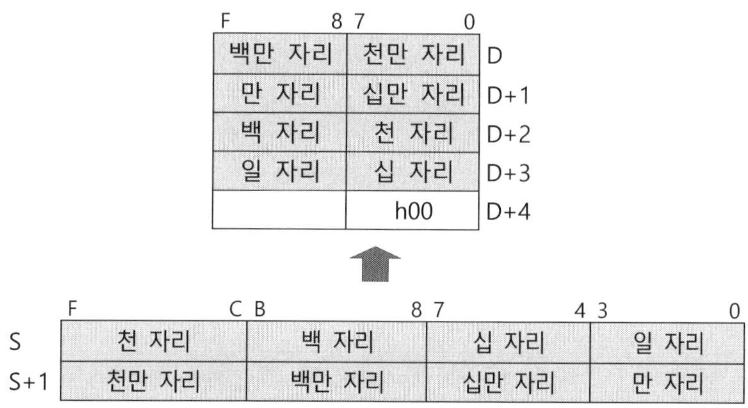

그림 6.33 DBCDDA 명령의 동작

[예제 6-31] 다음 프로그램에서 BCDDA 명령의 결과가 저장되는 영역의 데이터를 모니터링으로 확인한다.

	F 8	7 0
D01000	h31 ('1')	h30 ('0')
D01001	h34 ('4')	h32 ('2')
D01002		h00

	F 8	7 0
D02000	h37 ('7')	h35 ('5')
D02001	h39 ('9')	h39 ('9')
D02002		h00

6.11.6 10진 아스키 to BCD 변환

- [DABCD S D] : S, S+1 영역에 저장된 10진(Decimal) 아스키(ASCII) 코드를 BCD로 변환하여 D로 지정된 16비트 영역에 저장한다.

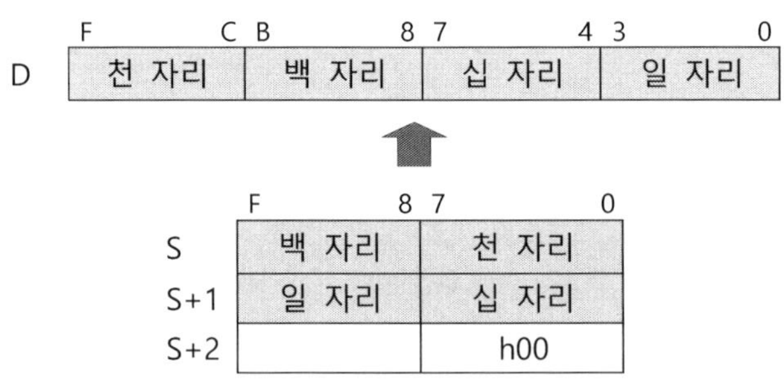

그림 6.34 DABCD 명령의 동작

- [DDABCD　S　D] : S~S+3 영역에 저장된 10진 아스키코드를 BCD로 변환하여 D, D+1의 32비트 영역에 저장한다.

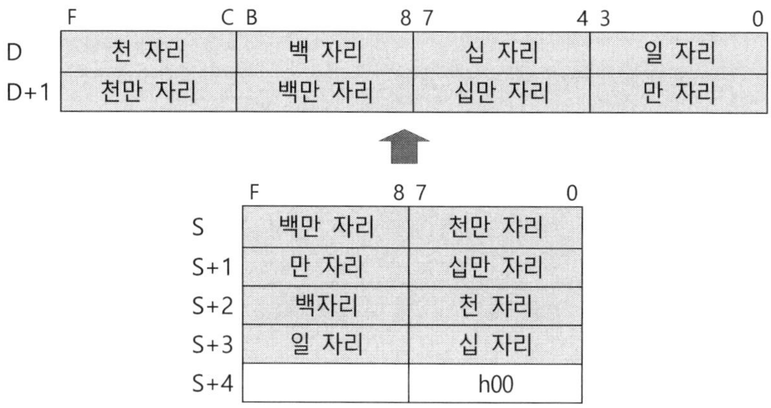

그림 6.35　DDABCD 명령의 동작

6.11.7　문자열 복사/검색

- [LEFT/RIGHT S D n] : S로 지정된 워드영역부터 저장된 문자열 중 선두/마지막 n개의 문자열을 복사하여 D로 지정된 워드영역부터 1워드 당 2자리씩 저장한다.

※ n=5인 경우 LEFT 명령의 동작

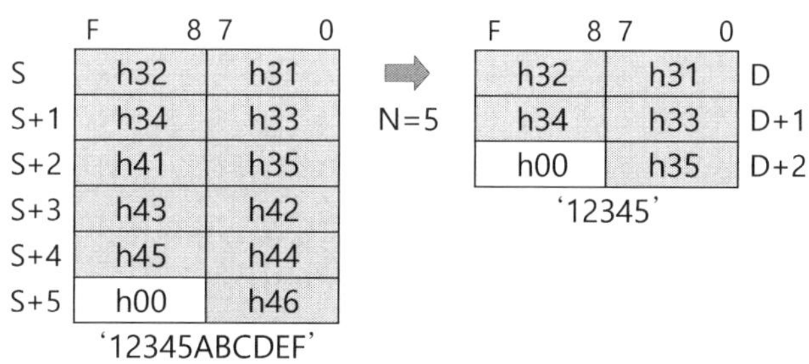

그림 6.36　LEFT 명령의 동작

※ n=6인 경우 RIGHT 명령의 동작

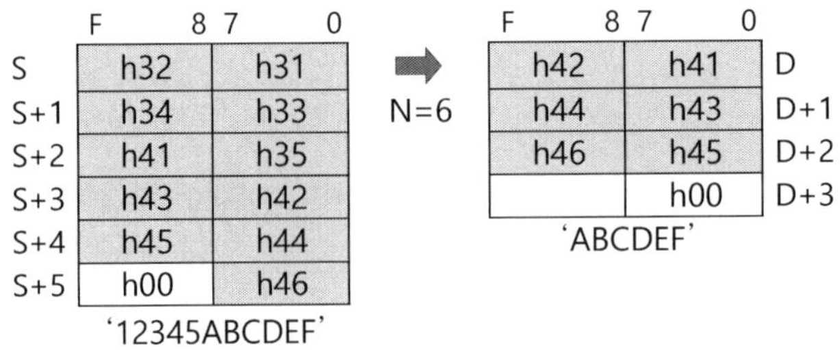

그림 6.37 RIGHT 명령의 동작

- [MID S1 D S2] : S1로 지정된 워드영역부터 저장된 문자열 중 S2로 지정된 위치부터 S2+1로 지정된 개수의 문자열을 복사하여 D로 지정된 워드영역부터 저장한다.

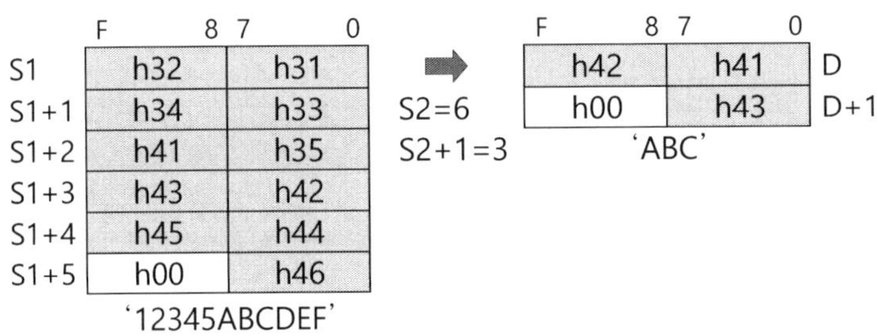

그림 6.38 MID 명령의 동작

- [FIND S1 S2 D n] : S1로 지정된 워드영역부터 저장된 문자열 중 n번째 문자부터 S2로 지정된 워드영역부터 저장된 문자열을 검색하여 첫번째로 일치하는 문자열의 시작위치를 D로 지정된 워드영역에 저장한다.

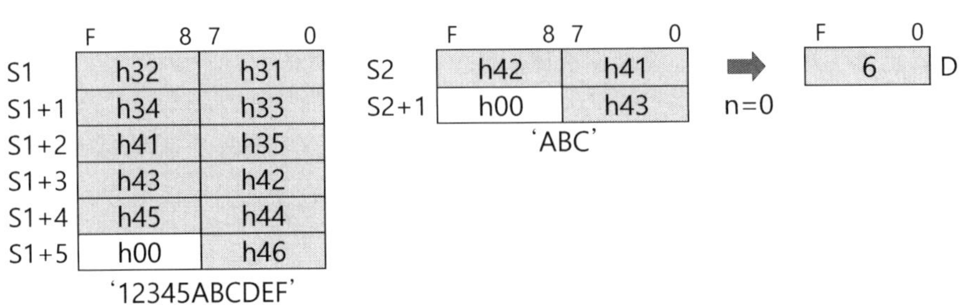

그림 6.39 FIND 명령의 동작

6.12 시계 명령

6.12.1 PLC 시계 읽기

- [DATERD D] : PLC의 시계, RTC(Real Time Clock)를 읽어 D~D+3 영역에 다음 형식으로 저장한다.

표 6.2 PLC 시계 데이터

영 역	상위 바이트 (비트 8~F)	하위 바이트 (비트 0~7)	특수 플래그
D	월 [h00 ~ h12]	년 [h00 ~ h99]	F0053
D + 1	시 [h00 ~ h23]	일 [h00 ~ h31]	F0054
D + 2	초 [h00 ~ h59]	분 [h00 ~ h59]	F0055
D + 3	백년 [h19 ~ h21]	요일 [h00(일) ~ h06(토)]	F0056

※ 시계 데이터는 년/월/일/시/분/초/요일/백년의 8개 바이트로 구성되며, 각 바이트는 BCD 형태의 데이터로 제공된다.

※ 년도 데이터는 백년 데이터와 년 데이터로 구분된다. 예를 들어 2010년일 경우 백년 데이터는 h20으로, 년 데이터는 h10으로 제공된다.

※ PLC 시계는 1984년 1월 1일 0시 0분 0초부터 2163년 12월 31일 23시 59분 59초까지 지원한다.

6.12.2 PLC 시계 쓰기

- [DATEWR S] : S~S+3 영역의 시간 데이터 값으로 PLC 시계를 설정한다.

※ DATEWR 명령이 실행되기 전 S~S+3 영역의 데이터를 표 6-2의 PLC 시계 데이터와 동일한 형태로 변환해 주어야 한다.

※ DATEWR 명령을 실행한 후 DATERD 명령을 이용하여 PLC 시계 데이터가 변경된 것을 확인하는 것이 좋다.

※ PLC 시계는 XG5000의 메뉴 "온라인-진단-PLC 정보-PLC 시계" 에서 설정 및 모니터할 수 있다.

[예제 6-32] PLC의 시계 데이터를 읽어 월요일부터 금요일까지 12시 정각이 되면 부저가 1초 주기로 10초간 울린다.

PLC의 시계 데이터는 특수 플래그 F0053~F0056의 4워드에 저장된다. 그러나 특수 플래그 F영역에 대해서는 8비트 연산이 불가능하기 때문에 F영역에 저장되어 있는 시계 데이터를 DATERD 명령을 이용하여 다른 데이터 레지스터 영역 D00010~D00013으로 이동시킨 후에 8비트 입력단 비교연산을 실행한다. 시계는 변하는 시간을 계속해서 읽어주어야 하므로 DATERD 명령의 입력으로 상시 ON 플래그 F00099를 사용한다.

요일 데이터는 네 번째 워드 D00013의 하위 바이트이므로 비트 D00013.0으로 지정하고, 월요일은 1이고 금요일은 5이다. 시 데이터는 두 번째 워드 D00011의 상위 바이트이므로 비트 D00011.8로, 분 데이터는 세 번째 워드 D00012의 하위 바이트이므로 비트 D00012.0으로, 초 데이터는 세 번째 워드의 상위 바이트이므로 비트 D00012.8로 지정한다. 12시 정각부터 1초 주기로 10초간 부저가 울려야하므로 부저 P00010의 입력으로 인터벌 TMON 타이머 T0010과 특수 플래그 F00093을 직렬로 연결한다.

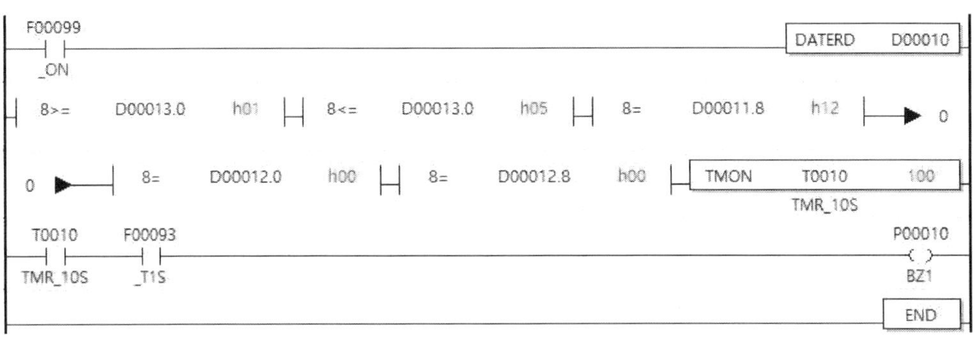

※ 회로의 확장연결 (—▶ 0, 0 ▶—) : LD 프로그램 작성 시 여러 개의 조건을 AND로 조합할 때 XG5000의 메뉴 "보기-접점수 변경" 항목에서 접점수를 선택하여 늘리거나, 접점수 증가/감소 아이콘(/)을 눌러 접점수를 증가시키고 프로그램 편집 후 접점 수를 축소시키면 확장연결 표시가 자동으로 생성된다.

[예제 6-33] 다음과 같이 16비트 10진수로 입력한 데이터를 PLC의 시계 데이터로 설정한다.

입력 영역	입력 데이터	BCD 영역	입력 영역	입력 데이터	BCD 영역
D00010	2022년	D00203.8	D00013	13시	D00201.8
		D00200.0	D00014	30분	D00202.0
D00011	8월	D00200.8	D00015	00초	D00202.8
D00012	1일	D00201.0	D00016	1요일(월요일)	D00203.0

시계 데이터는 BCD 형태의 바이트 단위로 제공되므로 GBCD 명령을 사용하여 7개의 워드 데이터를 BCD 형태로 변환한다. 입력 워드영역 D00010~D00016에서 BCD 워드영역 D00200~D00203으로 바이트(8비트) 전송을 위해 MOV8 명령을 8번 사용한다.

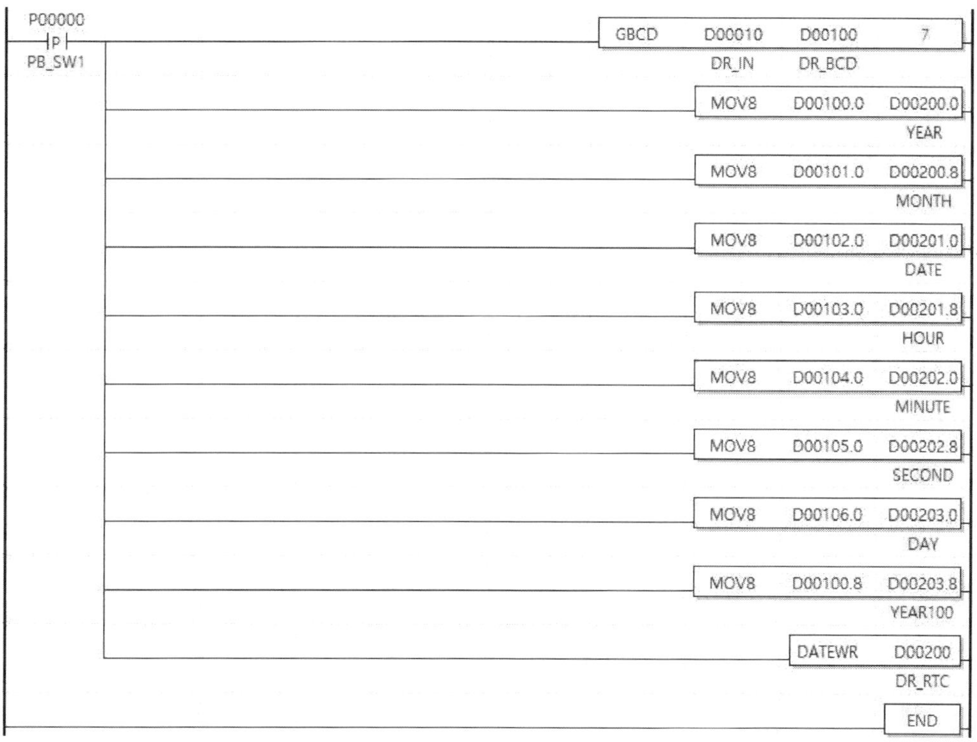

6.13 분기 명령

분기란 프로그램을 순차적으로 실행하다가 사용자가 원하는 다른 부분의 프로그램을 실행하기 위해 점프하여 위치를 바꾸는 것을 의미한다. 프로그램의 스텝수를 줄여 프로그램 메모리를 절약할 수 있고, 필요한 조건에서 동작할 수 있도록 하는 편리한 기능의 고급 명령어이다. 분기명령은 스캔 프로그램 내에서 실행 위치를 변경하는 JUMP 명령과 별도로 작성된 서브루틴 프로그램을 호출하는 CALL 명령이 있다.

6.13.1 JUMP 명령

- [JMP LABEL] : JMP 명령의 실행조건이 ON되면 현재 실행 중인 프로그램의 위치가 LABEL의 위치로 이동된다. 이 때 JMP ~ LABEL 사이의 프로그램은 실행되지 않는다.

그림 6.40 JMP 명령이 있는 프로그램의 실행 순서

위의 프로그램에서 입력 P00000이 OFF된 경우 프로그램의 ① 부분과 ② 부분은 공통적으로 실행되므로 입력 P00001, P00002, P00003의 조작에 의해서 출력 P00011, P00012, P00013이 제어된다. 입력 P00000이 ON되어 JMP 명령이 동작하게 되면 프로그램의 ① 부분은 실행되지 않고 프로그램 ② 부분만 실행된다. 따라서 입력 P00001, P00002가 ON/OFF 되더라도 출력 P00011, P00012는 ON/OFF 되지 않고 이전 상태를 계속 유지하며, 입력 P00003의 조작에 의해서 출력 P00013이 제어된다.

여기서, 입력 P00000이 OFF된 상태에서 입력 P00001이나 P00002가 ON되어 출력 P00011이나 P00012가 ON된 상태에서, 다시 입력 P00000이 ON되어 JMP 명령이 실행될 경우 입력 P00001이나 P00002를 OFF시켜도 출력 P00011이나 P00012는 OFF되지 않는다.

[예제 6-34] 보호된 작업공간 내에서 무인 운반차가 전후 및 좌우로 이동하고 있을 때 사람이나 물체가 작업공간 내에 진입하게 되면 무인 운반차는 즉시 이동을 멈춘다.

전진과 후진은 동시에 발생할 수 없으므로 전진 스위치 P00000 a접점, 후진 스위치 P00001 b접점일 때만 전진하고, 후진 P00001 a접점, 전진 스위치 P00000 b접점일 때만 후진한다. 또한 좌측 이동과 우측 이동은 동시에 발생할 수 없으므로 좌측 이동 스위치 P00002 a접점, 우측 이동 스위치 P00003 b접점일 때만 좌측 이동하고, 우측 이동 스위치 P00003 a접점, 좌측 이동 스위치 P00002 b접점일 때만 우측 이동한다. 센서로 사람이나 물체가 감지되면 비트 전송명령 BMOV를 사용하여 4비트의 전후좌우 출력을 모두 OFF시킨 다음, JMP 명령으로 전후좌우로 이동을 실행하는 프로그램을 모두 건너뛰고 레이블 'ALL_STOP'으로 점프하여 이동을 멈춘다.

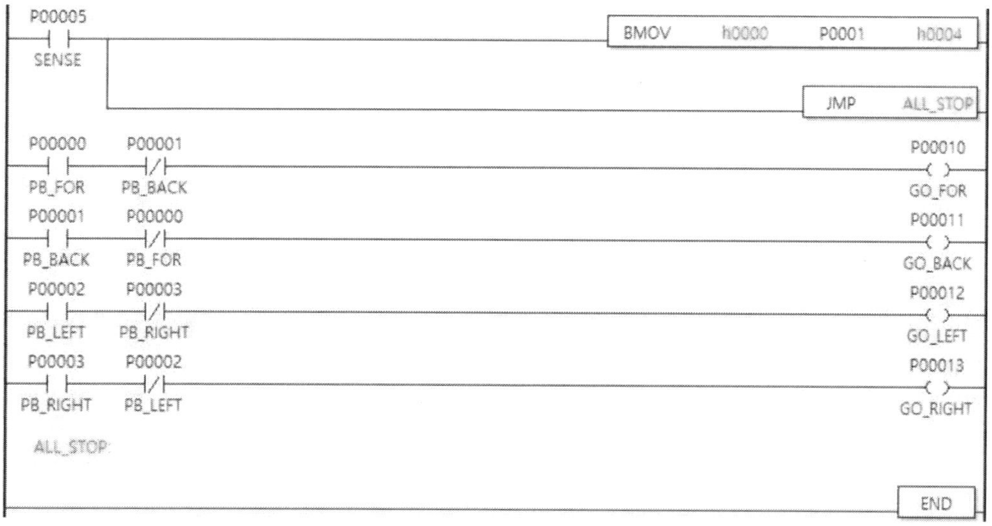

6.13.2 CALL 서브루틴 명령

- [CALL Subroutine] : CALL 명령의 실행조건이 만족되면 Subroutine(서브루틴)을 호출한다.
- 서브루틴은 프로그램을 모듈(기능)화하여 함수를 작성하는 고급 언어를 활용하면 더욱더 직관적이고 효율적으로 프로그램을 작성할 수 있다.

(1) 서브루틴의 입력

① 메인 프로그램의 END 명령 이후에 입력 조건없이 F10 키를 눌러 응용명령 창을 호출한다.

② "SBRT 서브루틴명" 형태로 입력한다.

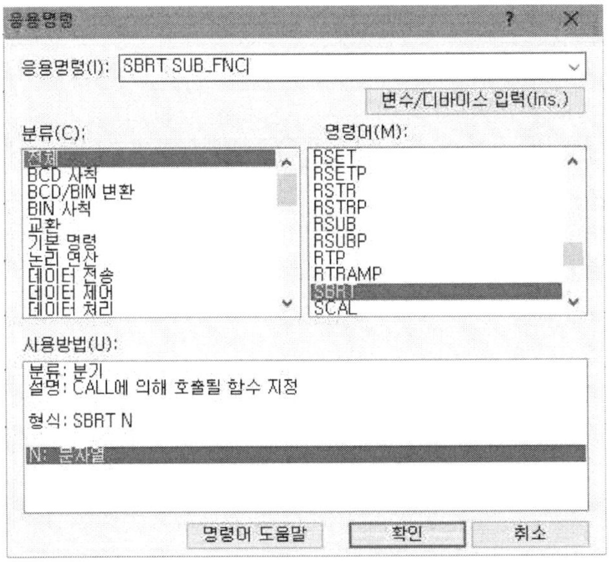

그림 6.41 서브루틴 응용명령 창

- 서브루틴명은 문자, 숫자 및 밑줄('_')로 구성된다.
- 밑줄이외의 특수문자는 사용할 수 없다.
- 서브루틴명은 문자 또는 밑줄로만 시작해야한다.
- 동일한 서브루틴명을 중복 사용할 수 없다.

③ 그림과 같이 메인 프로그램의 END 명령 이후에 'SUB_FNC'란 이름을 가진 서브루틴을 등록한다. 서브루틴 명을 등록한 다음 행부터 서브루틴에서 수행할 프로그램을 작성한다.

그림 6.42 서브루틴의 구성

ⓐ : 메인 프로그램의 끝을 의미한다.

ⓑ : 서브루틴의 시작을 의미한다.

ⓒ : CALL 명령에 의해 서브루틴이 호출되었을 때 수행하는 서브루틴 프로그램을 의미한다.

ⓓ : 서브루틴의 끝을 의미한다.

④ 서브루틴에서 수행할 모든 프로그램의 작성이 완료되면, 입력 조건없이 F10 키를 눌러 응용명령 창을 호출하여 메인 프로그램으로의 리턴 명령 'RET'를 입력한다.

(2) CALL 명령의 실행 순서

그림 6.43 CALL 명령의 실행순서

위의 프로그램에서 ① 부분은 스캔 프로그램의 일부로 입력 P00004의 ON/OFF 여부와 상관없이 입력 P00005에 의해 출력 P00015가 제어된다. 입력 P00004가 OFF일 때는 서브루틴 프로그램 ②는 실행되지 않으므로 입력 P00007, P00008을 ON/OFF시켜도 출력 P00017, P00018의 상태는 변하지 않는다. 입력 P00004가 ON일 때는 서브루틴 프로그램이 실행되어, 입력 P00007, P00008의 ON/OFF에 따라 출력 P00017, P00018의 상태도 ON/OFF된다. 출력 P00017이나 P00018이 ON된 상태에서 입력 P00004가 OFF되면 입력 P00007, P00008에 의해 출력 P00017, P00018을 제어할 수 없다.

(3) CALL 명령의 응용 : 반복 사용되는 연산식 처리

프로그램에서 연산식이 반복되어 사용될 경우 연산식을 하나의 서브루틴으로 작성하여 결과만 전달 받는다면 프로그램은 매우 간단해질 수 있다. CALL 명령에 의해 호출되는 서브루틴을 반드시 동일한 스캔 프로그램 내에 편집할 필요가 없기 때문에 여러 개의 복잡한 서브루틴들을 사용할 경우 1개의 프로그램 블록에 프로그램 전체에서 사용하는 모든 서브루틴들만을 모아 편집하고 다른 프로그램 블록에서 필요한 서브루틴을 호출해서 사용할 수 있다.

프로젝트 창에서 '스캔 프로그램'을 선택한 후 마우스 오른쪽 버튼을 눌러 나타나는 팝업 메뉴에서 "항목추가-프로그램"을 선택하면 활성화되는 '프로그램' 창에서 프로그램 이름을 입력하여 프로그램 블록을 추가한다.

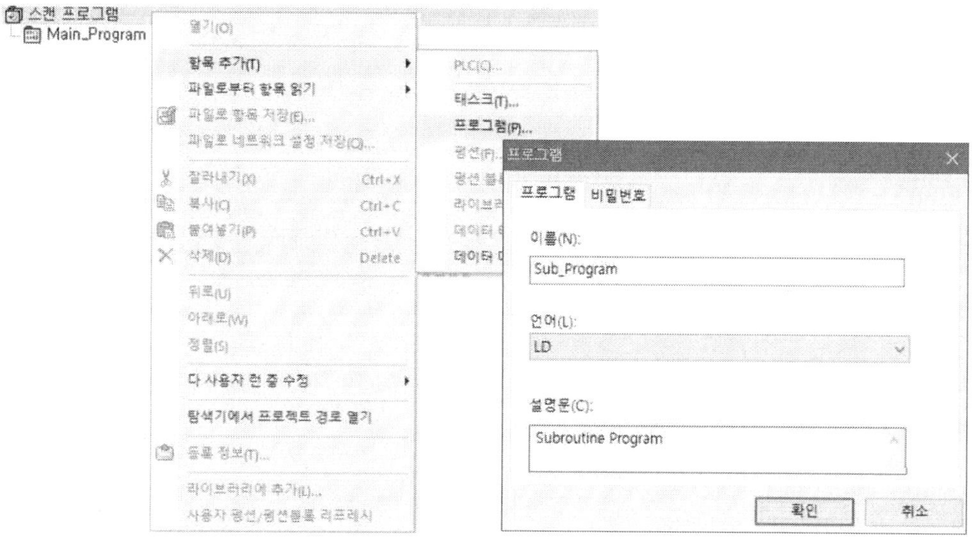

그림 6.44 프로그램 블록 추가

프로그램 블록의 첫 부분에 END 명령을 입력한 후 "SBRT ~ RET" 의 구조로 서브루틴 프로그램들을 작성한다.

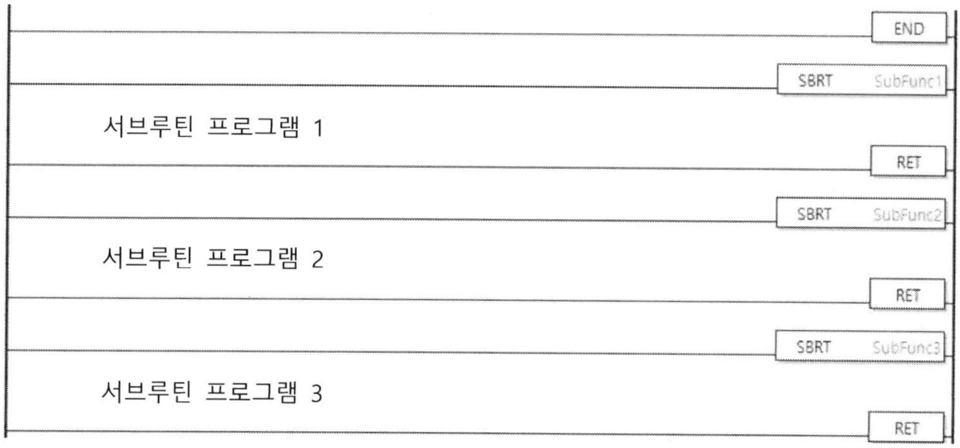

그림 6.45 서브루틴 프로그램의 작성

[예제 6-35] 푸시버튼 스위치 P00004를 누르면 모든 데이터를 초기화시키는 서브루틴을 호출하고, 푸시버튼 스위치 P00006을 누르면 데이터를 1씩 증가시키며, 푸시버튼 스위치 P00007을 누르면 덧셈을 수행하고, 푸시버튼 스위치 P00008을 누르면 곱셈을 수행한다.

처음에 푸시버튼 스위치 P00004를 누르면 서브루틴 'DR_INIT'를 호출하여 덧셈을 수행하는 데이터 D00100과 D00102는 0으로 초기화하고, 곱셈을 수행하는 데이터 D00104는 1로 초기화한다. 먼저 푸시버튼 스위치 P00006을 누르면 'INC' 명령을 사용하여 데이터 D00100을 0부터 1씩 증가시키고, 그 다음에 푸시버튼 스위치 P00007을 누르면 부호없는 덧셈 'ADDU' 명령을 사용하여 데이터 D00102에 데이터 D00100을 1부터 더해서 다시 D00102에 저장한다. 그 다음에 푸시버튼 스위치 P00008을 누르면 더블워드의 부호없는 곱셈 'DMULU' 명령을 사용하여 데이터 D00104에 데이터 D00100을 곱해서 다시 D00104에 저장한다. 이와 같이 푸시버튼 스위치 P00006, P00007, P00008을 연달아 반복해서 누르면 데이터 D00102에는 1부터 반복 횟수까지 누적 덧셈의 결과가 저장되고, 데이터 D00104에는 1부터 반복 횟수까지 누적 곱셈의 결과가 저장된다.

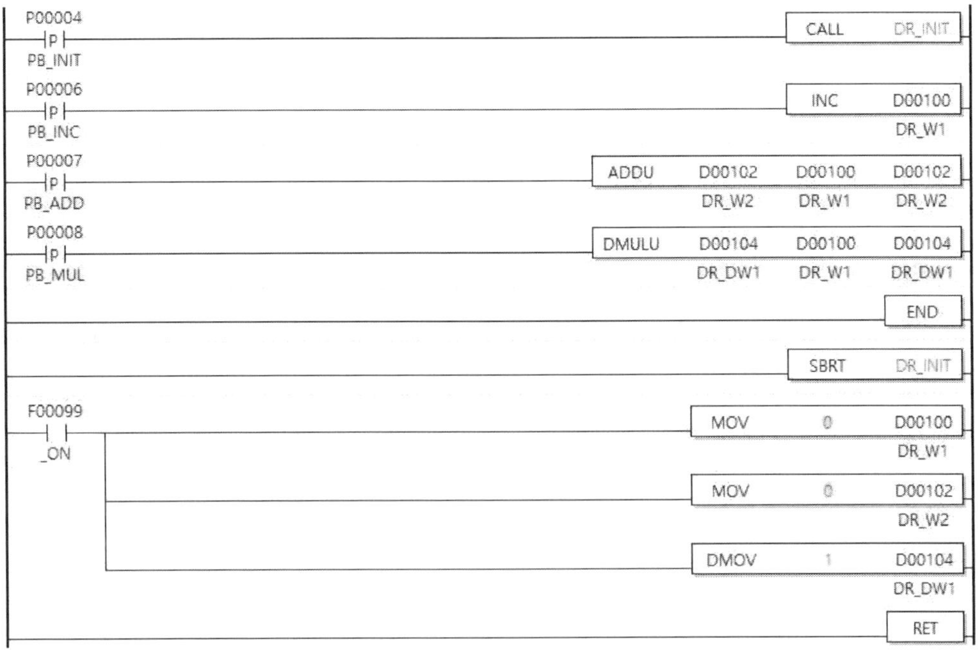

(4) CALL 명령의 응용 : 기능(함수) 처리

1대의 장비로 여러 제품들을 생산하는 경우 공통부분과 제품을 선택하는 부분, 각각의 제품을 생산하는 기능부분이 필요하다고 할 때, 공통부분과 제품을 선택하는 부분은 스캔 프로그램으로 작성하고, 각각의 제품을 생산하는 기능부분은 별도의 서브루틴 프로그램으로 작성한 다음, 공통 프로그램에서 원하는 제품을 생산하는 서브루틴만 선택하여 실행할 수 있다. 이 경우 다음과 같은 구조로 각 기능을 처리하는 함수들을 사용하면 프로그램을 쉽게 작성할 수 있다.

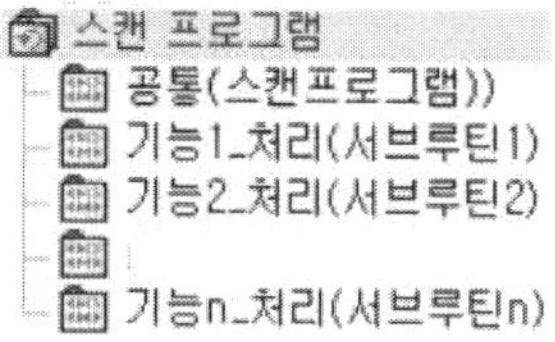

[예제 6-36] 스위치 P00001을 ON시키면 매초마다 출력접점 P00010~P00017이 상위비트 방향으로 순차적으로 1개씩 ON된다. P00001이 ON된 상태에서 스위치 P00002을 ON시키면 출력점점 P00018~P0001F가 상위비트 방향으로 순차적으로 1개씩 ON되고, 스위치 P00003을 ON시키면 출력점점 P00018~P0001F가 하위비트 방향으로 순차적으로 1개씩 ON된다.

① 공통 프로그램(스캔)

스위치 P00001이 ON되면 워드 메모리 M0010이 0인지 비교하고 1로 초기화하여 비트 메모리 M00100을 ON시킨다. 플래그 F00093에 의해 매 초마다 ROL 명령으로 M0010을 왼쪽(상위비트) 방향으로 비트 메모리 M00108이 ON될 때까지 1비트씩 8번 비트 회전시킨 다음, M0010을 다시 1로 초기화하여 계속 동작을 반복한다. BMOV 명령으로 워드 메모리 M0010의 하위 바이트를 워드 출력 P0001의 하위 바이트(출력접점 P00010~P00017)로 비트 전송하면 출력모듈의 하위 바이트에 해당되는 8개 LED가 상위비트 방향으로 순차적으로 1개씩 ON되며 이동하는 것을 확인할 수 있다.

스위치 P00001이 ON된 상태에서 스위치 P00002를 ON, P00003을 OFF시키면 옵션1에 해당되는 서브루틴 프로그램 'SUB_OPR1'을 호출하거나, 반대로 스위치 P00003을 ON, 스위치 P00002를 OFF시키면 옵션2에 해당되는 서브루틴 프로그램 'SUB_OPR2'를 호출하여 하나만 선택한다. BMOV 명령으로 각 서브루틴에서 비트 회전된 워드 메모리 M0011의 하위 바이트를 워드 출력 P0001의 상위 바이트(출력접점 P00018~P0001F)로 비트 전송하면 출력모듈의 상위 바이트에 해당되는 8개 LED가 상위비트 방향이나 하위비트 방향으로 순차적으로 1개씩 ON되며 이동하는 것을 확인할 수 있다.

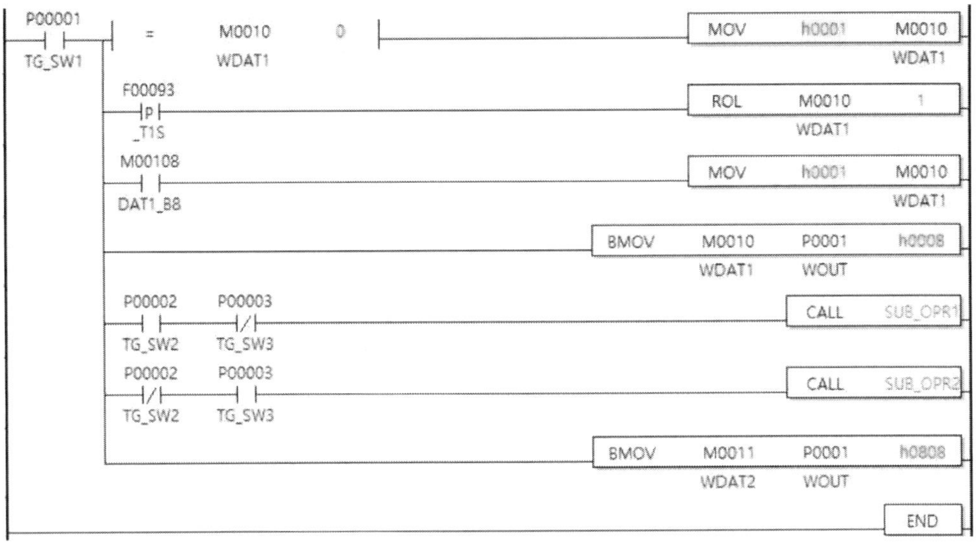

② 옵션1 처리 프로그램(서브루틴1)

서브루틴 SUB_OPR1에서는 워드 메모리 M0011이 0인지 비교하고 1로 초기화하여 비트 메모리 M00110을 ON시킨다. 플래그 F00093에 의해 매초마다 ROL 명령으로 M0011을 왼쪽(상위비트) 방향으로 비트 메모리 M00118이 ON될 때까지 1비트씩 8번 비트 회전시킨 다음, M0011을 다시 1로 초기화하여 계속 동작을 반복한다.

③ 옵션2 처리 프로그램(서브루틴2)

서브루틴 SUB_OPR2에서는 워드 메모리 M0011이 0인지 비교하고 h0080으로 초기화하여 비트 메모리 M00118을 ON시킨다. 플래그 F00093에 의해 매초마다 ROR 명령으로 M0011을 오른쪽(하위비트) 방향으로 비트 메모리 M0011F이 ON될 때까지 1비트씩 8번 비트이동 시킨 다음, M0011을 다시 h0080로 초기화하여 계속 동작을 반복한다.

6.14 루프 명령

루프 명령은 동일한 작업을 일정 회수만큼 반복하는 일을 수행한다. 반복 프로그램의 길이가 길고, 반복 횟수가 많을 경우 PLC의 스캔시간이 증가하게 된다. 만일, PLC의 스캔시간이 기본 파라미터의 워치독 타이머에 설정한 시간보다 길어지면 워치독 에러가 발생한다. 워치독 에러를 방지하기 위해서는 프로그램에서 반복 횟수가 무한이 되는 무한루프에 빠지지 말아야 하고, 기본 파라미터의 워치독 타이머를 충분히 길게 설정하거나, 프로그램 연산 중 워치독 타이머 클리어 명령 'WDT'를 실행하여 워치독 타이머를 클리어해야 한다.

6.14.1 FOR~NEXT 문

- 형식 : FOR n ~ NEXT
- 루프 프로그램의 시작을 선언하는 FOR 명령은 입력조건이 없는 명령이므로 FOR~NEXT 문이 스캔 프로그램에 편집되었을 경우 매 스캔마다 n번 반복하여 실행한 후 NEXT 명령의 다음 스텝을 실행한다.
- 반복 횟수 n은 0~65,535 사이의 정수 또는 워드 디바이스로 지정할 수 있다.
- FOR~NEXT 문내에 또 다른 FOR~NEXT 문이 편집될 수 있는데, 가능한 중복(nesting) 횟수는 16회까지이다.

6.14.2 BREAK 명령

- FOR~NEXT 문내에서 루프 프로그램의 실행이 필요한지 확인하여 전체 횟수의 반복이 완료되기 전에 빠져 나오는 기능을 수행한다.
- BREAK 명령은 반드시 FOR~NEXT 문내에서만 사용 가능하다.

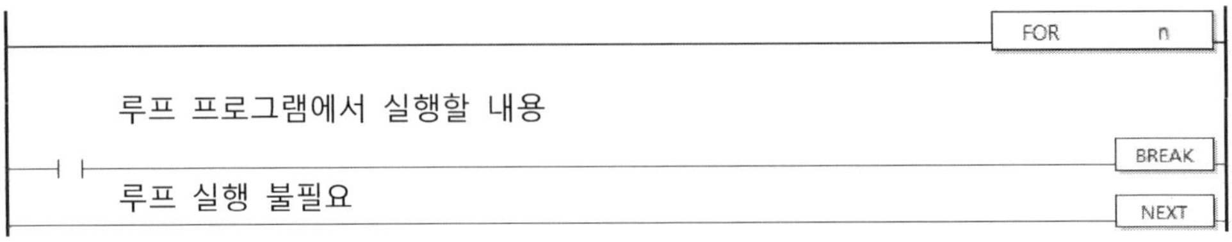

그림 6.46 FOR~NEXT 문과 BREAK 명령

[예제 6-37] 푸시버튼 스위치 P00001을 누르면 1부터 데이터 영역 D00010에 입력된 숫자까지의 누적 합을 구한다.

1부터 입력된 숫자까지의 합을 구하는 기능을 위해 함수화하여 서브루틴 'SUB_SUM'을 호출(CALL)하고, 'FOR ~ NEXT' 루프명령을 사용하여 반복 계산한다. 100까지의 누적 합을 구하기 위해 숫자 입력을 위한 워드 데이터 D00010은 'MOV' 전송명령으로 100으로 초기화하고, FOR ~ NEXT 반복루프의 현재값을 저장하는 더블워드 데이터 D00012는 시작 수 1로, 누적 합을 저장하는 더블워드 데이터 D00014는 0으로 'DMOV' 전송 명령으로 초기화한다.

누적 합을 계산하는 서브루틴 함수 SUB_SUM은 메인 프로그램의 'END' 다음부터, FOR ~ NEXT 루프명령과 데이터 D00014에 D00012를 더해 다시 D00014에 저장하는 누적 합의 결과값이 매우 클 수 있으므로 부호없는 더블워드 덧셈 명령 'DADDU'를 사용하고, 반복할 때마다 D00012를 1씩 증가시키기 위해 'INC' 명령을 사용한다. 두 명령은 값이 증가될 때마다 항상 실행되어야 하므로 입력으로 상시 ON 플래그 F00099를 사용한다.

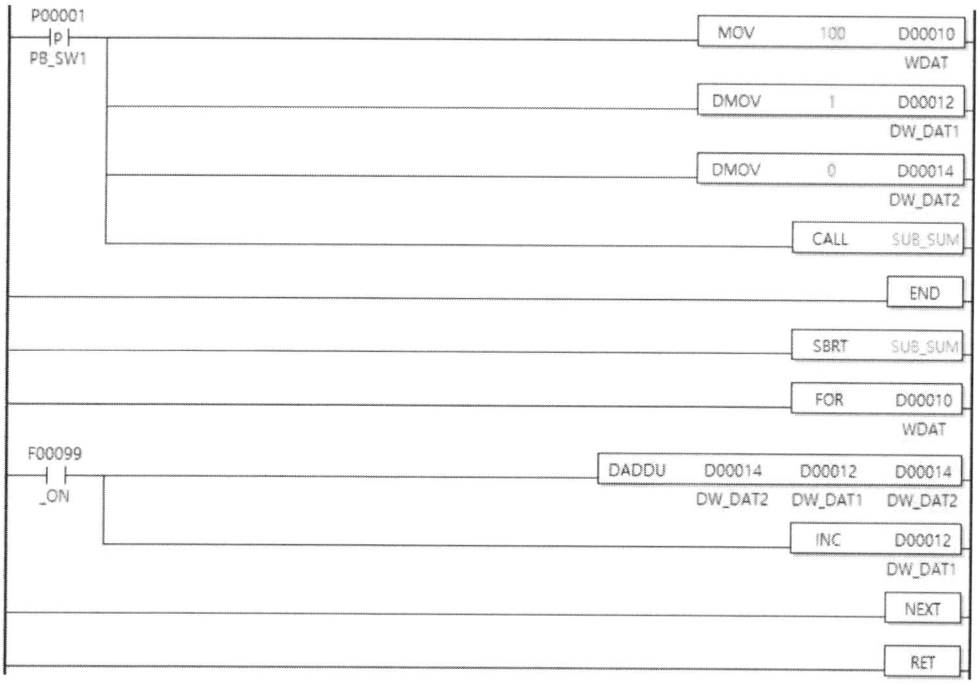

6.15 인덱스

디바이스의 주소를 변경하기 위해 디바이스 주소를 변수로 다루는 것을 인덱스라하며, 메모리의 한 영역에서 다른 영역으로 문자열, 배열 등과 같은 다수 데이터를 연속적으로 복사할 때 사용된다. XGK의 디바이스 중 Z영역이 인덱스 디바이스이며 128개의 인덱스(Z000~Z127)를 사용할 수 있다.

인덱스는 "기준 디바이스[인덱스 디바이스]" 형태로 사용되며, 지정되는 디바이스는 "기준 디바이스 주소+인덱스 디바이스의 데이터"가 된다. 예를 들어 D00000[Z000]으로 인덱스를 사용했을 경우 D00000이 기준 디바이스, Z000이 인덱스 디바이스가 된다. 인덱스 디바이스의 데이터를 변경하면 기준 디바이스[인덱스 디바이스] 전체의 디바이스 주소가 변경된다. 인덱스를 이용하면 한 번에 1워드 이상의 표 데이터를 처리할 수 있다.

인덱스 디바이스의 데이터는 기준 디바이스의 종류에 따라 그 의미가 달라지는데, "워드 디바이스[인덱스]" 형태로 사용되었을 경우 워드 디바이스 인덱스가 되고, "비트 디바이스[인덱스]" 형태로 사용되었을 경우 비트 디바이스 인덱스가 되며, "워드 디바이스[인덱스].비트번호" 형태로 사용되었을 경우 워드 디바이스 인덱스가 된다.

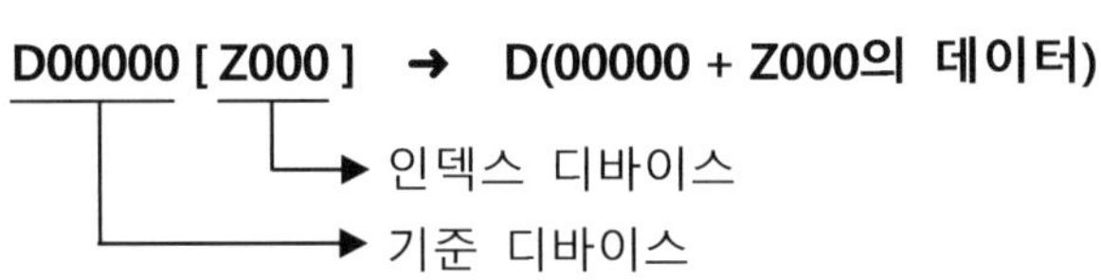

그림 6.47 인덱스

D00000[Z000] → D(00000+170) → D00170
D00000[Z000].A → D(00000+170).A → D00170.A
M0000[Z000] → M(0000+170) → M0170
M00000[Z000] → M(00000+170) → M0010A

예를 들어 인덱스 Z000에 저장되어 있는 데이터가 170일 경우 그림과 같이 워드 디바이스 D00000[Z000]은 D00170, 비트 지정 워드 디바이스 D00000

[Z000].A는 D00170.A를 의미하고, 워드 지정 비트 다바이스 M0000[Z000]은 M0170을 의미하지만, 비트 디바이스 M00000[Z000]의 앞 4자리는 10진수이고 마지막 1자리는 16진수이므로 170번째 비트는 M0010A를 의미한다.

인덱스를 사용할 때 지정된 기준 디바이스의 영역을 초과할 경우 PLC에 심각한 문제를 일으킬 수 있으므로 인덱스의 데이터를 설정할 때 주의해야 한다. 예를 들어 워드 명령어 D15000[Z000]을 사용했을 경우 XGK-CPUE에서 사용가능한 D영역이 D00000~D19999이므로 Z000에 설정할 수 있는 데이터는 -15,000에서 4,999까지이다.

[예제 6-38] 10대의 차를 주차할 수 있는 자동 주차기가 있다. 각 주차기에 차가 주차되면 해당 차량번호가 저장되며, 차가 없으면 0이 저장된다. 운전자가 차량번호를 입력하면 주차된 주차기 번호가 검색되어 출차할 수 있다.

모니터 1

	PLC	프로그램	디바이스/변수	값	타입	변수/디바이스	설명문
1	NewPLC	<GLOBAL>	R00010	1234	WORD	PARK	
2	NewPLC	<GLOBAL>	R00011	2478	WORD		
3	NewPLC	<GLOBAL>	R00012	0	WORD		
4	NewPLC	<GLOBAL>	R00013	4782	WORD		
5	NewPLC	<GLOBAL>	R00014	5120	WORD		
6	NewPLC	<GLOBAL>	R00015	6434	WORD		
7	NewPLC	<GLOBAL>	R00016	2222	WORD		
8	NewPLC	<GLOBAL>	R00017	8725	WORD		
9	NewPLC	<GLOBAL>	R00018	0	WORD		
10	NewPLC	<GLOBAL>	R00019	9364	WORD		
11							

결과 찾기 1 통신 메모리 참조 사용된 디바이스 이중 코일 모니터 1 모니터 2

그림 6.48 자동 주차기에 주차된 차량번호

그림 6.48의 자동 주차기에 주차된 차량번호에서 보는 바와 같이 총 8대의 차가 주차되어 있고, 3번 주차기와 9번 주차기에는 차량이 없다. 차량번호를 저장하는 디바이스 메모리는 정전 시에도 데이터가 보존되는 파일 레지스터 10개(R00010~R00019)를 사용하여 프로그램을 실행한 다음, XG5000 하단의 모니터 창에 R00010~R00019의 10개 차량번호를 그림 6-48의 값으로 입력한다.

운전자가 차량번호를 입력하고 푸시버튼 스위치 P00000을 누르면 MOV 전송 명령으로 메모리 D00010에 저장하고 주차기에서 차량을 검색하는 서브루틴

'FIND_CAR'를 호출한다. 서브루틴 프로그램에서는 FOR~NEXT 문과 인덱스 디바이스를 사용하여 파일 레지스터 R00010~R00019에서 운전자가 입력한 차량번호 '2222'와 일치하는 주차기 번호를 검색한다. 해당 차량이 발견되면 차있음 보조 메모리 M00011을 ON시키고 BREAK 명령을 통해 FOR~NEXT 문을 빠져나가고, FOR~NEXT 문의 10번 반복이 끝나도 차량이 검색되지 않으면 차없음 보조 메모리 M00010이 ON된 채로 메인 프로그램으로 리턴한다. 메인 프로그램에서는 차량이 주차기에 있으면(M00011 ON) 녹색 램프를 점등하고, ADD 명령으로 인덱스 Z000에 1을 더해 실제 주차기 번호를 메모리 D00020에 저장하여 해당 주차기로부터 출차하며, 차량이 없으면(M00010 ON) 적색 램프를 점등한다.

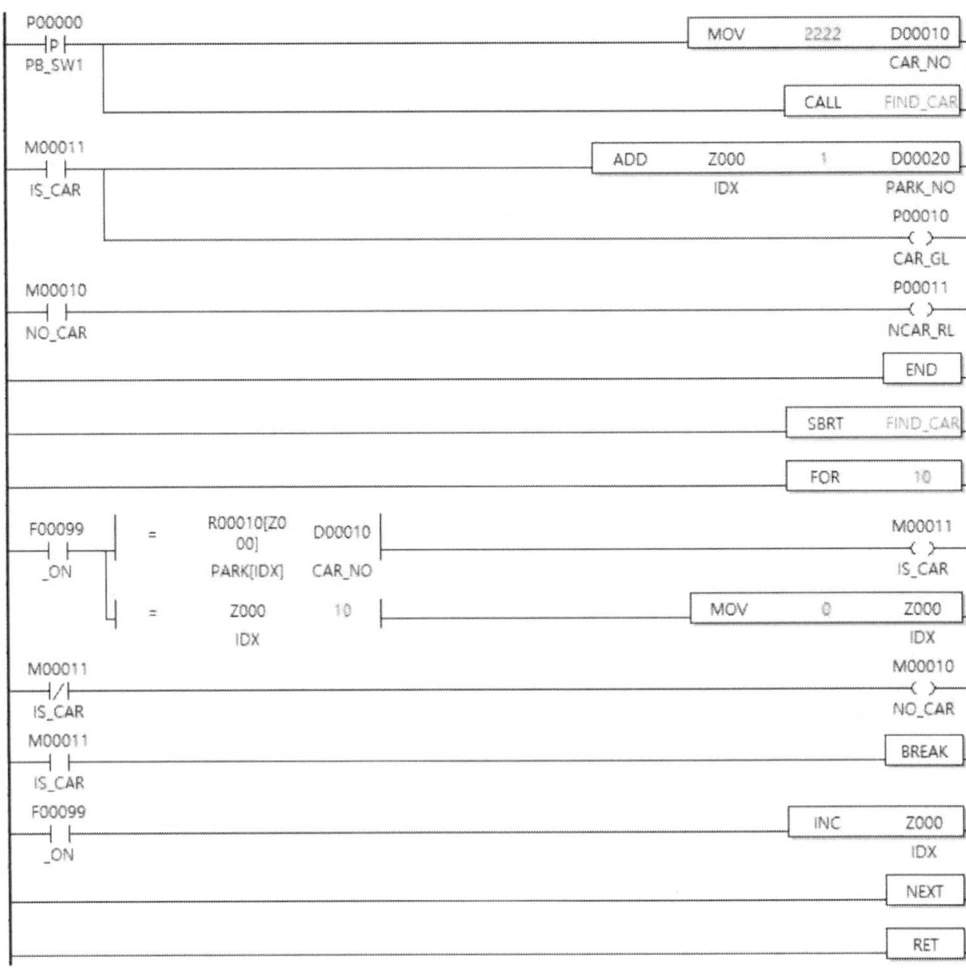

6.16 간접지정 방식(#)

한 디바이스 내에서 지정한 디바이스의 데이터 값이 가리키는 번호(어드레스)의 값을 데이터로 취하는 방식이다. 간접지정 방식을 사용 가능한 디바이스에는 P영역, M영역, K영역, L영역, N영역, D영역, R영역, ZR영역 등이 있다.

그림과 같이 D00020에 저장된 값이 30이므로 간접지정 #D00020을 사용하면 D00020의 값인 30, 즉 D영역의 30번째인 어드레스 D00030을 지정한다. “MOV D00010 #D00020” 명령은 D00010에 저장된 값인 40을 D00020의 값이 지정하는 어드레스 D00030에 저장한다.

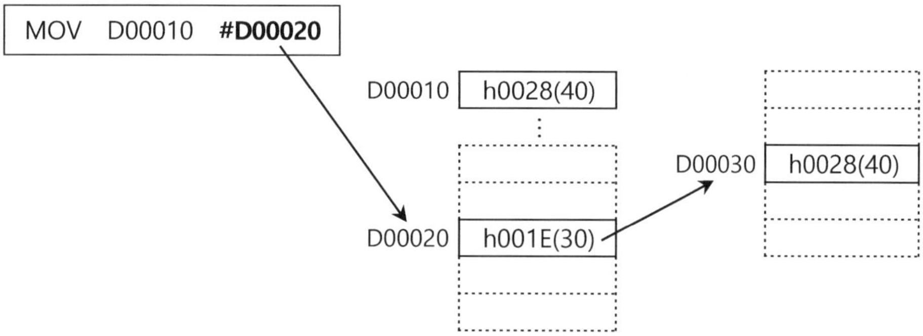

그림 6.49 간접 지정방식

여기서, 간접지정은 사용된 각 디바이스의 범위를 벗어날 수 없다. 즉, #P를 사용해서 M영역을 지정할 수는 없다. 간접지정한 디바이스의 값이 해당 디바이스의 영역을 벗어나는 값이 들어 있을 경우, 연산에러 플래그인 F00110이 ON 된다. 비트, 니블, 바이트의 오퍼랜드에는 간접지정을 사용할 수 없다.

6.17 순차/후입우선 제어 명령

반드시 전 단계가 끝나야만 현 단계를 순차적으로 수행하는 순차제어 명령과 스텝 순서와 관계없이 나중에 프로그램된 것이 우선 출력되는 후입우선 제어명령이 있으며, 스텝제어 디바이스 S를 사용한다.

6.17.1 순차제어

그림과 같이 어떤 건물의 한층에는 윗층으로 올라가는 128개(조)의 계단이 있고, 각 계단은 100개의 발판(스텝)으로 이루어져 있다고 가정하면 순차제어의 특징은 다음과 같다.

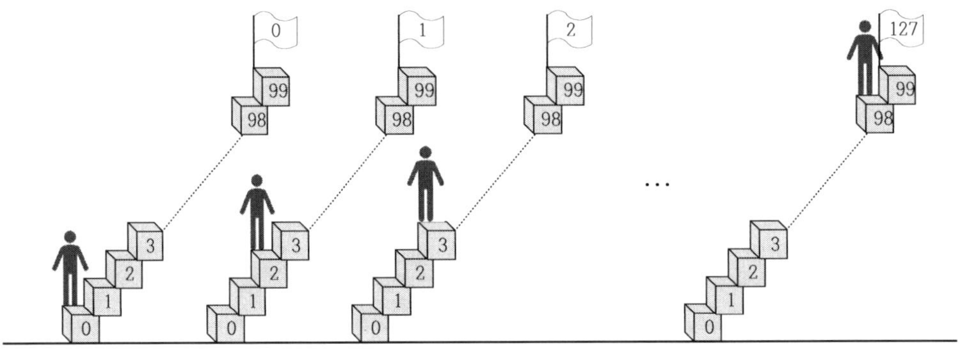

그림 6.50 순차제어

① 128조의 각 계단은 서로 독립적이고, 또한 100개의 각 스텝도 서로 독립적으로 동작한다.

② 각 계단의 100개 스텝 위에는 오직 한 사람만 오를 수 있다.

③ 아래의 스텝을 밟아야만 위쪽의 다음 스텝으로 한 스텝씩 올라갈 수 있다. 즉, 1번 스텝에 올라서기 위해서는 반드시 0번 스텝에 있어야 하며, 역시 99번 스텝에 올라서기 위해서는 98번 스텝에 있어야 한다. 반대로 스텝을 내려갈 수는 없다.

④ 일단 현재의 스텝에 올라서면 다음 스텝으로 올라서기 전까지는 입력에 관계없이 자기유지되어 계속 ON 상태를 유지한다.

- 형식 : [SET Sxxx.yy]
- xxx는 조 번호(0~127), yy는 스텝 번호(0~99)
- 같은 조내에서 바로 이전 스텝이 ON된 상태에서 현재 스텝의 입력조건이 ON 되면 현재 스텝이 ON되고 이전 스텝은 OFF된다.
- 스텝이 한번 ON되면 자기유지되어 입력이 OFF되어도 ON상태를 계속 유지한다.
- 같은 조내에서 다수 입력조건이 동시에 ON되어도 오직 하나의 스텝만 ON된다.
- 초기 RUN 모드 운전시 Sxxx.00은 ON되어 있다.
- SET Sxxx.yy 명령은 Sxxx.00의 입력조건을 ON시킴으로써 클리어된다.

[예제 6-39] S001 조를 이용한 순차제어

순차제어는 바로 이전 스텝의 상태가 ON이고 자신의 입력조건이 ON이면 출력된다. 프로그램에서 S001 조의 스텝번호 1이 끝나야만 스텝번호 2가 수행되고, 또 스텝번호 3이 끝나야만 다시 스텝번호 1이 순차적으로 수행된다. 입력접점 P00003을 누르면 S001.00을 ON시킴으로써 S001 조를 클리어한다.

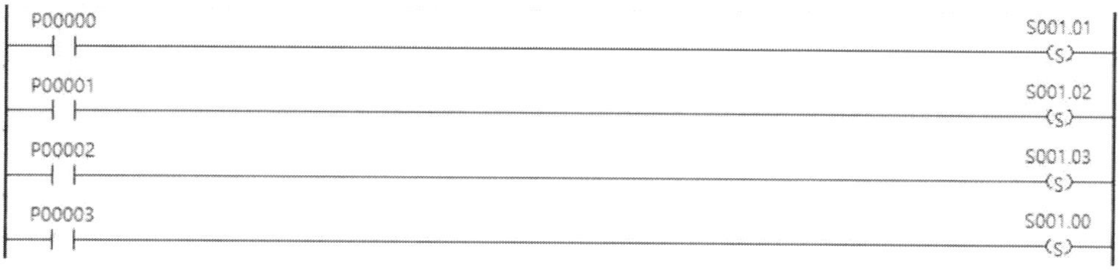

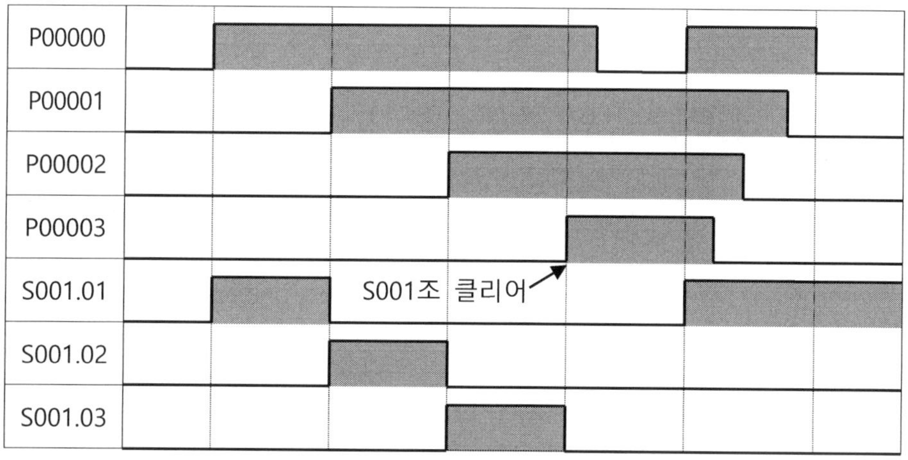

6.17.2 후입우선 제어

- 형식 : [OUT Sxxx.yy]
- 순차제어와 달리 스텝 순서에 관계없이 입력조건이 ON되면 해당 스텝이 출력된다.
- 같은 조내에서 다수의 입력조건이 동시에 ON되어도 스텝 순서에 관계없이 가장 나중에 프로그램된 하나의 스텝 번호만 ON된다.
- 스텝이 한번 ON되면 자기유지되어 입력조건이 OFF되어도 ON 상태를 계속 유지한다.
- OUT Sxxx.yy 명령은 Sxxx.00의 입력조건을 ON시킴으로써 클리어된다.

[예제 6-40] S002 조를 이용한 후입우선 제어

후입우선 제어는 다수의 입력조건이 동시에 ON되어도 스텝 순서에 관계없이 가장 나중에 프로그램된 하나의 스텝번호만 ON된다. 프로그램에서 P00000, P00001, P00002, P00003 입력접점이 하나씩 ON되어 스텝이 자기유지되어 모두 ON되면 가장 나중에 프로그램된 P00003에 의해 S002.00이 ON되므로 S002 조가 클리어된다.

순 번	P00000	P00001	P00002	P00003
1	ON			
2	ON	ON		
3	ON	ON	ON	
4	ON	ON	ON	ON

➡

S002.01	S002.23	S002.98	S002.00
ON			
	ON		
		ON	
			ON

6.18 사용자 펑션/펑션블록

PLC에서는 사용자가 자주 사용하는 복잡한 로직의 프로그램을 하나의 명령어처럼 편집하여 사용할 수 있으며, 하나의 프로젝트에서 작성한 명령어는 “Export/Import” 기능을 통해 다른 프로젝트에도 사용할 수 있다. 이처럼 사용자가 자주 사용하는 프로그램을 하나의 명령어처럼 만든 것을 사용자 ‘펑션’ 또는 ‘펑션블록’이라 하며, 이 기능을 사용함으로써 복잡한 로직의 프로그램을 여러 번 반복하여 편집해야 하는 불편을 줄일 수 있고, 또한 사용자의 프로그램 핵심 기술을 보호할 수 있다.

사용자 펑션은 펑션에서 사용하는 데이터 메모리를 한 번만 할당받고 호출에 의해 프로그램이 참조된다. 즉, 사용자 펑션의 경우 프로그램에서 여러 번 반복해서 사용하더라도 데이터 메모리 사용량이 증가하지 않는다. 반면 사용자 펑션블록의 경우 프로그램에서 펑션블록을 등록할 때 마다 데이터 메모리가 할당되므로 프로그램에서 동일한 펑션블록을 여러 번 사용할 경우 데이터 메모리의 사용량이 증가하게 된다. 따라서 스캔시간 이내에 연산이 완료되고, 데이터의 누적이 필요없을 경우 펑션을 사용하는 것이 유리하고, 여러 스캔에 걸쳐 연산이 이루어지거나 데이터의 누적이 필요한 경우 펑션블록을 사용한다.

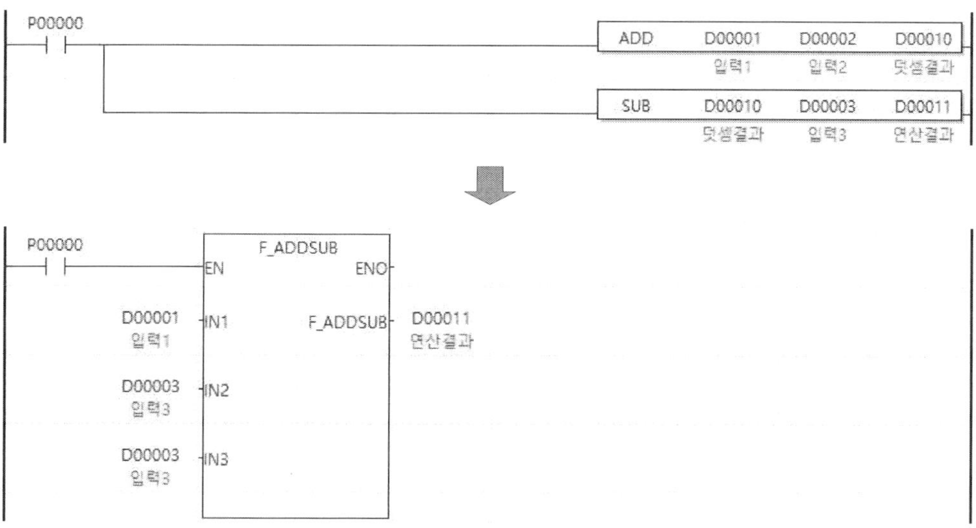

그림 6.51 펑션/펑션블록의 사용

3개의 데이터를 입력받아 "입력1 + 입력2 - 입력3" 의 결과를 계산하는 프로그램을 그림 6.51의 윗부분과 같이 래더 다이어그램을 이용하여 작성할 때 계산 과정에서 생성되는 임시 결과를 저장하는 메모리를 별도로 사용해야 하고, 동일한 연산을 여러 번 반복할 경우 동일한 프로그램을 반복하여 작성해야 하고, 그 때마다 임시 결과를 저장하는 변수를 사용해야 한다. 그러나 그림의 아래 부분과 같이 동일한 로직을 하나의 명령어로 만들어 사용한다면 임시 결과를 저장할 메모리를 사용하지 않아도 되고, 여러 번 사용할 경우에도 명령어만 호출하여 변수만 편집하면 된다.

6.18.1 사용자 펑션/펑션블록의 작성

사용자 펑션과 펑션블록을 사용하기 위해서는 디바이스 자동할당을 사용하는 프로젝트를 구성해야 한다.

① 프로젝트 메뉴에서 '새 프로젝트'를 선택하면 활성화되는 '새 프로젝트' 창에서 각 항목들을 입력하고, '프로그래밍 형식'에 'XGK 프로그래밍(자동할당)'을 선택한다.

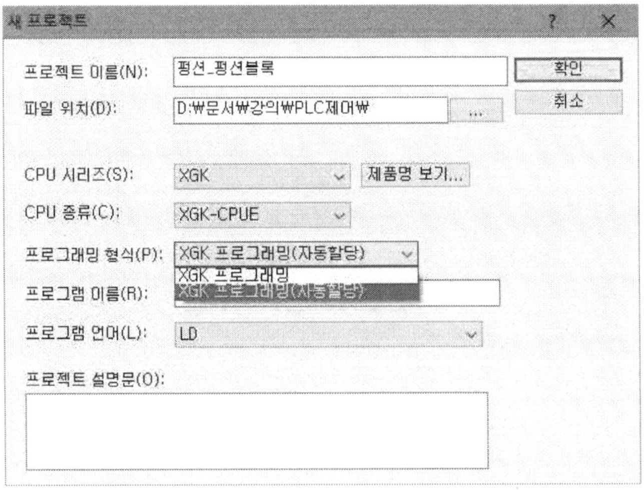

그림 6.52 디바이스 자동할당 프로젝트의 구성

② 디바이스 자동할당이 선택된 프로젝트가 구성되면 프로젝트 창에 '글로벌/직접변수' 항목이 생성되고, 파라미터에는 '디바이스 자동할당 파라미터'가 추가된다. 또한, 각 스캔 프로그램은 '로컬변수'와 '프로그램' 항목으로 나누어진다. 스캔 프로그램의 하단에는 '사용자 펑션/펑션블록' 항목이 표시된다.

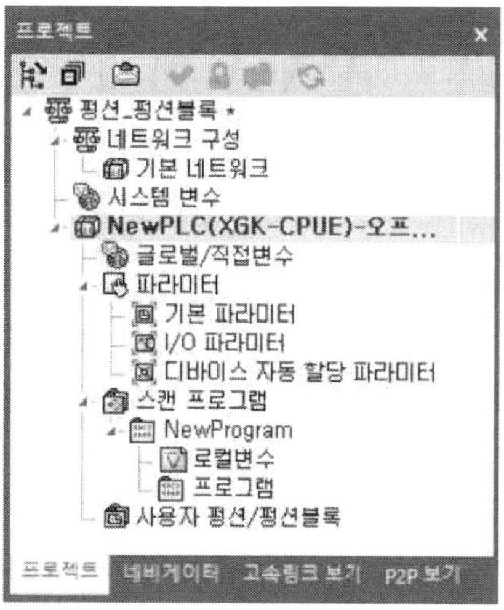

그림 6.53 디바이스 자동할당 프로젝트 창

③ 디바이스 자동할당이란 내부 데이터 메모리 영역인 D, M, C, T 영역의 일부를 디바이스 주소가 아닌 사용자가 편집하는 변수 데이터를 저장하는 영역으로 사용하는 기능이다. 따라서 D, M, C, T 영역 중 자동할당 영역으로 사용할 메모리 영역을 디바이스 자동할당 파라미터에서 설정해주어야 한다. 자동할당 디바이스로 설정된 영역은 프로그램에서 디바이스 주소를 이용하여 접근할 수 없다.

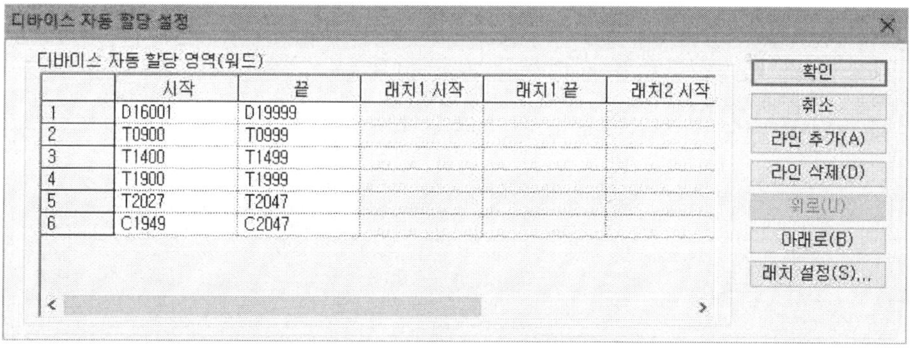

그림 6.54 디바이스 자동할당 설정

④ 글로벌 변수와 로컬 변수

- XGK PLC는 최대 256개의 프로그램 블록으로 나누어 프로그램을 작성할 수 있다. 여러 개의 프로그램 블록이 등록된 프로젝트에서 한 개의 프로그램 블록에서만 접근 가능한 변수가 로컬 변수이고, 여러 개의 프로그램 블록에서 접근 가능한 변수가 글로벌 변수이다. 자동할당 변수가 아닌 경우 어떤 프로그램 블록에서도 디바이스 주소를 이용하여 접근할 수 있기 때문에 글로벌 변수로 등록하지 않아도 프로젝트에 등록된 모든 프로그램에서 접근할 수 있다.
- 글로벌 변수를 사용하기 위해서는 로컬 변수 등록 시 변수 종류를 'VAR_GLOBAL'로 설정하면 자동으로 글로벌 변수로 등록된다.

6.18.2 사용자 펑션/펑션블록의 등록

① 프로젝트 창에서 사용자 펑션/펑션블록을 선택한 후 마우스 오른쪽 버튼을 눌러 표시되는 팝업 메뉴에서 항목 추가를 선택하고, '펑션'과 '펑션블록' 중에서 선택한다.

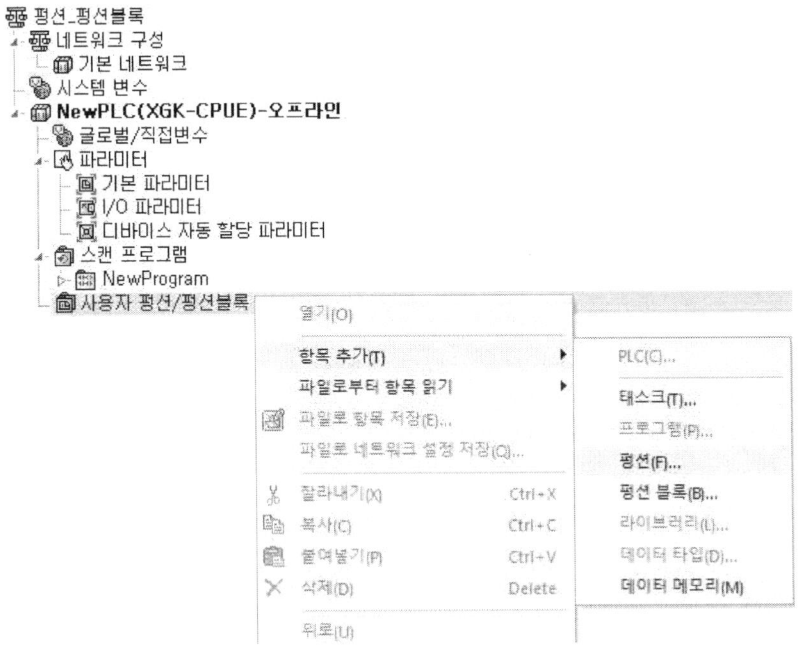

그림 6.55 사용자 펑션/펑션블록 선택

② ‘사용자 펑션/펑션블록’ 창에서 다음 항목들을 설정한다.

- 이름 : 사용자 펑션/펑션블록의 이름을 입력한다. 펑션을 선택했을 경우 이름은 프로그램에서 출력변수로 자동 등록된다.
- 언어 : 펑션은 하나의 프로그램이므로 사용할 언어를 선택한다.
- EN/ENO 사용 : EN은 펑션의 실행조건이고, ENO는 펑션의 정상 실행여부를 출력하는 변수이다. ‘EN/ENO 사용’을 선택하면 펑션의 첫 입력항목이 EN이고 첫 출력항목이 ENO이다.

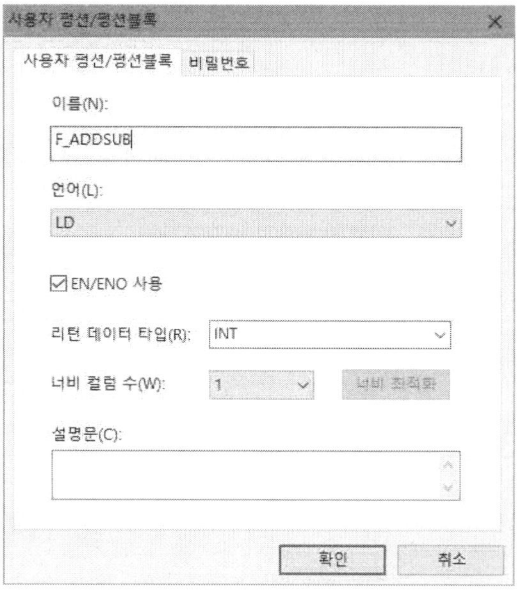

그림 6.56 사용자 펑션/펑션블록 창

- 리턴 데이터 타입 : 사용자 펑션을 등록할 경우에만 활성화된다. 사용자 펑션 프로그램의 연산결과를 외부 프로그램으로 전달할 변수를 리턴 변수라고 하고 리턴 변수의 데이터 타입을 지정한다. 펑션블록의 경우는 리턴 변수를 선언하지 않고 프로그램에서 편집한 변수를 이용하여 펑션블록의 연산결과를 외부 프로그램으로 전달할 수 있다.
- 너비 컬럼 수 : 사용자 펑션을 외부 프로그램에서 호출했을 때 XG5000 화면에 표시될 컬럼의 수를 지정한다. 변수의 문자 수가 길 경우는 컬럼 수를 증가시켜 주는 것이 좋다.
- 설명문 : 펑션/펑션블록에 대한 설명문을 입력한다.

③ 사용자 펑션/펑션블록 창의 ‘비밀번호’ 탭을 선택하면 사용자 펑션/펑션블록에 대해 비밀번호를 설정할 수 있다. 이 비밀번호는 사용자 펑션/펑션블록 프로그램을 XG5000에서 열 때 적용됨으로써 사용자의 프로그램 핵심 기술을 보호하는데 사용할 수 있다. ‘PLC로부터 소스 읽기 불가’를 선택하여 PLC로 전송하면 다른 사용자가 프로그램을 PLC로부터 읽기를 수행했을 때 사용자 펑션/펑션블록의 소스는 PLC에서 읽혀지지 않는다.

6.18.3 사용자 펑션/펑션블록 변수

① 프로젝트 창에서 등록된 사용자 펑션/핑션블록의 로컬변수를 더블 클릭하면 로컬변수 탭이 표시된다. 펑션/펑션블록 등록 단계에서 EN/ENO 사용을 선택했으면 블록도에 'EN'과 'ENO'가 표시된다. 또한, 펑션의 경우 펑션 이름과 동일한 변수가 'VAR_RETURN' 으로 등록되어 있다.

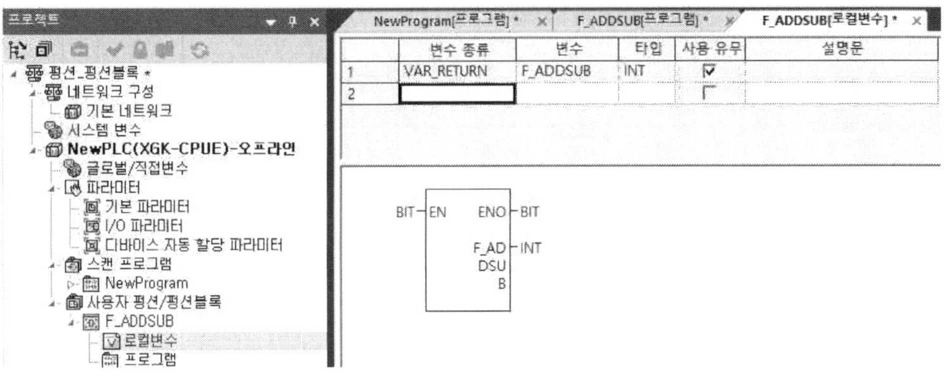

그림 6.57 사용자 펑션/펑션블록의 로컬변수

② 로컬변수 탭에서 변수 종류를 클릭하면 선택할 수 있는 변수의 종류가 나타난다. 펑션/펑션블록에서 사용하는 변수는 모두 자동할당 영역에 할당되므로 디바이스 자동할당 파라미터에서 자동할당 영역을 너무 작게 설정하면 사용할 수 있는 메모리 영역에 제한이 있을 수 있다. 특히 스캔 프로그램에서 펑션블록을 등록할 때마다 메모리가 할당되므로 펑션블록을 사용할 경우 디바이스 자동 할당 파라미터에서 자동 할당영역을 충분히 확보해 주어야 한다.

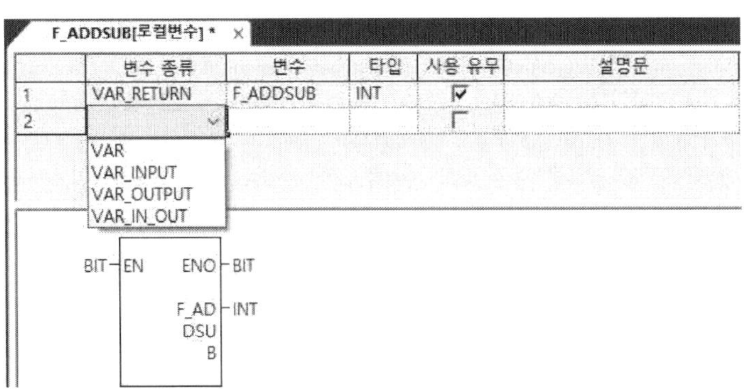

그림 6.58 사용자 펑션/펑션블록의 변수 종류

- VAR : 펑션/펑션블록 프로그램에서 사용하는 읽고, 쓰기가 가능한 변수이다.
- VAR_INPUT : 스캔 프로그램에서 펑션/펑션블록으로 데이터를 전달하는 입력변수이다. 펑션 프로그램 내부에서는 읽기전용으로 사용된다. VAR_INPUT 변수를 등록하면 펑션/펑션블록 블록도의 좌측 입력측에 변수가 표시된다.
- VAR_OUTPUT : 펑션/펑션블록에서 연산한 결과를 스캔 프로그램으로 전달하는 출력변수이다. VAR_OUTPUT 변수를 등록하면 펑션/펑션블록 블록도의 우측 출력측에 변수가 표시된다.
- VAR_IN_OUT : 스캔 프로그램에서 펑션/펑션블록으로 데이터를 전달하고, 펑션/펑션블록에서 연산한 결과를 다시 스캔 프로그램으로 전달할 때에도 사용되는 변수이다. VAR_IN_OUT 변수를 등록하면 펑션/펑션블록 블록도의 좌측 입력측과 우측 출력측 모두에 변수가 표시된다.

③ 그림과 6.59와 같이 변수를 등록한다. 펑션/펑션블록 블록도에서 보면 리턴변수 'F_ADDSUB'는 여러 줄로 표시된다. 이 F_ADDSUB를 한 줄에 표시하고자 할 경우에는 프로젝트 창의 사용자 펑션/펑션블록 항복 아래의 펑션/펑션블록 이름을 선택한 후 마우스 오른쪽 버튼을 누르고 팝업 메뉴에서 등록정보를 선택한 후 너비 컬럼 수를 변경하거나 '너비 최적화' 버튼을 누르면 펑션/펑션블록의 너비가 넓어지면서 변수 이름이 한 줄로 표시된다.

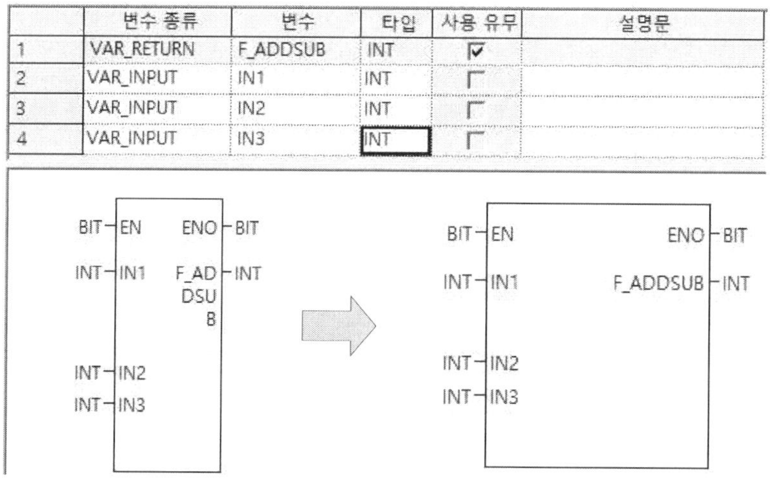

그림 6.59 사용자 펑션/펑션블록의 너비 조정

6.18.4 사용자 펑션/펑션블록 프로그래밍

다음 그림과 같이 프로그램을 작성한다. 펑션/펑션블록에서 ADD 명령과 SUB 명령의 조건으로 사용된 상시 ON 플래그 '_ON'은 스캔 프로그램에서 사용하는 상시 ON 플래그와 달리 펑션/펑션블록의 실행조건이 ON되었을 때를 의미한다.

	변수 종류	변수	타입	사용 유무	설명문
1	VAR_INPUT	IN1	INT	☑	
2	VAR_INPUT	IN2	INT	☑	
3	VAR_INPUT	IN3	INT	☑	
4	VAR_RETURN	F_ADDSUB	INT	☑	
5	VAR	ADD_RSLT	INT	☑	

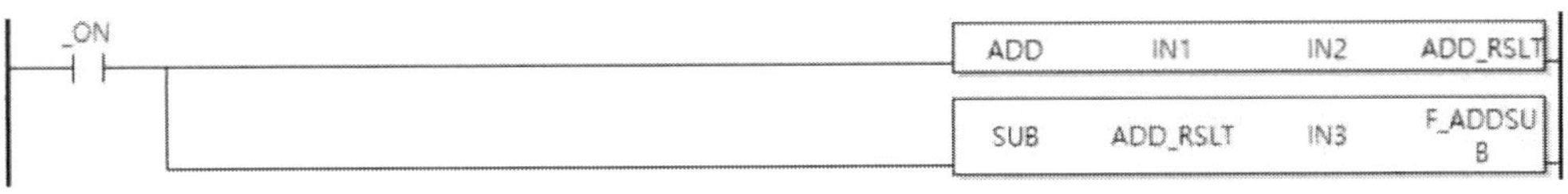

그림 6.60 사용자 펑션/펑션블록 프로그램 작성

6.18.5 사용자 펑션/펑션블록의 사용

① 스캔 프로그램에서 펑션/펑션블록을 사용할 경우 단축키 "SHIFT+F7"을 누르거나 확장펑션 도구바 을 선택한다.

② 프로그램 창에서 마우스를 클릭하여 '펑션/펑션 블록' 창이 표시되면 펑션 리스트에는 펑션/펑션블록만 나타난다. 이름 항목에 사용하고자 하는 펑션의 이름을 입력하거나 펑션 리스트에서 선택한다.

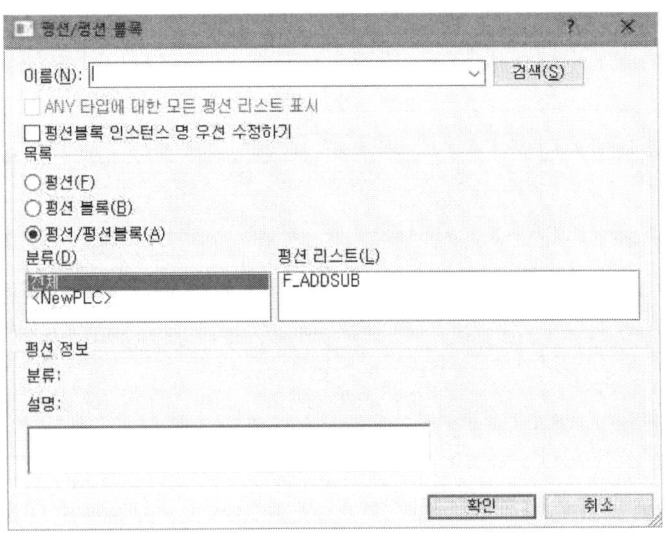

그림 6.61 사용자 펑션/펑션블록의 사용

③ 펑션/펑션블록을 프로그램 창에 등록한 후 입력변수와 출력변수를 설정한다.

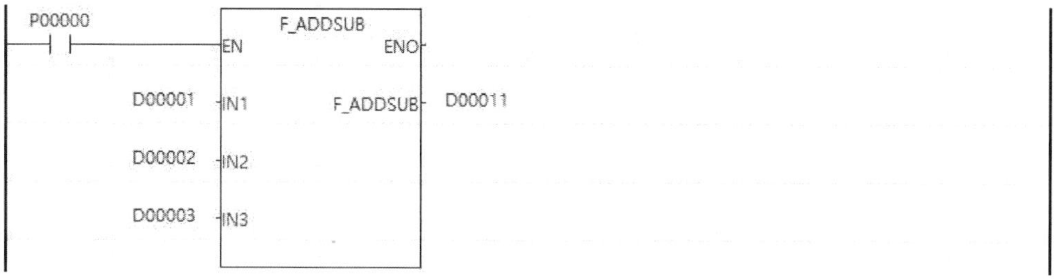

④ 프로그램을 PLC로 전송하고 PLC를 RUN시킨 후, 입력변수의 데이터를 아래 그림과 같이 설정하면 결과가 출력변수 F_ADDSUB를 통해 출력된다.

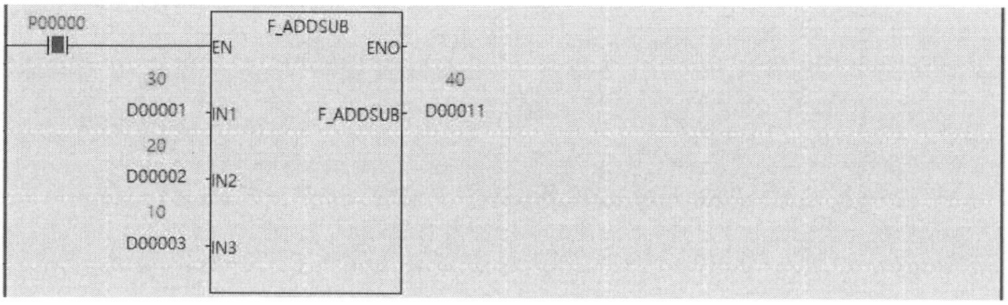

⑤ 사용자 펑션/펑션블록 모니터링 : 사용자 펑션/펑션블록을 선택하고, 마우스 오른쪽 버튼을 눌러 표시되는 팝업 메뉴에서 '사용자 펑션/펑션블록 열기'를 선택하면 펑션/펑션블록 프로그램이 모니터링 데이터와 함께 표시된다. 이와 같이 펑션/펑션블록 프로그램도 모니터링할 수 있으므로 펑션/펑션블록의 디버깅이 가능하다. 단, 펑션/펑션블록 프로그램의 런 중 수정은 지원하지 않는다.

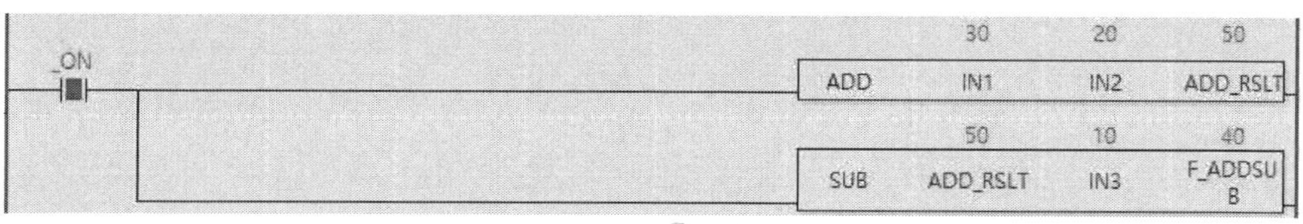

⑥ 사용자 펑션/펑션블록 리프레시 : 사용자 펑션/펑션블록이 스캔 프로그램에 등록된 상태에서 사용자 펑션/펑션블록 프로그램이 변경되었을 경우 '사용자 펑션/펑션블록 리프레시'를 실행해야 변경된 펑션/펑션블록 프로그램의 내용이 스캔 프로그램의 사용자 펑션/펑션블록에 반영된다.

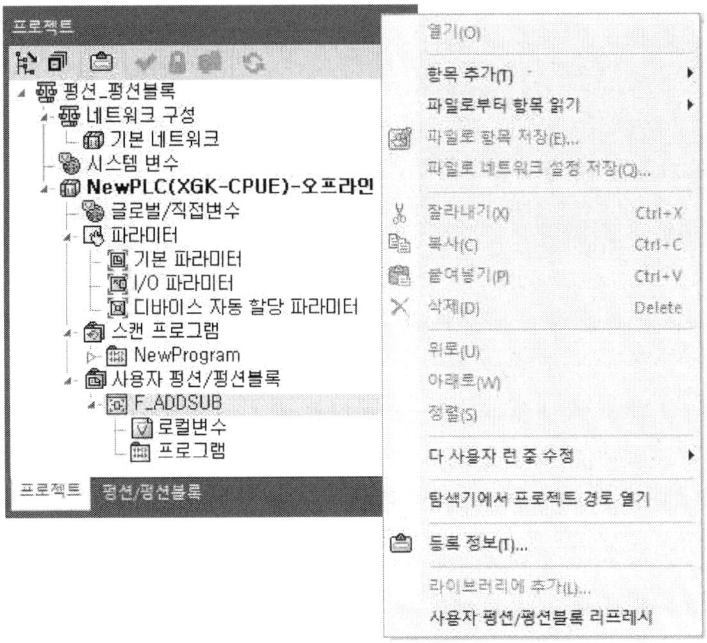

그림 6.62 사용자 펑션/펑션블록 리프레시

⑦ 스캔 프로그램에서 동일한 사용자 펑션이 두 개 이상 실행되고 있을 경우 펑션 프로그램에서 모니터링되는 데이터는 현재 입력 데이터가 아닐 수 있다. 그림에서 보는 바와 같이 스캔 프로그램의 첫 번째 펑션에서 입력되는 데이터는 각각 '30, 20, 10' 이지만 펑션 프로그램에서 모니터링되는 데이터는 스캔 프로그램의 두 번째 펑션 입력 데이터인 각각 '1, 3, 2' 이다. 그 이유는 펑션이 스캔 프로그램에서 등록되는 회수와 관계없이 한번만 할당받기 때문에 첫 번째 펑션이 실행될 때는 첫 번째 입력 데이터를 이용하여 결과를 출력하고 두 번째 펑션이 실행될 때는 두 번째 입력 데이터를 이용하여 결과를 출력하기 때문이다.

XG5000에서 모니터링되는 데이터는 SCAN END의 데이터이므로 두 번째 입력 데이터 및 그에 따른 연산결과가 모니터링 되는 것이다. 그러나 펑션은 스캔 프로그램에 등록될 때마다 메모리를 할당받기 때문에 동일한 펑션이 여러 번 사용되더라도 각 펑션의 입력 데이터 및 그에 따른 연산결과가 모니터링된다.

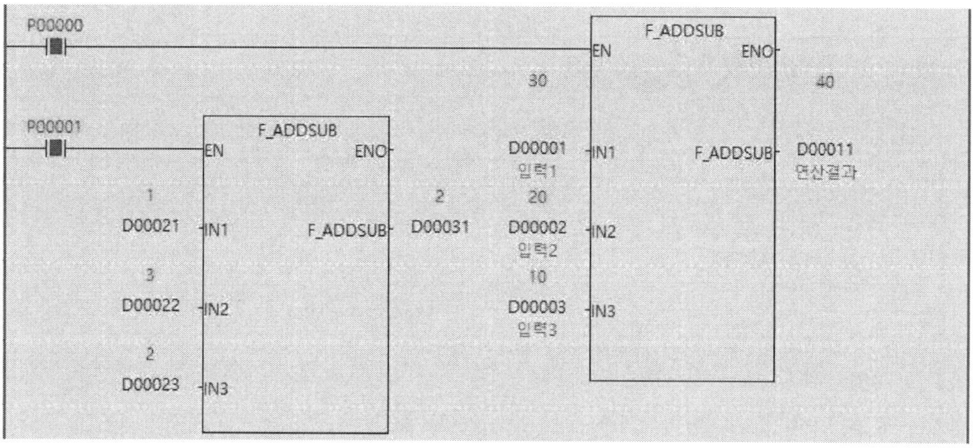

a) 스캔 프로그램

b) 사용자 펑션 프로그램

그림 6.63 사용자 펑션 모니터링

6.18.6 사용자 펑션/펑션블록의 저장

프로젝트 창에서 사용자 펑션/펑션블록의 이름을 선택하고 마우스 오른쪽 버튼을 눌러 표시되는 팝업메뉴에서 '파일로 항목저장'을 선택하여 펑션/펑션블록을 파일(*.fnk)로 저장한다.

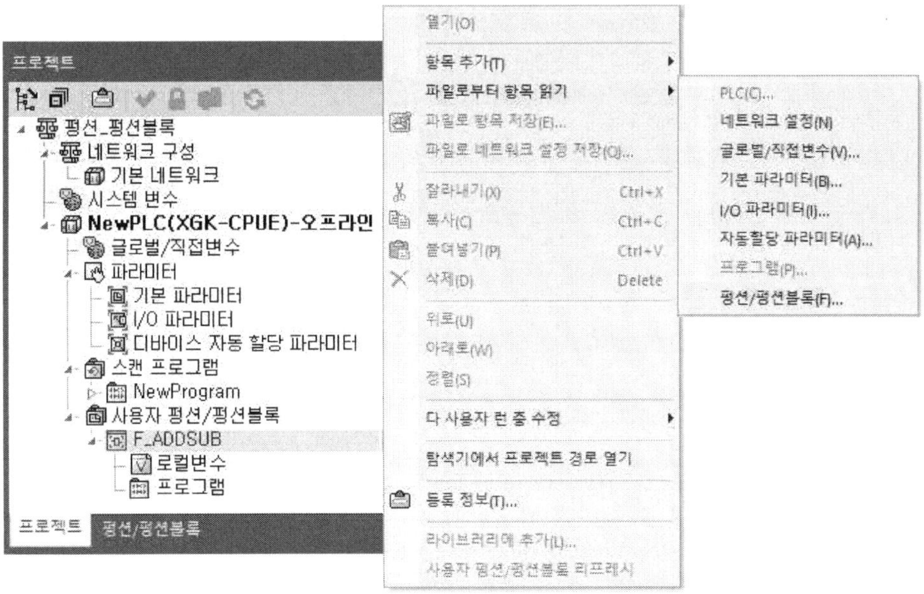

그림 6.64 사용자 펑션/펑션블록의 불러오기

6.18.7 사용자 펑션/펑션블록의 불러오기

새 프로젝트를 XGK 프로그래밍(자동할당)으로 구성한 후 프로젝트 창에서 사용자 펑션/펑션블록을 선택하고 마우스 오른쪽 버튼을 눌러 표시되는 팝업 메뉴에서 '파일로부터 항목 읽기'를 선택하고 펑션/펑션블록을 선택하여 펑션/펑션블록 파일(*.fnk) 또는 프로그램 파일(*.src)을 찾아 불러온다.

7장

PLC 제어 실습

주어진 실습과제에 따라 제어목적을 달성하기 위해 PLC 프로그램을 작성하는 순서는 다음과 같다.

① '동작설명'과 '타임차트'에 따라 PLC의 동작을 확실하게 정의한다.

② 입력과 출력을 결정하고 입출력 접점을 할당한다.

③ 필요할 경우 진리표를 작성하거나, 보조 메모리, 타이머, 카운터 등을 추가하고 디바이스를 할당한다.

④ XG5000의 '변수/설명' 창에 입력, 출력, 보조 메모리, 타이머, 카운터 등으로 '구성요소'를 작성한다.

⑤ 기능이 필요한 경우 자기유지회로와 인터록회로를 추가한다.

⑥ 엑셀(Excel)을 이용하여 '전체 타임차트'를 작성하고, 각 출력별로 논리식을 구한 다음, 수식을 통해 논리식을 검증한다.

⑦ 필요할 경우 카르노맵을 이용하여 논리식을 간략화한다.

⑧ 구성요소와 논리식에 따라 LD 프로그램을 작성한다.

⑨ 시퀀스회로의 경우는 회로를 반시계 방향으로 90도 회전시킨 다음, 직접 LD 프로그램으로 변환한다.

[실습과제 7-1] 3로 스위치

(1) 동작설명

그림과 같이 긴 복도나 계단의 한 쪽 끝에 있는 스위치를 조작하면 녹색 램프가 점등되거나 소등되며, 다른 쪽 끝에 있는 스위치를 조작하면 녹색 램프가 점등되어 있으면 소등되고, 반대로 소등되어 있으면 점등되는 3로 스위치의 동작을 구현해 본다.

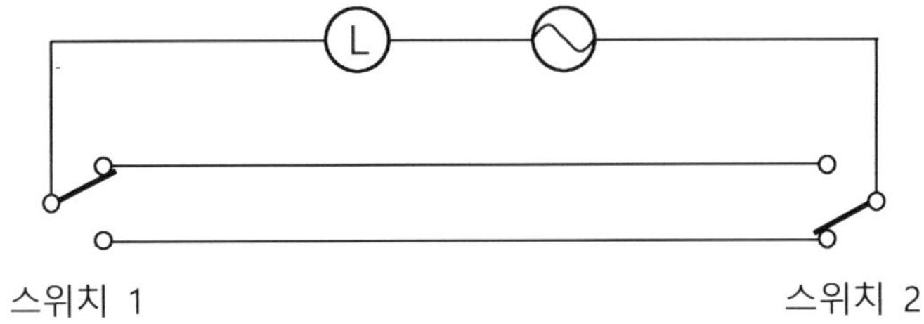

그림 7.1 3로 스위치

(2) 타임차트

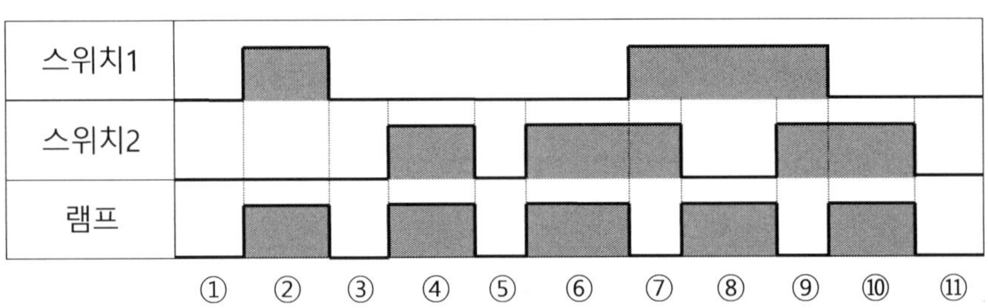

(3) 구성요소

연 번	요 소	디바이스	변 수	설 명
1	입력	P00000	TG_SW1	토글 스위치1
2		P00001	TG_SW2	토글 스위치2
3	출력	P00010	GL1	녹색 램프1

(4) 엑셀을 이용한 전체 타임차트

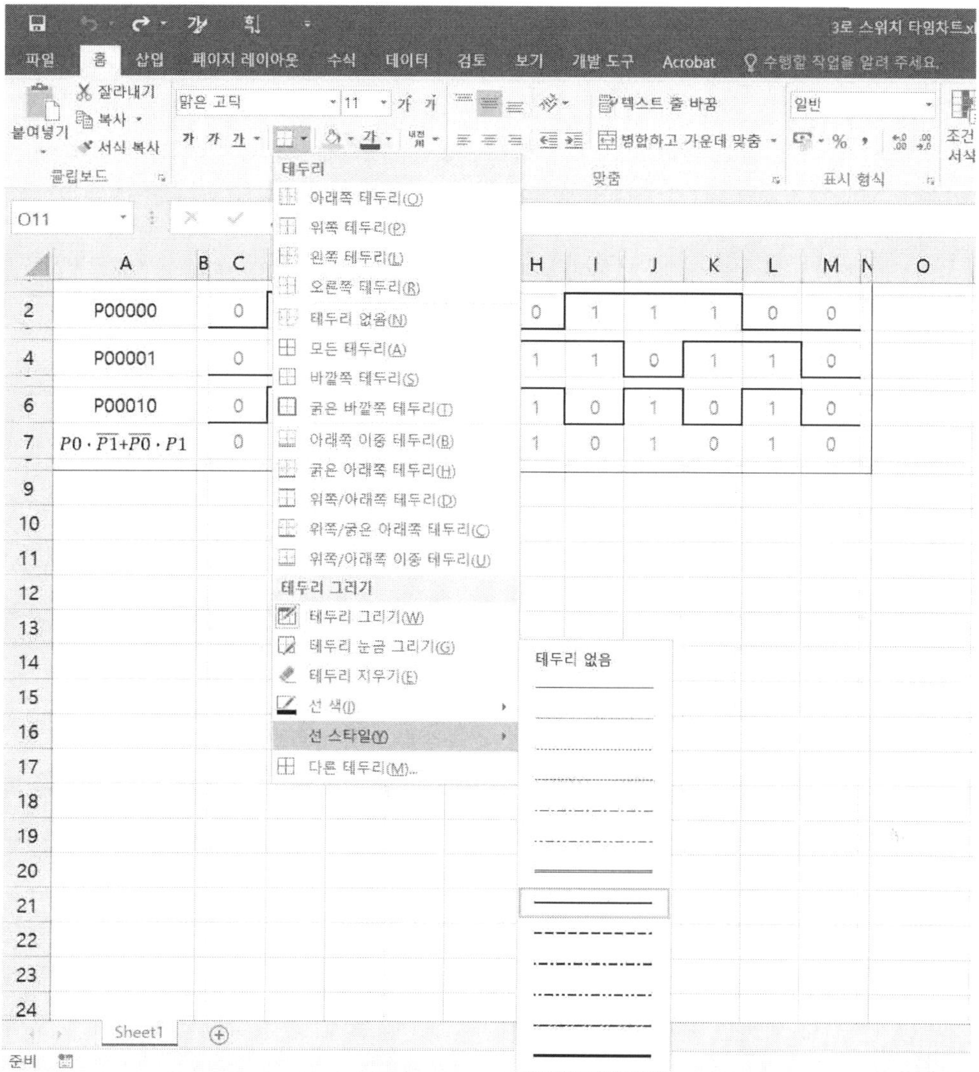

엑셀(Excel)을 이용하여 타임차트에 주어진 파형을 그리고 논리식을 구한 다음 엑셀 함수를 이용하여 논리식을 검증할 수 있다. 먼저 A열의 2행, 4행, 6행에 타임차트의 스위치1, 스위치2, 램프에 해당하는 구성요소의 디바이스 P00000, P00001, P00010을 입력하고, 타임차트의 11칸의 변곡점에 따라 엑셀도 'C'열부터 'M'열까지 11열의 비트값(0/1)을 직접 입력한 다음, 그에 맞게 선으로 파형을 그려준다.

파형은 '홈' 메뉴에서 먼저 '선 색'과 '선 스타일'로 선의 색깔과 굵기를 지정한 다음, '테두리 그리기'와 '테두리 지우기'를 실행하고, 마우스 왼쪽 버튼으로 테두리를 선택하여 선을 그리거나 지울 수 있다.

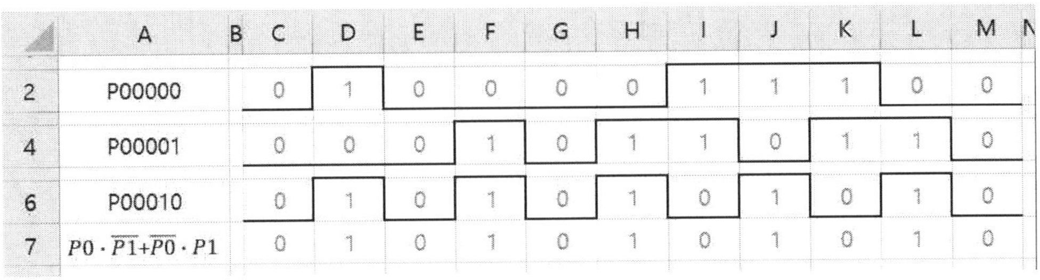

엑셀 파형으로부터 출력에 대한 논리식을 구하기 위해 출력의 상태가 1인 경우에 입력들의 상태로부터 NOT, AND, OR로 이루어진 논리를 찾아낸다. 출력 P00010이 1인 경우는 총 5가지 경우이지만 중복을 제거하면, "입력 P00000이 1이고 입력 P00001이 0이거나 입력 P00000이 0이고 입력 P00001이 1"인 2가지 경우이다. 여기서, 입력의 상태가 '1' 이면 입력 디바이스를 그대로 쓰고, 입력의 상태가 '0' 이면 입력 디바이스에 NOT 논리를 붙이고, '이고' 는 AND 논리로 바꾸고, '이거나' 는 OR 논리로 바꿔 논리식으로 표현하면 다음과 같다. 엑셀에서 NOT에 해당하는 $\overline{P00000}$, $\overline{P00001}$ 을 표현하기 어려우면 밑줄 $\underline{P00000}$, $\underline{P00001}$ 로 표시할 수 있고, AND 연산자 ' • '는 생략해도 된다.

논리식 : "$P00010 = P00000 \bullet \overline{P00001} + \overline{P00000} \bullet P00001$"

그림과 같이 출력 P00010 바로 아래의 7행 A열에 논리식을 쓰고, 이를 검증하기 위해 7행 C열에 다음과 같이 논리식에 해당하는 엑셀 함수식을 입력하면 0 또는 1로 비트값이 표시된다. 나머지 D열부터 M열까지는 상기 C열의 수식을 복사한 다음 붙여넣기를 반복하면 0 또는 1의 비트값이 표시된다. 결국 C열부터 M열까지 6행과 7행을 비교하여 모든 비트값이 같으면 논리식은 맞는 것으로 검증된 것이다. 검증이 끝나면 마지막으로 논리식을 5장의 기본회로에 의해 XG5000에서 LD 프로그램으로 변환한다.

엑셀 함수식 : "=IF(OR(AND(C2, NOT(C4)), AND(NOT(C2), C4)), 1, 0)"

[실습과제 7-2] 탱크 수위제어

(1) 동작설명

저수위, 중수위, 고수위의 3개의 센서가 부착된 물 탱크에 두 대의 펌프를 이용하여 물 탱크의 수위를 저수위에서 고수위 사이로 유지한다. 저수위 센서만 감지되었을 때는 두 대의 펌프를 모두 가동하고, 중수위와 저수위 2개의 센서가 감지되면 1대의 펌프만 가동하며, 고수위, 중수위, 저수위까지 3개의 센서가 모두 감지되면 두 대의 펌프를 모두 정지시킨다. 센서가 하나도 감지되지 않으면 황색 램프를 점등하여 알람을 발생시킨다.

(2) 타임차트

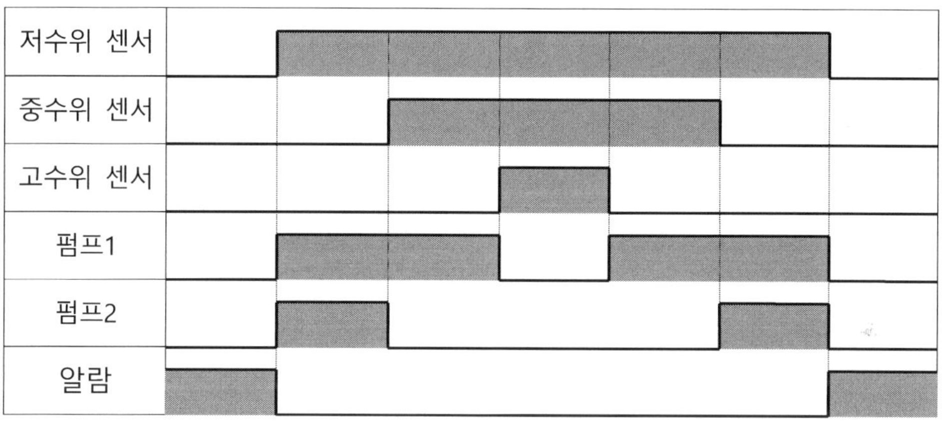

(3) 구성요소

연 번	요 소	디바이스	변 수	설 명
1	입력	P00000	TG_LSEN	저수위 센서, 토글 입력
2		P00001	TG_MSEN	중수위 센서, 토글 입력
3		P00002	TG_HSEN	고수위 센서, 토글 입력
4	출력	P00010	GL_PUMP1	펌프1, 녹색 램프
5		P00011	RL_PUMP2	펌프2, 적색 램프
6		P00012	YL_ALARM	알람, 황색 램프

(4) 엑셀을 이용한 전체 타임차트

P00000	0	1	1	1	1	1	0
P00001	0	0	1	1	1	0	0
P00002	0	0	0	1	0	0	0
P00010	0	1	1	0	1	1	0
$P0 \cdot \overline{P2}$	0	1	1	0	1	1	0
P00011	0	1	0	0	0	1	0
$P0 \cdot \overline{P1}$	0	1	0	0	0	1	0
P00012	1	0	0	0	0	0	1
$\overline{P0}$	1	0	0	0	0	0	1

전체 타임차트의 해당 부분을 확대한 아래 그림과 같이 출력 P00010은 입력 P00000이 1이고 P00002가 0일 때만 1이 되므로 논리식은 다음과 같다.

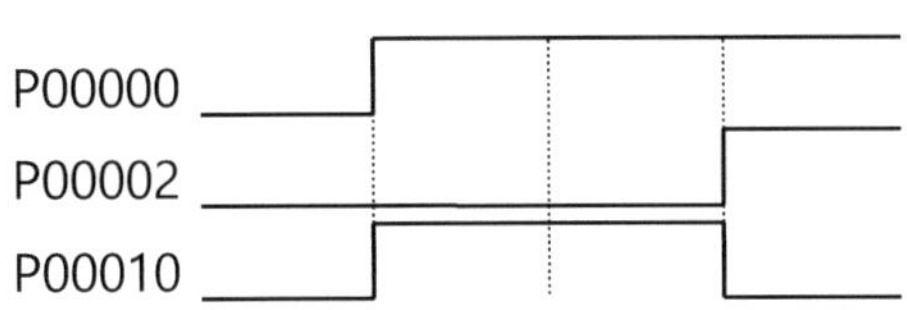

$$P00010 = P00000 \cdot \overline{P00002}$$

마찬가지로 출력 P00011도 해당 부분을 확대한 아래 그림과 같이 입력 P00000이 1이고 P00001이 0일 때만 1이 되므로 논리식은 다음과 같다.

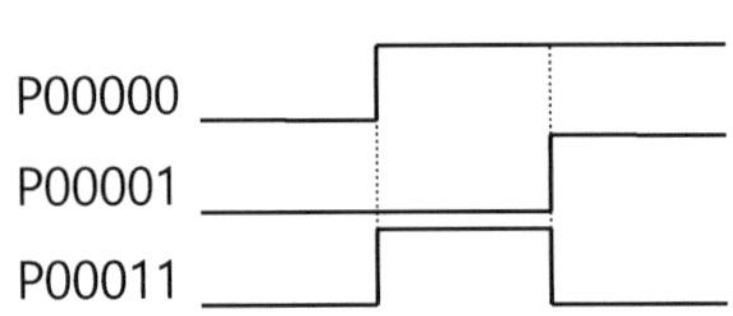

$$P00011 = P00000 \cdot \overline{P00001}$$

출력 P00012는 입력 P00000이 반전된 것이므로 논리식은 다음과 같다.

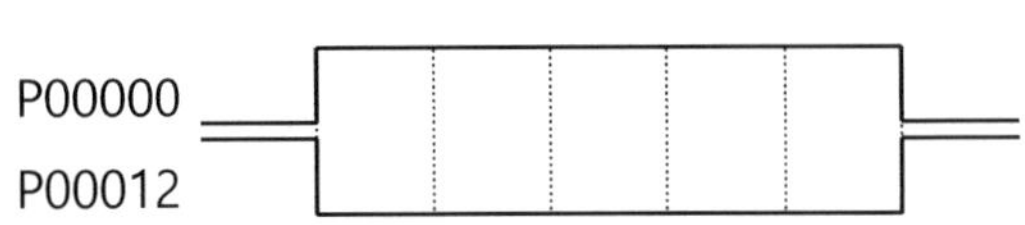

$$P00012 = \overline{P00000}$$

[실습과제 7-3] 전동기 정역운전 시퀀스회로

(1) 동작설명

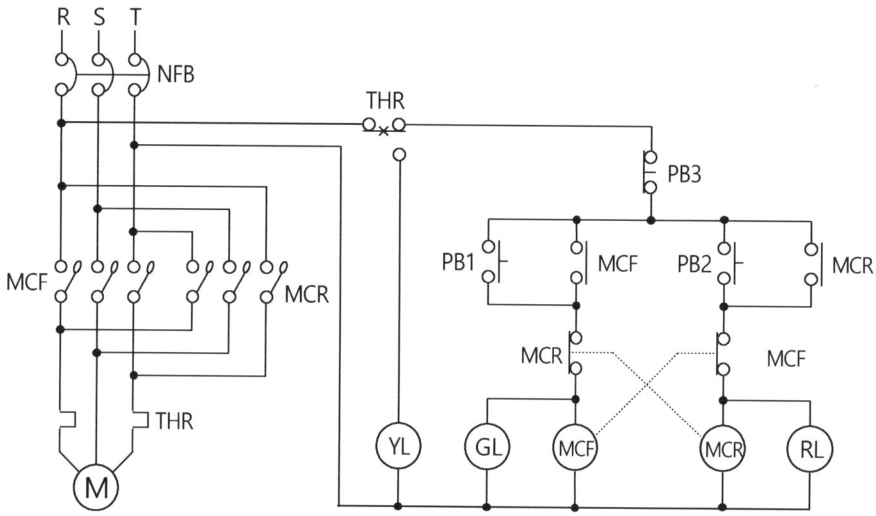

그림 7.2 전동기 정역운전 시퀀스 회로

① 주 전원 NFB를 투입한 다음, 정회전 푸시버튼 스위치 PB1을 누르면 정회전 전자접촉기 MCF가 여자되어 3상 유도전동기가 정방향으로 운전이 시작되고, 녹색 램프 GL이 점등된다. 이 때 보조 접점 MCF도 닫혀 푸시버튼 스위치 PB1에서 손을 떼어도 자기유지회로에 의해 유도전동기는 계속 정방향으로 회전한다.

② 정지 푸시버튼 스위치 PB3를 누르면 전체 회로가 차단되어 전동기가 정지되고 녹색 램프 GL이 소등된다.

③ 역회전 푸시버튼 스위치 PB2를 누르면 정회전 때와 반대로 전자접촉기 MCR이 여자되어 전동기가 역방향으로 운전이 시작되고, 적색 램프 RL이 점등되면서 푸시버튼 스위치 PB2에서 손을 떼어도 자기유지회로에 의해 전동기는 계속 역방향으로 회전한다.

④ 과부하가 걸리면 열동계전기 THR이 동작하여 b접점이 열려 전동기는 정지되고, a접점이 닫혀 황색 램프 YL이 점등된다.

⑤ 안전운전을 위해 선입우선 인터록회로가 구성되어 운전 중에는 회전방향을 변경할 수 없으며, 일단 정지 푸시버튼 스위치 PB3를 누른 후에 회전방향을 변경하여야 한다.

(2) 구성요소

연 번	요 소	디바이스	변 수	설 명
1	입력	P00000	PB1	정회전 푸시버튼 스위치
2		P00001	PB2	역회전 푸시버튼 스위치
3		P00002	PB3	정지 푸시버튼 스위치
4		P00003	THR	열동형 계전기, 토글 입력
5	메모리	M00000	SM_MCF	정회전 자기유지, 인터록
6		M00001	SM_MCR	역회전 자기유지, 인터록
7	출력	P00010	MCF_GL	정회전 전자접촉기, 녹색 램프
8		P00011	MCR_RL	역회전 전자접촉기, 적색 램프
9		P00012	OL_YL	과부하 THR 동작, 황색 램프

그림 7.2의 전동기 정역운전 시퀀스회로에서 좌측의 전동기 구동 부분을 제외하고, R상과 T상에서 분기된 평행선의 오른쪽을 분리하여 잘라낸 제어회로 부분에 대해 반시계 방향으로 90도 회전시킨 다음, 회로의 맨 아래 부분인 THR과 YL로 이루어진 시퀀스회로부터 순차적으로 위쪽 방향으로 LD 프로그램으로 그대로 변환해 준다.

[실습과제 7-4] 푸시버튼으로 토글기능 구현

(1) 동작설명

전자제품 등에서 단지 푸시버튼 스위치 하나로 전원을 ON시키기도 하고, OFF시키기도 하는 경우가 많이 있다. 따라서 푸시버튼 스위치로 토글 스위치의 기능을 구현해보자. 초기에 입력과 출력이 모두 OFF인 상태에서 푸시버튼 스위치를 한번 누르면 출력이 ON되고, 이 상태에서 푸시버튼 스위치를 한번 더 누르게 되면 출력이 OFF상태로 토글된다. 이와 같은 과정을 계속 반복하면 푸시버튼 스위치를 누를 때마다 출력의 상태가 토글된다.

(2) 타임차트

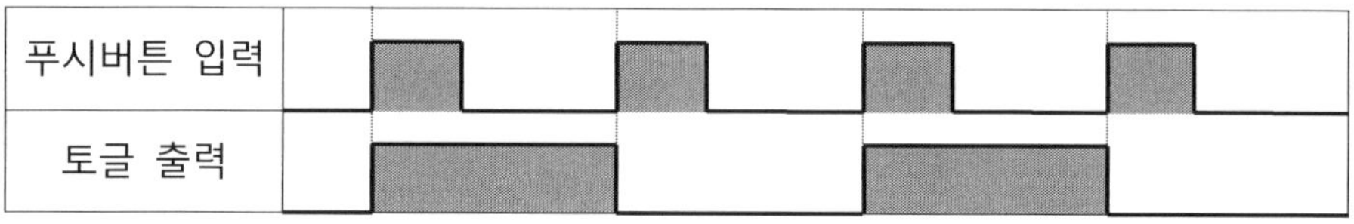

(3) 구성요소

연 번	요 소	디바이스	변 수	설 명
1	입력	P00000	PB_SW1	양변환 검출 푸시버튼 스위치
2	메모리	M00000	SM_TPE	양변환 토글동작
3		M00001	SM_TME	음변환 토글동작
4		M00002	SM_TGS	토글 동작, 자기유지
5	출력	P00010	TGS_GL	토글 스위치, 녹색 램프

[실습과제 7-5] 퀴즈 프로그램

(1) 동작설명

① 사회자가 퀴즈시작 스위치를 누르면 퀴즈시작 모드 램프가 점등되면서 퀴즈시작 모드가 된다.

② 퀴즈시작 모드에서는 가장 먼저 버튼을 누른 참가자의 램프만 점등된다. 4인의 퀴즈 참가자 중 가장 먼저 A가 자신의 버튼을 누른다면 참가자 A의 램프만 계속 점등되고 다른 참가자 B, C, D는 버튼을 눌러도 램프는 점등되지 않는다. 마찬가지로 참가자 D가 가장 먼저 자신의 버튼을 누르면 참가자 D의 램프만 점등되고 다른 A, B, C 참가자의 램프는 점등되지 않는다. 2명 이상의 참가자가 동시에 버튼을 누른 경우에는 아무 램프도 점등되지 않아야 한다.

③ 퀴즈시작 모드에서 사회자가 종료 스위치를 누르면 점등되어 있는 램프는 모두 소등되고, 퀴즈시작 모드가 종료된다.

④ 사회자가 램프점검 스위치를 누르면 램프점검 모드 램프가 점등되면서 램프점검 모드가 된다.

⑤ 램프점검 모드에서는 퀴즈 시작 전에 각 퀴즈 참가자의 램프가 정상적으로 동작하는지 점검할 수 있다. 퀴즈시작 모드와 달리 참가자가 버튼을 누르기만 하면 순서에 관계없이 자신의 램프가 점등되므로 여러 개의 램프가 동시에 점등될 수 있다.

⑥ 램프점검 모드에서 사회자가 종료 스위치를 누르면 점등되어 있는 램프는 모두 소등되고, 램프점검 모드가 종료된다.

※ 먼저 램프점검 모드를 빼고 동작설명 ①~③만으로 간단하게 프로그램을 작성하여 동작을 확인한 다음, 램프점검 모드를 추가하여 동작설명 ①~⑥으로 완전하게 프로그램을 작성하고 동작시켜 본다.

(2) 구성요소

연 번	요 소	디바이스	변 수	설 명
1	입력	P00000	PB_START	퀴즈시작 푸시버튼 스위치
2		P00001	PB_END	종료 푸시버튼 스위치
3		P00002	PB_CHK	램프점검 푸시버튼 스위치
4		P00003	QUIZA	참가자 A 푸시버튼 스위치
5		P00004	QUIZB	참가자 B 푸시버튼 스위치
6		P00005	QUIZC	참가자 C 푸시버튼 스위치
7		P00006	QUIZD	참가자 D 푸시버튼 스위치
8	메모리	M00000	SM_START	퀴즈시작 모드
9		M00001	SM_CHK	램프점검 모드
10		M00002	SM_QA	참가자 A 램프 자기유지
11		M00003	SM_QB	참가자 B 램프 자기유지
12		M00004	SM_QC	참가자 C 램프 자기유지
13		M00005	SM_QD	참가자 D 램프 자기유지
14	출력	P00010	START_WL	퀴즈시작 모드 백색 램프
15		P00011	QA_GL	참가자 A 녹색 램프
16		P00012	QB_RL	참가자 B 적색 램프
17		P00013	QC_BL	참가자 C 청색 램프
18		P00014	QD_YL	참가자 D 황색 램프
19		P00015	CHK_OL	램프점검 모드 주황색 램프

[실습과제 7-6] 다중 모터제어

(1) 동작설명

① 처음에 3대의 모터가 모두 정지되어 있는 상태에서 기동 버튼을 한 번 누르면 모터1만 기동되어 운전하고, 두 번 누르면 모터2가 기동되어 모터1과 모터2가 동시에 운전하며, 세 번 누르면 모터3까지 기동되어 모터1, 모터2, 모터3이 모두 운전하게 된다.

② 정지 버튼을 누르면 운전하고 있는 모든 모터가 정지된다.

(2) 타임차트

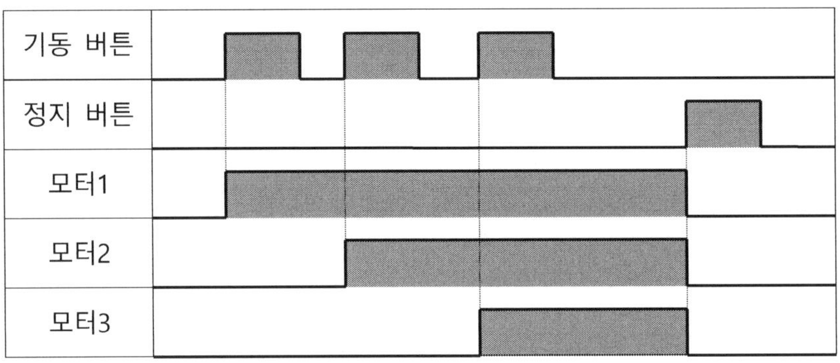

(3) 구성요소

연 번	요 소	디바이스	변 수	설 명
1	입력	P00000	PB_START	기동 푸시버튼 스위치 (양변환 검출)
2		P00001	PB_STOP	정지 푸시버튼 스위치
3	메모리	M00000	SM_P10	모터1 출력 자기유지 (최초 기동버튼)
4		M00001	SM_P11	모터2 출력 자기유지 (모터1 기동후 2번째 기동버튼)
5		M00002	SM_P12	모터3 출력 자기유지 (모터2 기동후 3번째 기동버튼)
6	출력	P00010	MOT1_GL	모터1, 녹색 램프
7		P00011	MOT2_RL	모터2, 적색 램프
8		P00012	MOT3_YL	모터3, 황색 램프

(4) 엑셀을 이용한 전체 타임차트

P00000	0	1	0	1	0	1	0	0	0
P00001	0	0	0	0	0	0	0	1	0
M00000	0	1	1	1	1	1	1	0	0
M00001	0	0	0	1	1	1	1	0	0
M00002	0	0	0	0	0	1	1	0	0
P00010	0	1	1	1	1	1	1	0	0
M0	0	1	1	1	1	1	1	0	0
P00011	0	0	0	1	1	1	1	0	0
M1	0	0	0	1	1	1	1	0	0
P00012	0	0	0	0	0	1	1	0	0
M2	0	0	0	0	0	1	1	0	0

[실습과제 7-7] 지하 주차장 환기제어

(1) 동작설명

스위치로 동작을 제어하는 4대의 환풍기가 설치된 지하 주차장의 출입구에 다음과 같이 현재 동작 중인 환풍기의 대수에 따라 환기상태를 표시하는 3개의 램프가 있다.

① 녹색 표시등 : 환기가 좋은 상태로 3대 이상의 환풍기가 동작하고 있다.
② 황색 표시등 : 환기가 보통인 상태로 2대의 환풍기가 동작하고 있다.
③ 적색 표시등 : 환기가 나쁜 상태로 1대 이하의 환풍기가 동작하고 있다.

(2) 진리표

입 력				출 력		
FAN1	FAN2	FAN3	FAN4	GOOD_GL	NORM_YL	BAD_RL
0	0	0	0	0	0	1
0	0	0	1	0	0	1
0	0	1	0	0	0	1
0	0	1	1	0	1	0
0	1	0	0	0	0	1
0	1	0	1	0	1	0
0	1	1	0	0	1	0
0	1	1	1	1	0	0
1	0	0	0	0	0	1
1	0	0	1	0	1	0
1	0	1	0	0	1	0
1	0	1	1	1	0	0
1	1	0	0	0	1	0
1	1	0	1	1	0	0
1	1	1	0	1	0	0
1	1	1	1	1	0	0

(3) 구성요소

연 번	요 소	디바이스	변 수	설 명
1	입력	P00000	TG_FAN1	1번 환풍기 토글 스위치
2		P00001	TG_FAN2	2번 환풍기 토글 스위치
3		P00002	TG_FAN3	3번 환풍기 토글 스위치
4		P00003	TG_FAN4	4번 환풍기 토글 스위치
5	메모리	M00000	SM_GOOD	환기 양호 조건
6		M00001	SM_BAD	환기 불량 조건
7	출력	P00010	FAN1	1번 환풍기
8		P00011	FAN2	2번 환풍기
9		P00012	FAN3	3번 환풍기
10		P00013	FAN4	4번 환풍기
11		P00014	GOOD_GL	환기 양호, 녹색 램프
12		P00015	NORM_YL	환기 보통, 황색 램프
13		P00016	BAD_RL	환기 불량, 적색 램프

(4) 논리식

① 출력 P00014의 카르노맵

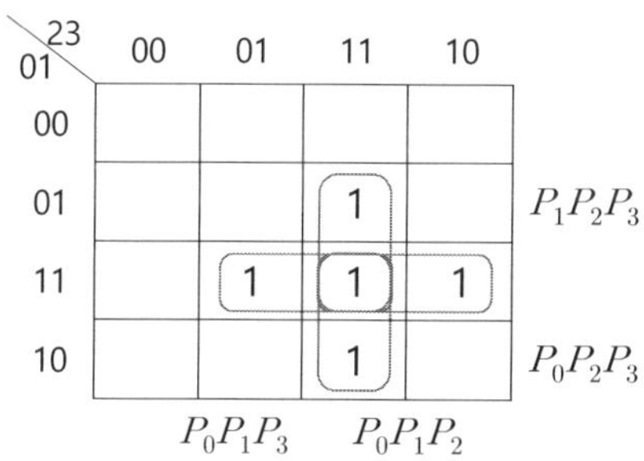

② 출력 P00016의 카르노맵

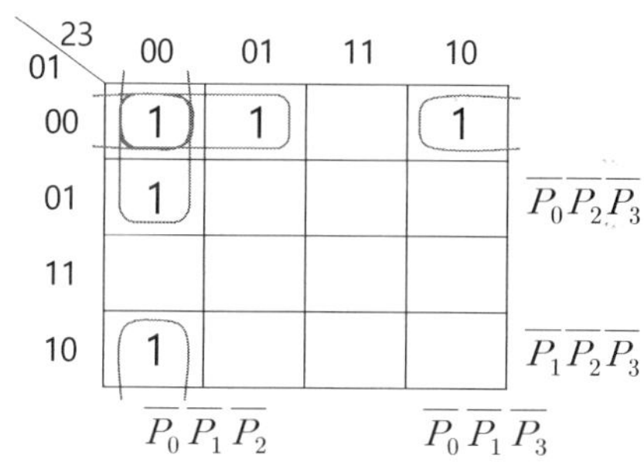

$P_{14} = P_0P_1P_2 + P_0P_1P_3 + P_0P_2P_3 + P_1P_2P_3$

$P_{16} = \overline{P_0}\,\overline{P_1}\,\overline{P_2} + \overline{P_0}\,\overline{P_1}\,\overline{P_3} + \overline{P_0}\,\overline{P_2}\,\overline{P_3} + \overline{P_1}\,\overline{P_2}\,\overline{P_3}$

③ 출력 P00015

환기 보통 출력 P00014는 진리표에서 보는 바와 같이 16가지 경우 중, 환기 양호 출력 P00014와 환기 불량 출력 P00016을 제외한 모든 경우에 해당되므로

$P_{15} = \overline{P_{14}}\,\overline{P_{16}}$

[실습과제 7-8] 7-세그먼트 표시

(1) 동작설명

7-세그먼트 표시기(7-segment display)는 7개의 LED 세그먼트들을 적절히 조합하여 숫자를 표시하도록 만든 것으로, 저저압, 저전류로도 쉽게 구동할 수 있으므로 디지털 시계, 휴대용 계산기, 전자 계측기 등에 많이 이용되고 있다.

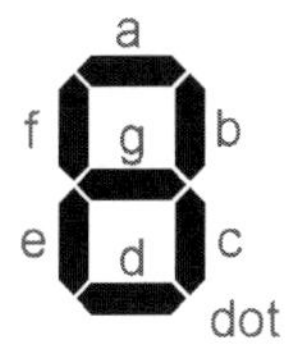

그림 7.3 7-세그먼트 표시기

그림 7.3은 7-세그먼트 표시기의 외형으로 각 세그먼트(a, b, c, d, e, f, g, dot)에 해당하는 LED들을 숫자 '8'자 모양으로 적절히 배치하였다. 그림 7.4는 7-세그먼트 표시기의 구동회로로 개별 LED에 전류를 흘려주면 점등되는데, 내부 결선방식에 따라 양극 공통형과 음극 공통형의 2가지가 있다. 양극 공통형의 경우는 공통단자(COM)에 DC +5V 전원의 +(VCC)를 연결한 다음 반대쪽 세그먼트를 0상태(GND)로 하면 해당 세그먼트의 LED가 점등되며, 음극 공통형의 경우는 공통단자에 DC +5V 전원의 -(GND)를 연결한 다음 반대쪽 세그먼트를 1상태(VCC)로 하면 해당 세그먼트의 LED가 점등된다.

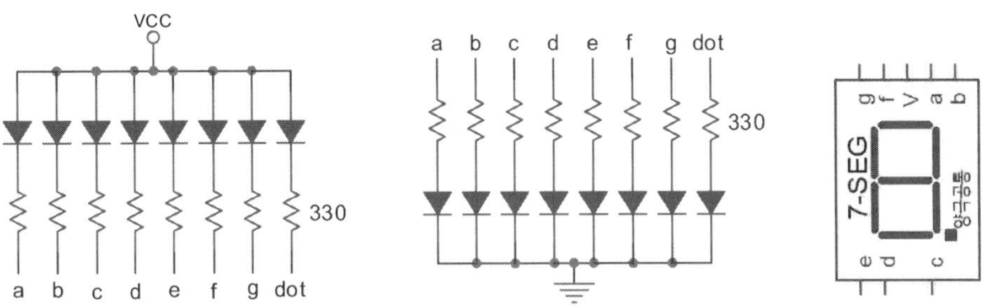

(a) 양극 공통형 (b) 음극 공통형 (c) 핀 구성

그림 7.4 7-세그먼트 표시기 구동회로

LED에 흐르는 전류가 10~20mA일 때 밝기가 가장 적당하므로 원하는 전류가 흐르도록 저항값을 결정한다. LED에 약 10mA의 전류 I가 흐르도록 저항을 결정하기 위한 식은 다음과 같다. 여기서 V_F는 LED의 순방향 전압으로 보통 2V 정도이고, 24V 출력모듈을 사용한다면 $V=24[\mathrm{V}]$이므로 저항값은 다음과 같이 계산된다.

$$R=\frac{V-V_F}{I}=\frac{24-2}{10\times10^{-3}}=\frac{22}{0.01}=2200=2.2[\mathrm{k\Omega}]$$

(2) 진리표

표 7.1 7-세그먼트 16진수 표시 진리표

입 력						출 력						
10진수	2진수				16진수	a	b	c	d	e	f	g
	A	B	C	D								
0	0	0	0	0	0	1	1	1	1	1	1	0
1	0	0	0	1	1	0	1	1	0	0	0	0
2	0	0	1	0	2	1	1	0	1	1	0	1
3	0	0	1	1	3	1	1	1	1	0	0	1
4	0	1	0	0	4	0	1	1	0	0	1	1
5	0	1	0	1	5	1	0	1	1	0	1	1
6	0	1	1	0	6	1	0	1	1	1	1	1
7	0	1	1	1	7	1	1	1	0	0	1	0
8	1	0	0	0	8	1	1	1	1	1	1	1
9	1	0	0	1	9	1	1	1	1	0	1	1
10	1	0	1	0	A	1	1	1	0	1	1	1
11	1	0	1	1	b	0	0	1	1	1	1	1
12	1	1	0	0	C	1	0	0	1	1	1	0
13	1	1	0	1	d	0	1	1	1	1	0	1
14	1	1	1	0	E	1	0	0	1	1	1	1
15	1	1	1	1	F	1	0	0	0	1	1	1

(3) 구성요소

연 번	요 소	디바이스	변 수	설 명
1	입력	P00000	TG_A	16진수 8자리, 토글 스위치
2		P00001	TG_B	16진수 4자리, 토글 스위치
3		P00002	TG_C	16진수 2자리, 토글 스위치
4		P00003	TG_D	16진수 1자리, 토글 스위치
5	출력	P00010	SEG7_a	7-세그먼트 LED a
6		P00011	SEG7_b	7-세그먼트 LED b
7		P00012	SEG7_c	7-세그먼트 LED c
8		P00013	SEG7_d	7-세그먼트 LED d
9		P00014	SEG7_e	7-세그먼트 LED e
10		P00015	SEG7_f	7-세그먼트 LED f
11		P00016	SEG7_g	7-세그먼트 LED g

(4) 결선도

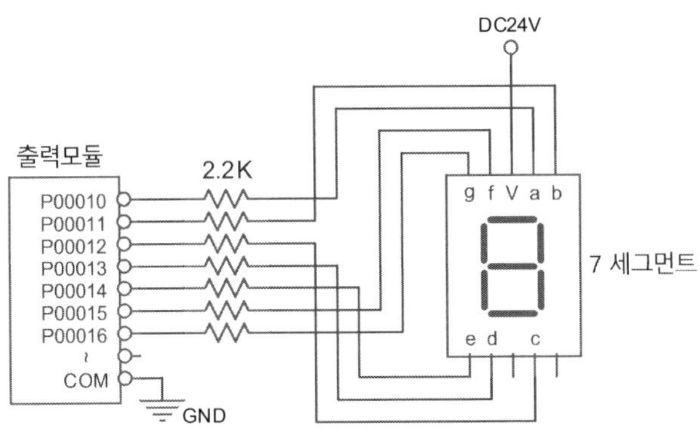

그림 7.5 7-세그먼트 표시 결선도

(5) 논리식

① 출력 a의 카르노맵

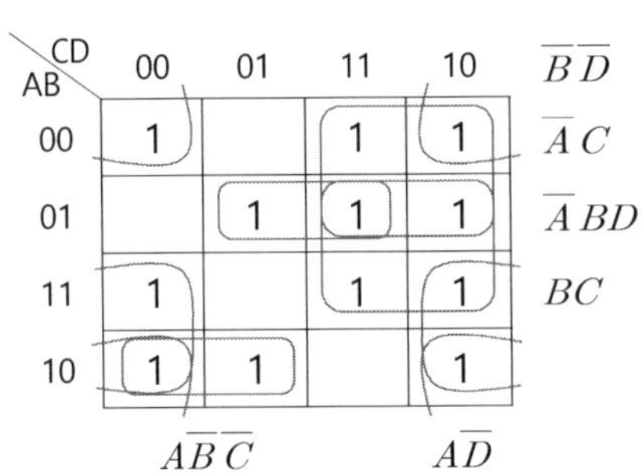

$$a = A\overline{D} + \overline{A}C + BC + \overline{B}\,\overline{D} + A\overline{B}\,\overline{C} + \overline{A}BD$$

② 출력 b의 카르노맵

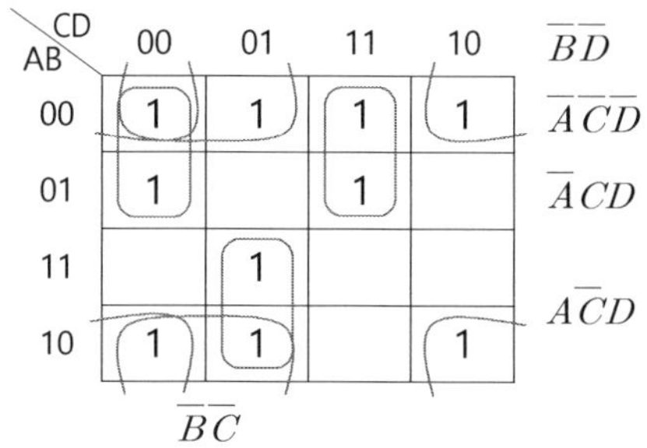

$$b = \overline{B}\,\overline{C} + \overline{B}\,\overline{D} + A\overline{C}D + \overline{A}\,CD + \overline{A}\,\overline{C}\,\overline{D}$$

③ 출력 c의 카르노맵

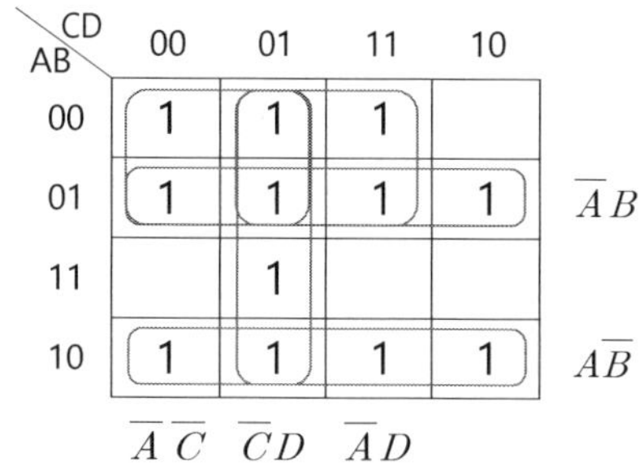

$$c = A\overline{B} + \overline{A}B + \overline{A}\,\overline{C} + \overline{A}D + \overline{C}D$$

④ 출력 d의 카르노맵

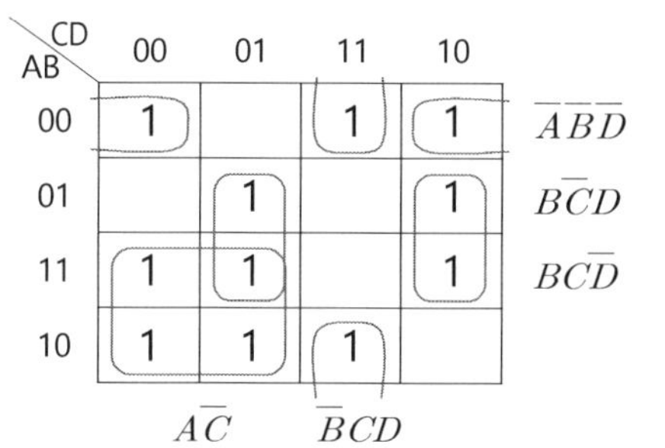

$$d = A\overline{C} + \overline{A}\,\overline{B}\,\overline{D} + BC\overline{D} + B\overline{C}D + \overline{B}CD$$

⑤ 출력 e의 카르노맵

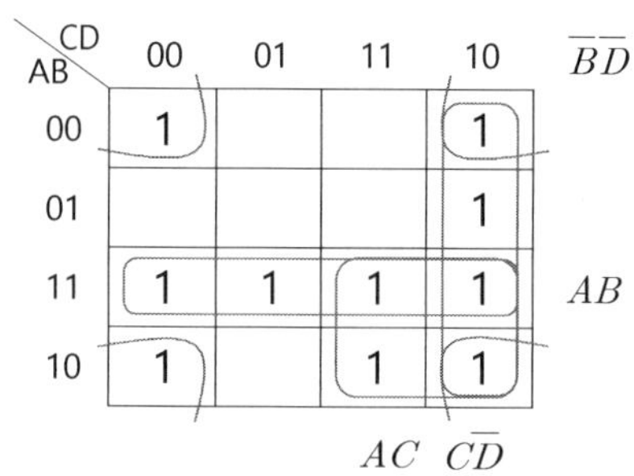

$$e = AB + AC + \overline{B}\,\overline{D} + C\overline{D}$$

⑥ 출력 f의 카르노맵

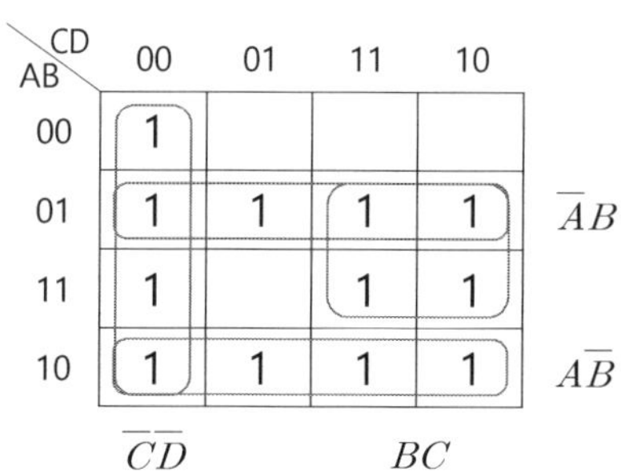

$$f = A\overline{B} + \overline{A}B + BC + \overline{C}\,\overline{D}$$

⑦ 출력 g의 카르노맵

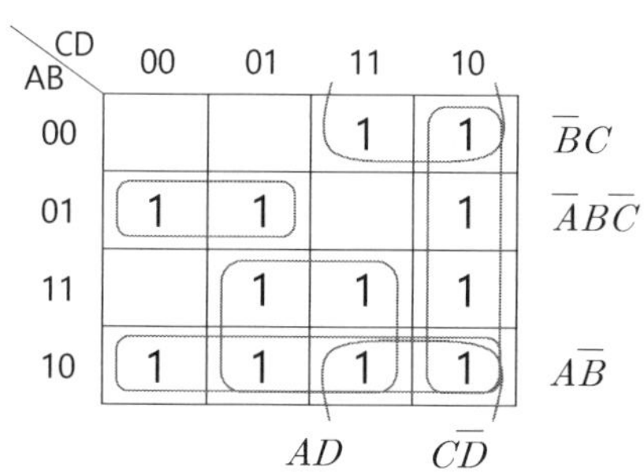

$$g = A\overline{B} + AD + \overline{B}C + C\overline{D} + \overline{A}B\overline{C}$$

[실습과제 7-9] 유도전동기 Y-Δ기동 시퀀스회로

(1) 동작설명

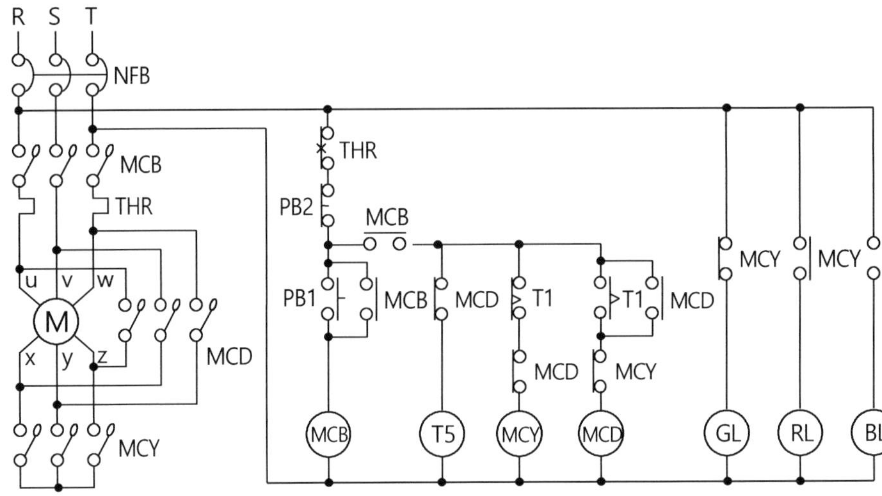

그림 7.6 전동기 Y-Δ기동 시퀀스 회로

① 주 전원 NFB를 투입하면 녹색 램프 GL이 점등된다.

② 기동 푸시버튼 스위치 PB1을 누르면 MCB와 MCY가 여자되어 주접점 MCB가 닫히면서 3상 유도전동기가 Y결선으로 기동되고, 보조접점 MCY가 동작되어 적색등 RL이 점등됨과 동시에 녹색 램프 GL이 소등되고, 또한 타이머 T1도 여자된다. 기동 푸시버튼 스위치 PB1에서 손을 떼어도 MCB에 의한 자기유지회로에 의해 Y결선으로 운전하게 된다.

③ 타이머의 설정시간 5초가 지나면 타이머 T1의 b접점이 열려 MCY가 소자되어 Y결선 운전이 정지되고, 타이머 T5의 a접점이 붙어 MCD가 여자되면서 Δ결선 운전으로 전환된다. 이때 적색 램프 RL은 소등되고, 녹색 램프 GL과 청색 램프 BL이 점등된다.

④ 보조접점 MCY와 MCD는 인터록으로 연결되어 안전운전이 유지된다.

⑤ 운전 중에 정지 푸시버튼 스위치 PB2를 누르거나 열동형 계전기 THR이 동작하면 3상 유도전동기는 정지되고, 적색 램프 RL과 청색 램프 BL은 소등되고 녹색 램프 GL이 점등된다.

(2) 구성요소

연 번	요 소	디바이스	변 수	설 명
1	입력	P00000	PB1	기동 푸시버튼 스위치
2		P00001	PB2	정지 푸시버튼 스위치
3		P00002	THR	열동형 계전기, 토글 입력
4	메모리	M00000	SM_MCB	전동기 주전원 자기유지
5		M00001	SM_MCY	Y결선 기동운전
6		M00002	SM_MCD	Δ결선 운전 자기유지
7	타이머	T0001	TMR_5S	5초 TON 타이머
8	출력	P00010	MCB	주전원 전자접촉기
9		P00011	MCY_RL	Y결선 기동 전자접촉기, 적색 램프
10		P00012	MCD_BL	Δ결선 운전 전자접촉기, 청색 램프
11		P00013	GL	주전원, 녹색 램프

[실습과제 7-3]의 전동기 정역운전 시퀀스회로와 마찬가지로 그림 7.6의 유도전동기 Y-Δ 기동 시퀀스회로에서 좌측의 전동기 구동 부분을 제외하고, R상과 T상에서 분기된 평행선의 오른쪽을 분리하여 잘라낸 제어회로 부분에 대해 반시계 방향으로 90도 회전시킨 다음, 시퀀스회로 맨 아래의 THR, PB2 부분부터 순차적으로 위쪽 방향으로 LD 프로그램으로 그대로 변환해 준다.

[실습과제 7-10] 자동문 제어

(1) 동작설명

① 자동문의 내부와 외부에 각각 설치된 인체감지 센서가 사람을 감지하면 정방향 모터가 구동되어 자동문이 열린다.

② 자동문이 완전히 열려 열림 리미트 스위치 LS1이 동작하면 정방향 모터가 정지된다.

③ 자동문이 열린 상태에서 사람이 자동문을 지나 인체감지 센서의 감지영역에서 벗어나면 2초 후에 역방향 모터가 구동되어 자동문이 닫힌다.

④ 자동문이 완전히 닫혀 닫힘 리미트 스위치 LS2가 동작하면 역방향 모터가 정지된다.

(2) 구성요소

연 번	요 소	디바이스	변 수	설 명
1	입력	P00000	SEN_IN	내부 인체감지 센서
2		P00001	SEN_OUT	외부 인체감지 센서
3		P00002	LS1	열림 리미트 스위치1
4		P00003	LS2	닫힘 리미트 스위치2
5	메모리	M00000	SM_OPEN	문 열림 자기유지
6		M00001	SM_CLOSE	문 닫힘 자기유지
7	타이머	T0001	TMR_2S	2초 TON 타이머
8	출력	P00010	MOT_FWD	문 열림 정방향 모터
9		P00011	MOT_REV	문 닫힘 역방향 모터

[실습과제 7-11] 화장실 급수제어

(1) 동작설명

사용자가 화장실 변기의 변좌에 앉으면 1초가 지난 다음부터 2초 동안 변기에 물이 공급되고, 변기에서 일어나는 즉시 3초 동안 변기에 물이 공급되어 자동으로 변기의 물을 내린다.

(2) 타임차트

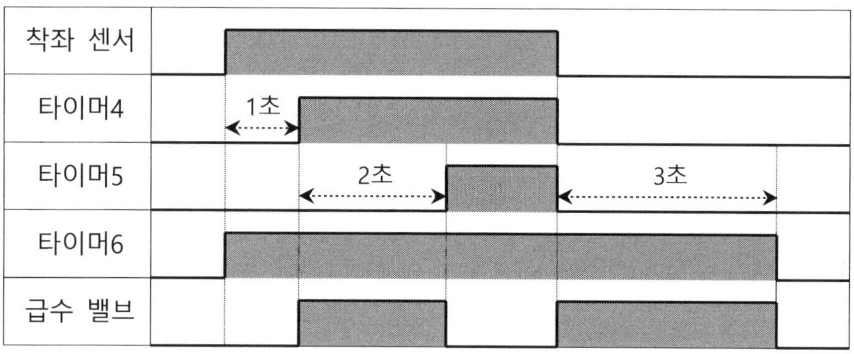

(3) 구성요소

연 번	요 소	디바이스	변 수	설 명
1	입력	P00003	TG_SENSE	착좌 센서, 토글 입력
2	타이머	T0004	TMR_1S	1초 TON 타이머
3		T0005	TMR_3S1	3초 TON 타이머
4		T0006	TMR_3S2	3초 TOFF 타이머
5	출력	P00013	WATER_GL	급수 밸브, 녹색 램프

시간 지연이 있으므로 타이머를 사용하되 보통 지연시간 하나에 대해 1개의 타이머가 필요하므로 1초, 2초, 3초의 3개 지연시간에 대해 3개의 타이머 T0004, T0005, T0006을 사용한다. 또한, 각 타이머의 입력을 하나로 통일하면 LD 프로그램이 간단해지므로 착좌 센서 P0003을 3개 타이머 T0004, T0005, T0006의 공통 입력으로 사용한다.

변기에 앉으면 1초 후에 2초 동안 물이 공급되어 착좌 센서 P00003이 ON되는 기준점으로부터 딜레이이므로 입력(P00003)이 ON되면 지연시간 후 ON되고 입력이 OFF되면 같이 OFF되는 TON 타이머를 사용한다. TON 타이머 T0004는 1초로 설정하고, TON 타이머 T0005는 1초 후 2초 동안이지만 착좌 센서 P00003이 ON되는 기준점으로부터의 시간이므로 2초가 아니라 3초로 설정한다. 변기에서 일어나고 3초 동안 물이 공급되어 착좌 센서 P00003이 OFF되는 기준점으로부터 딜레이이므로 입력(P00003)이 ON되면 같이 ON되었다가 입력이 OFF되면 지연시간 후 OFF되는 TOFF 타이머를 사용한다. TOFF 타이머 T0006은 3초로 설정한다.

(4) 엑셀을 이용한 전체 타임차트

P00003	0	1	1	1	0	0	
T0004	0	0	1	1	0	0	TON 1초
T0005	0	0	0	1	0	0	TON 3초
T0006	0	1	1	1	1	0	TOFF 3초
P00013	0	0	1	0	1	0	
$T4\overline{T5} + \overline{P3}\,T6$	0	0	1	0	1	0	

출력 P00013이 ON되는 경우는 2가지로, 첫 번째는 타이머 T0004가 ON, 타이머 T0005가 OFF인 경우($T_4 \cdot \overline{T_5}$)이고, 두 번째는 착좌센서 P00003이 OFF, 타이머 T0006이 ON인 경우($\overline{P_3} \cdot T_6$)이므로, 2가지 경우를 OR(+) 논리로 연결하면 논리식은 다음과 같다.

논리식 : $P00012 = T0004 \cdot \overline{T0005} + \overline{P00003} \cdot T0006$

[실습과제 7-12] 저항 순차제어

(1) 동작설명

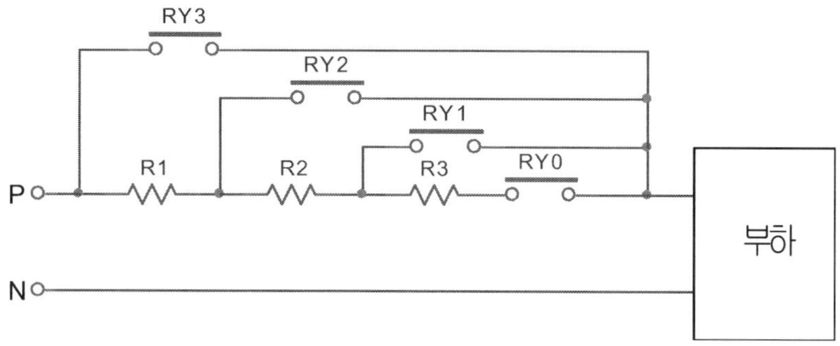

그림 7.7 저항 순차제어 회로

① 부하의 기동전류를 감소시키기 위해 3개의 저항을 이용하여 순차적으로 부하가 기동되도록 한다.

② 기동버튼을 누르면 릴레이 RY0을 ON시켜 저항 R1+R2+R3로 부하를 기동시키고, 2초 후에는 릴레이 RY1을 ON시켜 저항 R1+R2로 부하를 기동시키고, 4초 후에는 릴레이 RY2를 ON시켜 저항 R1만으로 부하를 기동시키며, 6초 후에는 릴레이 RY3을 ON시켜 저항없이 바로 전압이 인가되도록 한다.

③ 정지 버튼을 누르면 제어동작을 정지하고, 모든 릴레이를 OFF시켜 부하에 인가되는 전압을 차단한다.

(2) 타임차트

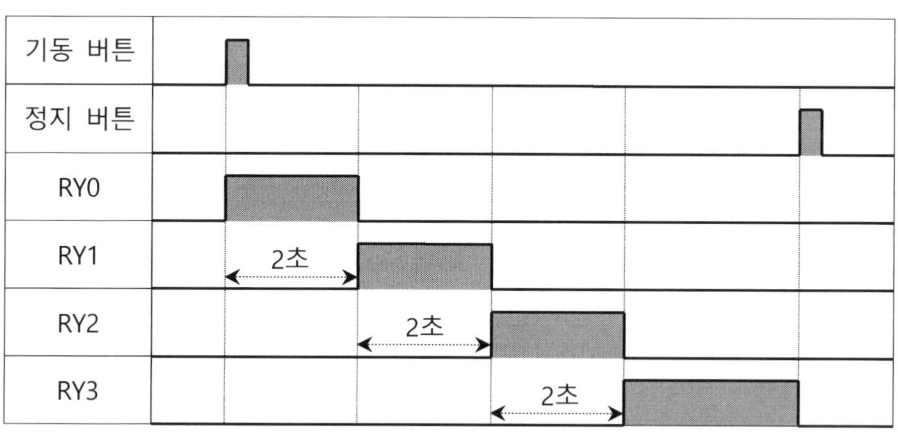

(3) 구성요소

연 번	요 소	디바이스	변 수	설 명
1	입력	P00000	PB_START	기동 푸시버튼 스위치
2		P00001	PB_STOP	정지 푸시버튼 스위치
3	메모리	M00000	SM_RCON	제어동작 자기유지
4	타이머	T0000	TMR_2S	2초 TON 타이머
5		T0001	TMR_4S	4초 TON 타이머
6		T0002	TMR_6S	6초 TON 타이머
7	출력	P00010	RY0_GL	기동저항 $R_1+R_2+R_3$, 녹색 램프
8		P00011	RY1_RL	기동저항 R_1+R_2, 적색 램프
9		P00012	RY2_BL	기동저항 R_1, 청색 램프
10		P00013	RY3_YL	무저항 운전, 황색 램프

(4) 엑셀을 이용한 전체 타임차트

P00000	0	1	0	0	0	0	기동
P00001	0	0	0	0	0	1	정지
M00000	0	1	1	1	1	0	제어동작 자기유지
T0000	0	0	1	1	1	0	TON 2초
T0001	0	0	0	1	1	0	TON 4초
T0002	0	0	0	0	1	0	TON 6초
P00010	0	1	0	0	0	0	R1+R2+R3 기동
$M0\,\overline{T0}$	0	1	0	0	0	0	
P00011	0	0	1	0	0	0	R1+R2 기동
$T0\,\overline{T1}$	0	0	1	0	0	0	
P00012	0	0	0	1	0	0	R1 기동
$T1\,\overline{T2}$	0	0	0	1	0	0	
P00013	0	0	0	0	1	0	무저항 운전
$T2$	0	0	0	0	1	0	

[실습과제 7-13] 컨베이어 순차제어1

(1) 동작설명

① 기동 푸시버튼 스위치를 누름과 동시에 컨베이어 A가 기동되고, 3대의 컨베이어가 A→B→C의 순서로 3초 간격으로 기동된다.

② 정지 푸시버튼 스위치를 누름과 동시에 컨베이어 A가 정지되고, 3대의 컨베이어가 A→B→C의 같은 순서로 3초 간격으로 정지된다.

③ 원료공급 밸브는 컨베이어 C가 기동되고 3초 후에 ON되고, 정지 푸시버튼 스위치를 누름과 동시에 OFF된다.

(2) 타임차트

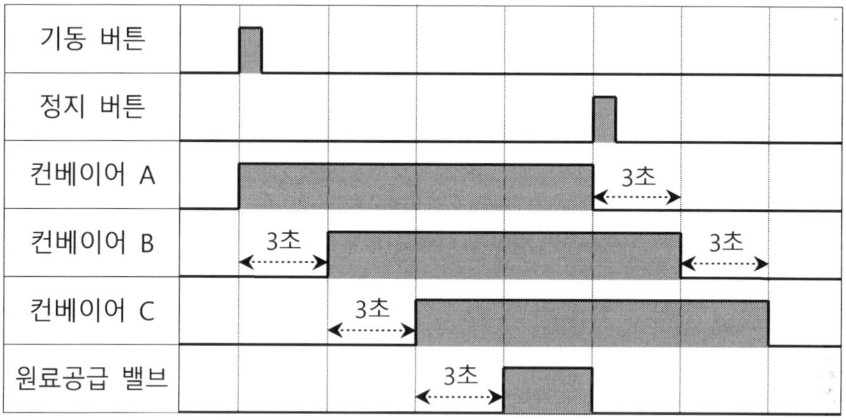

(3) 구성요소

연 번	요 소	디바이스	변 수	설 명
1	입력	P00004	PB_START	기동 푸시버튼 스위치
2		P00005	PB_STOP	정지 푸시버튼 스위치
3	메모리	M00000	SM_OPER	컨베이어 동작 자기유지
4	타이머	T0007	TMR_3S1	3초 TON 타이머
5		T0008	TMR_6S1	6초 TON 타이머
6		T0009	TMR_9S	9초 TON 타이머
7		T0010	TMR_3S2	3초 TOFF 타이머
8		T0011	TMR_6S2	6초 TOFF 타이머
9	출력	P00014	CNVA_GL	컨베이어 A, 녹색 램프
10		P00015	CNVB_RL	컨베이어 B, 적색 램프
11		P00016	CNVC_YL	컨베이어 C, 황색 램프
12		P00017	VALV_BL	원료공급 밸브, 청색 램프

(4) 엑셀을 이용한 전체 타임차트

P00004	0	1	0	0	0	0	0	0	
P00005	0	0	0	0	0	1	0	0	
M00000	0	1	1	1	1	0	0	0	
T0007	0	0	1	1	1	0	0	0	TON 3초
T0008	0	0	0	1	1	0	0	0	TON 6초
T0009	0	0	0	0	1	0	0	0	TON 9초
T00010	0	1	1	1	1	1	0	0	TOFF 3초
T00011	0	1	1	1	1	1	1	0	TOFF 6초
P00014	0	1	1	1	1	0	0	0	
$M0$	0	1	1	1	1	0	0	0	
P00015	0	0	1	1	1	1	0	0	
$T7+\overline{M0}\,T10$	0	0	1	1	1	1	0	0	
P00016	0	0	0	1	1	1	1	0	
$T8+\overline{M0}\,T11$	0	0	0	1	1	1	1	0	
P00017	0	0	0	0	1	0	0	0	
$T9$	0	0	0	0	1	0	0	0	

[실습과제 7-14] 컨베이어 순차제어2

(1) 동작설명

① 기동 푸시버튼 스위치를 누르면 3초 후에 컨베이어 A가 기동되고, 3대의 컨베이어가 A→B→C의 순서로 3초 간격으로 기동된다.

② 정지 푸시버튼 스위치를 누르면 3초 후에 컨베이어 C가 정지되고, 3대의 컨베이어가 C→B→A의 반대 순서로 3초 간격으로 정지된다.

③ 원료공급 밸브는 컨베이어 C가 기동됨과 동시에 ON되고 정지 푸시버튼 스위치를 누름과 동시에 OFF된다.

(2) 타임차트

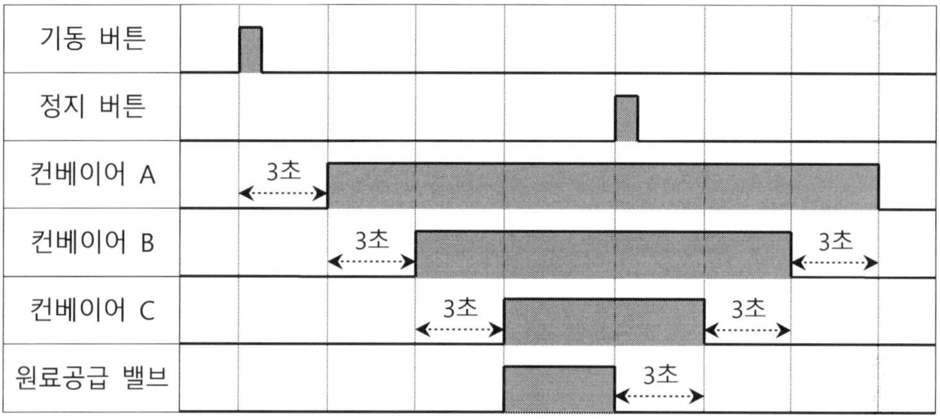

(3) 구성요소

연 번	요 소	디바이스	변 수	설 명
1	입력	P00004	PB_START	기동 푸시버튼 스위치
2		P00005	PB_STOP	정지 푸시버튼 스위치
3	메모리	M00000	SM_OPER	컨베이어 동작 자기유지
4	타이머	T0007	TMR_3S1	3초 TON 타이머
5		T0008	TMR_6S1	6초 TON 타이머
6		T0009	TMR_9S1	9초 TON 타이머
7		T0010	TMR_3S2	3초 TOFF 타이머
8		T0011	TMR_6S2	6초 TOFF 타이머
9		T0012	TMR_9S2	9초 TOFF 타이머
10	출력	P00014	CNVA_GL	컨베이어 A, 녹색 램프
11		P00015	CNVB_RL	컨베이어 B, 적색 램프
12		P00016	CNVC_YL	컨베이어 C, 황색 램프
13		P00017	VALV_BL	원료공급 밸브, 청색 램프

(4) 엑셀을 이용한 전체 타임차트

P00004	0	1	0	0	0	0	0	0	0	
P00005	0	0	0	0	0	1	0	0	0	
M00000	0	1	1	1	1	0	0	0	0	
T0007	0	0	1	1	1	0	0	0	0	TON 3초
T0008	0	0	0	1	1	0	0	0	0	TON 6초
T0009	0	0	0	0	1	0	0	0	0	TON 9초
T0010	0	1	1	1	1	1	0	0	0	TOFF 3초
T0011	0	1	1	1	1	1	1	0	0	TOFF 6초
T0012	0	1	1	1	1	1	1	1	0	TOFF 9초
P00014	0	0	1	1	1	1	1	1	0	
$T7+\overline{M0}\,T12$	0	0	1	1	1	1	1	1	0	
P00015	0	0	0	1	1	1	1	0	0	
$T8+\overline{M0}\,T11$	0	0	0	1	1	1	1	0	0	
P00016	0	0	0	0	1	1	0	0	0	
$T9+\overline{M0}\,T10$	0	0	0	0	1	1	0	0	0	
P00017	0	0	0	0	1	0	0	0	0	
$T9$	0	0	0	0	1	0	0	0	0	

[실습과제 7-15] 타임차트를 이용한 램프제어1

(1) 동작설명

① 푸시버튼 스위치 PB1을 누르면 램프 PL1은 2초 점등 후, 1초 소등하는 동작을 계속 반복한다.

② 푸시버튼 스위치 PB1을 누르면 램프 PL2는 램프 PL1과 반대로 2초 소등 후, 1초 점등하는 동작을 계속 반복한다.

③ 푸시버튼 스위치 PB1을 누르고 4초 후에 램프 PL3이 계속 점등된다.

④ 푸시버튼 스위치 PB2를 누르면 동작 중이던 램프 PL1, PL2, PL3은 모두 소등된다.

(2) 타임차트

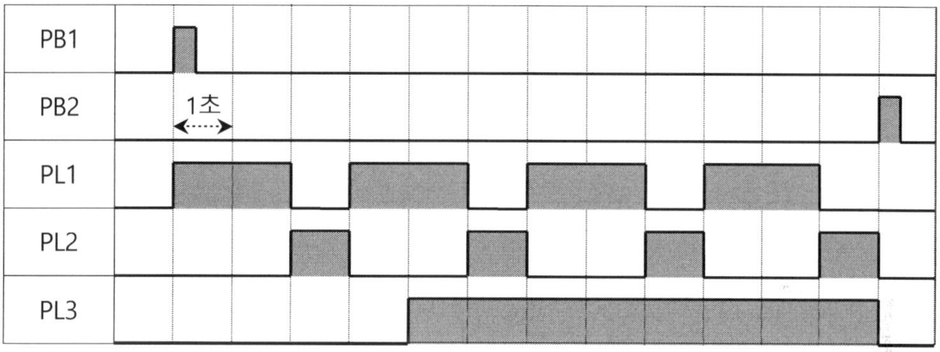

(3) 구성요소

연 번	요 소	디바이스	변 수	설 명
1	입력	P00000	PB1	푸시버튼 스위치1
2		P00001	PB2	푸시버튼 스위치2
3	메모리	M00000	SM_OPER	동작모드 자기유지
4	타이머	T0001	TMR_2S	2초 TON 타이머, 플리커
5		T0002	TMR_1S	1초 TON 타이머, 플리커
6		T0003	TMR_4S	4초 TON 타이머
7	출력	P00010	PL1	녹색 램프
8		P00011	PL2	적색 램프
9		P00012	PL3	황색 램프

(4) 엑셀을 이용한 전체 타임차트

P00000	0	1	0	0	0	0	0	0	0	0	0	0	0	0	
P00001	0	0	0	0	0	0	0	0	0	0	0	0	0	1	
M00000	0	1	1	1	1	1	1	1	1	1	1	1	1	0	
T0001	0	0	0	1	0	0	1	0	0	1	0	0	1	0	TON 2초
T0002	0	0	0	0	0	0	0	0	0	0	0	0	0	0	TON 1초
T0003	0	0	0	0	0	1	1	1	1	1	1	1	1	0	TON 4초
P00010	0	1	1	0	1	1	0	1	1	0	1	1	0	0	플리커1
$M0\overline{T1}$	0	1	1	0	1	1	0	1	1	0	1	1	0	0	
P00011	0	0	0	1	0	0	1	0	0	1	0	0	1	0	플리커2
$M0\,T1$	0	0	0	1	0	0	1	0	0	1	0	0	1	0	
P00012	0	0	0	0	0	1	1	1	1	1	1	1	1	0	
$M0\,T3$	0	0	0	0	0	1	1	1	1	1	1	1	1	0	

[실습과제 7-16] 타임차트를 이용한 램프제어2

(1) 동작설명

① 푸시버튼 스위치 PB1을 누르면 램프 PL1은 3초 점등 후에 소등된다.

② 램프 PL2는 램프 PL1이 소등되고 1초 후에 점등되어 3초 후에 소등된다.

③ 램프 PL3은 램프 PL2가 소등되고 1초 후에 점등되어 3초 후에 소등된다.

④ 램프 PL1은 다시 램프 PL3이 소등되고 1초 후에 점등되어 3초 후에 소등된다. 푸시버튼 스위치 PB2를 누를 때까지 ①, ②, ③, ④의 동작을 계속 반복한다.

⑤ 푸시버튼 스위치 PB2를 누르면 동작 중이던 램프 PL1, PL2, PL3이 모두 소등된다.

⑥ PLC 전원이 투입되자마자 램프 PL4는 푸시버튼 스위치 PB1, PB2와 관계없이 2초 점등, 1초 소등을 계속 반복한다.

(2) 타임차트

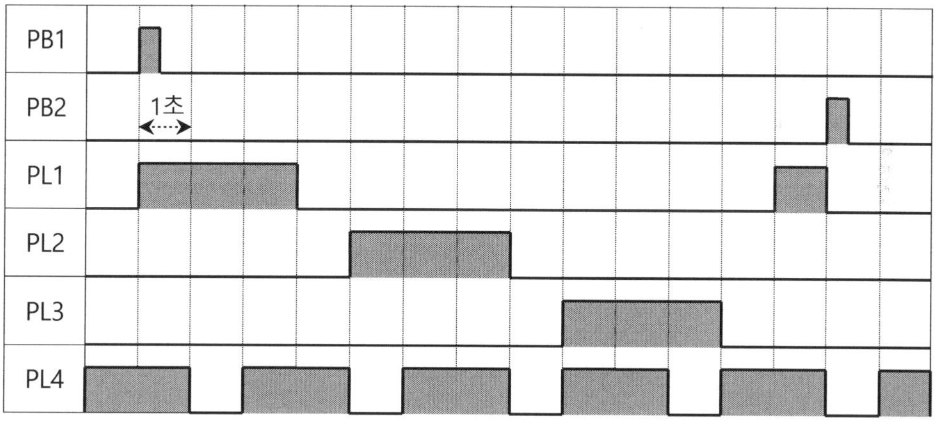

(3) 구성요소

연 번	요 소	디바이스	변 수	설 명
1	입력	P00000	PB1	푸시버튼 스위치1
2		P00001	PB2	푸시버튼 스위치2
3	메모리	M00000	SM_OPER	동작모드 자기유지
4	타이머	T0001	TMR_3S	3초 TON 타이머
5		T0002	TMR_4S	4초 TON 타이머
6		T0003	TMR_7S	7초 TON 타이머
7		T0004	TMR_8S	8초 TON 타이머
8		T0005	TMR_11S	11초 TON 타이머
9		T0006	TMR_12S	12초 TON 타이머
10		T0007	TMR_2S	2초 TON 타이머
11		T0008	TMR_1S	1초 TON 타이머
12	출력	P00010	PL1	녹색 램프
13		P00011	PL2	적색 램프
14		P00012	PL3	황색 램프
15		P00013	PL4	청색 램프

(4) 엑셀을 이용한 전체 타임차트

P00000	0	1	0	0	0	0	0	0	0	0	0	0	0	0	0	0	
P00001	0	0	0	0	0	0	0	0	0	0	0	0	0	0	1	0	
M00000	0	1	1	1	1	1	1	1	1	1	1	1	1	1	0	0	자기유지
T0001	0	0	0	0	1	1	1	1	1	1	1	1	1	0	0	0	TON 3초
T0002	0	0	0	0	0	1	1	1	1	1	1	1	1	0	0	0	TON 4초
T0003	0	0	0	0	0	0	0	0	1	1	1	1	1	0	0	0	TON 7초
T0004	0	0	0	0	0	0	0	0	0	1	1	1	1	0	0	0	TON 8초
T0005	0	0	0	0	0	0	0	0	0	0	0	0	1	0	0	0	TON 11초
T0006	0	0	0	0	0	0	0	0	0	0	0	0	0	0	0	0	TON 12초
T0007	0	0	1	0	0	1	0	0	1	0	0	1	0	0	1	0	TON 2초
T0008	0	0	0	0	0	0	0	0	0	0	0	0	0	0	0	0	TON 1초
P00010	0	1	1	1	0	0	0	0	0	0	0	0	0	1	0	0	
$M0\,\overline{T1}$	0	1	1	1	0	0	0	0	0	0	0	0	0	1	0	0	
P00011	0	0	0	0	0	1	1	1	0	0	0	0	0	0	0	0	
$M0\,T2\,\overline{T3}$	0	0	0	0	0	1	1	1	0	0	0	0	0	0	0	0	
P00012	0	0	0	0	0	0	0	0	0	1	1	1	0	0	0	0	
$M0\,T4\,\overline{T5}$	0	0	0	0	0	0	0	0	0	1	1	1	0	0	0	0	
P00013	1	1	0	1	1	0	1	1	0	1	1	0	1	1	0	1	플리커
$\overline{T7}$	1	1	0	1	1	0	1	1	0	1	1	0	1	1	0	1	

[실습과제 7-17] 보행자 신호등 제어

(1) 동작설명

① 동작이 시작되면 초기에는 차량용 신호등은 녹색이 점등되고, 보행자 신호등은 적색이 점등된다.

② 보행자가 통행버튼 PB1을 누르면 10초 후 차량용 신호등은 황색이 점등되었다가, 5초가 경과되면 적색이 점등된다.

③ 차량용 적색 신호등이 점등됨과 동시에 보행자 신호등은 녹색이 20초간 점등되었다가, 그 후 10초간은 1초 주기(0.5초 ON/0.5초 OFF)로 점멸된다.

④ 이 후에 차량용 신호등은 녹색이 점등되고, 보행자 신호등은 적색이 점등되어 초기화된다.

⑤ 보행자가 통행버튼 PB1을 눌러 신호 변경을 위한 전체 동작이 이루어지는 45초 동안에는 통행버튼이 눌려도 해당 입력이 무시된다.

(2) 타임차트

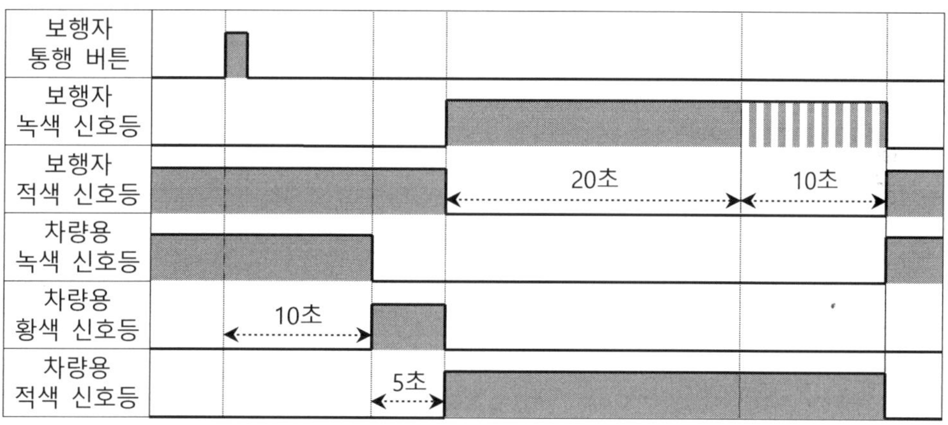

(3) 구성요소

연 번	요 소	디바이스	변 수	설 명
1	입력	P00000	PB1	보행자 통행 푸시버튼 스위치
2	메모리	M00000	SM_OPER	보행자 통행 시퀀스 자기유지
3	타이머	T0001	TMR_10S	10초 TON 타이머
4		T0002	TMR_15S	15초 TON 타이머
5		T0003	TMR_35S	35초 TON 타이머
6		T0004	TMR_45S	45초 TON 타이머
7		T0010	TMR_S51	0.5초 TON 타이머, 플리커
8		T0011	TMR_S52	0.5초 TON 타이머, 플리커
9	출력	P00010	WALK_GL	보행자 녹색 신호등
10		P00011	WALK_RL	보행자 적색 신호등
11		P00012	CAR_GL	차량용 녹색 신호등
12		P00013	CAR_YL	차량용 황색 신호등
13		P00014	CAR_RL	차량용 적색 신호등

(4) 엑셀을 이용한 전체 타임차트

P00000	0	1	0	0	0	0	0	0	0	0	0	0	0	0	0	0	0	0
M00000	0	1	1	1	1	1	1	1	1	1	1	1	1	1	1	1	1	0
T0001	0	0	0	0	1	1	1	1	1	1	1	1	1	1	1	1	1	0
T0002	0	0	0	0	0	0	1	1	1	1	1	1	1	1	1	1	1	0
T0003	0	0	0	0	0	0	0	0	0	0	0	1	1	1	1	1	1	0
T0004	0	0	0	0	0	0	0	0	0	0	0	0	0	0	0	0	0	0
T0010	0	0	0	0	0	0	0	0	0	0	0	1	0	1	0	1	0	0
T0011	0	0	0	0	0	0	0	0	0	0	0	0	0	0	0	0	0	0
P00010	0	0	0	0	0	0	1	1	1	1	1	0	1	0	1	0	1	0
$T2\overline{T10}$	0	0	0	0	0	0	1	1	1	1	1	0	1	0	1	0	1	0
P00011	1	1	1	1	1	1	0	0	0	0	0	0	0	0	0	0	0	1
$\overline{T2}$	1	1	1	1	1	1	0	0	0	0	0	0	0	0	0	0	0	1
P00012	1	1	1	1	0	0	0	0	0	0	0	0	0	0	0	0	0	1
$\overline{T1}$	1	1	1	1	0	0	0	0	0	0	0	0	0	0	0	0	0	1
P00013	0	0	0	0	1	1	0	0	0	0	0	0	0	0	0	0	0	0
$T1\overline{T2}$	0	0	0	0	1	1	0	0	0	0	0	0	0	0	0	0	0	0
P00014	0	0	0	0	0	0	1	1	1	1	1	1	1	1	1	1	1	0
$T2$	0	0	0	0	0	0	1	1	1	1	1	1	1	1	1	1	1	0

[실습과제 7-18] 간이 엘리베이터 제어

(1) 동작설명

① 총 3층의 간이 엘리베이터를 제어한다.

② 1층에서 호출 시 엘리베이터가 1층에 있지 않거나 2층에서 호출 시 엘리베이터가 3층에 있으면 엘리베이터는 하강하고 호출한 층에 도착하면 엘리베이터는 5초 동안 정지한다.

③ 3층에서 호출 시 엘리베이터가 3층에 있지 않거나 2층에서 호출 시 엘리베이터가 1층에 있으면 엘리베이터는 상승하고 호출한 층에 도착하면 엘리베이터는 5초 동안 정지한다.

(2) 구성요소

연 번	요 소	디바이스	변 수	설 명
1	입력	P00001	PB1	1층 호출 푸시버튼 스위치
2		P00002	PB2	2층 호출 푸시버튼 스위치
3		P00003	PB3	3층 호출 푸시버튼 스위치
4		P00006	LS1	1층 리미트 스위치, 토글 입력
5		P00007	LS2	2층 리미트 스위치, 토글 입력
6		P00008	LS3	3층 리미트 스위치, 토글 입력
7	메모리	M00001	SM_F1	1층 호출 자기유지
8		M00002	SM_F2	2층 호출 자기유지
9		M00003	SM_F3	3층 호출 자기유지
10		M00010	SM_UP	엘리베이터 상승 인터록
11		M00011	SM_DN	엘리베이터 하강 인터록
12	타이머	T0001	TMR_5S	5초 TMON 타이머
13	출력	P00010	ELV_UP	엘리베이터 상승, 녹색 램프
14		P00011	ELV_DN	엘리베이터 하강, 적색 램프

[실습과제 7-19] 동작 모터 수 제어

(1) 동작설명

① 총 4대 모터의 동작 개수를 제어한다.

② 푸시버튼 스위치 PB1을 누를 때마다 동작하는 모터의 개수는 1대씩 증가하고, 푸시버튼 스위치 PB2를 누를 때마다 동작하는 모터의 개수는 1대씩 감소한다.

③ 4대의 모터가 모두 동작하고 있을 때 푸시버튼 스위치 PB1을 누르면 모든 모터는 정지하고, 1대의 모터만 동작하고 있을 때 푸시버튼 스위치 PB2를 누르면 역시 모든 모터는 정지한다.

(2) 구성요소

연 번	요 소	디바이스	변 수	설 명
1	입력	P00000	PB1	푸시버튼 스위치1
2		P00001	PB2	푸시버튼 스위치2
3	카운터	C0001	CTR_1N	모터 1대 운전 CTUD 카운터
4		C0002	CTR_2N	모터 2대 운전 CTUD 카운터
5		C0003	CTR_3N	모터 3대 운전 CTUD 카운터
6		C0004	CTR_4N	모터 4대 운전 CTUD 카운터
7		C0005	CTR_0N	모든 모터 운전정지 CTUD 카운터
8	출력	P00010	MOTOR1	모터1, 녹색 램프
9		P00011	MOTOR2	모터2, 적색 램프
10		P00012	MOTOR3	모터3, 황색 램프
11		P00013	MOTOR4	모터4, 청색 램프

[실습과제 7-20] 주차장 제어

(1) 동작설명

① 차량의 주차장 출입은 자동 차단기에 의해 제어되며, 두 개의 차단기는 개별 모터에 의해 상승 또는 하강된다. 각 차단기의 전면과 후면에는 광전센서 PH1, PH2와 PH3, PH4가 설치되어 있다.

② 차량이 입고되기 전에 센서 PH1에 감지되면 차단기1이 상승하고, 입고된 후에 센서 PH2에 감지되면 차단기1이 하강하며, 이때 주차 카운트는 1이 증가된다.

③ 차량이 출고되기 전에 센서 PH3에 감지되면 차단기2가 상승하고, 출고된 후에 센서 PH4에 감지되면 차단기2가 하강하며, 이때 주차 카운트는 1이 감소된다.

④ 주차 대수가 10대가 되면 주차장이 꽉 차서 더 이상 차단기1은 동작하지 않고, 주차장 만차를 표시하는 황색 램프가 점등된다.

⑤ 리셋 버튼을 누르면 주차 대수가 0으로 초기화된다.

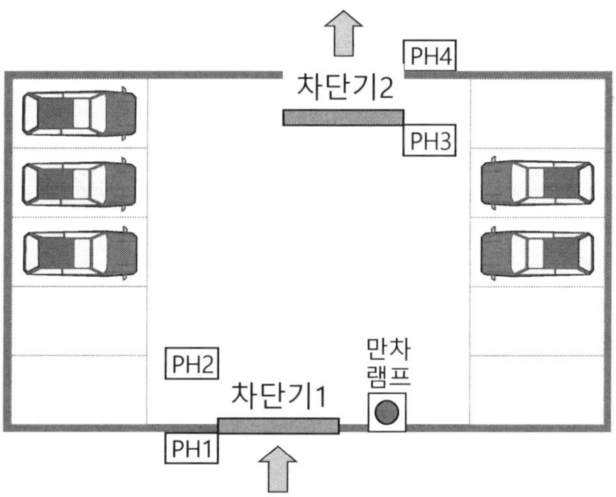

그림 7.8 주차장 제어

(2) 구성요소

연 번	요 소	디바이스	변 수	설 명
1	입력	P00000	PB_RST	리셋 푸시버튼 스위치
2		P00001	PH1	차량 입고 전 광전센서, 토글 입력
3		P00002	PH2	차량 입고 후 광전센서, 토글 입력
4		P00003	PH3	차량 출고 전 광전센서, 토글 입력
5		P00004	PH4	차량 출고 후 광전센서, 토글 입력
6	메모리	M00001	SM_DN1	차단기1 하강 카운터 증가 조건
7		M00002	SM_DN2	차단기2 하강 카운터 감소 조건
8	카운터	C0001	CTR_10N	10대 주차 대수 CTUD 카운터
9	출력	P00010	FULL_RL	만차 표시, 황색램프
10		P00011	SHT1_UP	차단기1 상승 모터, 녹색 램프
11		P00012	SHT1_DN	차단기1 하강 모터, 백색 램프
12		P00013	SHT2_UP	차단기2 상승 모터, 적색 램프
13		P00014	SHT2_DN	차단기2 하강 모터, 청색 램프

[실습과제 7-21] 자동창고 제어

(1) 동작설명

① 총 30개의 제품을 보관할 수 있는 자동창고에서 제품의 입고 및 출고를 자동으로 제어한다.

② 자동창고에서 입고 컨베이어 버튼 PB1을 누르면 입고 컨베이어가 동작하고, 출고 컨베이어 버튼 PB2를 누르면 출고 컨베이어가 동작하여 제품을 이동시킨다.

③ 제품 입고 시 입고센서 PH1이 ON되면 자동창고의 재고는 1개 증가하고, 제품 출고 시 출고센서 PH2가 ON되면 재고가 1개 감소한다.

④ 재고가 30개가 되면 입고 컨베이어가 동작을 멈추고, 재고가 0개가 되면 출고 컨베이어가 동작을 멈춘다. 재고가 있는 경우에만 출고 컨베이어가 동작한다.

⑤ 자동창고의 재고가 10개 미만이면 황색 램프가 점등된다.

⑥ 리셋 버튼 PB3을 누르면 재고가 0으로 초기화되고, 정지 버튼 PB4를 누르면 전체 시스템을 정지하고 초기화한다.

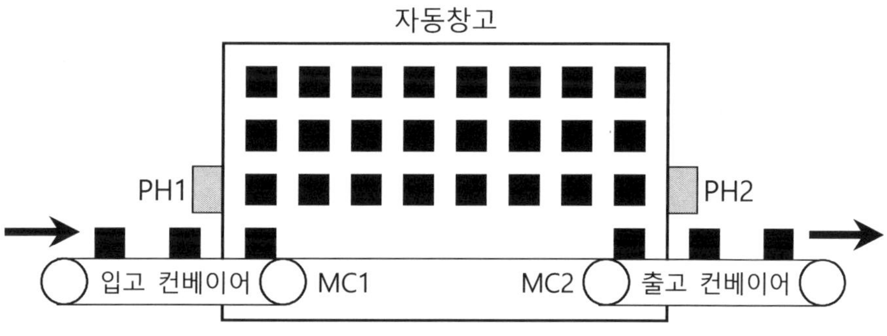

그림 7.9 자동창고 제어

(2) 구성요소

연 번	요 소	디바이스	변 수	설 명
1	입력	P00001	PH1	입고 센서, 토글 입력
2		P00002	PH2	출고 센서, 토글 입력
3		P00003	PB1	입고 컨베이어 푸시 버튼 스위치
4		P00004	PB2	출고 컨베이어 푸시 버튼 스위치
5		P00005	PB3	리셋 푸시버튼 스위치
6		P00006	PB4	정지 푸시버튼 스위치
7	메모리	M00001	SM_MC1	입고 컨베이어 동작 자기유지
8		M00002	SM_MC2	출고 컨베이어 동작 자기유지
9		M00003	SM_IN	입고 센서 감지
10		M00004	SM_OUT	출고 센서 감지
11		M00005	SM_CNT0	재고 0개
12	카운터	C0001	CTR_30N	30개 CTUD 카운터
13	출력	P00010	YL10	재고 10개 이하 표시, 황색 램프
14		P00011	MC1	입고 컨베이어 모터, 녹색 램프
15		P00012	MC2	출고 컨베이어 모터, 적색 램프

[실습과제 7-22] 타임차트를 이용한 램프제어3

(1) 동작설명

① 푸시버튼 스위치 PB1을 2번 누르면 1초 후 램프 PL1이 점등되고, 2초 후 램프 PL2가 점등되며, 3초 후 램프 PL3이 점등되며, 4초 후에는 램프 PL4가 2초 주기로 1초 점등, 1초 소등의 동작을 반복한다.

② 램프가 모두 점등된 후, 푸시버튼 스위치 PB2를 2번 눌렀다 떼면 램프 PL4의 1초 점등, 1초 소등의 동작이 바로 정지되고, 1초 후 램프 PL3이 소등되며, 2초 후 램프 PL2가 소등되며, 3초 후에는 램프 PL1이 소등된다. PB1 카운터와 PB2 카운터가 모두 리셋된다.

③ 램프가 모두 소등된 후, 다시 푸시버튼 스위치 PB1을 2번 누르면 ①번의 점등 동작이 처음부터 반복된다.

(2) 타임차트

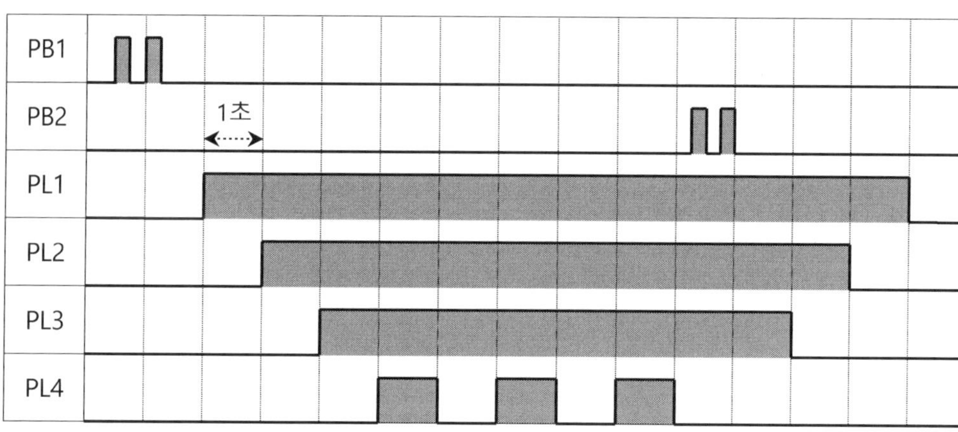

(3) 구성요소

연 번	요 소	디바이스	변 수	설 명
1	입력	P00000	PB1	점등 시작 푸시버튼 스위치 양변환 검출 접점
2		P00001	PB2	소등 시작 푸시버튼 스위치 음변환 검출 접점
3	타이머	T0001	TMR_1S1	1초 TON 타이머1
4		T0002	TMR_2S1	2초 TON 타이머1
5		T0003	TMR_3S1	3초 TON 타이머1
6		T0004	TMR_4S	4초 TON 타이머
7		T0005	TMR_1S2	1초 TON 타이머2, 플리커
8		T0006	TMR_1S3	1초 TON 타이머3, 플리커
9		T0010	TMR_1S4	1초 TON 타이머4
10		T0011	TMR_2S2	2초 TON 타이머2
11		T0012	TMR_3S2	3초 TON 타이머2
12	카운터	C0001	CTR_2N1	2회 CTU 카운터1
13		C0002	CTR_2N2	2회 CTU 카운터2
14	출력	P00010	PL1	녹색 램프
15		P00011	PL2	적색 램프
16		P00012	PL3	백색 램프
17		P00013	PL4	청색 램프

(4) 엑셀을 이용한 전체 타임차트

P00000	0	0	0	0	0	0	0	0	0	0	0	0	0	0	0	0	0	
P00001	0	0	0	0	0	0	0	0	0	0	0	0	0	0	0	0	0	
C0001	0	1	1	1	1	1	1	1	1	1	1	1	1	1	1	1	0	CTU 2회
C0002	0	0	0	0	0	0	0	0	0	0	0	0	0	1	1	1	0	CTU 2회
T0001	0	0	1	1	1	1	1	1	1	1	1	1	1	1	1	1	0	TON 1초
T0002	0	0	0	1	1	1	1	1	1	1	1	1	1	1	1	1	0	TON 2초
T0003	0	0	0	0	1	1	1	1	1	1	1	1	1	1	1	1	0	TON 3초
T0004	0	0	0	0	0	1	1	1	1	1	1	1	1	1	1	1	0	TON 4초
T0005	0	0	0	0	0	0	1	0	1	0	1	0	1	0	0	0	0	TON 1초
T0006	0	0	0	0	0	0	0	0	0	0	0	0	0	0	0	0	0	TON 1초
T0010	0	0	0	0	0	0	0	0	0	0	0	0	0	0	1	1	0	TON 1초
T0011	0	0	0	0	0	0	0	0	0	0	0	0	0	0	0	1	0	TON 2초
T0012	0	0	0	0	0	0	0	0	0	0	0	0	0	0	0	0	0	TON 3초
P00010	0	0	1	1	1	1	1	1	1	1	1	1	1	1	1	1	0	
$T1$	0	0	1	1	1	1	1	1	1	1	1	1	1	1	1	1	0	
P00011	0	0	0	1	1	1	1	1	1	1	1	1	1	1	1	0	0	
$T2\,\overline{T11}$	0	0	0	1	1	1	1	1	1	1	1	1	1	1	1	0	0	
P00012	0	0	0	0	1	1	1	1	1	1	1	1	1	1	0	0	0	
$T3\,\overline{T10}$	0	0	0	0	1	1	1	1	1	1	1	1	1	1	0	0	0	
P00013	0	0	0	0	0	1	0	1	0	1	0	1	0	0	0	0	0	플리커
$\overline{C2}\,T4\,\overline{T5}$	0	0	0	0	0	1	0	1	0	1	0	1	0	1	1	1	0	

[실습과제 7-23] 타임차트를 이용한 램프제어4

(1) 동작설명

① 푸시버튼 스위치 PB1을 1번 눌렀다 떼면 램프 PL1이 점등되고, 2번 눌렀다 떼면 램프 PL2가 점등되고, 3번 눌렀다 떼면 램프 PL3이 점등되며, 4번 눌렀다 떼면 램프 PL4가 2초 주기로 1초 점등, 1초 소등의 동작을 반복한다.

② 푸시버튼 스위치 PB1을 5번 눌렀다 떼면 램프 PL1, PL2, PL3, PL4가 모두 소등된다. PB1 카운터가 리셋되어 다시 푸시버튼 스위치 PB1을 눌렀다 떼면 ①번의 동작이 처음부터 반복된다.

③ 푸시버튼 스위치 PB2를 2번 누르면 램프 PL4의 1초 점등, 1초 소등 동작이 바로 정지되고, 1초 후 램프 PL3이 소등되며, 2초 후 램프 PL2가 소등되며, 3초 후 램프 PL1이 소등된다. PB1 카운터와 PB2 카운터가 모두 리셋된다.

④ 전자식 과전류 계전기 EOCR이 동작하면 램프 PL5가 5초 주기로 2초 점등, 1초 소등, 1초 점등, 1초 소등의 동작을 반복하고, EOCR이 해제되면 램프 PL5가 소등된다.

(2) 타임차트

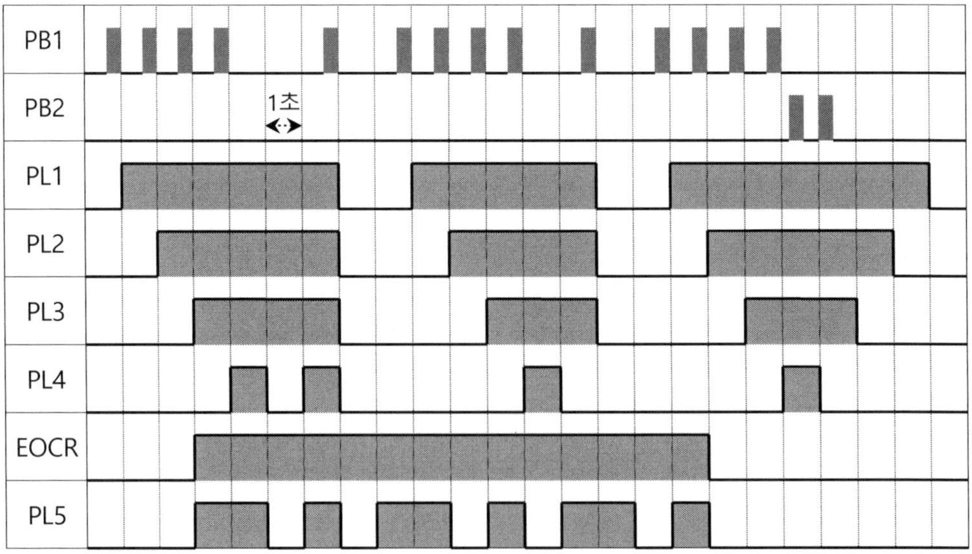

(3) 구성요소

연 번	요 소	디바이스	변 수	설 명
1	입력	P00000	PB1	푸시버튼 스위치1 음변환 검출 접점
2		P00001	PB2	푸시버튼 스위치2 양변환 검출 접점
3		P00002	EOCR	전자식 과전류 계전기, 토글 입력
4	타이머	T0001	TMR_1S1	1초 TON 타이머1, 플리커
5		T0002	TMR_1S2	1초 TON 타이머2, 플리커
6		T0005	TMR_1S3	1초 TON 타이머3
7		T0006	TMR_2S1	2초 TON 타이머1
8		T0007	TMR_3S1	3초 TON 타이머1
9		T0010	TMR_2S2	2초 TON 타이머2
10		T0011	TMR_3S2	3초 TON 타이머2
11		T0012	TMR_4S	4초 TON 타이머
12		T0013	TMR_5S	5초 TON 타이머
13	카운터	C0001	CTR_1N	1회 CTU 카운터 PB1
14		C0002	CTR_2N1	2회 CTU 카운터 PB1
15		C0003	CTR_3N	3회 CTU 카운터 PB1
16		C0004	CTR_4N	4회 CTU 카운터 PB1
17		C0005	CTR_5N	5회 CTU 카운터 PB1
18		C0010	CTR_2N2	2회 CTU 카운터 PB2
19	출력	P00010	PL1	녹색 램프
20		P00011	PL2	적색 램프
21		P00012	PL3	백색 램프
22		P00013	PL4	청색 램프
23		P00014	PL5	황색 램프

(4) 엑셀을 이용한 전체 타임차트

P00000	0	0	0	0	0	0	0	0	0	0	0	0	0	0	0	0	0	0	0	0	0	0	0	0	
P00001	0	0	0	0	0	0	0	0	0	0	0	0	0	0	0	0	0	0	0	0	0	0	0	0	
C0001	0	1	1	1	1	1	1	0	0	1	1	1	1	1	0	0	1	1	1	1	1	1	1	0	CTU 1회
C0002	0	0	1	1	1	1	1	0	0	0	1	1	1	1	0	0	0	1	1	1	1	1	1	0	CTU 2회
C0003	0	0	0	1	1	1	1	0	0	0	0	1	1	1	0	0	0	0	1	1	1	1	1	0	CTU 3회
C0004	0	0	0	0	1	1	1	0	0	0	0	0	1	1	0	0	0	0	0	1	1	1	1	0	CTU 4회
C0005	0	0	0	0	0	0	0	0	0	0	0	0	0	0	0	0	0	0	0	0	0	0	0	0	CTU 5회
C0010	0	0	0	0	0	0	0	0	0	0	0	0	0	0	0	0	0	0	0	0	1	1	1	0	CTU 2회
T0001	0	0	0	0	0	1	0	0	0	0	0	0	0	1	0	0	0	0	0	0	0	0	0	0	TON 1초
T0002	0	0	0	0	0	0	0	0	0	0	0	0	0	0	0	0	0	0	0	0	0	0	0	0	TON 1초
T0005	0	0	0	0	0	0	0	0	0	0	0	0	0	0	0	0	0	0	0	0	0	1	1	0	TON 1초
T0006	0	0	0	0	0	0	0	0	0	0	0	0	0	0	0	0	0	0	0	0	0	0	1	0	TON 2초
T0007	0	0	0	0	0	0	0	0	0	0	0	0	0	0	0	0	0	0	0	0	0	0	0	0	TON 3초
P00010	0	1	1	1	1	1	1	0	0	1	1	1	1	1	0	0	1	1	1	1	1	1	1	0	
$C1$	0	1	1	1	1	1	1	0	0	1	1	1	1	1	0	0	1	1	1	1	1	1	1	0	
P00011	0	0	1	1	1	1	1	0	0	0	1	1	1	1	0	0	0	1	1	1	1	1	0	0	
$C2\overline{T6}$	0	0	1	1	1	1	1	0	0	0	1	1	1	1	0	0	0	1	1	1	1	1	0	0	
P00012	0	0	0	1	1	1	1	0	0	0	0	1	1	1	0	0	0	0	1	1	1	0	0	0	
$C3\overline{T5}$	0	0	0	1	1	1	1	0	0	0	0	1	1	1	0	0	0	0	1	1	1	0	0	0	
P00013	0	0	0	0	1	0	1	0	0	0	0	0	1	0	0	0	0	0	0	1	0	0	0	0	플리커
$C4\overline{C10}\,\overline{T1}$	0	0	0	0	1	0	1	0	0	0	0	0	1	0	0	0	0	0	0	1	0	0	0	0	
P00002	0	0	0	1	1	1	1	1	1	1	1	1	1	1	1	1	1	0	0	0	0	0	0	0	EOCR
T0010	0	0	0	0	0	1	1	1	0	0	1	1	1	0	0	1	1	0	0	0	0	0	0	0	TON 2초
T0011	0	0	0	0	0	0	1	1	0	0	0	1	1	0	0	0	1	0	0	0	0	0	0	0	TON 3초
T0012	0	0	0	0	0	0	0	1	0	0	0	0	1	0	0	0	0	0	0	0	0	0	0	0	TON 4초
T0013	0	0	0	0	0	0	0	0	0	0	0	0	0	0	0	0	0	0	0	0	0	0	0	0	TON 5초
P00014	0	0	0	1	1	0	1	0	1	1	0	1	0	1	1	0	1	0	0	0	0	0	0	0	
$P2(\overline{T10}+T11\overline{T12})$	0	0	0	1	1	0	1	0	1	1	0	1	0	1	1	0	1	0	0	0	0	0	0	0	

[실습과제 7-24] 인버터를 이용한 유도전동기 속도제어

(1) 동작설명

① 인버터를 이용하여 3상 유도전동기의 속도를 제어한다.

② 셀렉트 스위치로 자동운전 모드와 수동운전 모드를 선택한다. 자동운전 모드에서는 녹색램프가 점등되고, 수동운전 모드에서는 적색램프가 점등된다.

③ 자동운전 모드에서는 10초 주기로 유도전동기가 5초 동안은 정방향으로 회전하고, 5초 동안은 역방향으로 회전하여 자동으로 반복 운전한다.

④ 수동운전 모드에서는 정방향 푸시버튼 스위치를 누르고 있는 동안만 유도전동기가 정방향으로 회전하고, 반대로 역방향 푸시버튼 스위치를 누르고 있는 동안만 역방향으로 회전한다.

⑤ 인버터의 '주파수 설정용 전압신호 입력' 단자에 가변저항을 연결하고 볼륨을 돌려 전압을 조절함으로써 유도전동기의 속도를 수동으로 제어한다.

⑥ 회전하고 있는 유도전동기의 현재 속도값은 인버터에 회전 주파수(60Hz)로 표시되거나, '다기능 아날로그 출력신호 단자'를 통해 RPM 속도계에 연결하여 분당 회전수(1800rpm)로 표시한다.

⑦ 비상정지 스위치를 누르면 유도전동기는 모든 동작을 정지한다.

(2) 인버터

인버터(Inverter)는 전기적으로 직류(DC)를 교류(AC)로 역 변환하는, 즉 직류로부터 원하는 전압 및 주파수를 갖는 교류를 발생시키는 장치이다. 결과적으로 상용전원으로부터 전력을 공급받아 전압과 주파수를 가변시켜 전동기에 공급함으로써 전동기의 속도를 고효율로 제어하는 공장 자동화의 핵심 제품이다.

인버터를 사용하는 목적은 기본적으로 유도전동기의 속도를 제어하는 것이지만, 큰 기동전류가 발생하지 않으므로 전동기를 보호할 수 있는 장점도 있다. 인버터는 보통 서보 드라이브와 같이 위치제어는 하지 않고 속도제어만 하므로, 중대형 펌프, 팬 등을 돌리는 용도뿐만 아니라 엘리베이터 제어, 각종 PLANT 및 공조 설비에 많이 사용되고, 태양광 발전 등 에너지 절약 분야에서도 사용되고 있다.

1) 인버터의 구성과 원리

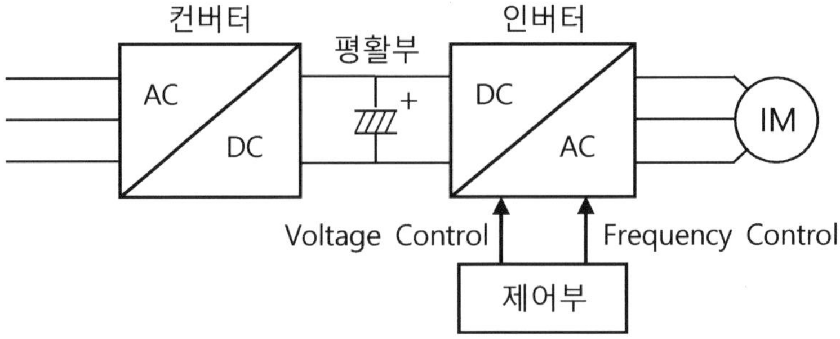

그림 7.10 인버터 구성

인버터는 기본적으로 그림과 같이 컨버터(Converter)부, 평활부, 인버터부 및 제어(Control)부로 구성되는데, 컨버터부에서는 외부의 60Hz 3상교류 전원을 받아 정류하여 직류전원으로 변환하고, 평활부에서는 직류로 변환된 맥동하는 전압을 부드럽게 직선으로 만들어주며, 인버터부에서는 평활된 직류전압을 스위칭 소자를 통해 교류전압으로 변환하고, 제어부에서 교류전압의 크기와 주파수를 제어하여 유도전동기에 공급한다. 이와 같이 인버터는 모터 제어기 중 가장 복잡한 알고리즘을 사용한다.

2) iG5A : LS Electric 경제형 Intelligent 인버터

① 피드백 센서가 없어도 동작하는 벡터제어 기능을 탑재하여 우수한 속도제어 능력과 강력한 토크성능을 발휘할 수 있다.

② 편리한 4방향 Key를 조작하여 파라미터를 더욱 빠르고 간단하게 설정할 수 있으며, 인버터의 상태 역시 간편하게 확인할 수 있다.

③ -10V ~ +10V 주파수 설정용 전압신호 입력이 가능하여 아날로그 전압신호만으로 인버터의 속도지령 및 정역운전 제어가 가능하다.

④ 회생제동 DB회로를 내장하여 제동 저항기를 접속하면 반송기계 및 운반기계 등 회생력이 큰 부하에서도 무리없이 감속시간을 줄일 수 있어 생산성 및 제어성이 향상된다.

⑤ 자기진단 기능을 내장하여 간단한 파라미터 설정만으로 인버터의 중요부분인 출력모듈의 이상 유무를 체크할 수 있다.

⑥ RS485 LS-Bus 통신과 Modbus-RTU 통신을 내장하고 있어 다양한 통신환경에 쉽게 적용 가능하고, 외부기기에서 손쉽게 통신을 통한 운전 및 모니터링이 가능하다.

⑦ 향상된 PID 제어기능을 내장하여 별도의 PID 제어기가 필요없이 유량, 압력, 온도 등을 일정하게 제어할 수 있다.

3) 결선도

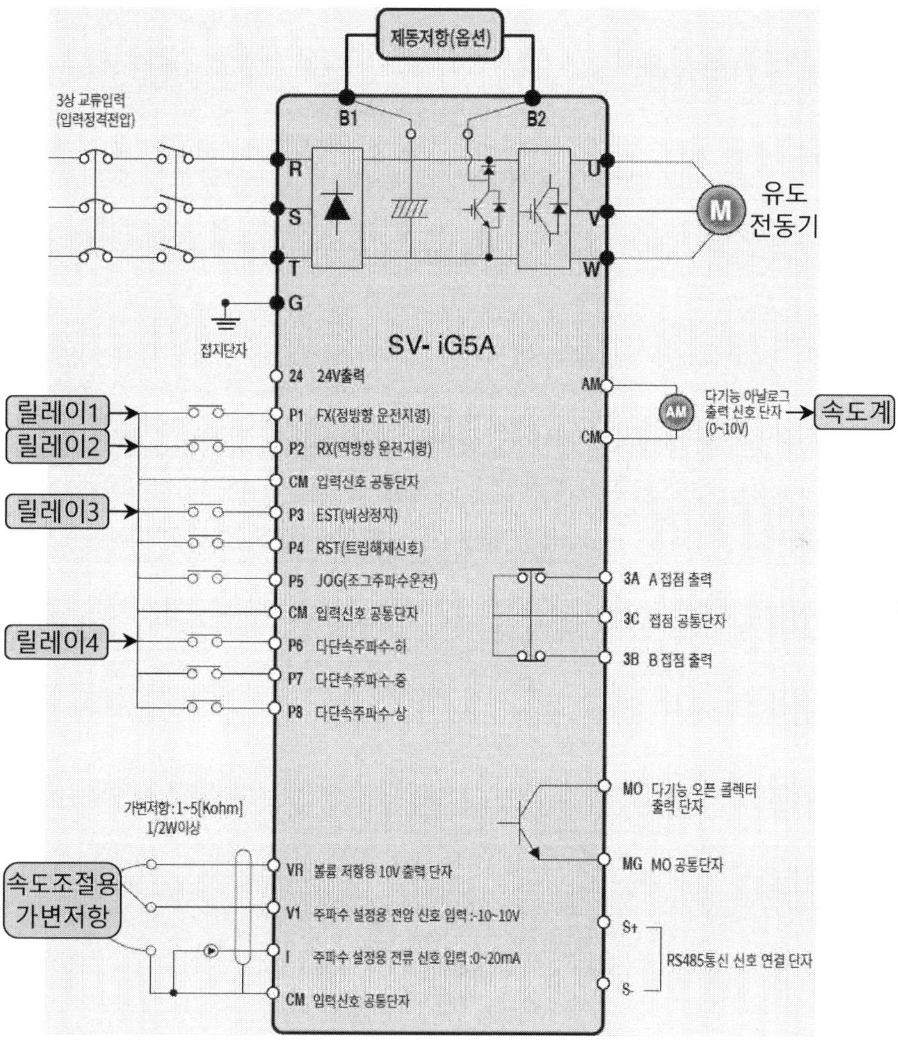

그림 7.11 인버터 결선도

4) 파라미터 설정

① 로더 구성

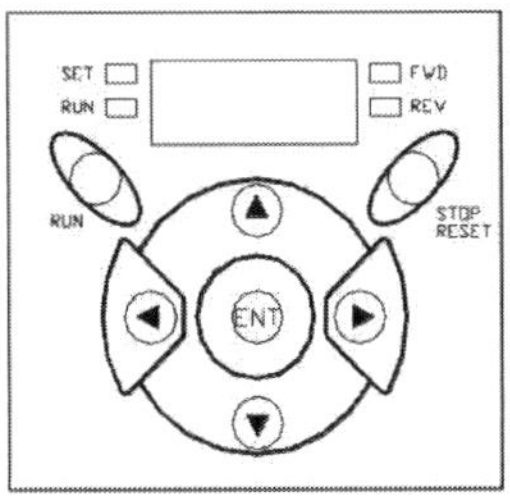

구분	표 시	명 칭	기 능
KEY	RUN	운전	운전 지령
	STOP/RESET	정지/리셋	운전시 정지지령/고장시 리셋지령
	▲	상	코드 이동, 파라미터 설정값 증가
	▼	하	코드 이동, 파라미터 설정값 감소
	◀	좌	그룹 이동, 파라미터 좌측 자리이동
	▶	우	그룹 이동, 파라미터 우측 자리이동
	ENT	엔터	파라미터 값 변경/저장
LED	FWD	정방향	정방향 운전 중 점등
	REV	역방향	역방향 운전 중 점등
	RUN	운전중	가감속 중 점멸, 정속 중 점등
	SET	설정중	파라미터 설정 중 점등

② 파라미터의 종류

운전 그룹	목표 주파수, 가/감속시간 등 운전에 필요한 기본적인 파라미터
기능 그룹 1	출력 주파수 및 전압을 조정할 수 있는 기본 기능 파라미터
기능 그룹 2	PID 운전 및 제2 전동기 설정 등 응용 기능 파라미터
입출력 그룹	다기능 단자 설정 등 시퀀스 구성에 필요한 파라미터

③ 그룹 간 이동

우 이동 키 '▶'을 이용하면 그림에서 시계방향으로, 반대로 좌 이동 키 '◀'를 이용하면 반시계방향으로 각 그룹의 첫 번째 코드에서만 순환 이동할 수 있다.

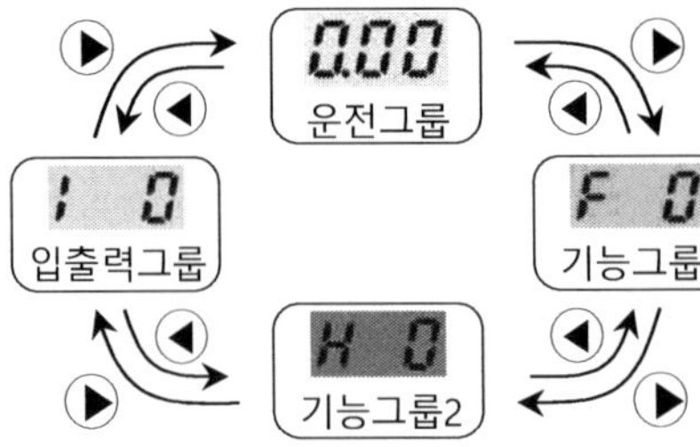

④ 그룹 내 코드 간 이동

상 이동 키 '▲'을 이용하면 그림에서 위로, 반대로 하 이동 키 '▼'를 이용하면 아래로 각 그룹 내에서 코드 간 순환 이동할 수 있다.

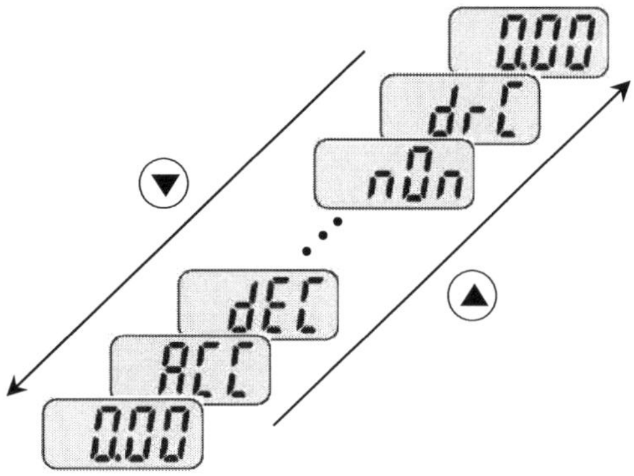

⑤ 운전그룹 파라미터 설정

표 시	명 칭	설정범위	설 명	기본값
0.00	지령 주파수	0~400Hz	정지중 : 지령 주파수 표시 운전중 : 출력 주파수 표시	0.00
ACC	가속시간	0~6000초	가속운전 시간	5.0
dEC	감속시간	0~6000초	감속운전 시간	10.0
drv	운전 지령방법	0~4	0 : 로더의 RUN 키와 STOP 키로 운전 1 : 단자대 FX-정방향, RX-역방향 운전 2 : 단자대 FX-운전/정지 RX-역회전 방향 3 : RS-485 통신 운전	1
Frq	주파수 설정방법	0~9	0/1 : 로더 디지털 주파수 설정 1/2 2 : 아날로그 단자대 V1 설정1 -10~+10V 3 : 아날로그 단자대 V1 설정2 0~+10V 4 : 아날로그 단자대 I 0~20mA 5/6 : 아날로그 단자대 V1 설정1/2 + I 7 : RS-485 통신 설정 8 : 디지털 볼륨 Up-Down 설정	0
CUr	출력전류	-	출력전류 표시	-
rPM	전동기회전수	-	전동기 회전수 RPM 표시	-
dCL	직류링크전압	-	인버터 내부의 직류링크 전압 표시	-
nOn	현재고장표시	-	트립의 종류, 주파수, 전류, 운전상태 표시	-
drC	회전방향선택	F, r	drv 0 설정시 회전방향 F: 정방향, r: 역방향	F

인버터를 이용하여 유도전동기 속도제어의 정상 동작을 위해 인버터의 운전그룹 파라미터를 다음과 같이 설정해야 한다.

① 가속 시간 ACC : 1초
② 감속 시간 deC : 1초
③ 운전 지령방법 drv : 1 (단자대 FX-정방향, RX-역방향 운전)
④ 주파수 설정방법 Frq : 3 (아날로그 단자대 V1 설정2 0~+10V)

(3) 구성요소

연 번	요 소	디바이스	변 수	설 명
1	입력	P00000	E_STOP	비상정지 스위치
2		P00001	SL_AUTO	자동운전 셀렉트 스위치
3		P00002	SL_MAN	수동운전 셀렉트 스위치
4		P00003	PB_MFWD	수동운전용 정방향 푸시버튼 스위치
5		P00004	PB_MREV	수동운전용 역방향 푸시버튼 스위치
6	메모리	M00001	SM_AUTO	자동운전 모드
7		M00002	SM_MAN	수동운전 모드
8	타이머	T0001	TMR_10S	10초 TON 타이머
9	출력	P00010	INV_EST	인버터 비상정지, 릴레이3 연결
10		P00011	AUTO_GL	자동운전 표시 녹색램프
11		P00012	MAN_RL	수동운전 표시 적색램프
12		P00013	INV_FX	인버터 정방향 운전지령, 릴레이1 연결
13		P00014	INV_RX	인버터 역방향 운전지령, 릴레이2 연결

[실습과제 7-25] 컨베이어 제품세척 제어

(1) 동작설명

① 제품이 컨베이어를 타고 이동하면서 불량제품이 검출되면 퇴출시키지만, 정상제품은 통과시키고, 세척기 앞에 제품이 도착하면 세척한다.

② 운전 푸시버튼 스위치를 누르면 컨베이어가 동작되고, 정지 푸시버튼 스위치를 누르면 컨베이어가 정지한다.

③ 컨베이어가 동작하여 1칸 이동하면 캠(CAM)은 1회전하므로, 캠 스위치는 매 회전마다 컨베이어 1칸의 칸막이에서 OFF되고 나머지에서 ON된다.

④ 캠 스위치가 ON되고 불량검출이 되지 않으면 정상제품이므로 다음 칸으로 이동한다. 그러나 불량제품의 경우는 불량퇴출의 2칸 앞에서 불량검출 센서에 의해 감지되므로 캠 스위치가 2칸 이동 후에 ON될 때 불량퇴출 솔레노이드가 동작하여 불량제품을 퇴출시키고, 캠 스위치가 OFF되면 불량퇴출 솔레노이드의 작동이 정지된다.

⑤ 캠 스위치가 ON되고 제품이 감지되지 않으면 정상제품이 없으므로 다음 칸으로 이동한다. 그러나 제품감지 센서에 의해 세척기의 3칸 앞에서 정상제품이 감지되므로 캠 스위치가 3칸 이동 후에 ON될 때 세척기 솔레노이드가 동작하여 정상제품을 세척하고, 캠 스위치가 OFF되면 세척기 솔레노이드의 작동이 정지된다.

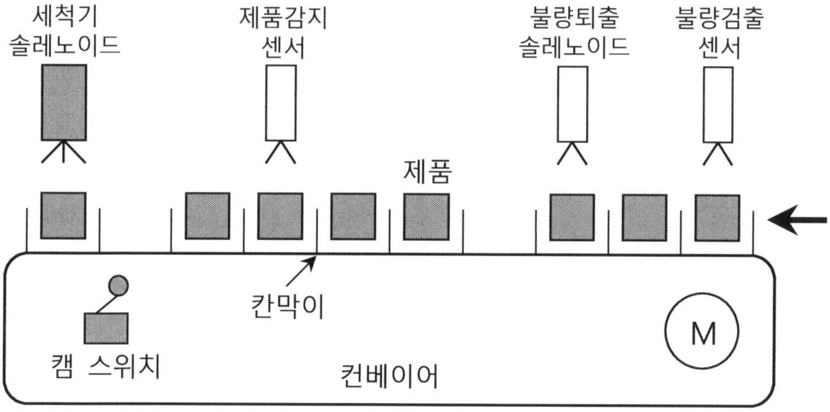

그림 7.12 컨베이어 제품 세척제어

(2) 구성요소

연 번	요 소	디바이스	변 수	설 명
1	입력	P00000	PB_RUN	운전 푸시버튼 스위치
2		P00001	PB_STOP	정지 푸시버튼 스위치
3		P00002	SW_CAM	캠 스위치
4		P00003	SNS_BAD	불량검출 센서
5		P00004	SNS_PRD	제품감지 센서
6	메모리	M00000	SM_OPER	운전모드
7		M00010	SM_BADB	불량검출 비트
8		M00012	SM_OUTB	불량퇴출 비트 위치(+2)
9		M00020	SM_PRDB	제품감지 비트
10		M00023	SM_CLNB	제품세척 비트 위치(+3)
11	출력	P00010	CNV_MOT	컨베이어 모터
12		P00011	SOL_OUT	불량제품 퇴출 솔레노이드
13		P00012	SOL_CLN	제품 세척기 솔레노이드

[실습과제 7-26] 조립라인 컨베이어 제어

(1) 동작설명

① 3개의 조립대와 최종 조립대에서 각각 부품을 조립 완료한 후 컨베이어로 이송하는 조립라인 컨베이어 시스템을 제어한다.

② 제어 시스템은 푸시버튼 스위치 S5에 의해 시작되어 램프 Q5로 시스템 운전이 표시되고, 푸시버튼 스위치 S6에 의해 정지된다.

③ 조립대 1, 2, 3의 부품들이 조립 완료 후 컨베이어1 상으로 이동신호는 푸시버튼 스위치 S1, S2, S3이고, 누르면 조립대 표시램프 Q1, Q2, Q3이 점등된다.

④ 조립대 1, 2, 3의 모든 조립과정이 완료되어 표시램프 Q1, Q2, Q3이 모두 점등되면 컨베이어1이 5초 동안 동작하여 컨베이어1 상에 모인 조립 부품들을 최종 조립대로 이송한다. 조립 완료되어 컨베이어1이 동작 중에는 Q1, Q2, Q3이 모두 소등된다.

⑤ 푸시버튼 스위치 S7을 누르는 동안만 컨베이어1을 수동으로 동작시켜 조립 부품들을 최종 조립대로 이송시키는 조그(JOG) 운전도 가능하다.

⑥ 최종 조립대의 램프 Q4는 컨베이어1이 동작하면 1초 주기로 점멸하고, 컨베이어2가 동작하면 계속 점등된다.

⑦ 최종 조립대의 푸시버튼 스위치 S4를 누르면 모든 조립이 완료되고, 컨베이어2가 5초간 동작하여 최종 조립된 제품을 이송한다.

⑧ 컨베이어2의 동작이 완료되면 다시 처음부터 동작을 반복한다.

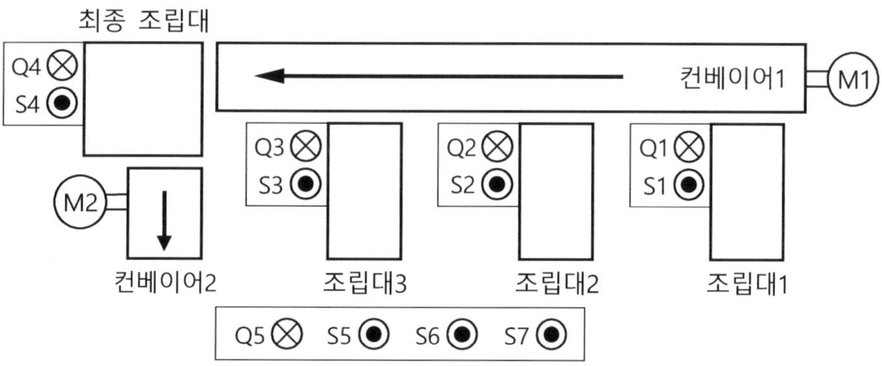

그림 7.13 조립라인 컨베이어 제어

(2) 구성요소

연 번	요 소	디바이스	변 수	설 명
1	입력	P00001	S1	조립대1 조립완료 푸시버튼 스위치
2		P00002	S2	조립대2 조립완료 푸시버튼 스위치
3		P00003	S3	조립대3 조립완료 푸시버튼 스위치
4		P00004	S4	최종 조립대 조립완료 푸시버튼 스위치
5		P00005	S5	운전 푸시버튼 스위치
6		P00006	S6	정지 푸시버튼 스위치
7		P00007	S7	컨베이어1 JOG 운전 푸시버튼 스위치
8	메모리	M00000	RUN	운전 모드 자기유지
9		M00001	TBL1	조립대1 보조 자기유지
10		M00002	TBL2	조립대2 보조 자기유지
11		M00003	TBL3	조립대3 보조 자기유지
12		M00010	SM_ASM	최종 조립대 조립중
13		M00011	SM_CNV1	컨베이어1 보조
14		M00012	SM_CNV2	컨베이어2 보조
15	타이머	T0001	TMR_5S1	5초 TMON 타이머1
16		T0002	TMR_5S2	5초 TMON 타이머2
17		T0010	TMR_S51	0.5초 TON 타이머1, 플리커
18		T0011	TMR_S52	0.5초 TON 타이머2, 플리커
19	출력	P00011	Q1	조립대1 조립완료 램프
20		P00012	Q2	조립대2 조립완료 램프
21		P00013	Q3	조립대3 조립완료 램프
22		P00014	Q4	최종 조립대 조립완료 램프
23		P00015	Q5	운전 램프
24		P00016	CNV1	컨베이어1
25		P00017	CNV2	컨베이어2

[실습과제 7-27] 원료 혼합비율 제어

(1) 동작설명

여러가지 원료들을 혼합하여 제품을 제조할 때 각 원료의 혼합비율에 따라 제품이 달라진다. 예를 들어 가축 사료를 제조하는 경우 원료는 거의 동일하지만 원료의 혼합비율에 따라 어린 가축용, 중간 크기용, 큰 가축용 등으로 제품이 달라진다. 이 경우 각각의 제품에 따른 혼합비율을 PLC의 래치영역인 파일 레지스터 R에 저장해 놓고 제품의 선택에 따른 혼합비율을 메모리로 복사해서 제품을 생산하는데 사용할 수 있다.

그림과 같이 3가지의 원료를 혼합하여 제품을 생산할 때 각 밸브의 동작시간(총 12초)을 다르게 하여 혼합비율을 제어한다.

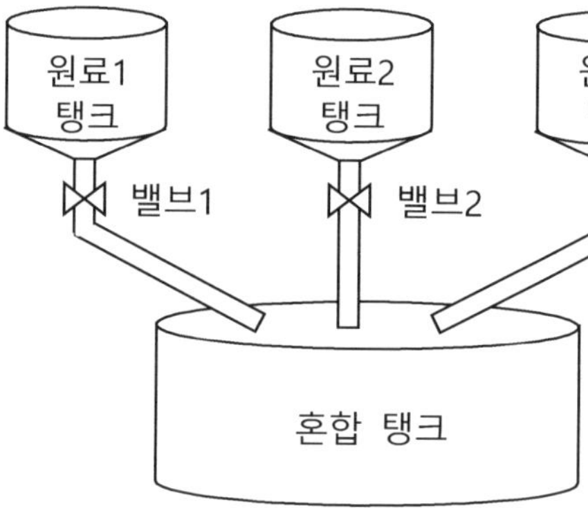

그림 7.14 원료 혼합비율 제어

제 품	구 분	밸브1	밸브2	밸브3
제품1	설정시간	4초	4초	4초
	래치영역	R01000	R01001	R01002
제품2	설정시간	4초	6초	2초
	래치영역	R01010	R01011	R01012
제품3	설정시간	6초	2초	4초
	래치영역	R01020	R01021	R01022
제품4	설정시간	6초	6초	0초
	래치영역	R01030	R01031	R01032
레시피 (12초)	메모리 영역	D00300	D00301	D00302

(2) 구성요소

연 번	요 소	디바이스	변 수	설 명
1	입력	P00000	PB1	제조시작 푸시버튼 스위치
2		P00001	PRD1	제품1
3		P00002	PRD2	제품2
4		P00003	PRD3	제품3
5		P00004	PRD4	제품4
6	메모리	D00300	SEC_V1	원료탱크 밸브1 동작시간
7		D00301	SEC_V2	원료탱크 밸브2 동작시간
8		D00302	SEC_V3	원료탱크 밸브3 동작시간
9		R01000	RCP	제품1 원료1 혼합비율 래치 데이터
10		R01001	RCP12	제품1 원료2 혼합비율 래치 데이터
11		R01002	RCP13	제품1 원료3 혼합비율 래치 데이터
12		R01010	RCP21	제품2 원료1 혼합비율 래치 데이터
13		R01011	RCP22	제품2 원료2 혼합비율 래치 데이터
14		R01012	RCP23	제품2 원료3 혼합비율 래치 데이터
15		R01020	RCP31	제품3 원료1 혼합비율 래치 데이터
16		R01021	RCP32	제품3 원료2 혼합비율 래치 데이터
17		R01022	RCP33	제품3 원료3 혼합비율 래치 데이터
18		R01030	RCP41	제품4 원료1 혼합비율 래치 데이터
19		R01031	RCP42	제품4 원료2 혼합비율 래치 데이터
20		R01032	RCP43	제품4 원료3 혼합비율 래치 데이터
21		Z0010	IDX	래치 데이터 제품별 혼합비율 인덱스
22	타이머	T0000	TMR_V1	원료밸브1 동작시간 TMON 타이머
23		T0001	TMR_V2	원료밸브2 동작시간 TMON 타이머
24		T0002	TMR_V3	원료밸브3 동작시간 TMON 타이머
25	출력	P00010	VLV1	원료탱크 밸브1
26		P00011	VLV2	원료탱크 밸브2
27		P00012	VLV3	원료탱크 밸브3

[실습과제 7-28] 팔레트 리프트 제어

(1) 동작설명

① 스위치 S1을 누르면 그림 7.15의 위쪽 그림과 같이 컨베이어1이 동작하여 경사 롤러를 따라 내려온 물품을 컨베이어2를 향해 이동시킨다.

② 물품이 이동하여 리미트 스위치 S2를 ON시키면 컨베이어1은 정지하고, 리미트 스위치 S3이 ON상태였던 팔레트 리프트가 상승한다.

③ 상승 중인 팔레트 리프트가 리미트 스위치 S4를 ON시키면 그림 7.15의 아래쪽 그림과 같이 팔레트 리프트는 정지하고, 컨베이어1과 컨베이어2가 모두 동작한다.

④ 컨베이어2에서 이동 중인 물품이 리미트 스위치 S5를 ON시키면 두 컨베이어는 모두 정지하고, 팔레트 리프트는 리미트 스위치 S3이 ON될 때까지 다시 하강한다.

⑤ 팔레트 리프트가 하강하여 리미트 스위치 S3이 ON되면 모든 작업이 종료되고, 다시 ①번 단계부터 반복한다.

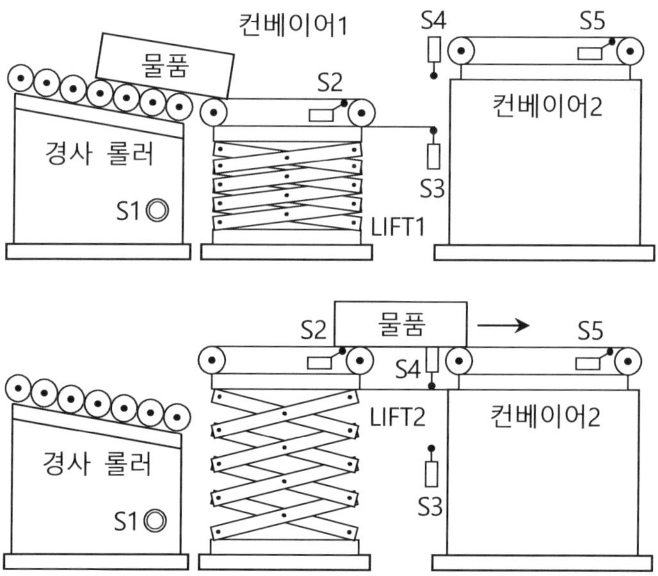

그림 7.15 팔레트 리프트 제어

(2) 구성요소

연 번	요 소	디바이스	변 수	설 명
1	입력	P00001	S1	컨베이어1 구동 푸시버튼 스위치
2		P00002	S2	컨베이어1 동작 리미트 스위치 컨베이어1 정지
3		P00003	S3	팔레트 리프트 하강 리미트 스위치
4		P00004	S4	팔레트 리프트 상승 리미트 스위치 컨베이어1, 2 구동
5		P00005	S5	컨베이어2 동작 리미트 스위치 컨베이어1, 2 정지
6	메모리	S001.00	STEP0	스텝 0 초기상태
7		S001.01	STEP1	스텝 1
8		S001.02	STEP2	스텝 2
9		S001.03	STEP3	스텝 3
10		S001.04	STEP4	스텝 4
11	출력	P00011	CNV1	컨베이어1 구동
12		P00012	CNV2	컨베이어2 구동
13		P00013	LIFT1	팔레트 리프트 상승
14		P00014	LIFT2	팔레트 리프트 하강

[실습과제 7-29] 호이스트 순차제어

(1) 동작설명

① 리미트 스위치 LS1이 ON 상태인 위치 A에서 기동버튼 PB1을 누르면 호이스트는 위치 D의 방향인 우측으로 이동하여 리미트 스위치 LS4가 ON되면 위치 D에서 작업을 위해 2초 동안 정지한다.

② 호이스트는 다시 위치 B의 방향인 좌측으로 이동하여 리미트 스위치 LS2가 ON되면 위치 B에서 작업을 위해 3초 동안 정지한다.

③ 호이스트는 다시 위치 C의 방향인 우측으로 이동하여 리미트 스위치 LS3가 ON되면 위치 C에서 작업을 위해 4초 동안 정지한 후 최초 위치 A의 방향인 좌측으로 이동하여 리미트 스위치 LS1이 ON되면 운전을 종료한다.

④ 운전 중에 정지버튼 PB2를 누르면 호이스트는 그 자리에 즉시 정지하고, 언제든지 복귀버튼 PB3을 누르면 호이스트는 위치 A의 방향인 좌측으로 리미트 스위치 LS1이 ON될 때까지 이동하여 최초 위치 A로 복귀한다.

⑤ 그림에서 보는 것처럼 호이스트가 우측으로 이동하는 방향이 모터의 정회전 방향이다.

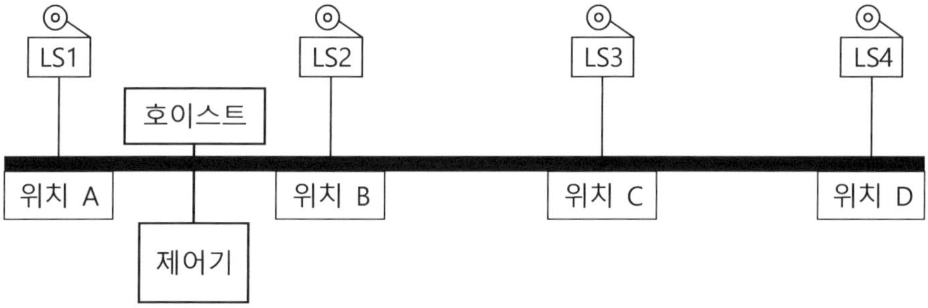

그림 7.16 호이스트 순차제어

(2) 구성요소

연 번	요 소	디바이스	변 수	설 명
1	입력	P00000	PB1	기동 푸시버튼 스위치
2		P00001	LS1	위치 A 리미트 스위치
3		P00002	LS2	위치 B 리미트 스위치
4		P00003	LS3	위치 C 리미트 스위치
5		P00004	LS4	위치 D 리미트 스위치
6		P00005	PB2	정지 푸시버튼 스위치
7		P00006	PB3	복귀 푸시버튼 스위치
8	메모리	S000.00	STEP0	스텝 0 초기상태
9		S000.01	STEP1	스텝 1
10		S000.02	STEP2	스텝 2
11		S000.03	STEP3	스텝 3
12		S000.04	STEP4	스텝 4
13		S000.05	STEP5	스텝 5
14		S000.06	STEP6	스텝 6
15		S000.07	STEP7	스텝 7
16		S000.98	STEP98	스텝 98 정지
17		S000.99	STEP99	스텝 99 위치 A 복귀
18	타이머	T0001	TMR_2S	2초 TON 타이머
19		T0002	TMR_3S	3초 TON 타이머
20		T0003	TMR_4S	4초 TON 타이머
21	출력	P00010	MOTP_GL	모터 정회전 호이스트 우측이동, 녹색 램프
22		P00011	MOTM_RL	모터 역회전 호이스트 좌측이동, 적색 램프

[실습과제 7-30] 공사구간 교통 신호등 제어

(1) 동작설명

① 왕복 2차선인 도로에서 한쪽 차선이 공사 중인 경우 차량이 양쪽에서 왕복 1차선으로만 통행할 수 있도록 공사구간 양방향 교통 신호등을 제어한다.

② 동작이 시작되면 초기에는 양방향 차선의 적색등이 모두 점등된다.

③ 먼저 A방향 차선의 차량진입 센서가 ON되면 10초 후에 A방향 적색등이 소등되고 A방향 녹색등이 계속 점등된다. 나중에 B방향 차선의 차량진입 센서가 ON되어도 최소 20초간은 A방향 녹색등의 점등이 유지된다. 반대방향 차선의 경우도 마찬가지로 동작한다.

④ A방향 녹색등, B방향 적색등인 상태에서 A방향에 차량이 없을 경우 B방향 차선의 차량진입 센서가 ON되면, 즉시 A방향 녹색등이 소등되고 A방향과 B방향 적색등이 모두 점등된 후 10초가 경과해야 B방향 녹색등이 점등된다. 반대방향 차선의 경우도 마찬가지로 동작한다.

⑤ 비상점멸 시작버튼을 누르면 양방향의 녹색등과 적색등 4개가 모두 1초 주기로 점멸하고, 비상점멸 종료버튼을 누르면 양방향의 녹색등과 적색등이 점멸을 멈추고 정상적으로 동작한다.

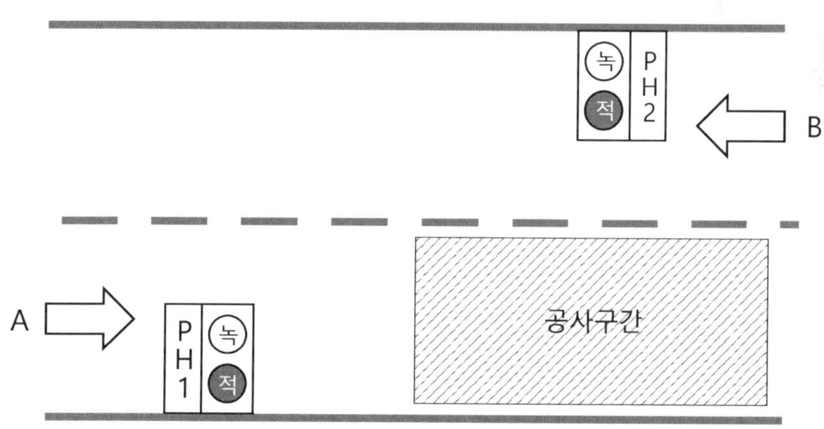

그림 7.17 공사구간 교통 신호등 제어

(2) 구성요소

연 번	요 소	디바이스	변 수	설 명
1	입력	P00001	PH1	A방향 차량진입 센서
2		P00002	PH2	B방향 차량진입 센서
3		P00003	E_START	비상점멸 시작 푸시버튼 스위치
4		P00004	E_STOP	비상점멸 종료 푸시버튼 스위치
5	메모리	M00000	E_MODE	1초주기 비상점멸 모드
6		M00001	E_ONOF	1초주기 비상점멸 동작
7		S002.00	STEP0	초기상태 스텝 0
8		S002.01	STEP_A1	A방향 스텝1
9		S002.02	STEP_A2	A방향 스텝2
10		S002.03	STEP_A3	A방향 스텝3
11		S002.04	STEP_B1	B방향 스텝1
12		S002.05	STEP_B2	B방향 스텝2
13		S002.06	STEP_B3	B방향 스텝3
14	타이머	T0001	TMR_10S	10초 TON 타이머
15		T0002	TMR_20S	20초 TON 타이머
16	출력	P00010	A_GL	A방향 녹색 신호등
17		P00011	B_GL	B방향 녹색 신호등
18		P00012	A_RL	A방향 적색 신호등
19		P00013	B_RL	B방향 적색 신호등

[실습과제 7-31] 문자 광고보드 제어

(1) 동작설명

① 광고보드에 다음과 같이 문자마다 네온사인이 배선되어 있고, 각 문자 네온사인의 점등과 소등은 PLC에 의해 제어된다.

② 동작 스위치 TG1을 ON하면 그림과 같이 5개의 문자판은 'P' 자부터 한 글자씩 순차적으로 1초 간격으로 점등된다.

③ 문자판이 모두 점등되고 3초 후에 전체 문자판이 1초 주기로 점멸을 5회 반복한다.

④ 5회 반복 점멸이 끝나면 문자판이 2초 동안 모두 소등된 후 초기화되어 ②번부터 동작을 다시 반복한다.

⑤ 동작 스위치 TG1을 OFF하면 모든 동작을 멈춘다.

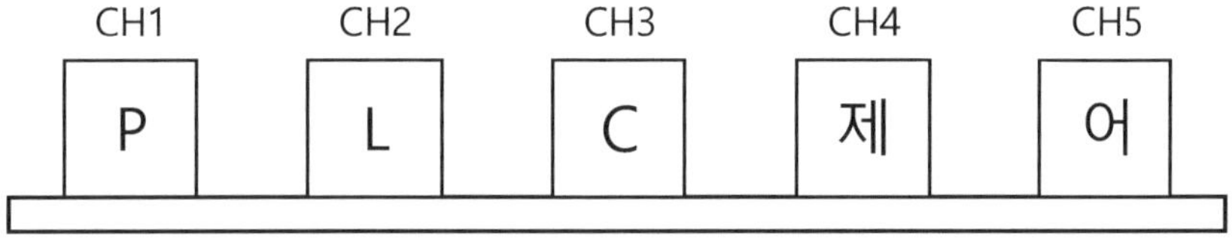

그림 7.18 문자 광고보드 제어

(2) 타임차트

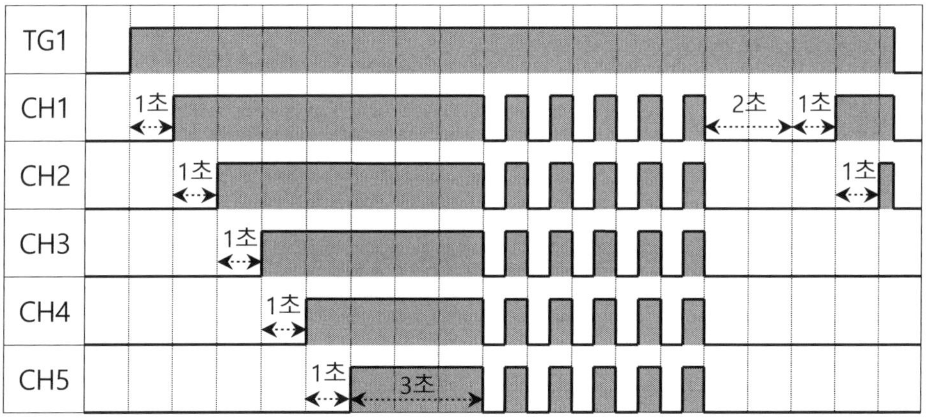

(3) 구성요소

연 번	요 소	디바이스	변 수	설 명
1	입력	P00000	TG1	동작 토글 스위치
2	타이머	T0001	TMR_1S	1초 TON 타이머
3		T0002	TMR_2S	2초 TON 타이머
4		T0003	TMR_3S	3초 TON 타이머
5		T0004	TMR_4S	4초 TON 타이머
6		T0005	TMR_5S	5초 TON 타이머
7		T0006	TMR_8S	8초 TON 타이머
8		T0007	TMR_13S	13초 TON 타이머
9		T0008	TMR_15S	15초 TON 타이머
10		T0010	TMR_S51	0.5초 TON 타이머1
11		T0011	TMR_S52	0.5초 TON 타이머2
12	출력	P00011	CH1	'P' 자 문자판
13		P00012	CH2	'L' 자 문자판
14		P00013	CH3	'C' 자 문자판
15		P00014	CH4	'제' 자 문자판
16		P00015	CH5	'어' 자 문자판

(4) 엑셀을 이용한 전체 타임차트

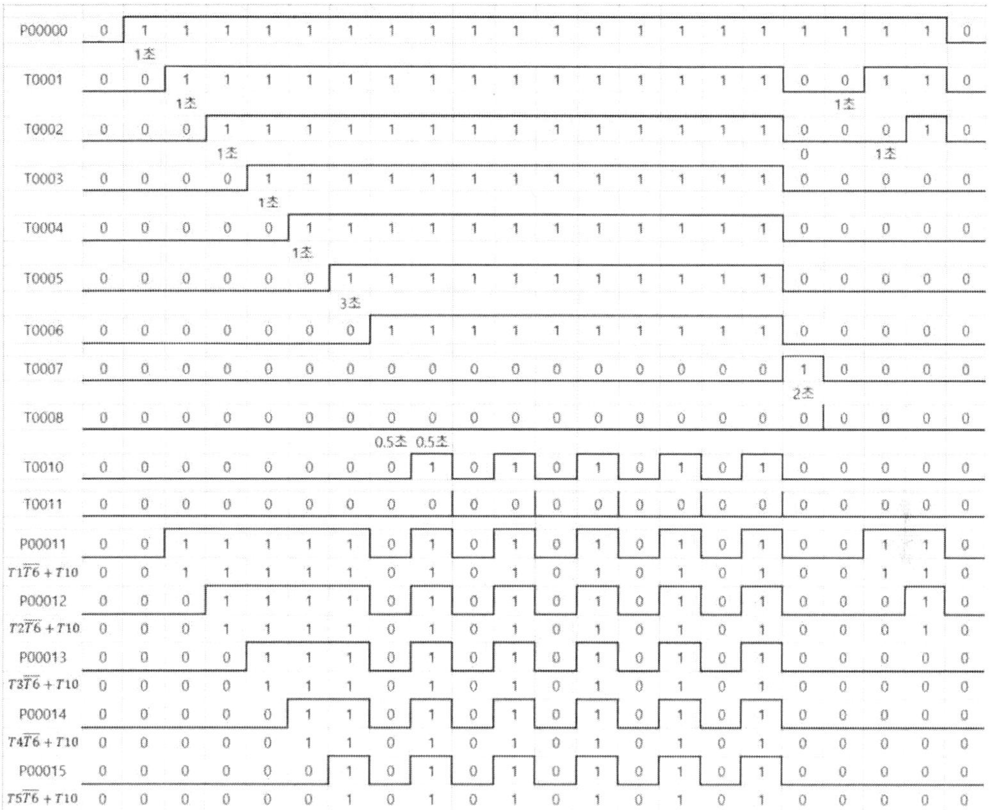

[실습과제 7-32] 분수대 제어

(1) 동작설명

① 분수대의 모터펌프 5대를 수동모드와 자동모드로 제어한다.

② 각 모터펌프별로 5개의 개별 스위치가 있고, 모드선택 스위치로 수동모드(OFF)와 자동모드(ON)를 선택한다.

③ 수동모드가 선택되면 각 모터펌프의 동작은 개별 스위치에 의해 수동으로 제어되는데, 개별 스위치가 ON일 때만 해당 모터펌프가 동작한다.

④ 자동모드가 선택되면 모터펌프별로 5개의 개별 스위치가 모두 ON되어 있어야 분수대가 정상적으로 동작한다.

⑤ 자동모드에서는 다음 동작표와 같은 순서로 분수대의 7가지의 동작을 제어하며, 반복 동작의 주기는 60초이다.

동작순서	모터펌프5	모터펌프4	모터펌프3	모터펌프2	모터펌프1	16진수	동작시간
동작1				○	○	h0003	10초
동작2			○	○	○	h0007	10초
동작3		○	○		○	h000D	10초
동작4	○	○	○		○	h001D	10초
동작5	○	○			○	h0019	5초
동작6	○			○	○	h0013	5초
동작7	○	○	○	○	○	h001F	10초

그림 7.19 분수대 제어

(2) 구성요소

연 번	요 소	디바이스	변 수	설 명
1	입력	P00000	TG_SW1	모터펌프1 동작 토글 스위치
2		P00001	TG_SW2	모터펌프2 동작 토글 스위치
3		P00002	TG_SW3	모터펌프3 동작 토글 스위치
4		P00003	TG_SW4	모터펌프4 동작 토글 스위치
5		P00004	TG_SW5	모터펌프5 동작 토글 스위치
6		P00005	MODE	모드선택 토글 스위치
7	메모리	M00000	OP_SEQ1	동작순서1
8		M00001	OP_SEQ2	동작순서2
9		M00002	OP_SEQ3	동작순서3
10		M00003	OP_SEQ4	동작순서4
11		M00004	OP_SEQ5	동작순서5
12		M00005	OP_SEQ6	동작순서6
13		M00006	OP_SEQ7	동작순서7
14		D00000	OP_DAT1	동작패턴1 데이터
15		D00001	OP_DAT2	동작패턴2 데이터
16		D00002	OP_DAT3	동작패턴3 데이터
17		D00003	OP_DAT4	동작패턴4 데이터
18		D00004	OP_DAT5	동작패턴5 데이터
19		D00005	OP_DAT6	동작패턴6 데이터
20		D00006	OP_DAT7	동작패턴7 데이터
21		D00010	SW_DAT	모터펌프 개별 스위치 값
22		D00011	SEQ_NO	현재 동작순서
23		D00012	OP_DAT	현재 동작패턴 데이터
24		D00013	OP_PUMP	동작 모터펌프 값
25	타이머	T0001	TMR_10S	10초 TON 타이머
26		T0002	TMR_5S	5초 TON 타이머
27	카운터	C0001	CTR_R7	7회 RING 카운터
28	출력	P00010	PUMP1	분수대 모터펌프1
29		P00011	PUMP2	분수대 모터펌프2
30		P00012	PUMP3	분수대 모터펌프3
31		P00013	PUMP4	분수대 모터펌프4
32		P00014	PUMP5	분수대 모터펌프5

[실습과제 7-33] 컨베이어 시스템 공압제어

(1) 동작설명

① 동작 스위치 TG1을 ON시키면 컨베이어 시스템이 동작하고 OFF시키면 정지한다.

② 박스1에 제품을 넣어 제품감지 센서 PS1이 ON되면 컨베이어가 동작한다.

③ 컨베이어가 동작한 후 2초가 지나면 공압 실린더1이 동작하여 5초 간격으로 박스1에 있는 제품을 컨베이어로 이동시킨다.

④ 컨베이어로 제품 이송 중에 불량제품이 있는 경우 불량품 감지센서 BS3이 ON되면 1초 후에 공압 실린더2가 동작하여 이송 중인 불량제품을 컨베이어에서 제거한다.

⑤ 정상제품이 컨베이어로 이송 완료되어 제품감지 센서 PS2가 ON되면 공압 실린더3과 공압 실린더4, 제품 흡입장치가 다음과 같은 순서로 동작하여 정상제품을 박스2에 저장한다.
(공압 실린더3 전진 ➜ 공압 실린더4 전진 ➜ 제품흡입 ON ➜ 1초 후 공압 실린더 3, 4 후진 ➜ 제품흡입 OFF ➜ 0.5초 후 제품저장 완료)

⑥ 박스1에 제품이 없으면 남아있는 마지막 제품을 이송시키고 5초 후에 컨베이어를 정지시킨다.

⑦ 박스1에 제품을 다시 넣으면 위의 ②~⑥ 과정이 반복된다.

⑧ 4개의 공압 실린더는 모두 편 솔레노이드 밸브를 장착하고 있다.

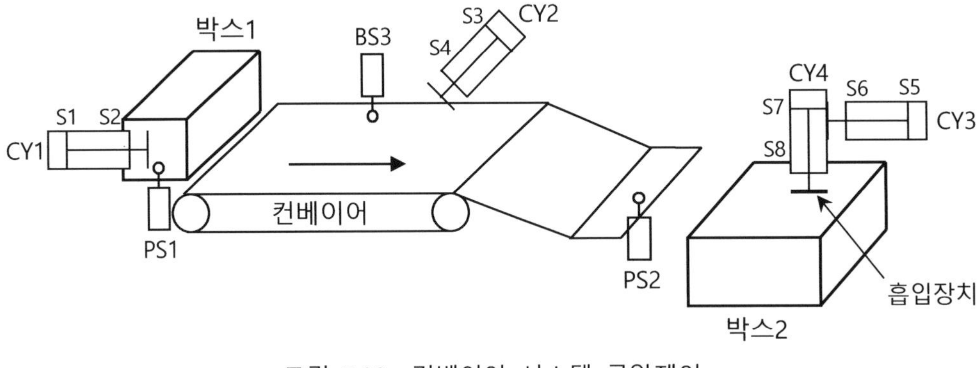

그림 7.20 컨베이어 시스템 공압제어

(2) 공압 실린더

공압제어는 솔레노이드 밸브를 사용하여 공기의 압력으로 작동하는 공압 실린더의 동작을 제어하는 방식이다. 솔레노이드 밸브는 전자석의 힘을 이용하여 압축공기의 흐르는 방향과 유량을 제어하는 방향제어 밸브이다. 공장 자동화에서 공압 실린더를 제어할 때 사용하는 공압제어용 밸브로는 편 솔레노이드 밸브(편솔)와 양 솔레노이드 밸브(양솔)가 있다.

편솔에서는 전진동작을 계속하기 위해서 편솔의 ON상태가 유지되어야하기 때문에 자기유지회로를 이용해야 하고, 반면에 양솔의 경우에는 솔레노이드 밸브 자체가 자기유지 기능을 가지고 있기 때문에 자기유지회로가 필요없이 단순하게 해당 솔레노이드 밸브를 ON/OFF시키는 것만으로 전진 동작 및 후진 동작을 제어할 수 있다.

① 편솔을 이용한 공압 실린더 제어

방향제어 밸브의 한편에만 솔레노이드 밸브가 설치되어 있고, 반대편에는 스프링이 설치되어 있다. 공압 실린더의 전진동작은 솔레노이드 밸브에 의해 이루어지고, 후진동작은 밸브의 반대편에 설치된 스프링에 의해 이루어진다. 편 솔레노이드 밸브에 전기가 공급되면 방향제어 밸브에 의해 공기의 흐름이 변경되지만, 전기가 차단되면 다시 원래 공기의 흐름으로 되돌아간다. 편솔을 이용하여 공압 실린더의 전진 동작 및 후진 동작을 모두 제어하려면 자기유지회로를 구성해주어야 한다,

② 양솔을 이용한 공압 실린더 제어

방향제어 밸브의 양쪽에 모두 솔레노이드 밸브가 설치되어 있어 공압 실린더의 전진 및 후진 동작을 모두 전기적인 방식으로 제어할 수 있다. 편솔과 달리 양솔의 특징은 솔레노이드 밸브의 작동에 의해 방향제어 밸브의 위치가 변경된 상태에서 솔레노이드의 작동을 중지시켜도 방향제어 밸브의 위치가 변경되지 않는다. 따라서 양솔을 이용하여 공압 실린더의 전진 및 후진 동작을 제어하기 위해서는 전진 및 후진 동작을 위한 각각의 전기회로가 필요하다.

(3) 구성요소

연 번	요 소	디바이스	변 수	설 명
1	입력	P00000	TG1	동작 토글 스위치
2		P00001	PS1	제품감지 센서1
3		P00002	PS2	제품감지 센서2
4		P00003	BS3	불량감지 센서
5		P00004	S1	공압 실린더1 후진완료 센서
6		P00005	S2	공압 실린더1 전진완료 센서
7		P00007	S4	공압 실린더2 전진완료 센서
8		P00008	S5	공압 실린더3 후진완료 센서
9		P00009	S6	공압 실린더3 전진완료 센서
10		P0000A	S7	공압 실린더4 후진완료 센서
11		P0000B	S8	공압 실린더4 전진완료 센서
12	메모리	M00001	SM_CNV	컨베이어 동작 자기유지
13		M00002	SM_CY1	공압 실린더1 전진동작 자기유지
14		M00003	END_F1	공압 실린더1 전진완료 자기유지
15		M00004	SM_CY3	공압 실린더3 전진동작 자기유지
16		M00005	END_F3	공압 실린더3 전진완료 자기유지
17		M00006	SM_CY4	공압 실린더4 전진동작 자기유지
18		M00007	END_F4	공압 실린더4 전진완료 자기유지
19		M00009	OFF_VCM	제품 흡입창치 OFF 자기유지
20		M00011	SM_BAD	불량검출 자기유지
21		M00012	SM_CY2	공압 실린더2 전진동작 자기유지
22	타이머	T0001	TMR_2S	2초 TON 타이머
23		T0002	TMR_5S1	5초 TON 타이머1
24		T0003	TMR_5S2	5초 TON 타이머2
25		T0004	TMR_1S1	1초 TON 타이머1
26		T0005	TMR_S5	0.5초 TON 타이머
27		T0006	TMR_1S2	1초 TON 타이머2
28	출력	P00010	CNV	컨베이어
29		P00011	CY1	공압 실린더1 편 솔레노이드 밸브
30		P00012	CY2	공압 실린더2 편 솔레노이드 밸브
31		P00013	CY3	공압 실린더3 편 솔레노이드 밸브
32		P00014	CY4	공압 실린더4 편 솔레노이드 밸브
33		P00015	VCM	공압 실린더4 제품 흡입창치

부록

부록 A 카르노맵을 이용한 논리식의 간략화

디지털 시스템을 설계할 경우 논리적인 동작과 부품의 수는 사용하는 논리소자 등의 특성에 의해서도 크게 좌우되지만 일반적으로 논리식이 간단할수록 논리소자의 수가 줄어들게 된다. 이와 같이 논리소자의 수를 줄이는 것은 논리회로를 구성함에 있어 경제성이나 동작의 신뢰성 면에서 매우 중요하다. 따라서 논리식의 간략화는 디지털 시스템 설계에 있어 필수적이라 할 수 있다.

논리식을 간략화하는 방법으로 부울대수의 기본정리를 이용할 수 있지만 보다 복잡한 경우에는 카르노맵과 같이 도표를 이용하는 방법이 더욱 효과적이다. 카르노맵(karnaugh map)은 진리표로부터 유도된 도표에 의해 논리식을 간략화하는 방법으로서 1변수와 2변수 입력의 경우는 부울대수의 기본정리를 이용하여 논리식를 간략화하는 방법이 더욱 간편하므로 주로 3변수와 4변수 입력의 경우에는 카르노맵이 많이 사용된다. 카르노맵은 진리표와 달리 각 입력 상태에 따른 출력상태를 표시하는 것이 아니라 각 입력상태에 따른 출력상태 1을 만드는데 필요한 도표로 되어 있다.

A.1 2변수 카르노맵

2개의 입력변수 A와 B가 0과 1의 상태를 취할 수 있는 조합의 수는 4가지이므로 2변수 카르노맵은 다음 그림과 같이 4칸으로 구성된다. 각 칸의 논리식은 입력변수 A와 B의 NOT('¯')과 AND('•' 또는 생략)로 표시된다.

A \ B	0	1
0	$\overline{A}\,\overline{B}$	$\overline{A}\,B$
1	$A\overline{B}$	AB

그림 A.1 2변수 카르노맵

입력변수가 취할 수 있는 값은 0과 1이므로 카르노맵에서 입력변수를 행과 열에 A, $\overline{A}$, B, $\overline{B}$ 와 같이 직접 기입하면 복잡하므로 외곽에 0, 1로 표시하는 것이 편리하다. 카르노맵의 기본 원리는 서로 이웃하고 있는 항을 묶어서 논리 1이 되는 상태로 논리식을 만드는 과정, 즉 $A+\overline{A}=1$ 또는 $B+\overline{B}=1$을 적용하여 간략화하는 배치로 만들어져 있다.

[예제 A-1] 다음의 진리표에 대응하는 카르노맵을 작성하시오.

입력		출력
A	B	Y
0	0	0
0	1	1
1	0	1
1	1	0

A \ B	0	1
0		1
1	1	

A.2 3변수 카르노맵

3개의 입력변수 A, B, C가 각각 0과 1을 취하므로 조합 가능한 경우는 8가지가 된다. 다음 그림은 3변수 카르노맵을 나타낸다.

A \ BC	00	01	11	10
0	$\overline{A}\,\overline{B}\,\overline{C}$	$\overline{A}\,\overline{B}\,C$	$\overline{A}\,B\,C$	$\overline{A}\,B\,\overline{C}$
1	$A\,\overline{B}\,\overline{C}$	$A\,\overline{B}\,C$	$A\,B\,C$	$A\,B\,\overline{C}$

그림 A.2 3변수 카르노맵

여기서, 2개의 입력변수가 위치한 BC행의 순서가 00, 01, 10, 11이 아닌 00, 01, 11, 10으로 한 비트씩만 변하도록 되어 있음에 유의하여야 한다. 그 이유는 서로 이웃한 항끼리 보수 관계식 $A+\overline{A}=1$ 를 적용하여 묶어서 간략화하기 위해서이고, BC행의 양쪽 끝인 00인 항과 10인 항도 서로 이웃한 항이 되도록 하기 위한 것이다.

[예제 A-2] 다음의 진리표에 대응하는 카르노맵을 작성하시오.

입력			출력
A	B	C	Y
0	0	0	0
0	0	1	0
0	1	0	1
0	1	1	0
1	0	0	1
1	0	1	1
1	1	0	1
1	1	1	0

A \ BC	00	01	11	10
0				1
1	1	1		1

A.3 4변수 카르노맵

컴퓨터나 디지털 시스템에서는 4비트 단위의 니블(nibble) 데이터를 취급하는 일이 많으므로 4개의 입력변수에 의한 논리식이 많이 사용된다. 4변수 카르노맵은 그림과 같이 열에 AB, 행에 CD로 표시하여 구성한다.

AB \ CD	00	01	11	10
00	$\overline{A}\,\overline{B}\,\overline{C}\,\overline{D}$	$\overline{A}\,\overline{B}\,\overline{C}D$	$\overline{A}\,\overline{B}CD$	$\overline{A}\,\overline{B}C\overline{D}$
01	$\overline{A}B\overline{C}\,\overline{D}$	$\overline{A}B\overline{C}D$	$\overline{A}BCD$	$\overline{A}BC\overline{D}$
11	$AB\overline{C}\,\overline{D}$	$AB\overline{C}D$	$ABCD$	$ABC\overline{D}$
10	$A\overline{B}\,\overline{C}\,\overline{D}$	$A\overline{B}\,\overline{C}D$	$A\overline{B}CD$	$A\overline{B}C\overline{D}$

그림 A.3 4변수 카르노맵

AB열과 마찬가지로 CD행도 00, 01, 11, 10의 순으로 배열되어 있는 것은 앞에서 설명한 바와 같이 묶어서 간략화하기 위한 이유 때문이다. 역시 CD행과 AB열의 양쪽 끝인 00항과 10항도 이웃한 항으로 볼 수 있다.

[예제 A-3] 다음의 진리표에 대응하는 카르노맵을 작성하시오.

입력				출력
A	B	C	D	Y
0	0	0	0	1
0	0	0	1	0
0	0	1	0	1
0	0	1	1	0
0	1	0	0	0
0	1	0	1	1
0	1	1	0	0
0	1	1	1	0
1	0	0	0	1
1	0	0	1	0
1	0	1	0	1
1	0	1	1	0
1	1	0	0	0
1	1	0	1	0
1	1	1	0	0
1	1	1	1	1

AB \ CD	00	01	11	10
00	1			1
01		1		
11			1	
10	1			1

A.4 논리함수의 간략화

A.4.1 페어

카르노맵상에서 1이 수평 또는 수직으로 2개가 바로 인접해 있을 때 이를 페어(pair)라고 부르며 함께 묶어서 간략화시킬 수 있다. 페어에서는 1개의 입력변수가 소거되어 간략화된다.

다음 그림에서 좌우로 묶인 페어에서 변수 A는 1로 고정되고, BC항의 변수 B는 0으로 고정되지만 변수 C는 0/1의 보수관계로 소거되고, A는 1, B는 0으로 남아서 논리식은 $A\overline{B}$ 로 간략화된다. 상하로 묶인 페어에서 BC항의 변수 B는 1, 변수 C는 0으로 고정되지만 변수 A는 0/1의 보수관계로 소거되고, B는 1, C는 0으로 남아서 논리식은 $B\overline{C}$ 로 간략화된다.

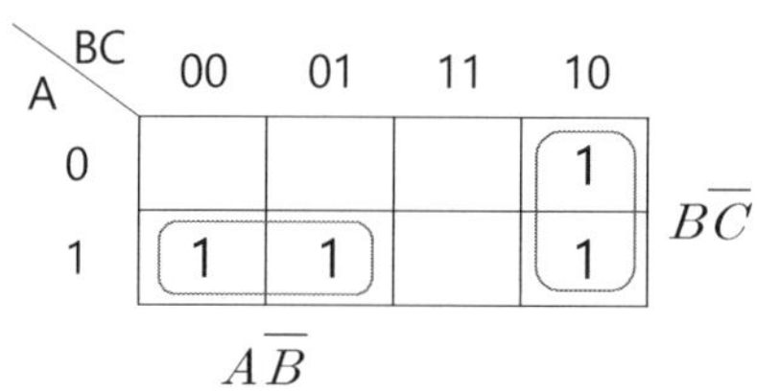

좌우			상하		
A	B	C	A	B	C
1	0	0	0	1	0
1	0	1	1	1	0
A	$\overline{B}$	x	x	B	$\overline{C}$

다음 그림과 같이 인접하고 있는 1을 페어끼리 공유하도록 겹쳐서 묶는 것도 가능하다. 좌우로 묶인 페어에서 변수 A는 1로 고정되고, BC항의 변수 C는 1로 고정되지만 변수 B는 0/1의 보수관계로 소거되고, A는 1, C는 1로 남아서 논리식은 AC로 간략화된다. 상하로 묶인 페어에서 BC항의 변수 B는 1, 변수 C는 1로 고정되지만 변수 A는 0/1의 보수관계로 소거되고, B는 1, C는 0으로 남아서 논리식은 BC 로 간략화된다.

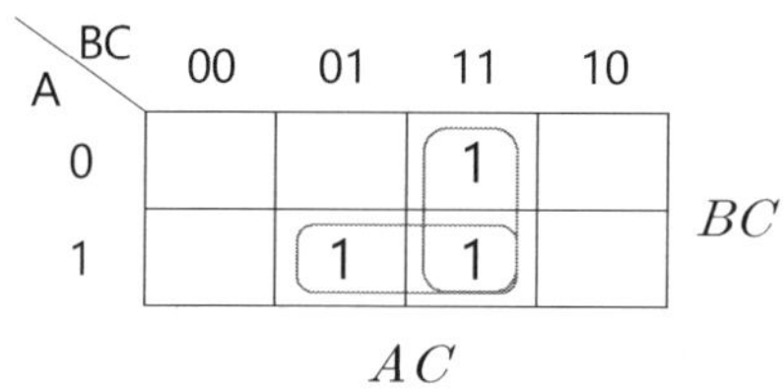

좌우			상하		
A	B	C	A	B	C
1	0	1	0	1	1
1	1	1	1	1	1
A	x	C	x	B	C

그림과 같이 좌우나 상하의 양쪽 끝에 1이 위치해 있는 경우에도 좌우나 상하의 양쪽 끝을 말아서 붙이면 인접한 것으로 볼 수 있으므로 페어로 묶어 변수 1개를 소거할 수 있다. 좌우 페어에서 AB항의 변수 A는 1, B는 1로, CD항의 변수 D는 0으로 고정되지만, 변수 C는 0/1로 변하므로 소거되어 $AB\overline{D}$로 간략화된다. 상하 페어에서 CD항의 변수 C는 0, D는 1로, AB항의 변수 B는 0으로 고정되지만, 변수 A는 0/1로 변하므로 소거되어 $\overline{B}\,\overline{C}D$로 간략화된다.

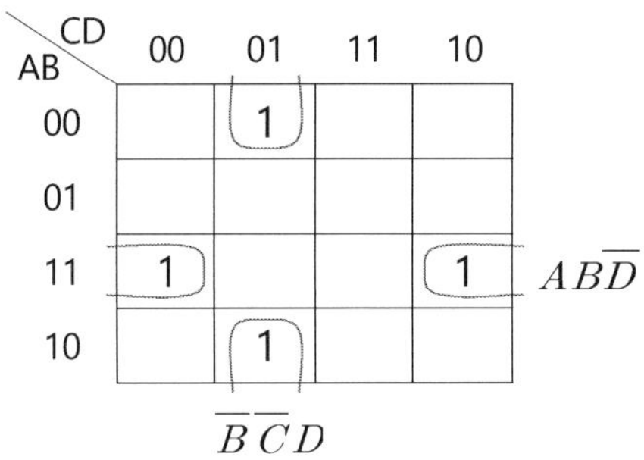

좌우			
A	B	C	D
1	1	0	0
1	1	1	0
A	B	x	$\overline{D}$

상하			
A	B	C	D
0	0	0	1
1	0	0	1
x	$\overline{B}$	$\overline{C}$	D

A.4.2 쿼드

카르노맵상에서 4개의 1이 인접해 있을 때 이를 쿼드(quad)라고 부르며 함께 묶어서 간략화시킬 수 있다. 쿼드에서는 2개의 입력변수가 소거된다.

그림에서 좌우로 묶인 쿼드도 AB항의 변수 A는 0으로 B는 1로 고정되지만 CD항의 변수는 0/1의 보수관계로 모두 소거되어 $A\overline{B}$로 간략화된다. 상하로 묶인 쿼드는 CD항의 변수 C는 1로 D는 0으로 고정되지만 AB항의 변수는 0/1의 보수관계로 모두 소거되어 $C\overline{D}$로 간략화된다.

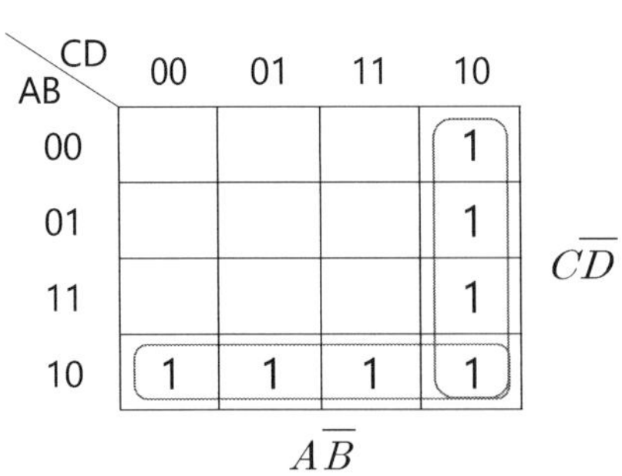

좌우			
A	B	C	D
1	0	0	0
1	0	0	1
1	0	1	1
1	0	1	0
A	$\overline{B}$	x	x

상하			
A	B	C	D
0	0	1	0
0	1	1	0
1	1	1	0
1	0	1	0
x	x	C	$\overline{D}$

그림 상단 쿼드에서 AB항의 변수 B는 1로 고정되고 변수 A는 0/1로 변하므로 소거되며, CD항의 변수 D는 1로 고정되고 변수 C는 0/1로 변하므로 소거되어 논리식은 BD로 간략화된다. 하단 쿼드에서도 AB항의 변수 A는 1로 고정되고 변수 B는 0/1로 변하므로 소거되며, CD항의 변수 C는 0으로 고정되고 변수 D는 0/1로 변하므로 소거되어 논리식은 $A\overline{C}$ 로 간략화된다.

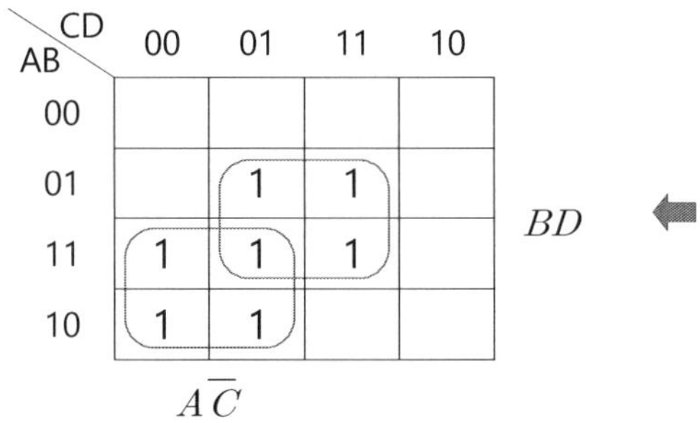

상단				하단			
A	B	C	D	A	B	C	D
0	1	0	1	1	1	0	0
0	1	1	1	1	1	0	1
1	1	0	1	1	0	0	0
1	1	1	1	1	0	0	1
x	B	x	D	A	x	$\overline{C}$	x

그림에서 상하좌우 끝 모서리의 4개항은 쿼드로 묶여져 AB항의 변수 B는 0으로 고정되고 변수 A는 0/1로 변하므로 소거되며, CD항의 변수 D는 0으로 고정되고 변수 C는 0/1로 변하므로 소거되어 논리식은 $\overline{B}\,\overline{D}$ 로 간략화된다.

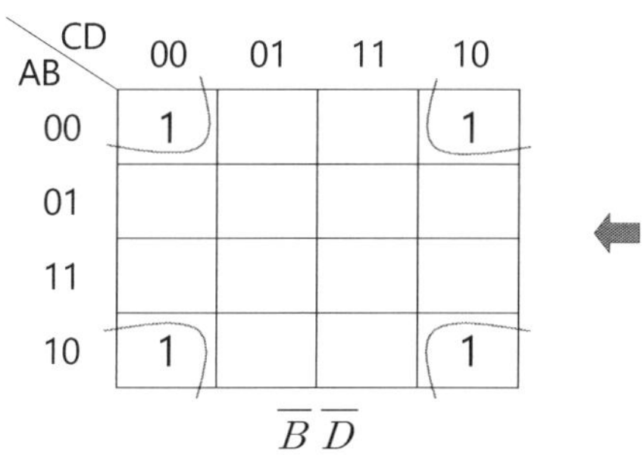

A	B	C	D
0	0	0	0
0	0	1	0
1	0	0	0
1	0	1	0
x	$\overline{B}$	x	$\overline{D}$

A.4.3 옥텟

8개의 1이 인접해 있을 때를 이를 힘께 묶어 옥텟(octet)이라고 부르고, 3개의 변수가 소거된다. 좌측 그림의 좌우 옥텟에서 AB항의 변수 A는 1로 고정되고 변수 B와 CD항의 변수는 모두 소거되어 A가 되고, 상하 옥텟에서 CD항의 변수 C는 1로 고정되고, 변수 D와 AB항의 변수는 모두 소거되어 C가 된다. 우측 그림의 좌우로 묶인 옥텟에서 CD항의 변수 D는 0으로 고정되고 변수 C와 AB항의 변수는 모두 소거되어 $\overline{D}$가 되고, 상하로 묶인 옥텟에서 AB항의 변수 B는 0으로 고정되고, 변수 A와 CD항의 변수는 모두 소거되어 $\overline{B}$가 된다.

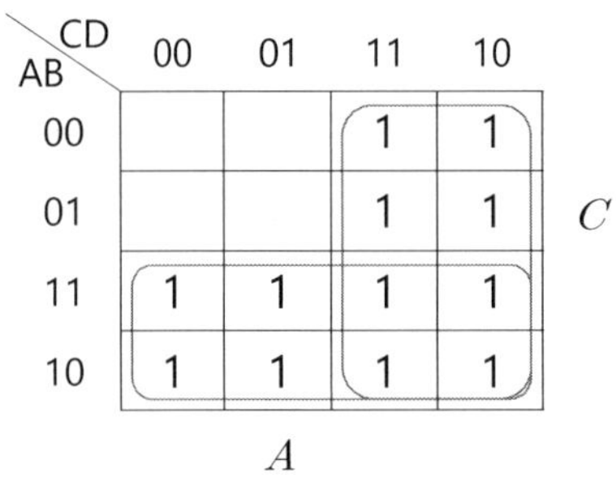

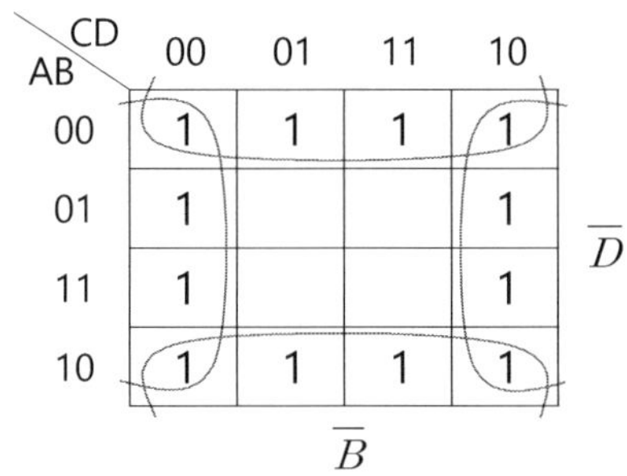

겹치기 묶음을 이용하여 간략화할 때 주의해야 할 경우가 있는데, 다른 묶음과 완전히 겹친 묶음이 있으면 그 묶음을 제거해야 한다. 다음 그림과 같이 4개의 페어와 1개의 쿼드로 구성되는 경우에 쿼드는 페어보다 더 많은 변수를 소거할 수는 있지만 이미 4개의 페어 속에 겹쳐서 포함되어 있으므로 불필요한 1개의 쿼드를 추가한 셈이 된다. 따라서 이것은 논리식을 더 복잡하게 만들뿐이므로 이때의 쿼드는 제거해야 한다.

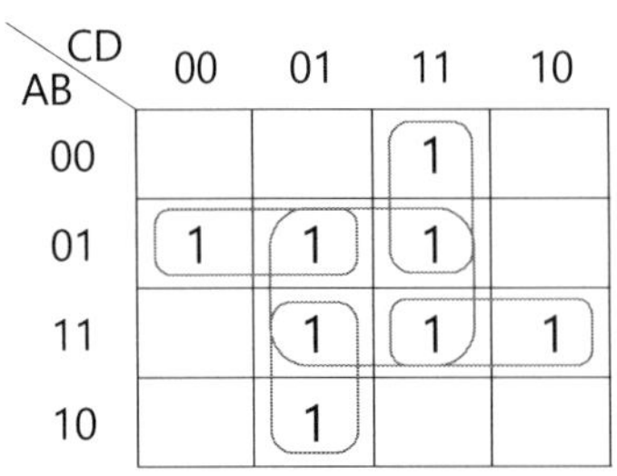

$\overline{A}B\overline{C}+\overline{A}CD+A\overline{C}D+ABC+BD$

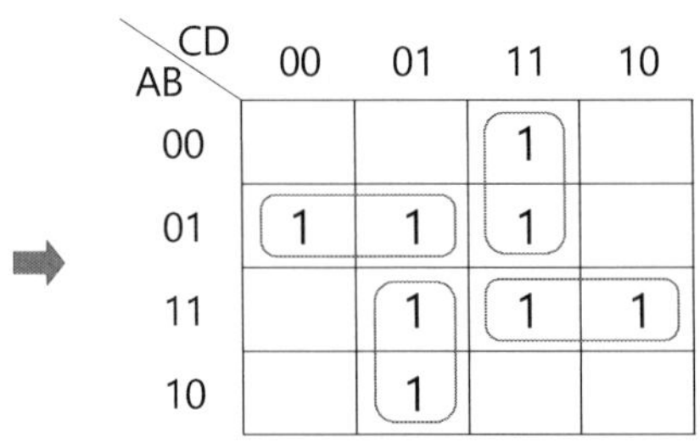

$\overline{A}B\overline{C}+\overline{A}CD+A\overline{C}D+ABC$

[예제 A-4] 다음의 3변수 카르노맵으로부터 간략화된 논리식을 구하시오.

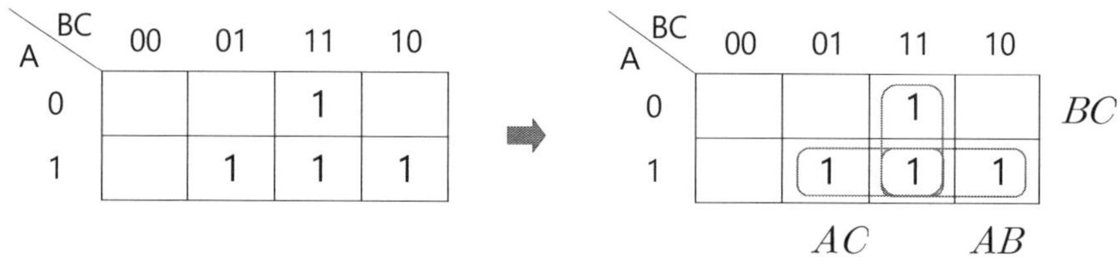

논리식 : $AC+AB+BC$

[예제 A-5] 다음의 4변수 카르노맵으로부터 간략화된 논리식을 구하시오.

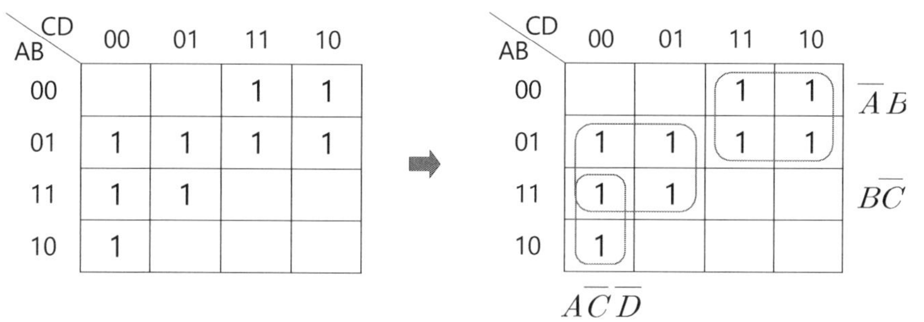

논리식 : $\overline{A}C+B\overline{C}+A\overline{C}\,\overline{D}$

[예제 A-6] 다음의 4변수 카르노맵으로부터 간략화된 논리식을 구하시오.

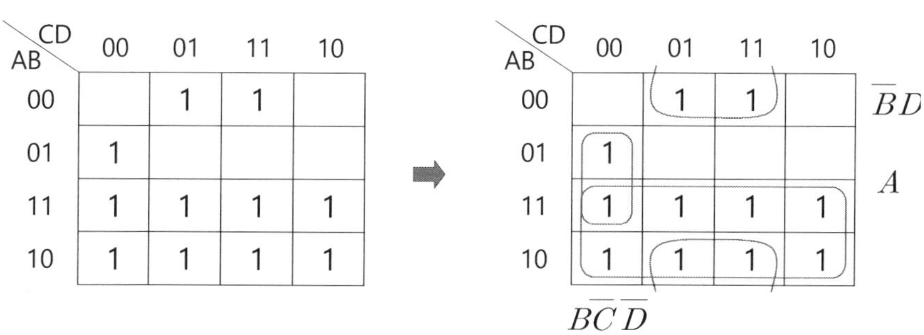

논리식 : $A+\overline{B}D+B\overline{C}\,\overline{D}$

부록 B 실습과제 PLC 프로그램

[실습과제 7-1] 3로 스위치

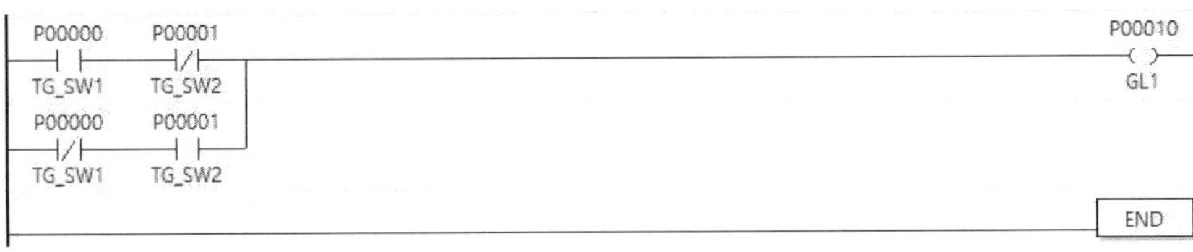

논리식 $P00010 = P00000 \cdot \overline{P00001} + \overline{P00000} \cdot P00001$ 에서 좌측 항 $P00000 \cdot \overline{P00001}$ 의 $P00000$ 은 입력 P00000의 a접점과 $\overline{P00001}$ 는 NOT('−') 논리이므로 입력 P00001의 b접점의 AND('•') 논리이므로 두 접점을 직렬로 연결한다. 우측 항 $\overline{P00000} \cdot P00001$ 은 마찬가지로 입력 P00000의 b접점과 입력 P00001의 a접점을 직렬로 연결한다. 마지막으로 좌측 항과 우측 항은 OR('+') 논리이므로 2개 항을 병렬로 연결하고 출력코일 P00010을 접속한다.

[실습과제 7-2] 탱크 수위제어

논리식 $P00010 = P00000 \cdot \overline{P00002}$ 은 입력 P00000의 a접점과 입력 P00002의 b접점을 직렬로 연결하여 출력코일 P00010에 접속하고, 논리식 $P00011 = P00000 \cdot \overline{P00001}$ 은 입력 P00000의 a접점과 입력 P00001의 b접점을 직렬로 연결하여 출력코일 P00011에 접속하되, 각각에 입력 P00000의 a접점이 공통이므로 그림과 같이 하나만 사용하여 연결할 수 있다. 논리식 $P00012 = \overline{P00000}$ 은 입력 P00000의 b접점을 출력 P00012에 직접 연결한다.

[실습과제 7-3] 전동기 정역운전 시퀀스회로

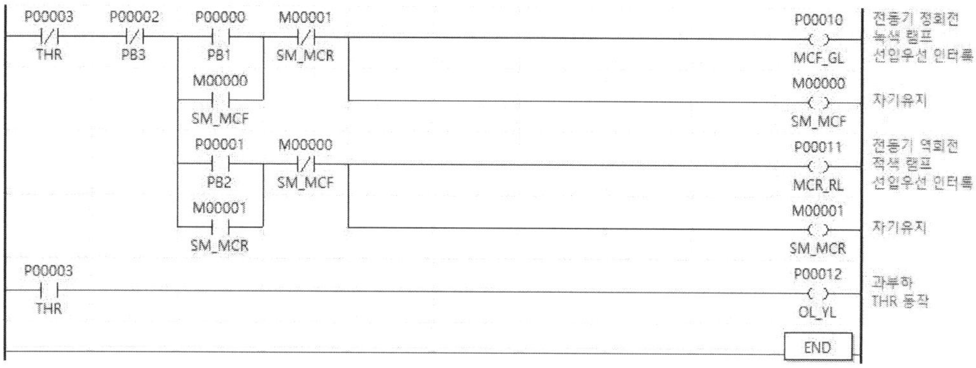

① 시퀀스회로에서 보는 바와 같이 열동형 계전기가 동작하지 않고 정지 푸시버튼 스위치가 눌려지지 않아야 전동기가 운전할 수 있으므로 P00003과 P00002의 모두 b접점 입력의 직렬연결이 선행된다.

② 정회전 푸시버튼 스위치 P00000과 정회전 녹색 램프 출력 P00010, 보조 메모리 M00000을 이용하여 정회전 자기유지회로를 구성하고, 역회전 푸시버튼 스위치 P00001과 역회전 적색 램프 출력 P00011, 보조 메모리 M00001을 이용하여 역회전 자기유지회로를 구성한다.

③ 정회전과 역회전은 동시에 일어날 수 없으므로 상대방 보조 메모리(정회전 회로 M00001, 역회전 회로 M00000)의 b접점을 입력에 직렬로 연결하여 선입우선 인터록회로로 구성한다.

④ 열동형 계전기가 동작하면 황색 램프가 점등되어야 하므로 P00003의 a접점 입력을 P00012 출력코일에 연결한다.

[실습과제 7-4] 푸시버튼으로 토글기능 구현

① 프로그램 1

푸시버튼 스위치 P00000이 눌리는 순간마다 출력이 토글돼야 하므로 양변환 검출접점을 사용한다. 양변환 토글동작 M00000과 음변환 토글동작 M00001은 동시에 발생할 수 없으므로 입력에 상대방의 b접점을 직렬로 연결하여 선입우선 인터록회로를 구성하고, 양변환 토글동작은 출력이 OFF일 때 발생하므로 출력에 해당하는 보조 메모리 M00002의 b접점을 직렬로 연결하고, 음변환 토글동작 M00001은 출력이 ON일 때 발생하므로 M00002의 a접점을 직렬로 연결한다.

토글 출력을 나타내는 녹색 램프 P00010은 한번 상태가 변경되면 계속 상태를 유지해야 하므로 보조 메모리 M00002를 이용한 자기유지회로를 구성하고, 양변환 토글동작 M00000의 a접점을 사용하여 출력을 ON시키거나, 음변환 토글동작 M00001의 b접점을 사용하여 출력을 OFF시킨다.

② 프로그램 2

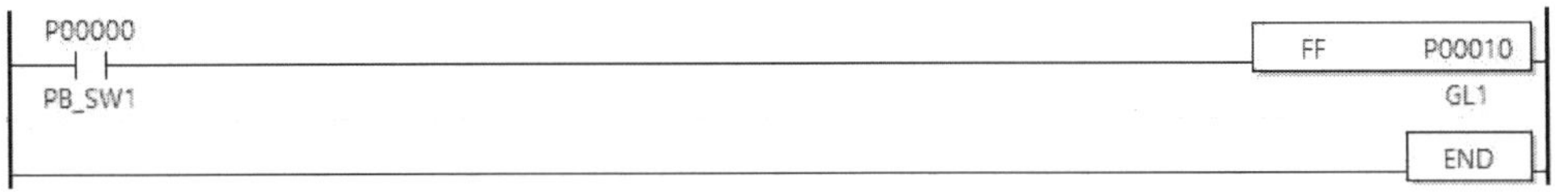

응용명령 'FF'를 사용하면 프로그램을 매우 간단하게 구성할 수 있다. FF는 비트 출력반전 응용명령으로 입력의 상승에지(OFF→ON)에서 지정된 디바이스의 비트 상태를 반전시킨다. 프로그램에서 푸시버튼 스위치 P00000이 눌릴(OFF에서 ON으로 상태가 변경될) 때마다 출력 P00010의 상태가 반전되어 토글된다.

[실습과제 7-5] 퀴즈 프로그램

① 램프점검 모드가 없는 프로그램

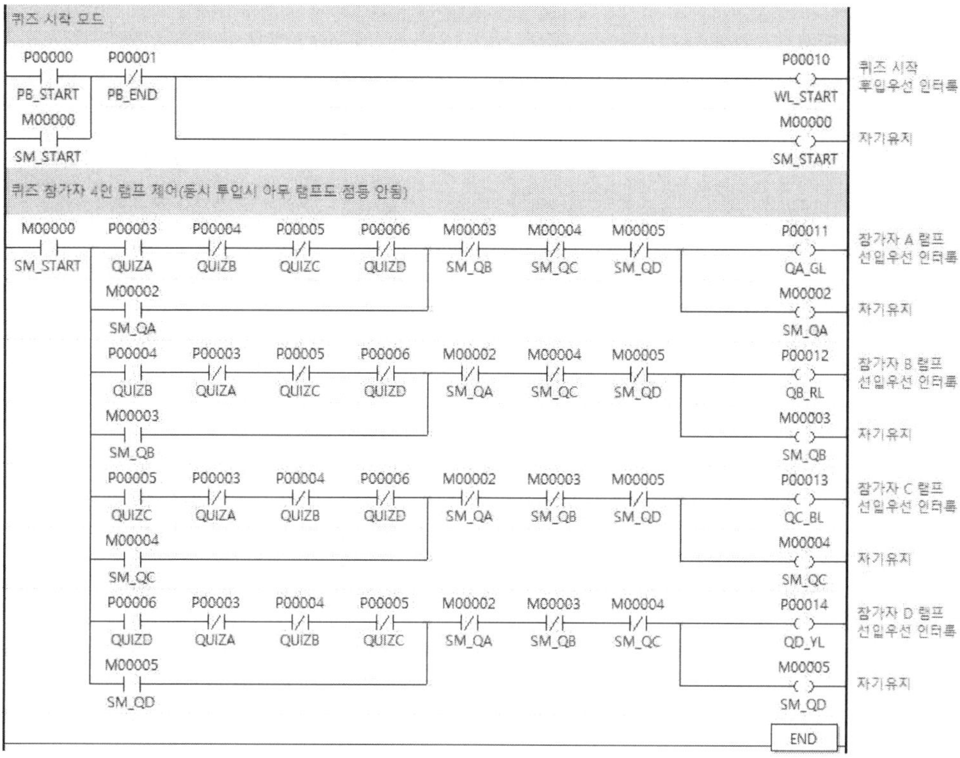

퀴즈시작 모드는 시작버튼 P00000, 종료버튼 P00001, 시작램프 P00010, 보조 메모리 M00000을 사용하여 자기유지회로로 구성한다. 참가자가 가장 먼저 버튼을 눌렀을 때 자신의 램프가 계속 점등돼 있어야 하므로 각 참가자의 보조 메모리 M00002, M00003, M00004, M00005를 사용하여 자기유지회로를 구성한다.

가장 먼저 버튼을 누른 참가자의 램프만 점등되어야 하므로 다른 참가자들의 보조 메모리(참가자 A회로의 경우 M00003, M00004, M00005)의 b접점을 직렬로 연결하여 선입우선 인터록회로로 구성한다. 여러 참가자가 버튼을 동시에 누른 경우에는 아무 램프도 점등되지 않아야 하므로 입력조건으로 4명 참가자의 버튼 상태의 AND 논리를 사용한다. 즉, 참가자 A의 버튼이 가장 먼저 눌려진 경우의 상태는 P00003=1, P00004=0, P00005=0, P00006=0이므로 입력조건에 P00003의 a접점과 P00004, P00005, P00006의 b접점 4개를 직렬로 연결한다.

② 램프점검 모드가 있는 프로그램

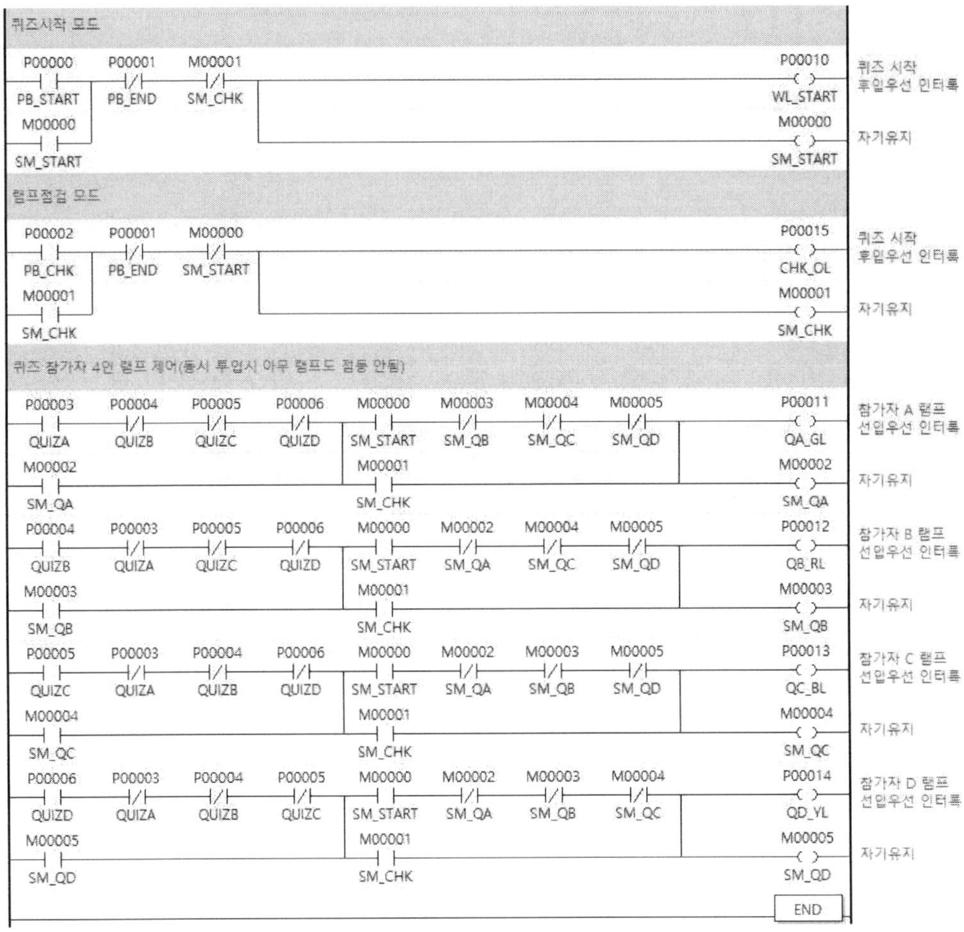

램프점검 모드는 점검버튼 P00002, 종료버튼 P00001, 점검램프 P00015, 보조 메모리 M00001을 사용하여 자기유지회로로 구성한다. 램프점검 모드와 퀴즈 시작 모드는 동시에 일어날 수 없으므로 상대방 보조 메모리의 b접점을 입력조건과 직렬로 연결하여 선입우선 인터록회로로 구성한다.

퀴즈시작 모드에서는 참가자 간에 인터록회로가 동작하여 가장 먼저 버튼을 누른 램프 하나만 점등되어야 하고, 램프점검 모드에서는 버튼을 누르기만 하면 어느 램프나 여러 개도 점등될 수 있으므로 각 참가자의 자기유지회로에 퀴즈시작 모드 M00000과 램프점검 모드 M00001을 사용하여 동작을 분기시킨다.

[실습과제 7-6] 다중 모터제어

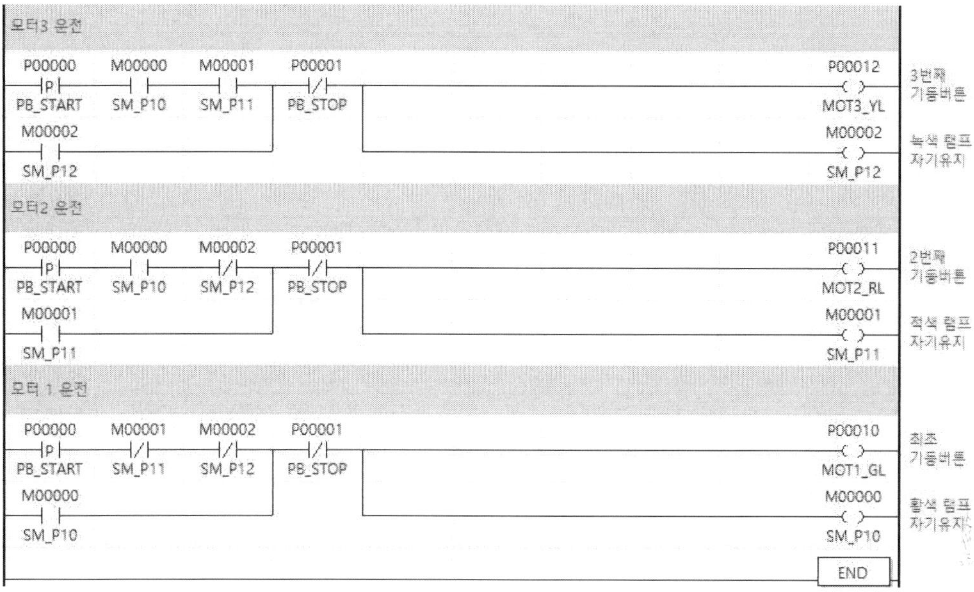

기동 푸시버튼 스위치 P00000의 양변환 검출접점 입력과 보조 메모리 M을 이용한 자기유지회로를 모터1은 P00010과 M00000, 모터2는 P00011과 M00001, 모터3는 P00012와 M00002로 구성하고, 자기유지회로의 해제는 정지 푸시버튼 스위치 P00001의 b접점을 사용한다. 모터1은 최초에 모터가 모두 정지해 있을 때(M00001=0, M00002=0) 기동되므로 입력조건으로 M00001, M00002의 b접점을 사용하고, 모터 2는 모터 1만 운전 중 일 때(M00000=1, M00002=0) 기동되므로 입력조건으로 M00000의 a접점, M00002의 b접점을 사용하며, 마지막으로 모터3은 모터 1과 모터 2가 운전 중 일 때(M00000=1, M00001=1) 기동되므로 입력조건으로 M00000, M00001의 a접점을 사용한다.

LD 프로그램을 모터1, 모터2, 모터3의 순서로 배치하면 PLC 프로그램은 위에서부터 아래로 순차적으로 실행되기 때문에 기동버튼을 처음 한번만 눌러도 한 스캔타임에 모든 모터가 기동되기 때문에, 프로그램을 모터3, 모터2, 모터1과 같이 역순으로 배치한다.

[실습과제 7-7] 지하 주차장 환기제어

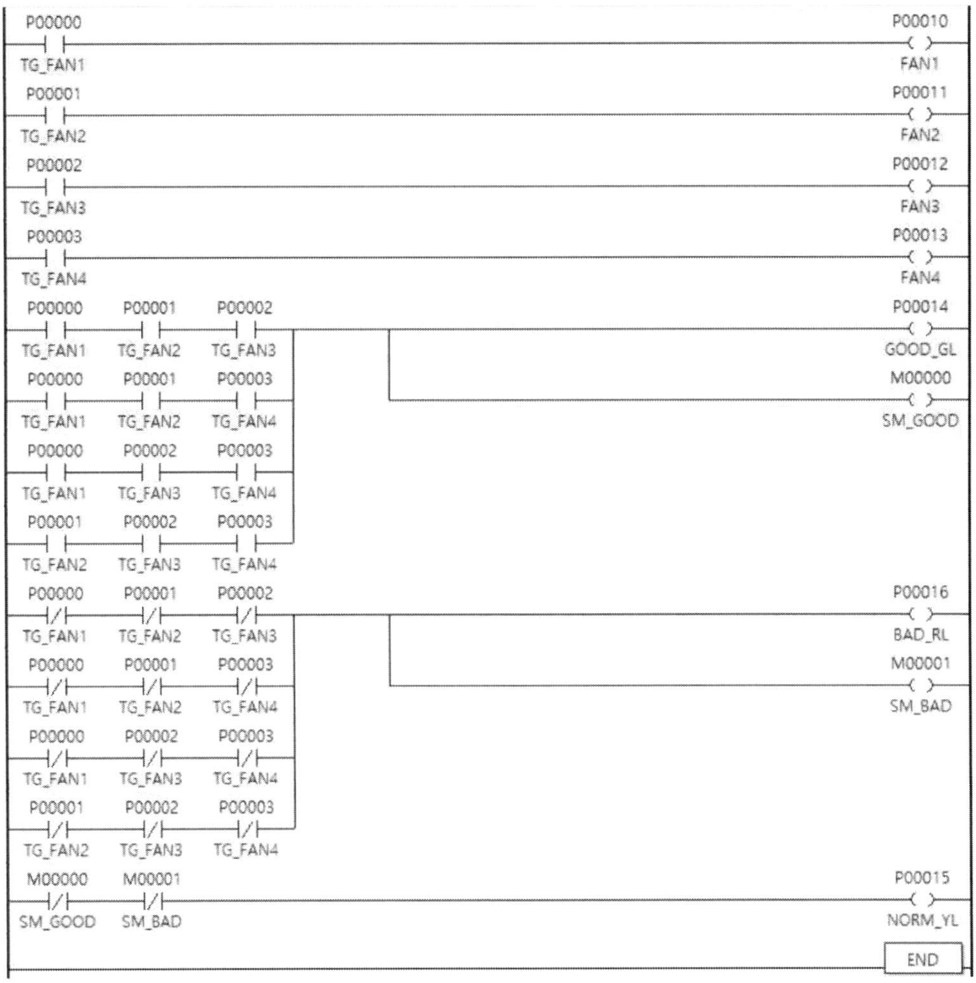

환풍기 출력 P00010, P00011, P00012, P00013은 토글 스위치 입력 P00000, P00001, P00002, P00003에 바로 연결한다. 또한, 환기 양호 출력 P00014와 환기 불량 출력 P00016은 논리식을 입력들의 a접점, b접점, 직렬, 병렬을 사용하여 LD 프로그램으로 바로 변환하고, 환기 보통 출력 P00015는 논리식에 포함된 출력 P00014 대신에 보조 메모리 M00000의 b접점, P00016 대신에 보조 메모리 M00001의 b접점을 직렬로 연결한다.

[실습과제 7-8] 7-세그먼트 표시

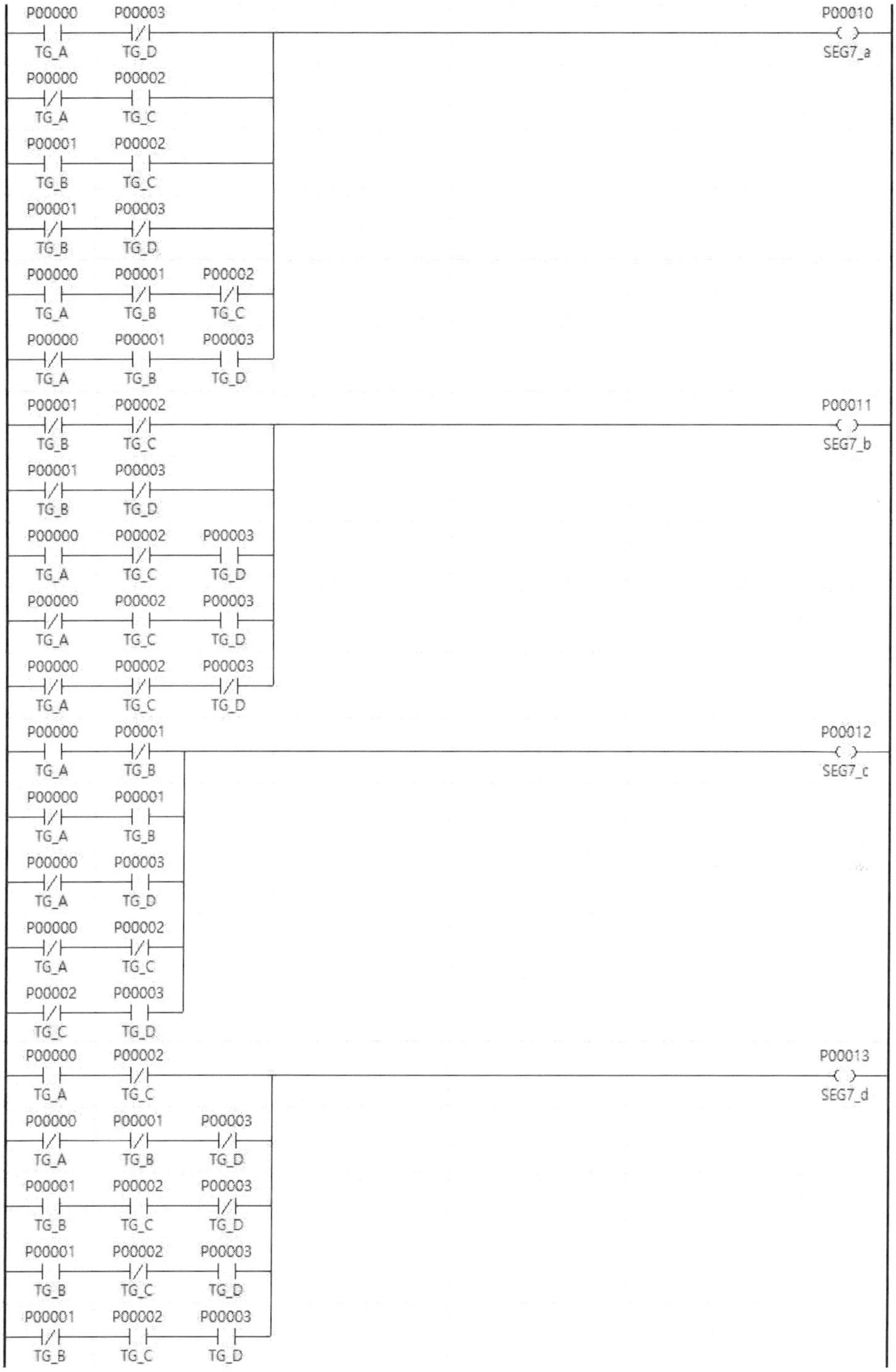

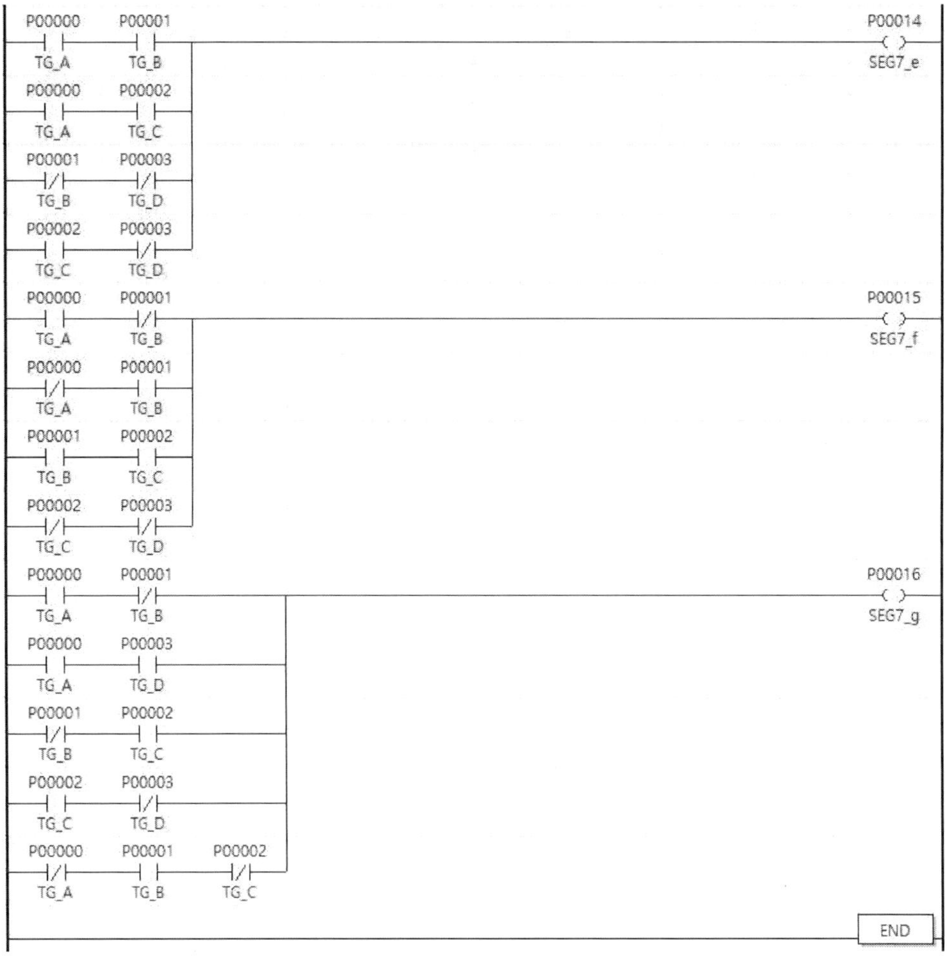

7 세그먼트 LED 에 대해 카르노맵을 사용하여 구한 출력 P00010 ~ P00016 의 간략화된 논리식으로부터 4개 입력들의 a접점, b접점, 직렬, 병렬을 사용하여 LD 프로그램을 작성한다.

[실습과제 7-9] 전동기 Y-Δ 기동 시퀀스회로

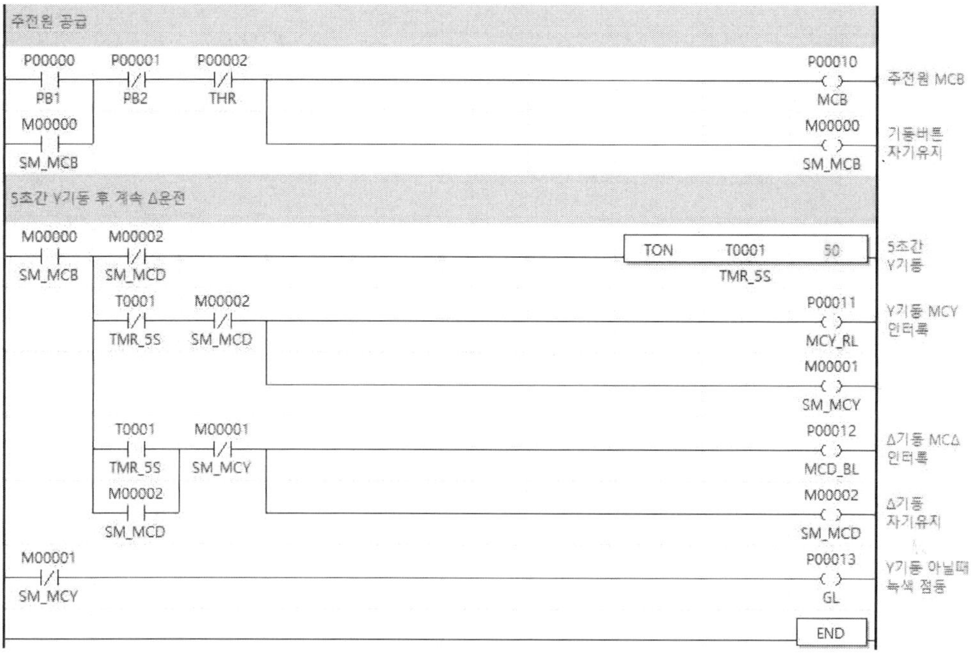

① 기동 푸시버튼 스위치 P00000과 주전원 전자접촉기 출력 P00010, 주전원 보조 메모리 M00000을 이용하여 주전원 자기유지회로를 구성한다. 또한, 정지 푸시버튼 스위치 P00001이 눌려지지 않고, 열동형 계전기 P00002가 동작하지 않아야 전동기가 계속 운전할 수 있으므로 그들의 b접점을 P00000과 직렬로 연결한다.

② 주전원이 투입되어야 Y결선 기동운전이 시작되므로 보조 메모리 M00000이 선행되고, 5초 TON 타이머 T0001을 50으로 설정하여 Y결선 기동운전을 위한 P00011, M00001로 구성한다. 5초 후에 타이머가 동작하면 Δ결선 운전을 위한 P00012, M00002에 의한 자기유지회로로 구성한다.

③ Y결선 운전과 Δ결선 운전은 동시에 일어날 수 없으므로 상대방 보조 메모리 M00001과 M00002의 b접점을 입력에 직렬로 연결하여 선입우선 인터록회로로 구성한다.

④ Y기동이 아닐 때는 녹색 램프가 점등되어야 하므로 마지막에 Y결선 보조 메모리 M00001의 b접점을 P00013에 연결한다.

[실습과제 7-10] 자동문 제어

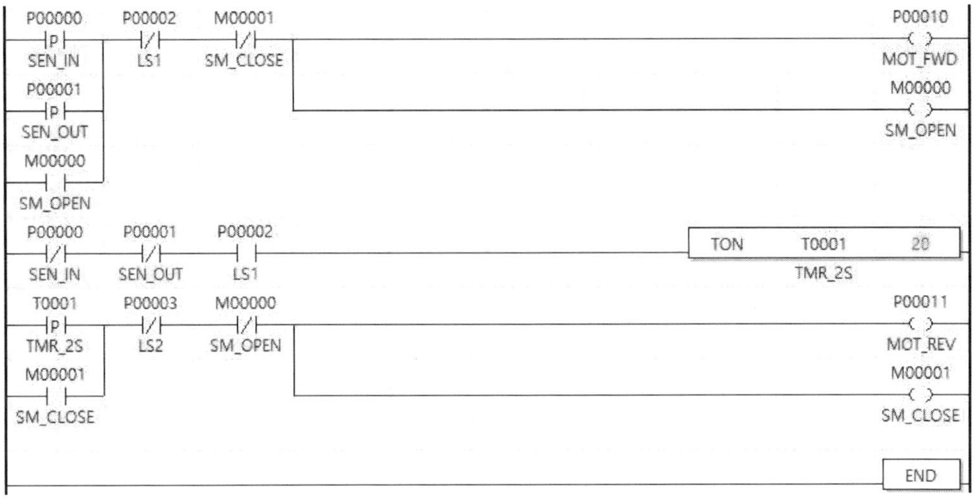

① 내부 인체감지 센서나 외부 인체감지 센서에 감지되고(P00000 양변환 검출접점과 P00001 양변환 검출접점의 병렬 연결), 열림 리미트 스위치가 동작되지 않으면(P00002 b접점) 정방향 모터 P00010을 구동하여 자동문을 열어주는 보조 메모리 M00000을 이용한 자기유지회로를 구성한다.

② 자동문이 완전히 열린 상태(열림 리미트 스위치 P00002의 a접점)에서 내부와 외부 인체감지 센서 모두의 감지영역에서 사람이 벗어나면(P00000 b접점과 P00001 b접점의 직렬 연결) 2초 TON 타이머 T0001이 동작한다.

③ 타이머 설정시간 2초가 지나고(T0001 양변환 검출접점), 닫힘 리미트 스위치가 동작되지 않으면(P00003 b접점) 역방향 모터 P00011을 구동하여 자동문을 닫아주는 보조 메모리 M00001을 이용한 자기유지회로를 구성한다.

④ 문 열림 정방향 모터와 문 닫힘 역방향 모터는 동시에 일어날 수 없으므로 상대방의 보조 메모리 M00000 b접점과 M00001 b접점을 입력에 직렬로 연결하여 선입우선 인터록회로를 구성한다.

[실습과제 7-11] 화장실 급수제어

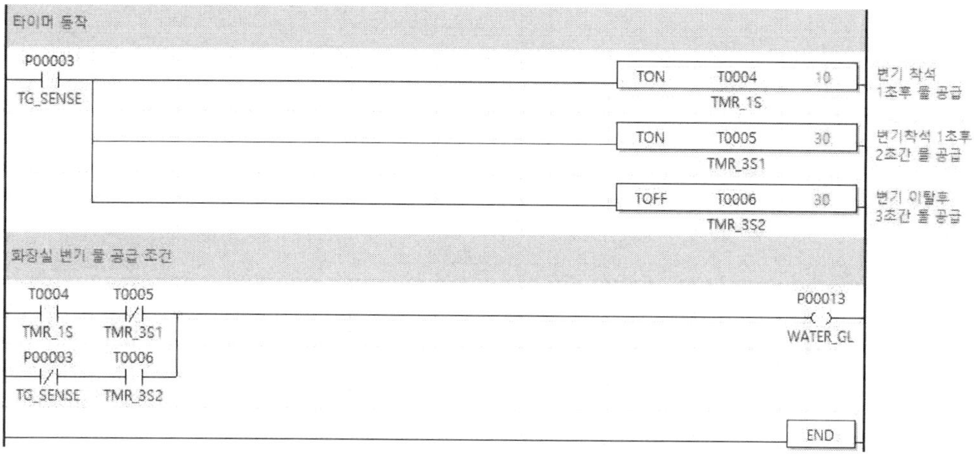

변기의 착좌센서가 ON되고 1초 후, 2초 동안 변기에 물이 공급되고, OFF되는 즉시 3초 동안 물이 공급되어야 하므로, 1초, 2초 3초 각각에 대해 3개의 타이머 T0004, T0005, T0006을 사용하고, 타이머의 입력을 모두 착좌센서 P00003으로 통일한다. 타이머 T0005의 지연시간은 입력이 P0003이므로 2초가 아니라 1초 후 2초이므로 3초가 된다.

[실습과제 7-11]의 엑셀을 이용한 전체 타임차트에서 보는 바와 같이 TON 타이머 T0004와 T0005는 입력이 ON되고 각각 1초, 3초 지연 후 ON되었다가 입력이 OFF되면 같이 OFF되며, TOFF 타이머 T0006은 입력이 ON되면 같이 ON되었다가 입력이 OFF되고 3초 지연 후 OFF된다. 따라서 출력 P00013은 엑셀 타임차트의 논리식에 따라 입력 P00003과 타이머 T004, T005, T006의 a접점, b접점, 직렬, 병렬을 사용하여 LD 프로그램으로 변환한다.

[실습과제 7-12] 저항 순차제어

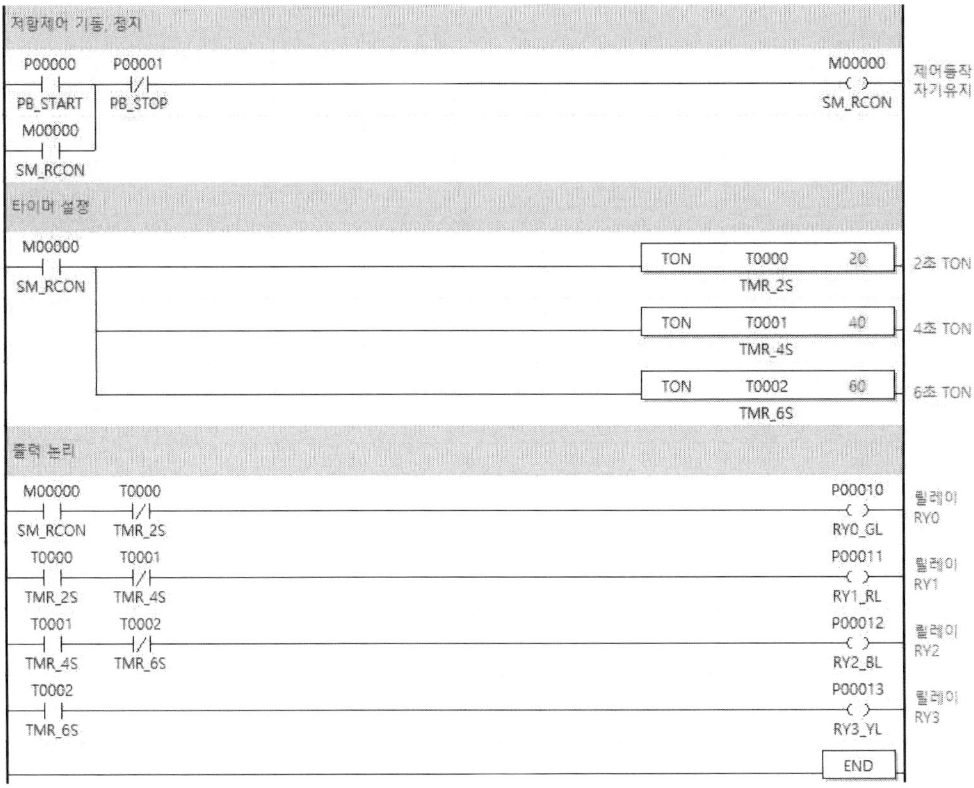

기동버튼을 누르면 릴레이가 순차적으로 ON되고, 정지버튼을 누르면 모든 릴레이가 OFF되므로 보조 메모리 M00000을 이용한 제어동작 자기유지회로를 구성한다. 기동버튼 M00000이 ON되고 2초, 4초, 6초 후에 각 릴레이가 ON되므로 3개의 TON 타이머를 사용하고, 모든 타이머의 입력을 M00000로 통일한다. 출력 P00010은 M00000이 1이고 T0000이 0일 때 1이므로 논리식은 $P_{10} = M_0 \overline{T_0}$ 이고, P00011은 T000이 1이고 T0001이 0일 때 1이므로 논리식은 $P_{11} = T_0 \overline{T_1}$ 이고, P00012는 T0001이 1, T0002가 0일 때 1이므로 논리식은 $P_{12} = T_1 \overline{T_2}$ 이고, 마지막 P00013은 T0002와 같으므로 논리식은 $P_{13} = T_2$ 이다.

푸시버튼 스위치인 P00000과 P00001은 잠깐 눌렀다 놓으므로 논리식에 사용해서는 안 되지만, 실습과제 7-10 화장실 급수제어의 착좌센서 P00003은 토글 스위치 기능을 하므로 논리식에 사용이 가능하다.

[실습과제 7-13] 컨베이어 순차제어 1

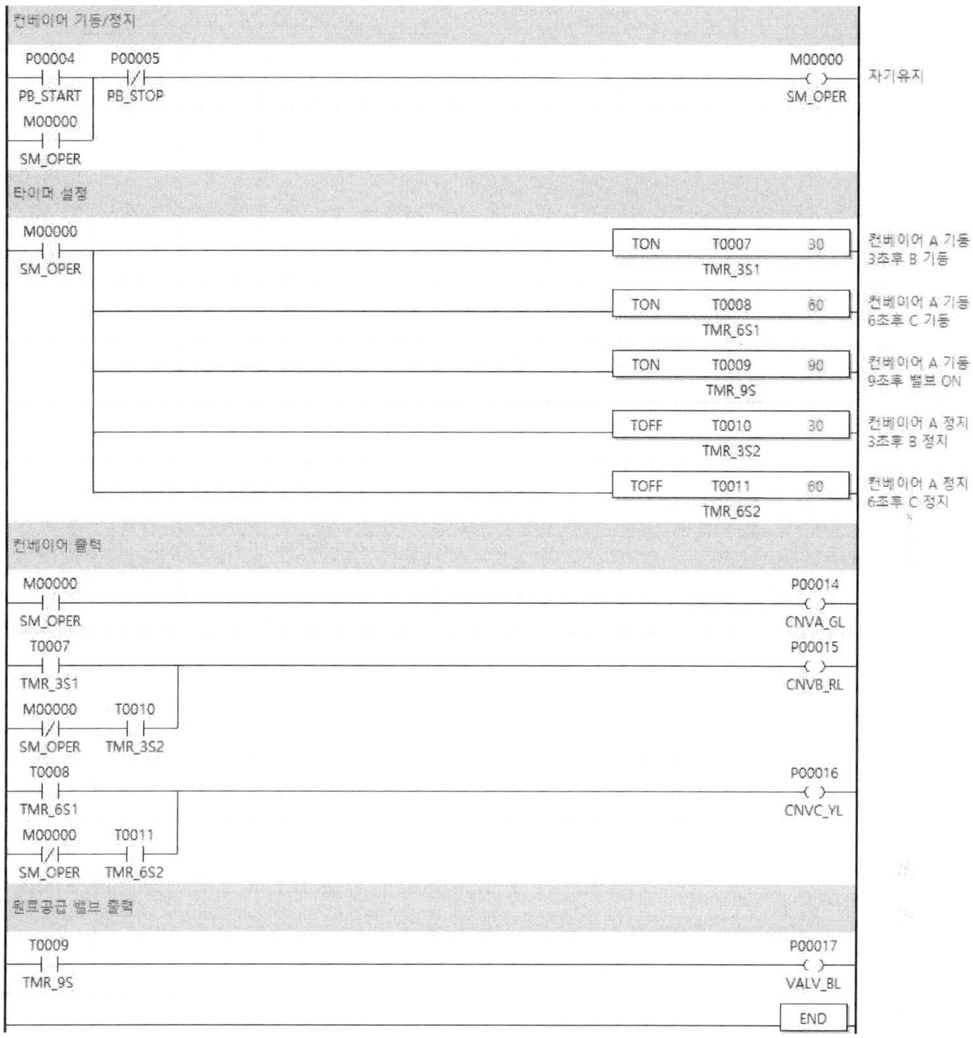

P00004로 기동되고 P00005로 정지되는 M00000을 이용한 컨베이어 동작 자기유지회로를 구성하고, 5개 타이머의 입력을 모두 M00000로 통일한다. 엑셀 타임차트에서 타이머 T0007, T0008, T00009는 입력 M00000이 ON되고 각각 3초, 6초, 9초 지연후 ON되었다가 입력이 OFF되면 같이 OFF되므로 TON 타이머를 사용하고, 타이머 T0010, T0011은 입력 M00000이 ON되면 같이 ON되었다가 입력이 OFF되고 3초, 6초 지연후 OFF되므로 TOFF 타이머를 사용한다.

[실습과제 7-14] 컨베이어 순차제어 2

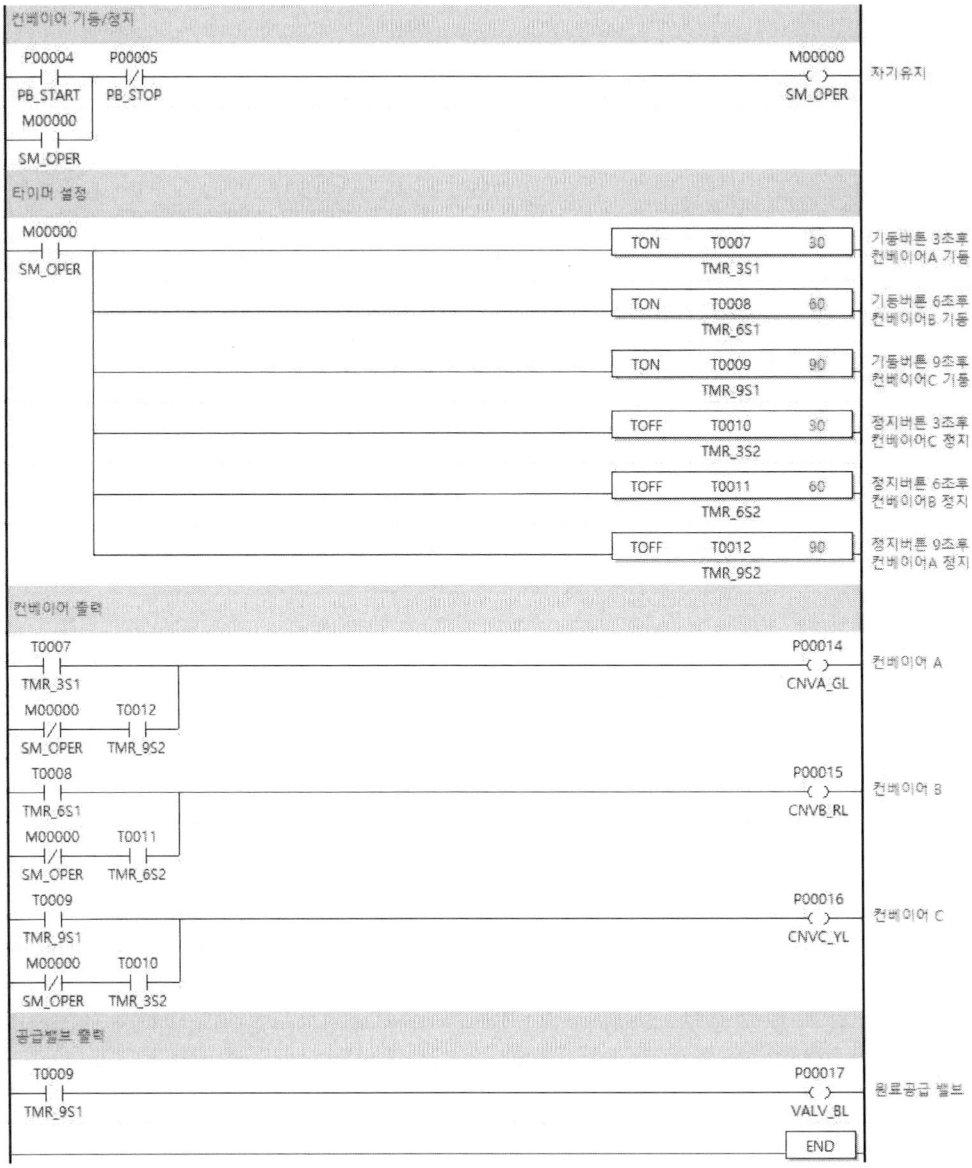

6개 타이머의 입력을 모두 M00000로 통일하고, T0007, T0008, T00009는 입력이 ON되고 3초, 6초, 9초 후 ON되었다가 입력이 OFF되면 같이 OFF되므로 TON 타이머를 사용하고, T0010, T0011, T0012는 입력이 ON되면 같이 ON되었다가 입력이 OFF되고 3초, 6초, 9초 후 OFF되므로 TOFF 타이머를 사용한다.

[실습과제 7-15] 타임차트를 이용한 램프제어 1

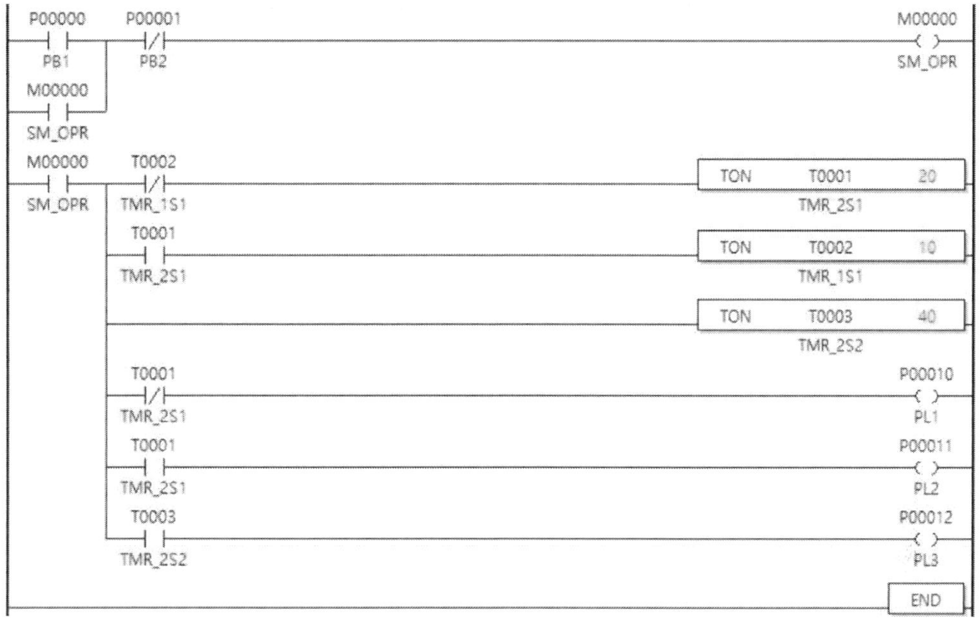

엑셀 타임차트에서 보는 바와 같이 P00000으로 기동되고 P00001로 정지되는 M00000을 이용한 동작모드 자기유지회로를 구성하고, M00000이 ON일 때만 램프들이 동작하므로 M00000이 선행조건이 된다.

출력 P00010은 2초 ON, 1초 OFF를 반복하는 플리커이므로 TON 타이머 T0001과 T0002를 사용하여 타이머 T0001의 b접점으로 구성하고, 출력 P00011도 2초 OFF, 1초 ON을 반복하는 플리커이지만 출력 P00010과 반대이므로 타이머 T0001의 a접점으로 구성한다. 출력 P00012는 동작모드 자기유지 입력 M00000이 ON되고 4초 지연 후 ON되었다가 M00000이 OFF되면 같이 OFF되는 TON 타이머 T00003과 같다.

[실습과제 7-16] 타임차트를 이용한 램프제어 2

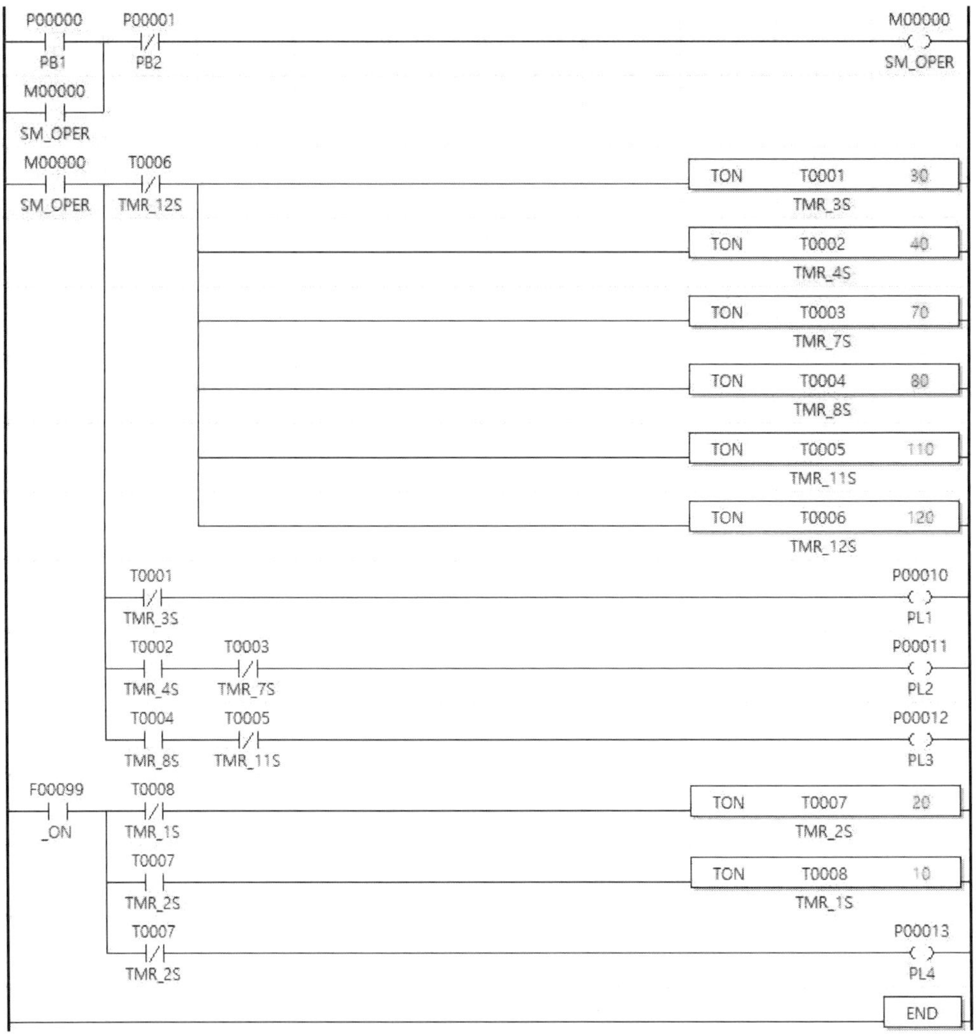

M00000을 이용한 동작모드 자기유지회로를 구성하고, 동작회로의 선행조건으로 사용한다. 6개 타이머 T0001~T0006의 입력을 모두 M00000으로 통일하면 M00000을 기준으로 지연시간은 3초, 4초, 7초, 8초 11초, 12초가 된다. 램프 PL1, PL2, PL3이 6개의 타이머에 의해 점등과 소등 동작을 12초 주기로 반복해야 하므로 12초 타이머 T0006으로 자신을 포함한 6개 타이머를 모두 초기화시켜 주어야 한다. 타이머 T0006으로 6개 타이머를 리셋하기 위해 6개 타이머

의 입력으로 T0006의 b접점을 사용한다. 출력 P00013은 2초 ON, 1초 OFF를 반복하는 플리커이므로 TON 타이머 T0007, T0008을 사용하여 구성하고, 전원만 투입되면 항상 동작하므로 입력으로 상시 ON 플래그 F00099를 사용한다.

[실습과제 7-17] 보행자 신호등 제어

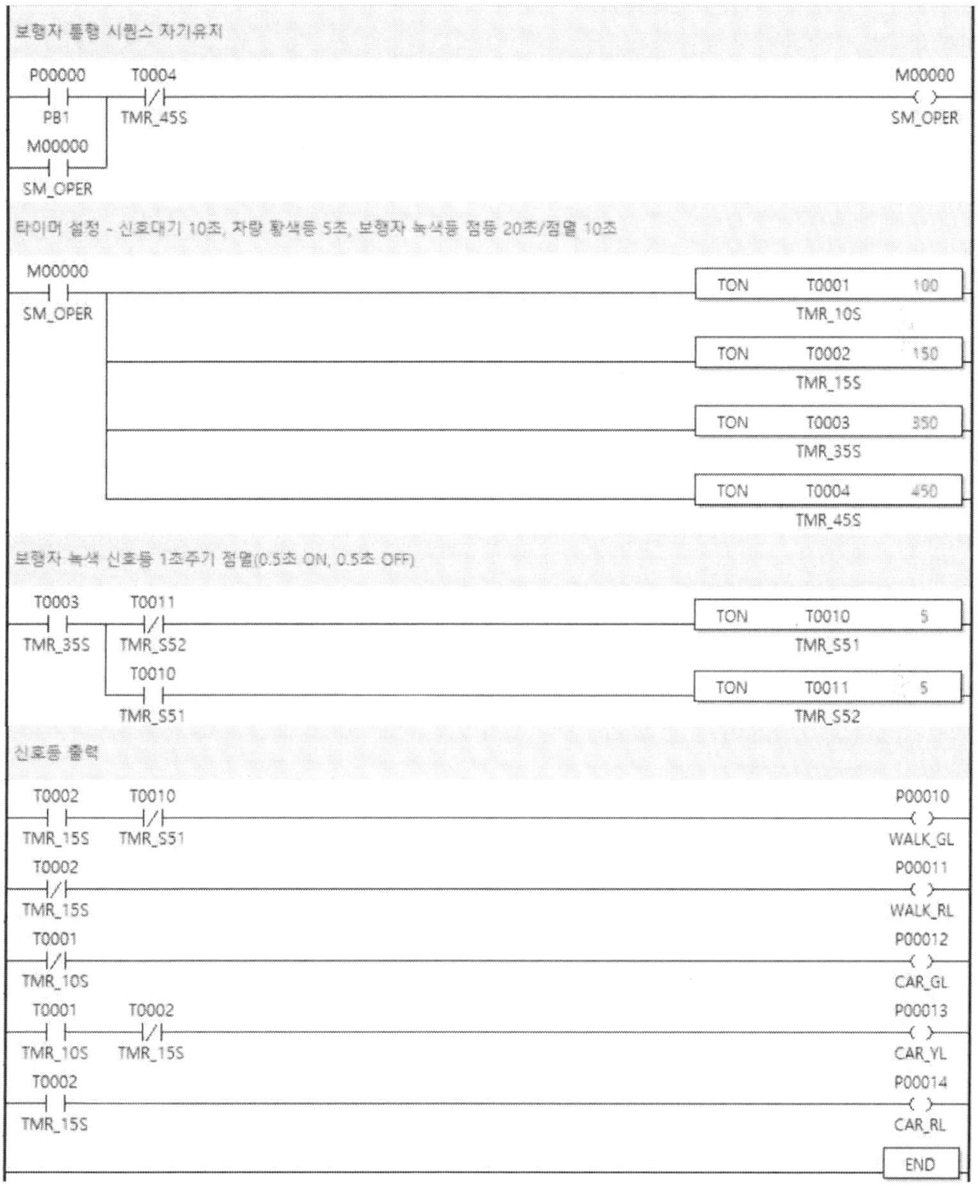

M00000을 이용한 보행자 통행 시퀀스 자기유지회로를 구성하고, 4개 타이머의 입력을 모두 M00000으로 통일하면 M00000을 기준으로 지연시간은 T0001 10초, T0002 15초, T0003 35초, T0004 45초가 된다. 엑셀 타임차트에서와 같이 M00000과 4개의 타이머가 전체 동작시간 45초에 초기화되어 T0004가 ON되는 순간에 모두 OFF되도록 M00000을 이용한 자기유지회로의 해제조건으로 보행자 통행버튼 P00000 입력과 직렬로 T0004의 b접점을 연결한다. 보행자 녹색 신호등 P00010이 나중에 10초간은 0.5초 ON, 0.5초 OFF의 1초 주기로 점멸하므로 TON 타이머 T0010, T0011을 사용하여 플리커를 구성한다. 마지막으로 엑셀 타임차트에서 구한 논리식에 따라 5개의 신호등 출력 P00010, P00011, P00012, P00013, P00014를 구성한다.

[실습과제 7-18] 간이 엘리베이터 제어

1층 호출버튼 P00001을 눌렀을 때 엘리베이터가 정지상태가 아니고(T0001 b접점), 2층과 3층에서 호출이 없으면(M00002, M00003 b접점) 1층 호출 M00001이 자기유지된다. 마찬가지로 2층 호출버튼 P00002을 눌렀을 때 엘리베이터가 정지상태가 아니고(T0001 b접점), 1층과 3층에서 호출이 없으면(M00001, M00003 b접점) 2층 호출 M00002가 자기유지된다. 마지막으로 3층 호출버튼을 눌렀을 때 엘리베이터가 정지상태가 아니고(T0001 b접점), 1층과 2층에서 호출이 없으면(M00001, M00002 b접점) 3층 호출 M00003이 자기유지된다.

엘리베이터가 1층에서 호출되고 1층 리미트 스위치가 동작되어 1층에 도착하거나(M00001, P00006 a접점), 2층에서 호출되고 2층 리미트 스위치가 동작되어 2층에 도착하거나(M00002, P00007 a접점), 3층에서 호출되고 3층 리미트 스위치가 동작되어 3층에 도착하면(M00003, P00008 a접점) 5초간 정지하도록 인터벌(TMON) 타이머 T0001을 사용하여 50으로 설정한다.

엘리베이터가 1층이나 2층에, 즉 3층 이외(P00008 b접점)에 있을 때 3층에서 호출하거나(M00003 a접점), 엘리베이터가 1층에, 즉 2층과 3층 이외(P00007, P00008 b접점)에 있을 때 2층에서 호출하면(M00002 a접점) 엘리베이터는 상승한다. 엘리베이터가 2층이나 3층에, 즉 1층 이외(P00006 b접점)에 있을 때 1층에서 호출하거나(M00001 a접점), 엘리베이터가 3층에, 즉 1층과 2층 이외(P00006,

P00007 b접점)에 있을 때 2층에서 호출하면(M00002 a접점) 엘리베이터는 하강한다. 엘리베이터의 상승과 하강은 동시에 일어날 수 없으므로 보조 메모리 M00010과 M00011을 사용하여 인터록회로로 구성한다.

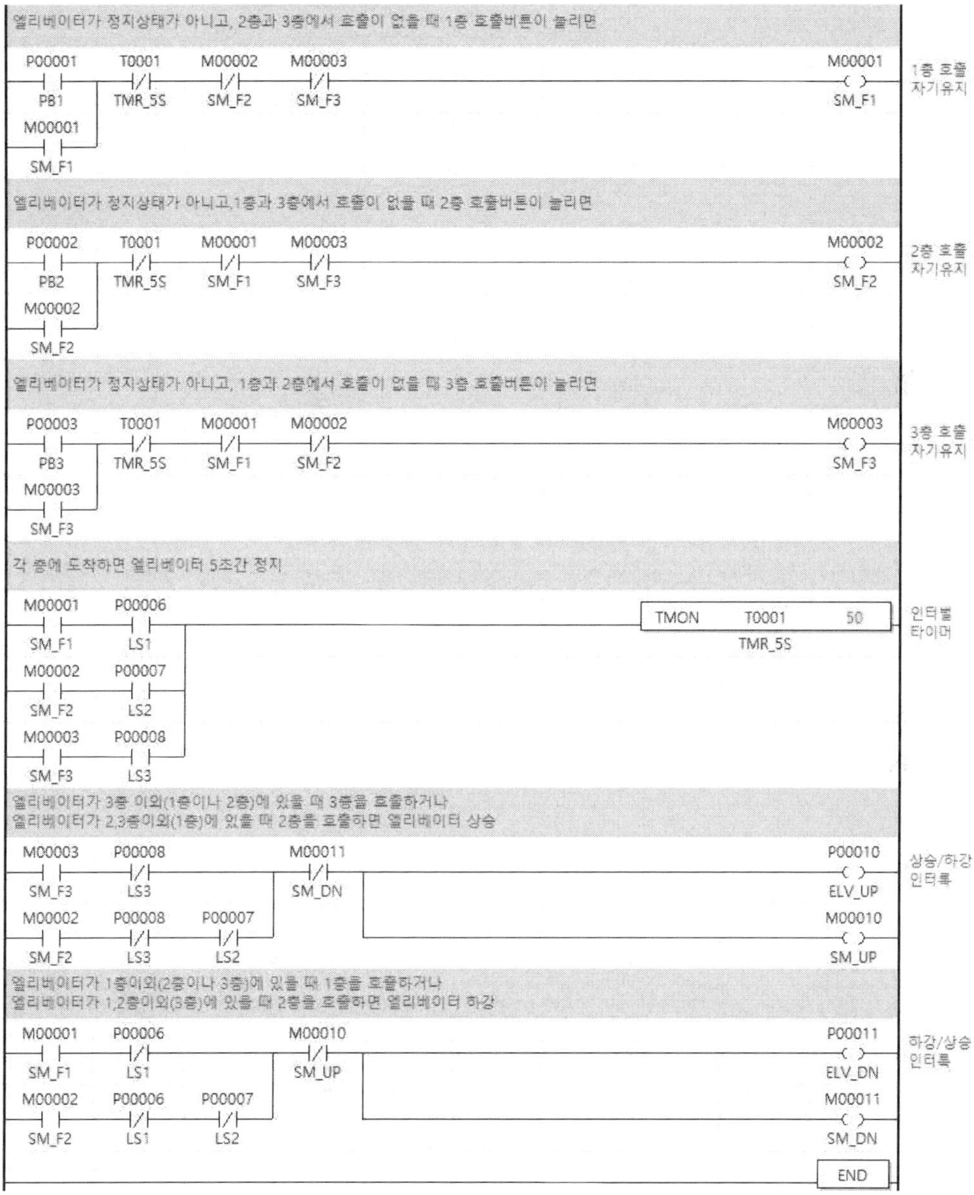

[실습과제 7-19] 동작 모터수 제어

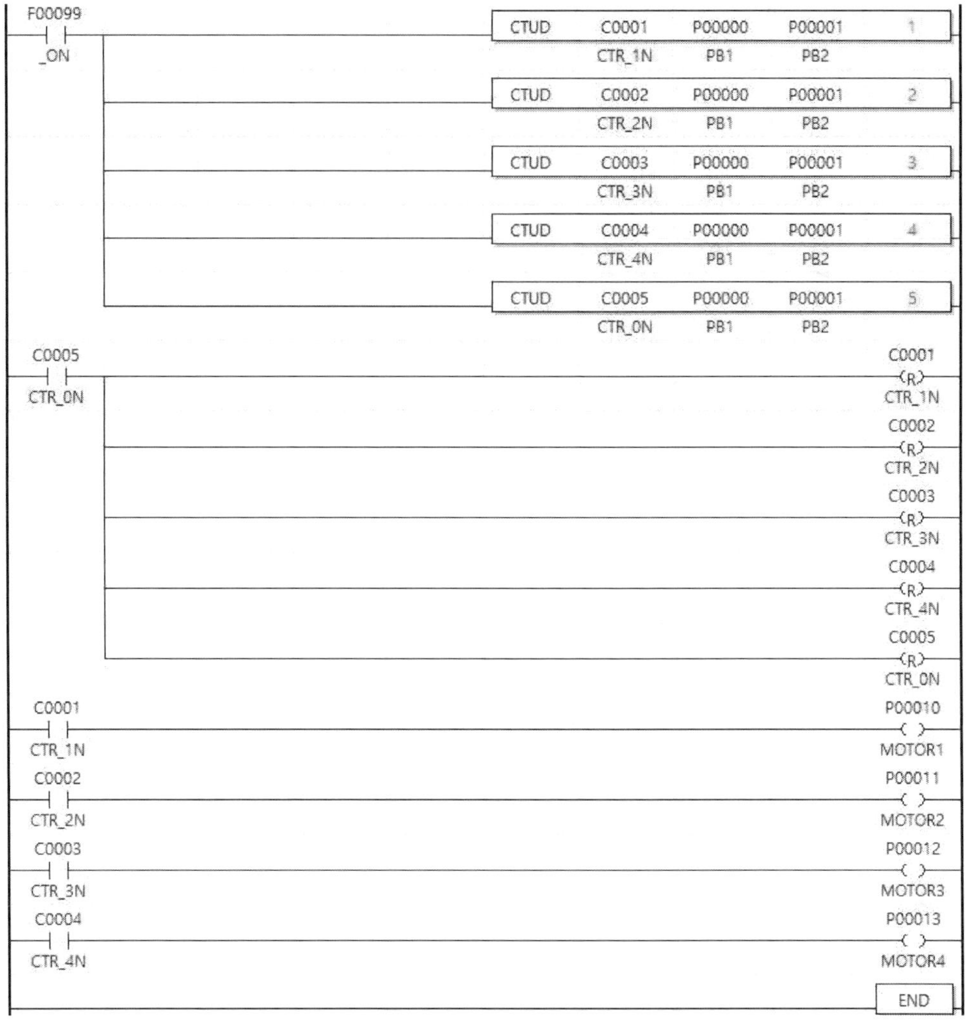

동작하는 모터의 개수가 증가하거나 감소하므로 UP/DOWN 카운터의 입력으로 상시 ON 플래그 F00099를 사용하고, P00000이 증가조건, P00001이 감소조건이 된다. 1회 카운터 C0001을 출력 P00010에, 2회 카운터 C0002를 출력 P00011에, 3회 카운터 C0003을 출력 P00012에, 4회 카운터 C0004를 출력 P00013에 연결한다. 5회 카운터 C0005가 동작하면 모든 모터가 정지해야하므로 5개의 카운터 C0001~C0005를 리셋 코일로 모두 리셋시킨다.

[실습과제 7-20] 주차장 제어

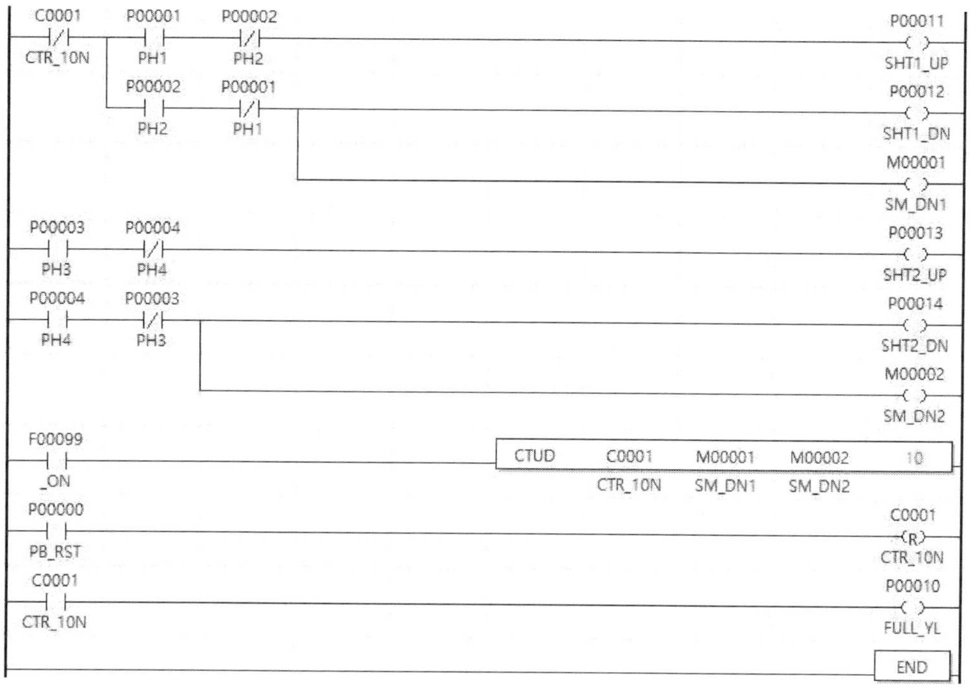

차단기1은 주차 대수가 10대가 안되고(C0001 b접점) 입고전 센서가 감지되고 입고후 센서가 감지되지 않을 때(P00001 a접점, P00002 b접점 직렬) 상승하거나(출력 P00011), 입고후 센서가 감지되고 입고전 센서가 감지되지 않을 때(P00002 a접점, P00001 b접점 직렬) 하강한다(출력 P00012). 차단기2는 출고전 센서가 감지되고 출고후 센서가 감지되지 않을 때(P00003 a접점, P00004 b접점 직렬) 상승하고(출력 P00013), 출고후 센서가 감지되고 출고전 센서가 감지되지 않을 때(P00004 a접점, P00003 b접점 직렬) 하강한다(출력 P00014).

주차 대수가 증가하거나 감소하므로 UP/DOWN 카운터 C0001을 사용하고 증가조건은 차단기1이 하강할 때이므로 M00001, 감소조건은 차단기2가 하강할 때이므로 M00002가 사용된다. 주차 대수를 0으로 초기화하기 위하여 리셋 버튼 P00000을 카운터 C0001의 리셋 코일에 연결하고, 카운터 C0001은 값이 10일 때 ON되므로 황색 램프 P00010에 연결한다.

[실습과제 7-21] 자동창고 제어

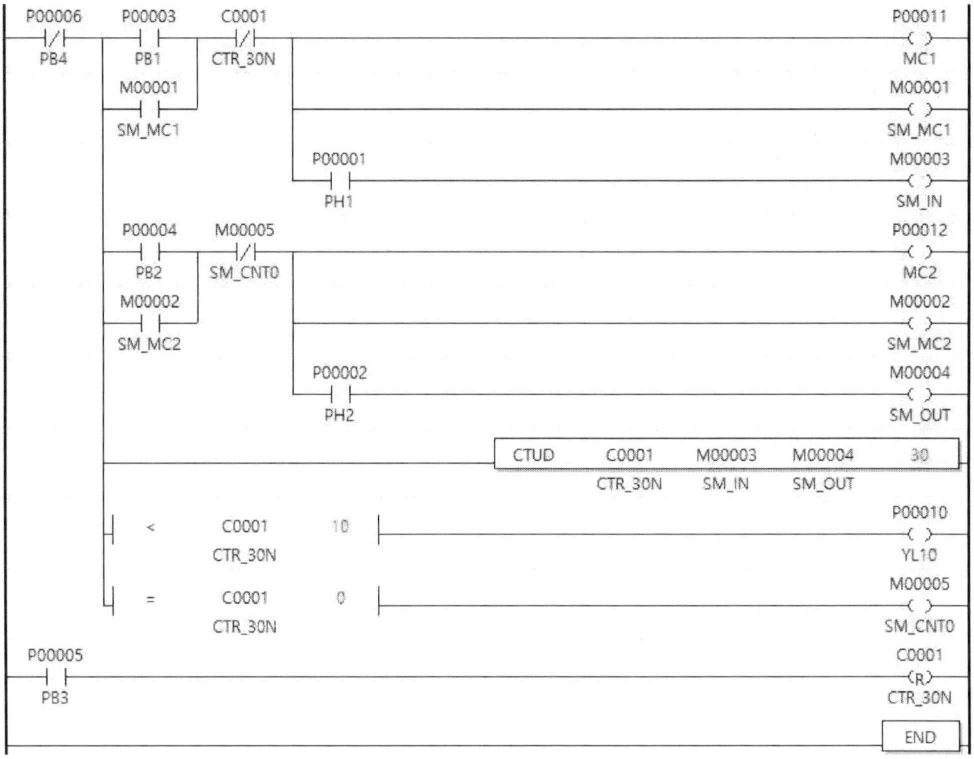

전체 시스템을 초기화하는 정지 버튼 P00006이 b접점으로 선행된다. 버튼 P00003을 누르면 입고 컨베이어 P00011이 동작하고 재고가 30개가 되면 동작을 멈추는(C0001 b접점) M00001을 이용한 자기유지회로와 버튼 P00004를 누르면 출고 컨베이어 P00012가 동작하고 재고가 0개가 되면 동작을 멈추는(M00005 b접점) M00002를 이용한 자기유지회로를 구성한다.

창고의 재고가 증가, 감소하므로 UP/DOWN 카운터 C0001을 사용하고 증가조건은 입고 컨베이어가 동작하여 입고센서가 감지될 때(P00001 a접점)이므로 M00003, 감소조건은 출고 컨베이어가 동작하여 출고센서가 감지될 때(P00002 a접점)이므로 M00004가 된다. "C0001 < 10" 비교명령을 황색 램프 P00010에, "C0001 = 0" 비교명령을 M00005에, 리셋 버튼 P00005를 C0001의 리셋 코일에 연결한다.

[실습과제 7-22] 타임차트를 이용한 램프제어 3

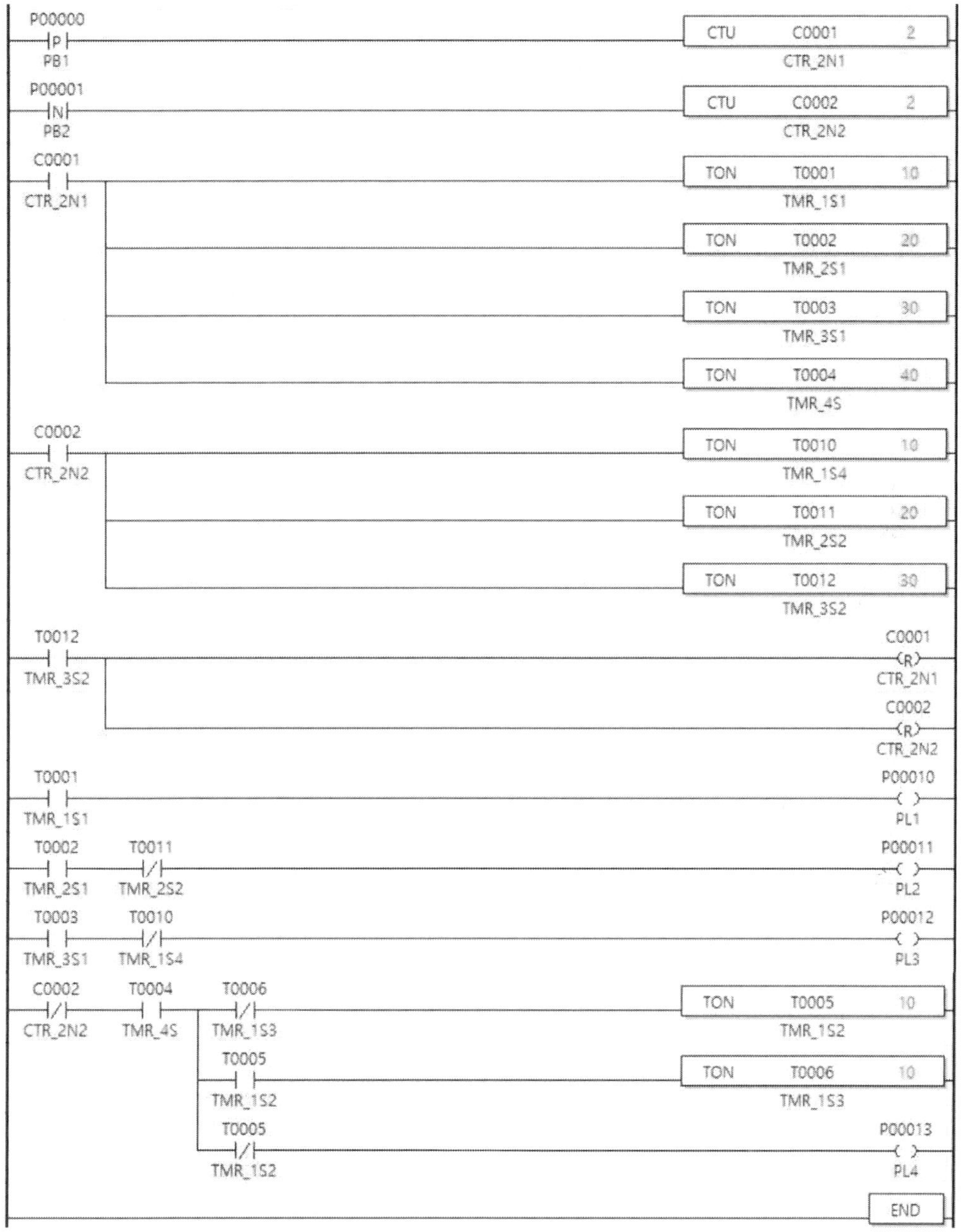

푸시버튼 스위치 P00000은 2번 누를 때 램프의 점등 동작이 시작되므로 양변환 검출 접점을 사용하여 UP 카운터 C0001의 입력이 되고, 푸시버튼 스위치

P00001은 2번 눌렀다 뗄 때 소등 동작이 시작되므로 음변환 검출 접점을 사용하여 UP 카운터 C0002의 입력이 된다. 점등이 시작되는 1초 지연 TON 타이머 T0001, 2초 지연 TON 타이머 T0002, 3초 지연 TON 타이머 T0003, 4초 지연 TON 타이머 T0004는 모두 점등을 시작하는 카운터 C0001을 입력으로 한다. 또한, 소등이 시작되는 1초 지연 TON 타이머 T0010, 2초 지연 TON 타이머 T0011, 3초 지연 TON 타이머 T0012는 모두 소등을 시작하는 카운터 C0002를 입력으로 한다.

1초 점등, 1초 소등을 반복하는 플리커는 2개의 TON 타이머 T0005와 T0006을 사용하여 구성한다. 엑셀 타임차트에서 보는 바와 같이 플리커는 타이머 T0004가 ON될 때부터 카운터 C0002가 ON될 때까지 동작하므로, 플리커가 동작하기 위한 입력조건은 카운터 C0002의 b접점과 타이머 T0004의 a접점의 직렬연결이 된다.

소등 동작이 모두 완료되면 처음부터 다시 반복될 수 있도록 엑셀 타임차트에서 보는 바와 같이 마지막으로 동작하는 타이머 T0012에 의해 카운터 C0001, C0002와 카운터 C0001을 입력으로 하는 타이머 T0001, T0002, T0003, T0004 그리고 카운터 C0002를 입력으로 하는 타이머 T0010, T0011, T0012가 모두 초기화되어 OFF된다. 그러므로 타이머 T0012로 카운터 C0001과 C0002만 리셋코일을 사용하여 리셋시키면 나머지 6개의 타이머들도 모두 리셋된다.

마지막으로 엑셀 타임차트에서 구한 논리식에 따라 4개의 램프 출력 P00010, P00011, P00012, P00013을 구성한다.

[실습과제 7-23] 타임차트를 이용한 램프제어 4

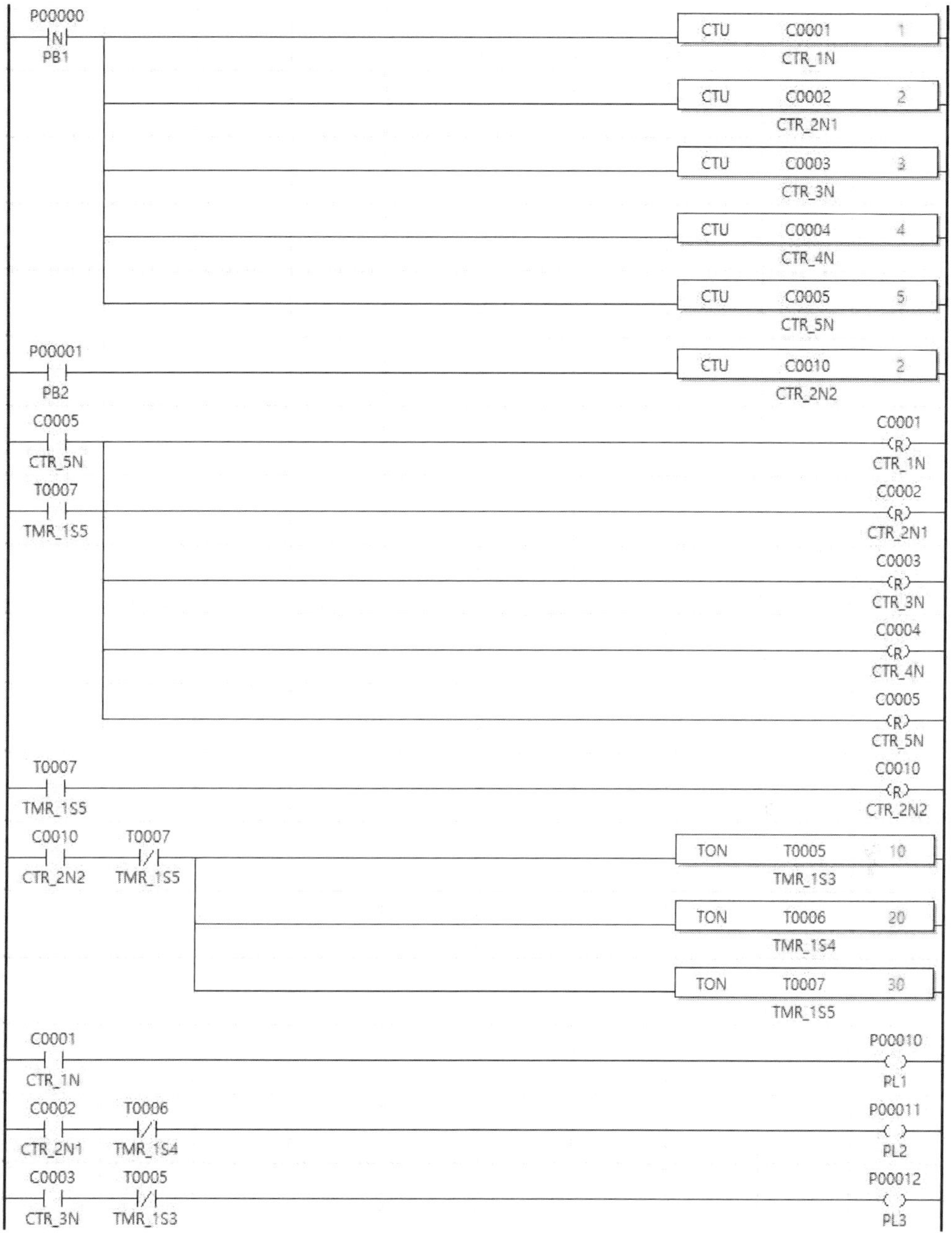

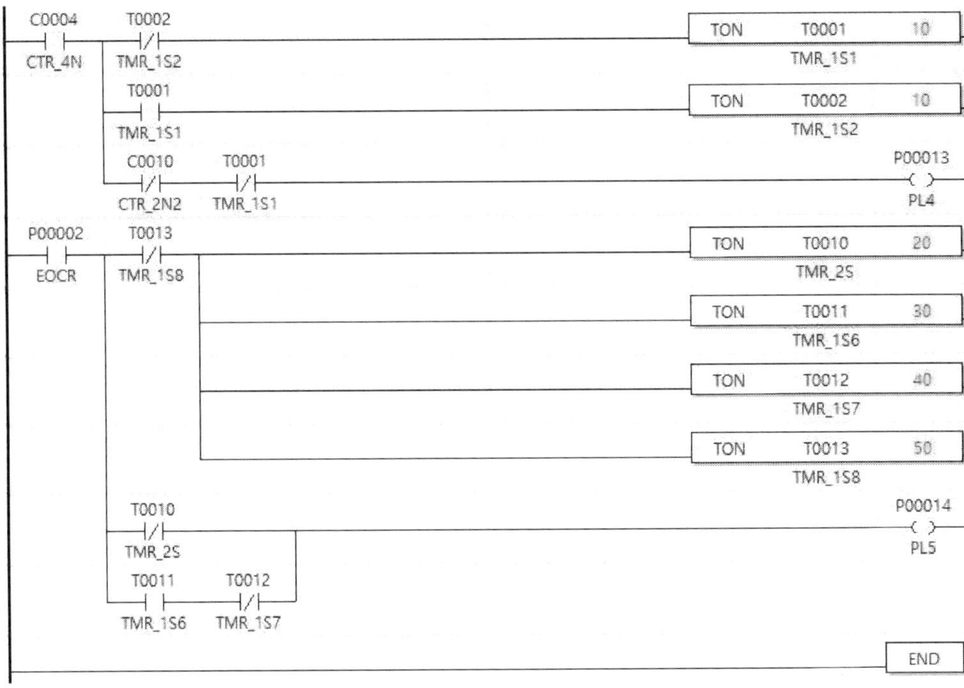

버튼 P00000을 눌렀다 떼는(음변환 검출접점) 횟수를 세는 카운터는 1회 C0001, 2회 C0002, 3회 C0003, 4회 C0004, 5회 C0005이고, 버튼 P00001을 누른 횟수를 세는 카운터는 2회 C0010이다. 엑셀 타임차트에서 보면 C0005가 ON되거나 T0007이 ON되면 카운터 C0001~C0005가 모두 OFF되고, 또한 T0007에 의해 C0010도 OFF되므로 리셋코일을 사용하여 모두 리셋시킨다.

버튼 P00001을 2번 누른 후의 소등 지연시간 1초, 2초, 3초 TON 타이머 T0005, T0006, T0007 모두 입력은 C0010이고, 엑셀 타임차트에서 T0007이 ON될 때 모두 OFF되므로 T0007의 b접점도 입력이 된다. 버튼 P00000을 4번 눌렀다 뗐을 때 1초 점등, 1초 소등을 반복하는 플리커는 TON 타이머 T0001, T0002로 구성하고 C0004가 ON일 때만 동작하므로 입력은 C0004가 된다. 램프 P00014가 2초 점등, 1초 소등(누적 3초), 1초 점등(누적 4초), 1초 소등(누적 5초)의 동작을 반복하는 TON 타이머 T0010, T0011, T0012, T0013은 EOCR이 동작했을 때이므로 입력은 EOCR P00002이고, 엑셀 타임차트에서 T0013이 ON될 때 모두 OFF되므로 T0013의 b접점도 입력이 된다.

[실습과제 7-24] 인버터를 이용한 유도전동기 속도제어

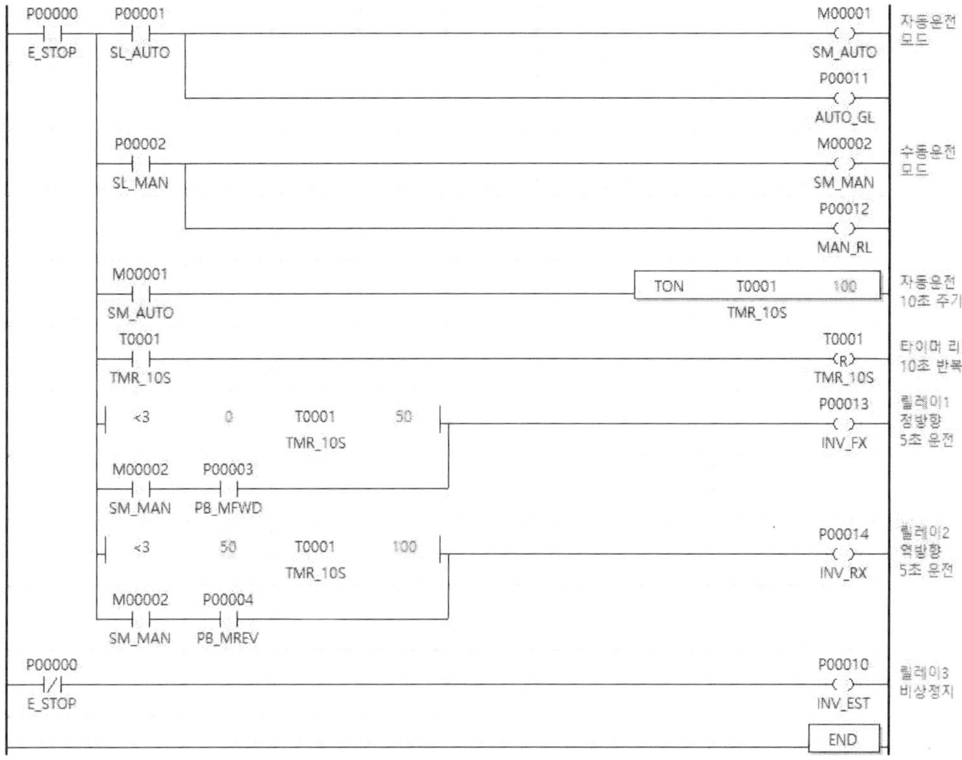

비상정지 스위치 P00000를 누르면 유도전동기는 동작을 정지해야 하지만 비상정지 스위치는 평상시 닫힌 접점이므로 a접점으로 선행되고, 마지막에는 b접점으로 릴레이3 P00010을 통해 인버터를 정지시킨다.

셀렉트 스위치로 자동운전 모드 P00001, M00001, P00011과 수동운전 모드 P00002, M00002, P00012를 선택한다. 자동운전 모드(M00001)에서는 10초 TON 타이머 T0001을 설정하고, 처음 5초간은 입력단 3개 비교명령을 사용하여 릴레이1 P00013을 통해 정방향으로 회전하고, 다음 5초간도 입력단 3개 비교명령을 사용하여 릴레이2 P00014를 통해 역방향으로 회전한다.

수동운전 모드(M00002)에서는 타이머 T0001이 동작하지 않으므로 입력단 3개 비교명령과 병렬로 연결하여, M00002와 직렬로 연결된 푸시버튼 스위치 P00003을 통해 누르고 있는 동안만 정방향으로 회전하고, 역시 M00002와 직렬로 연결된 푸시버튼 스위치 P00004를 통해 누르고 있는 동안만 역방향으로 회전한다.

[실습과제 7-25] 컨베이어 제품세척 제어

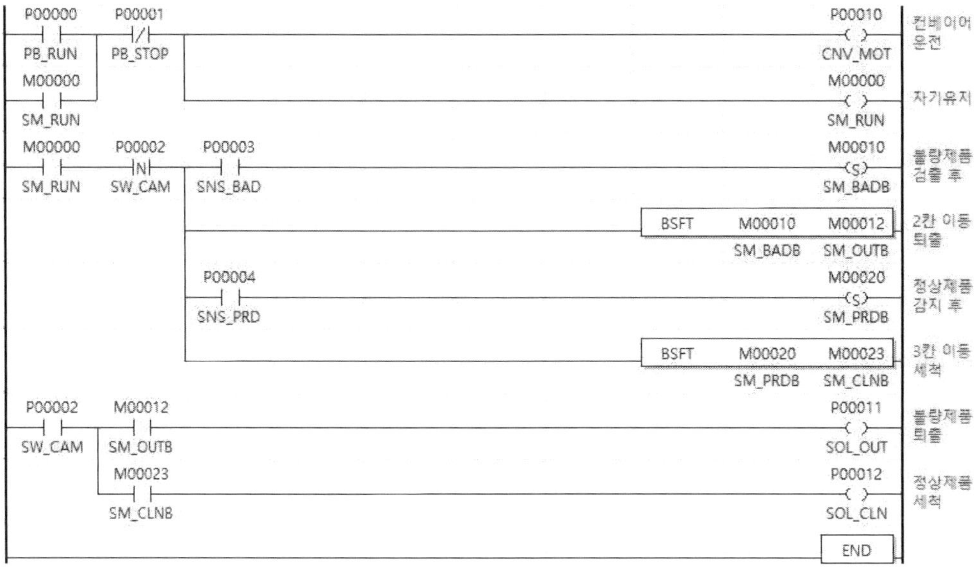

운전버튼 P00000을 누르면 컨베이어 P00010이 동작되고, 정지버튼 P00001을 누르면 컨베이어가 정지되는 M00000을 이용한 자기유지회로를 구성한다.

컨베이어가 동작하여 M00000이 ON되고, 캠 스위치 P00002가 다음 칸막이를 만날 때(ON에서 OFF되는 음변환 검출접점), 먼저 불량검출 센서 P00003으로 불량제품을 감지하면 불량검출 비트 M00010을 세트시키고, 불량퇴출을 위해 BSFT 명령으로 왼쪽으로 2비트(M00012) 이동시키고, 다음은 제품감지 센서 P00004로 제품을 감지하면 제품감지 비트 M00020을 세트시키고, 제품세척을 위해 BSFT 명령으로 왼쪽으로 3비트(M00023) 이동시킨다.

불량퇴출과 제품세척은 칸막이 사이에서 캠 스위치 P00002가 ON일 때만 이루어지므로 불량비트 M00012가 ON이면 불량퇴출 솔레노이드 P00011이 동작하여 불량제품을 퇴출시키고, 제품세척 비트 M00023가 ON이면 세척기 솔레노이드 P00012가 동작하여 정상제품을 세척한다.

[실습과제 7-26] 조립라인 컨베이어 제어

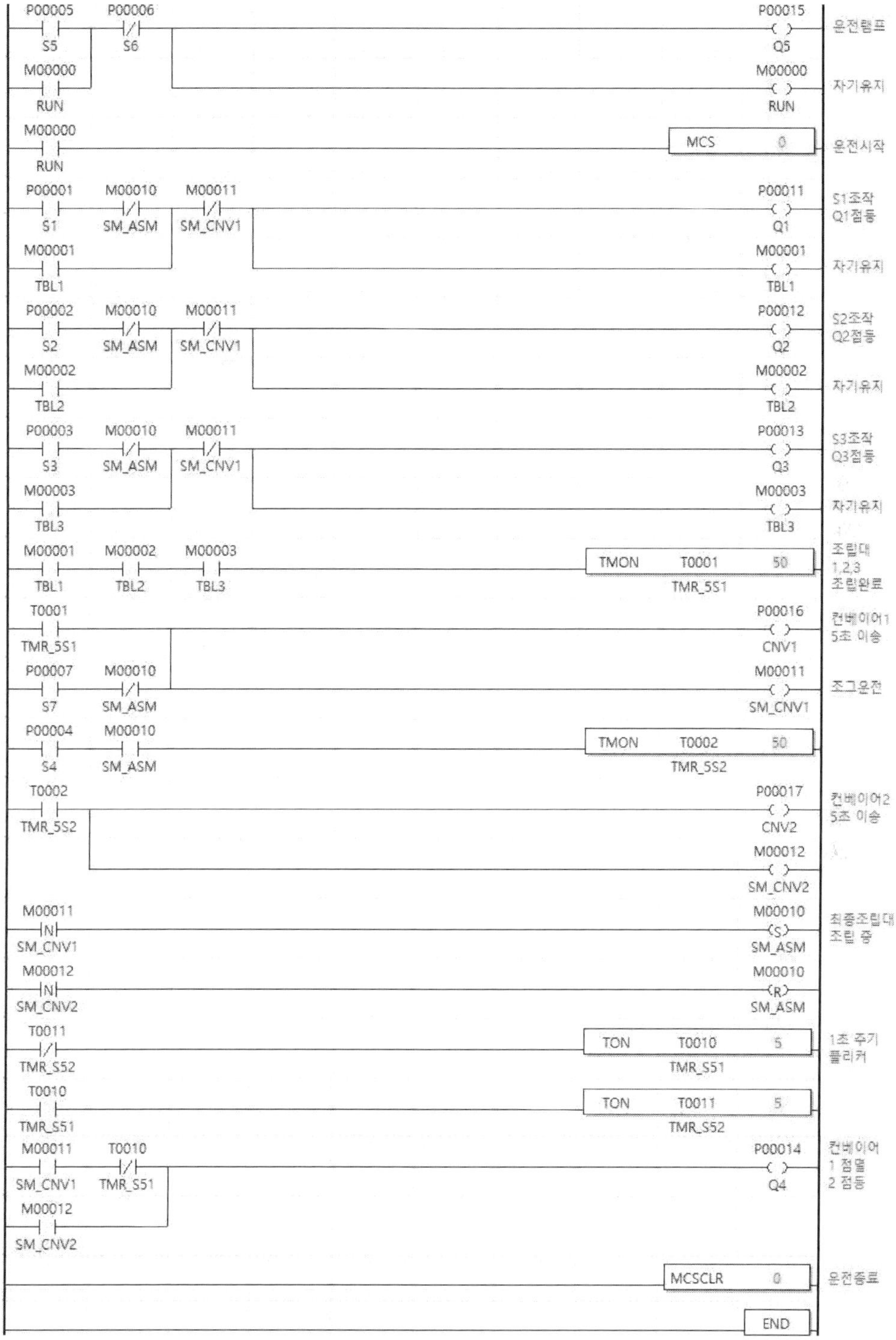

운전버튼 P00005를 누르면 운전램프 P00015가 점등되고, 정지버튼 P00006을 누르면 램프가 소등되는 M00000을 이용한 자기유지회로를 구성한다.

"MCS/MCSCLR" 명령의 사용법은 다음과 같다.

① MCS의 입력조건이 ON되면 MCS 번호와 동일한 MCSCLR 까지를 실행하고 입력조건이 OFF되면 실행하지 않는다.

② 우선순위는 MCS 번호 0이 가장 높고 15가 가장 낮으므로 우선순위가 높은 순으로 사용하고 해제는 그 역순으로 한다.

③ MCSCLR 시 우선순위가 높은 것을 해제하면 낮은 순위의 MCS 블록도 함께 해제된다.

"MCS 0"의 입력이 M00000이므로 ON될 때 "MCSCLR 0"까지를 실행한다.

조립대 1/2/3 완료버튼 P00001/P00002/P00003을 누르면 조립대 1/2/3 완료램프 P00011/P00012/P00013이 점등되고, 컨베이어1이 동작하면(M00011의 b접점) 소등되는 M00001/M00002/M00003을 이용한 자기유지회로를 구성한다. 최종 조립대에서 조립중일 때는 동작하지 않고, 운전이 종료된 후 다시 동작하도록 M00010의 b접점을 사용하여 입력 P00001/P00002/P00003에 직렬로 연결한다. 조립대 1, 2, 3에서 모두 조립이 완료되면(M00001, M00002, M00003 직렬) 인터벌 타이머 TMON T0001을 설정하여 컨베이어1 P00016을 5초 동안 동작시킨다. 또한 최종 조립대에서 조립중이 아닐 때에는 조그운전 푸시버튼 스위치 P00007을 누르는 동안만 컨베이어1이 수동으로 동작하도록 P00007에 직렬 연결된 M00010의 b접점을 T0001에 병렬로 연결한다.

최종 조립대 조립 중(M00010)에 최종 조립대 완료버튼 P00004를 누르면 인터벌 타이머 T0002를 설정하여 컨베이어2 P00017을 5초 동안 동작시킨다. 최종 조립대 조립 중을 나타내는 M00010은 컨베이어1 작동이 끝나면(M00011 음변환 검출 접점) ON되고 컨베이어2 작동이 끝나면(M00012 음변환 검출 접점) OFF된다. 2개의 TON 타이머 T0010, T0011로 1초 주기 플리커를 구성하고, 컨베이어1 M00011이 동작하면 플리커 출력 T0010 b접점과 연결하여 램프 P00014를 1초 주기로 점멸시키거나, 컨베이어2 M00012가 동작하면 램프를 계속 점등시킨다.

[실습과제 7-27] 원료 혼합비율 제어

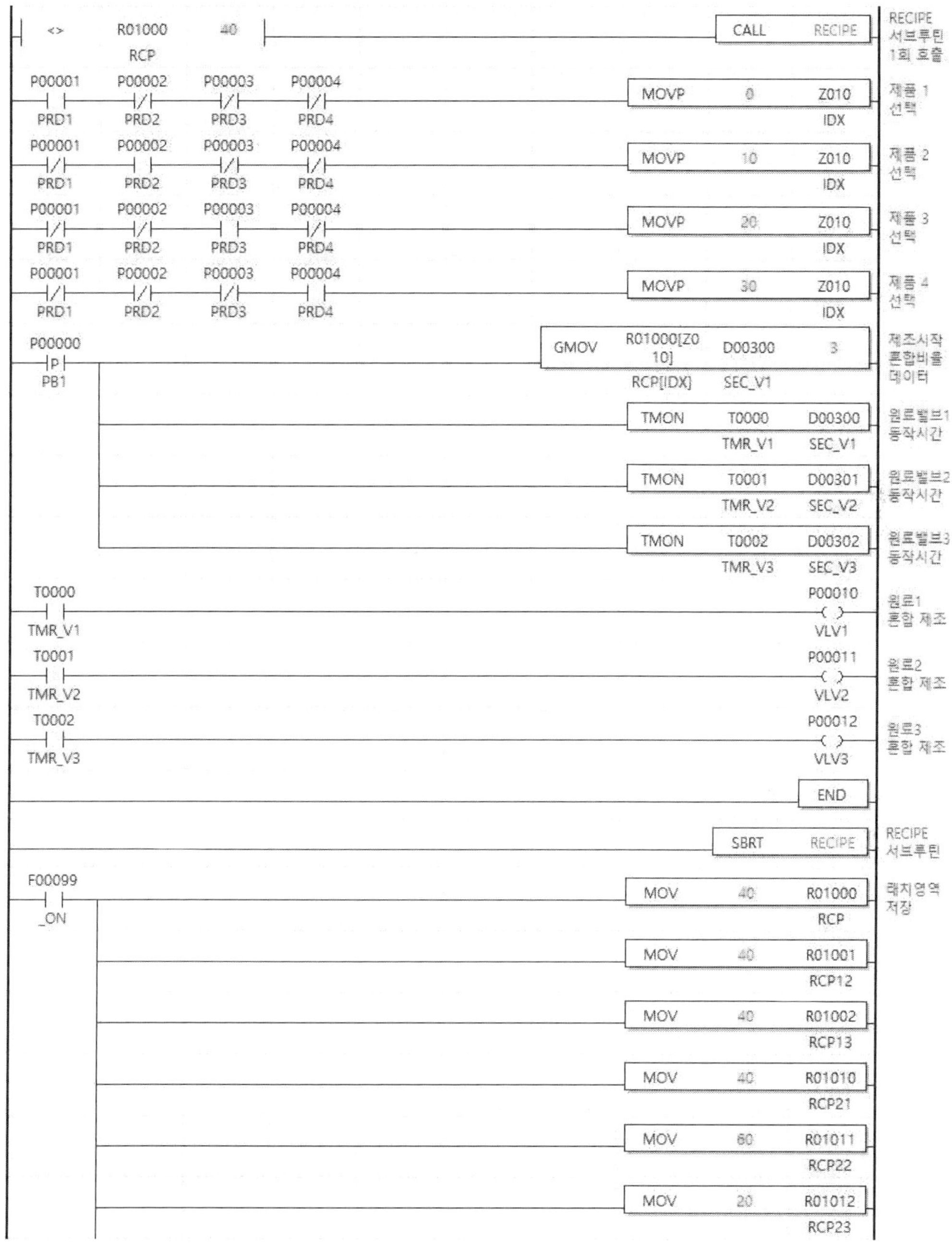

입력단 비교명령을 사용하여 R01000의 값이 40이 아닐 때 한번만 제품의 원료 혼합비율을 설정하는 'END' 명령 다음의 서브루틴 'RECIPE'를 호출한다.

RECIPE 서브루틴에서는 3가지 원료를 혼합하여 4개 제품을 제조할 때 혼합비율을 조절하기 위한 각 원료의 밸브 동작시간을 초 단위(전체 12초)로 설정한다. 정전 시에도 데이터를 잃지 않도록 MOV 전송명령으로 파일 레지스터 R에 저장한다. 프로그램하기 쉽게 일정한 규칙에 따라 밸브 동작시간 데이터를 저장하기 위해 제품1의 3가지 원료는 순서대로 R01000, R01001, R01002에 저장하고, 제품마다 10씩 증가시켜 제품2는 R01010, R01011, R01012에, 제품3은 R01020, R01021, R01022에, 제품4는 R01030, R01031, R01032에 각각 저장한다.

메인 프로그램에서 P00000 a접점, P00001, P00002, P00003 b접점으로 제품1이 선택되면 MOVP 상승에지 전송명령으로 동작시간 데이터의 저장위치 R01000을 베이스로 하여 그로부터의 위치, 즉 제품1은 인덱스 0을 인덱스 레지스터 Z010에 한번만 저장하고, 나머지 제품2는 인덱스 10을, 제품3는 인덱스 20을, 제품4는 인덱스 30을 인덱스 레지스터 Z010에 한번만 저장한다. 제조시작 버튼 P00000을 누르면 GMOV 그룹전송 명령을 사용하여 해당 제품의 인덱스로 R01000(Z010)에서 D00300으로 3가지 원료 데이터를 전송한 다음, 인터벌 TMON 타이머 T0000, T0001, T0002의 동작시간을 설정한다. 마지막으로 타이머 T0000/T0001/T0002의 ON시간에 의해 밸브1 P00010/밸브2 P00011/밸브3 P00012의 동작시간동안 3가지 원료가 원하는 비율로 혼합된다.

[실습과제 7-28] 팔레트 리프트 제어

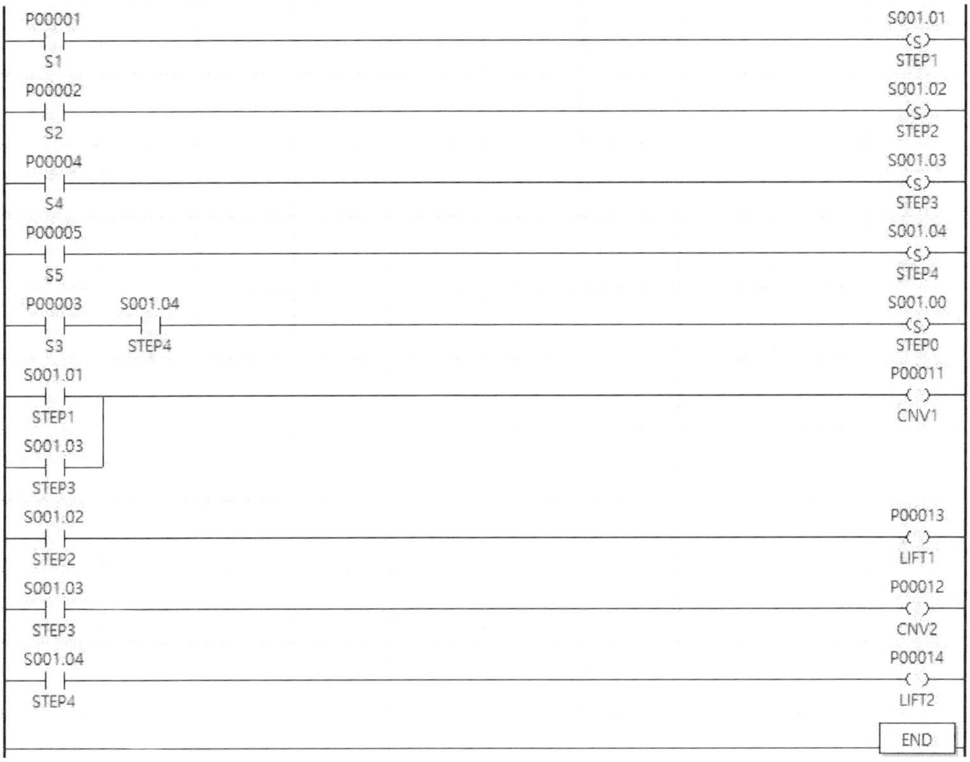

일련의 컨베이어와 팔레트 리프트 제어 과정이 단계적으로 순서대로 이루어지므로 스텝제어 디바이스 S001을 이용하여 순차제어 명령을 사용한다. 스텝1 S001.01은 스위치 S1 P00001을 눌렀을 때 컨베이어1이 동작하는 단계이므로 CNV1 P00011을 구동시키고, 스텝2 S001.02는 스위치 S2 P00002가 ON되었을 때 팔레트 리프트가 상승하는 단계이므로 LIFT1 P00013을 구동시키고, 스텝3 S001.03은 스위치 S4 P00004가 ON되었을 때 컨베이어1과 컨베이어2가 모두 동작하는 단계이므로 CNV1 P00011과 CNV2 P00012를 모두 구동시키고, 스텝4 S001.04는 스위치 S5 P00005가 ON되었을 때 팔레트 리프트가 하강하는 단계이므로 LIFT2 P00014를 구동시킨다. 마지막으로 팔레트 리프트가 하강하는 스텝4에서 스위치 S3 P00003이 ON되면 S001.00을 세트시킴으로써 클리어되어 처음 단계인 스텝0으로 되돌아간다.

[실습과제 7-29]　호이스트 순차제어

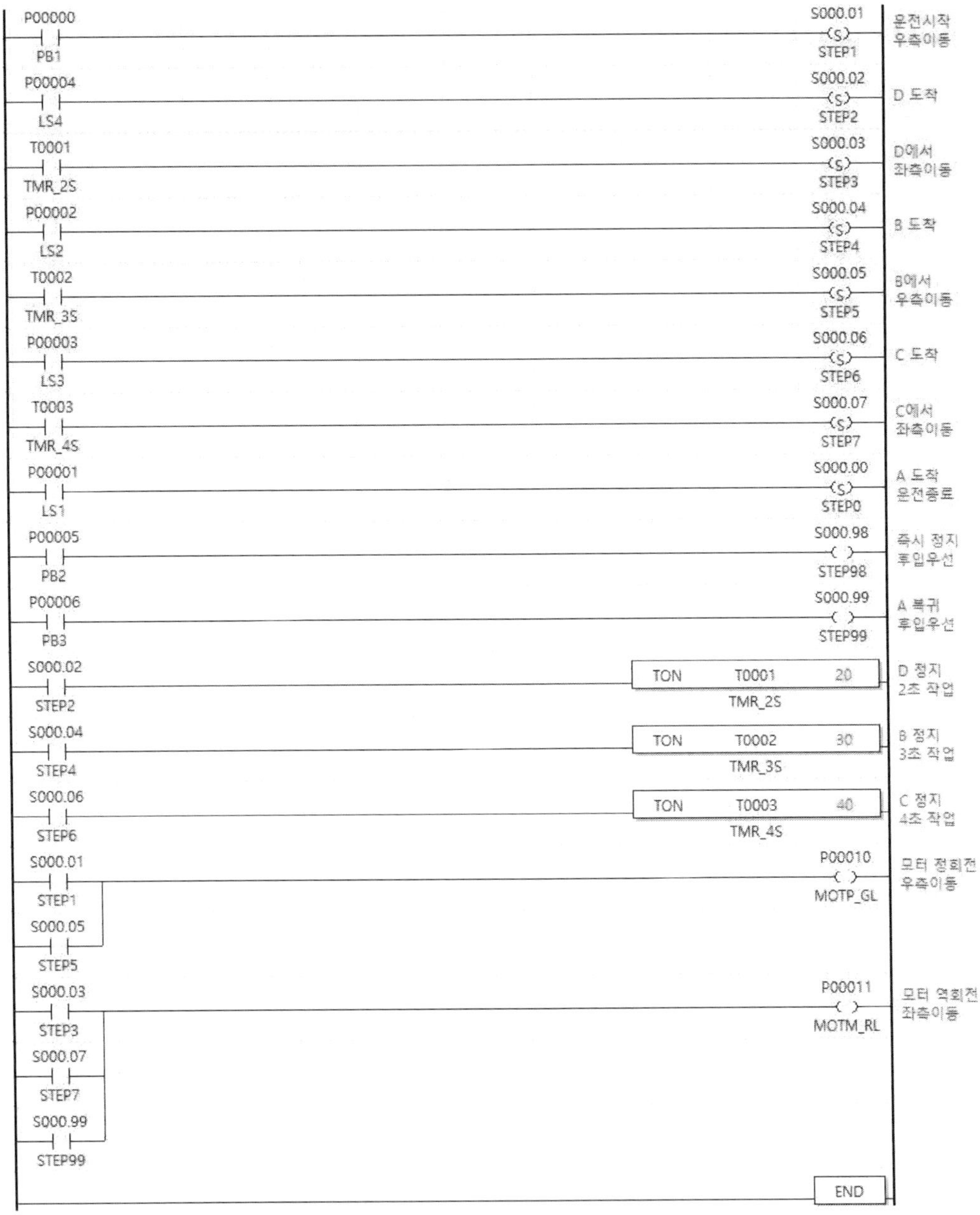

호이스트 제어 과정이 순서대로 이루어지므로 스텝제어 디바이스 S000을 이용하여 순차제어 명령을 사용한다. 스텝1 S000.01은 기동버튼 P00000을 눌렀을 때 우측으로 이동하는 단계이고, 스텝2 S000.02는 위치 D에 도착하여 리미트 스위치 P00004가 ON되고 TON 타이머 T0001이 동작하는 단계이고, 스텝3 S000.03은 위치 D에서 타이머 T0001이 2초가 지난 후 좌측으로 이동하는 단계이고, 스텝4 S000.04는 위치 B에 도착하여 리미트 스위치 P00002가 ON되고 TON 타이머 T0002가 동작하는 단계이다. 스텝5 S000.05는 위치 B에서 타이머 T0002가 3초가 지난 후 다시 우측으로 이동하는 단계이고, 스텝6 S000.06은 위치 C에 도착하여 리미트 스위치 P00003이 ON되고 TON 타이머 T0003이 동작하는 단계이고, 스텝7 S000.07은 위치 C에서 타이머 T0003이 4초가 지난 후 다시 좌측으로 이동하는 단계이고, 위치 A에 도착하여 리미트 스위치 P00001이 ON되면 호이스트는 운전을 종료하고 스텝 0 S000.00으로 되돌아간다.

정지 푸시버튼 스위치 P00005를 누르면 순서에 관계없이 즉시 정지하므로 순차제어 명령 “SET S000.98” 이 아닌 후입우선 제어 명령 “OUT S000.98” 임에 주의해야 한다. 마찬가지로 복귀 푸시버튼 스위치 P00006을 누르면 언제라도 위치 A로 복귀하므로 순차제어 명령 “SET S000.99” 가 아닌 후입우선 제어 명령 “OUT S000.99” 을 사용한다. 후입우선 제어 명령이므로 정지명령이나 복귀 명령은 다른 스텝들 보다 우선 실행된다. 정지명령 스텝 98보다 복귀명령 스텝 99가 나중에 프로그램 되었으므로 정지 푸시버튼 스위치와 복귀 푸시버튼 스위치 입력이 동시에 ON되었을 때 복귀명령이 우선 실행된다.

마지막으로 호이스트가 우측으로 이동하는 모터의 정회전 운전 P00010은 10개의 스텝 중에서 스텝 1이거나 스텝 5일 때이므로 입력에 S000.01과 S000.05를 병렬로 연결한다. 또한, 호이스트가 좌측으로 이동하는 모터의 역회전 운전 P00011은 스텝 3이거나 스텝 7이거나 스텝 99일 때이므로 입력에 S000.03과 S000.07, S000.99를 병렬로 연결한다.

[실습과제 7-30] 공사구간 교통 신호등 제어

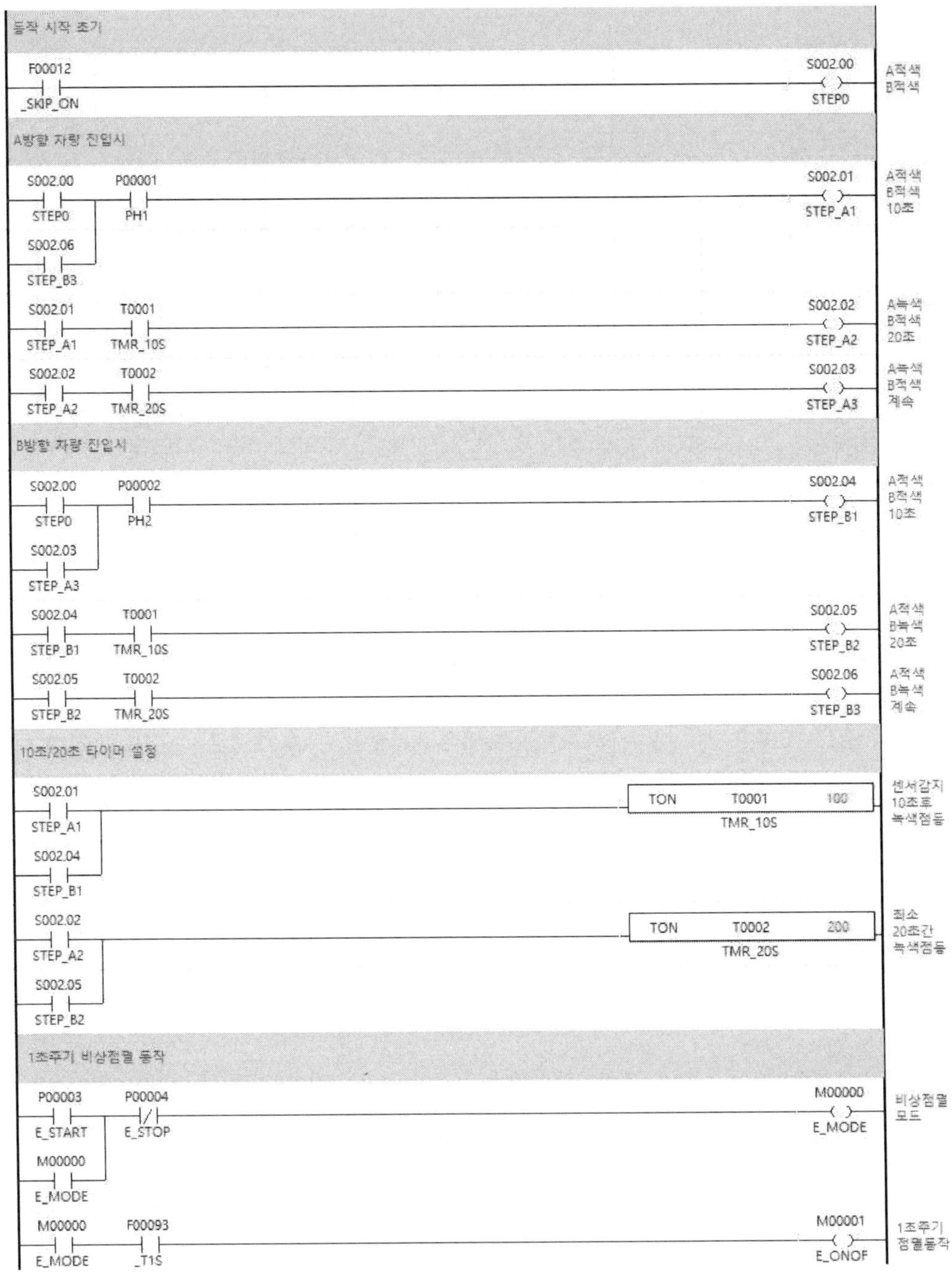

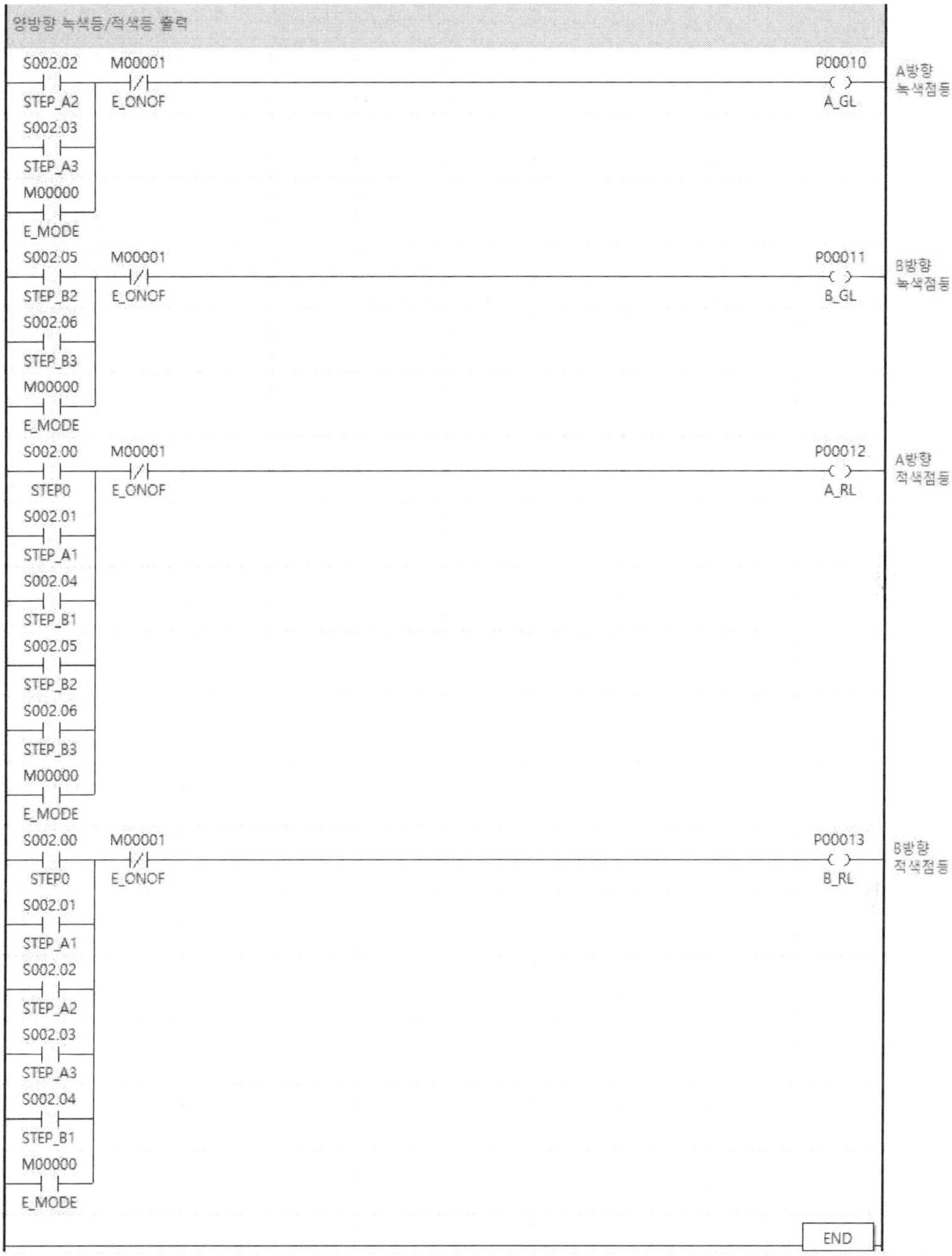

순차제어와 달리 순서에 관계없이 입력이 ON되면 해당 스텝이 자기유지되어 계속 ON되고 다수의 입력이 동시에 ON되어도 나중에 프로그램된 하나의 스텝만 우선 ON되는 스텝제어 디바이스 S000을 이용한 후입우선 제어를 사용한다.

처음 시작할 때 스텝0 S002.00은 ON되어 있어 양방향 적색등이 모두 점등되는 초기상태를 만족하므로 실행하지 않고 단지 초기상태를 보여주기 위해 '_SKIP_ON' 플래그 F00012를 입력으로 사용한다.

스텝 A1 S002.01은 양방향 모두 적색등이 점등되는 스텝0이나 A방향 적색등, B방향 녹색등이 점등되는 스텝 B3에서 A방향 차량진입 시 센서 P00001이 ON되면 양방향 적색등이 점등되는 단계이고, 스텝 A2 S002.02는 스텝 A1에서 TON 타이머 T0001이 10초가 경과되어 ON되면 A방향 녹색등, B방향 적색등이 점등되는 단계이고, 스텝 A3 S002.03은 스텝 A2에서 TON 타이머 T0002가 20초가 경과되어 ON되어도 A방향 녹색등, B방향 적색등이 계속 유지되는 단계이다. 반대로 B방향 차량진입 시의 스텝 B1 S002.04, 스텝 B2 S002.05, 스텝 B3 S002.06도 마찬가지로 구성된다.

스텝 A1과 스텝 B1은 타이머 T0001을 동작시키고, 스텝 A2와 스텝 B2는 타이머 T0002를 동작시킨다. 비상점멸 시작버튼 P00003을 누르면 비상점멸 모드 M00000이 시작되고, 비상점멸 종료버튼 P00004를 누르면 해제되는 자기유지회로를 구성하고, 비상점멸 모드 M00000과 1초주기 점멸 플래그 F00093을 직렬로 연결하여 비상점멸 동작 M00001을 구성한다.

마지막으로 A방향 녹색등 P00010이 점등되는 조건은 7개의 스텝 중에서 S002.02이거나 S002.03이므로 입력에 병렬로 연결하고, B방향 녹색등 P00011이 점등되는 조건은 S002.05이거나 S002.06이므로 역시 입력에 병렬로 연결한다. 마찬가지로 A방향 적색등 P00012가 점등되는 조건은 S002.00이거나 S002.01이거나 S002.04이거나 S002.05이거나 S002.06이므로 입력에 병렬로 연결하고, B방향 적색등 P00013이 점등되는 조건은 S002.00이거나 S002.04이거나 S002.01이거나 S002.02이거나 S002.03이므로 역시 입력에 병렬로 연결한다. 4개 신호등 출력의 모든 입력조건에 점멸모드 M00000의 a접점을 병렬로 연결하고, 점멸동작 M00001의 b접점을 직렬로 연결하여 점멸모드일 때는 전체 4개 신호등이 점멸하도록 하고, 점멸모드가 아닐 때는 4개 신호등이 정상적으로 동작하도록 한다.

[실습과제 7-31]　문자 광고보드 제어

동작 토글 스위치 P00000을 ON시키면 광고보드가 동작을 시작하고 OFF시키면 모든 동작을 멈춰야 하므로 푸시버튼 스위치를 사용할 때처럼 자기유지회로를 구성할 필요없이 토글 스위치를 사용하여 그대로 전체 제어동작의 입력조건으로 선행된다.

5개 문자판이 한 글자씩 순서대로 1초 간격으로 점등되어 5초 후 모두 점등되면 3초 동안 유지되고(누적 8초), 그 후 5초간은 1초 주기로 점멸을 반복하고(누적 13초), 다시 2초간 모두 소등된 후 다시 처음부터 15초 주기로 동작을 반복한다. 따라서 8개 TON 타이머의 입력을 모두 P00000으로 통일하면 P00000을 기준으로 지연시간은 1초 T00001, 2초 T00002, 3초 T00003, 4초 T00004, 5초 T00005, 8초 T00006, 13초 T00007, 15초 T00008이 된다. 엑셀 타임차트에서 보면 타이머 T0007이 ON되는 순간에 T0001에서 T0006까지 6개의 타이머가 모두 OFF되므로 6개 타이머의 입력으로 또한 타이머 T0007의 b접점을 사용한다. 마찬가지로 엑셀 타임차트에서 타이머 T0008이 ON되는 순간에 2개의 타이머 T0007과 T0008 자신이 모두 OFF되므로 2개 타이머의 입력으로 또한 타이머 T0008의 b접점을 사용한다.

동작 스위치 P00000이 ON되고 8초부터 13초까지 5개 전체 문자판이 모두 1초 주기로 점멸을 5회 반복하는 플리커를 2개의 TON 타이머 T0010과 T0011을 사용하여 구성하고, 엑셀 타임차트에서 보면 5개 문자판의 점멸동작은 타이머 T0006이 ON일 때만 이루어지므로 플리커의 입력에 T0006의 a접점이 직렬로 선행된다.

마지막으로 5개의 문자판 점등 출력 P00011, P00012, P00013, P00014, P00015에 대해 엑셀 타임차트에서 구한 논리식에 따라 입력조건으로 타이머 T0001, T0002, T0003, T0004, T0005 각각에 타이머 T0006의 b접점을 직렬로 연결한 다음, 타이머 T0010의 a접점을 병렬로 연결하여 구성한다.

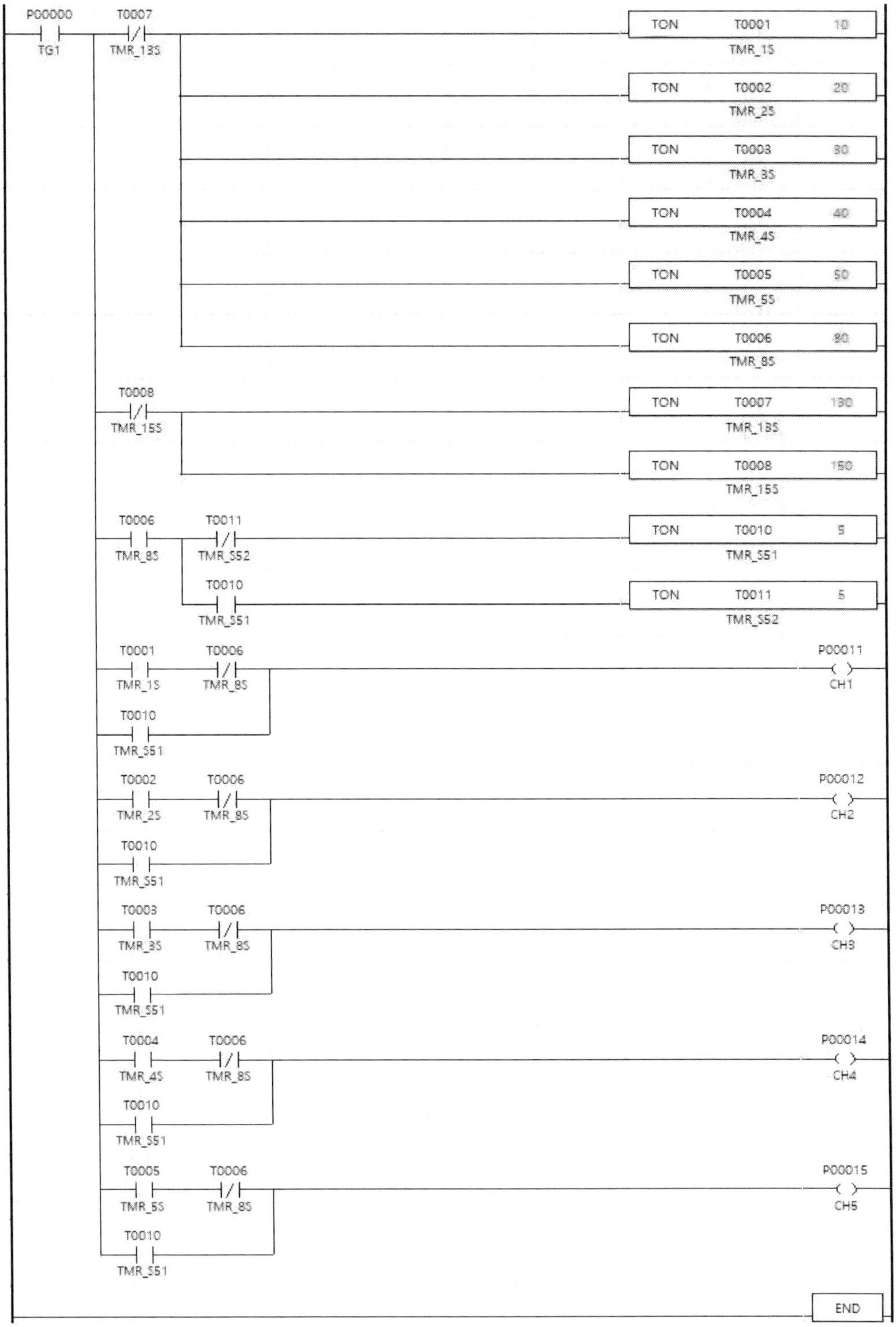
P00000
TG1
T0007
TMR_13S
TON T0001 10
TMR_1S
TON T0002 20
TMR_2S
TON T0003 30
TMR_3S
TON T0004 40
TMR_4S
TON T0005 50
TMR_5S
TON T0006 80
TMR_8S
T0008
TMR_15S
TON T0007 130
TMR_13S
TON T0008 150
TMR_15S
T0006
TMR_8S
T0011
TMR_S52
TON T0010 5
TMR_S51
T0010
TMR_S51
TON T0011 5
TMR_S52
T0001
TMR_1S
T0006
TMR_8S
T0010
TMR_S51
P00011
CH1
T0002
TMR_2S
T0006
TMR_8S
T0010
TMR_S51
P00012
CH2
T0003
TMR_3S
T0006
TMR_8S
T0010
TMR_S51
P00013
CH3
T0004
TMR_4S
T0006
TMR_8S
T0010
TMR_S51
P00014
CH4
T0005
TMR_5S
T0006
TMR_8S
T0010
TMR_S51
P00015
CH5
END

[실습과제 7-32] 분수대 제어

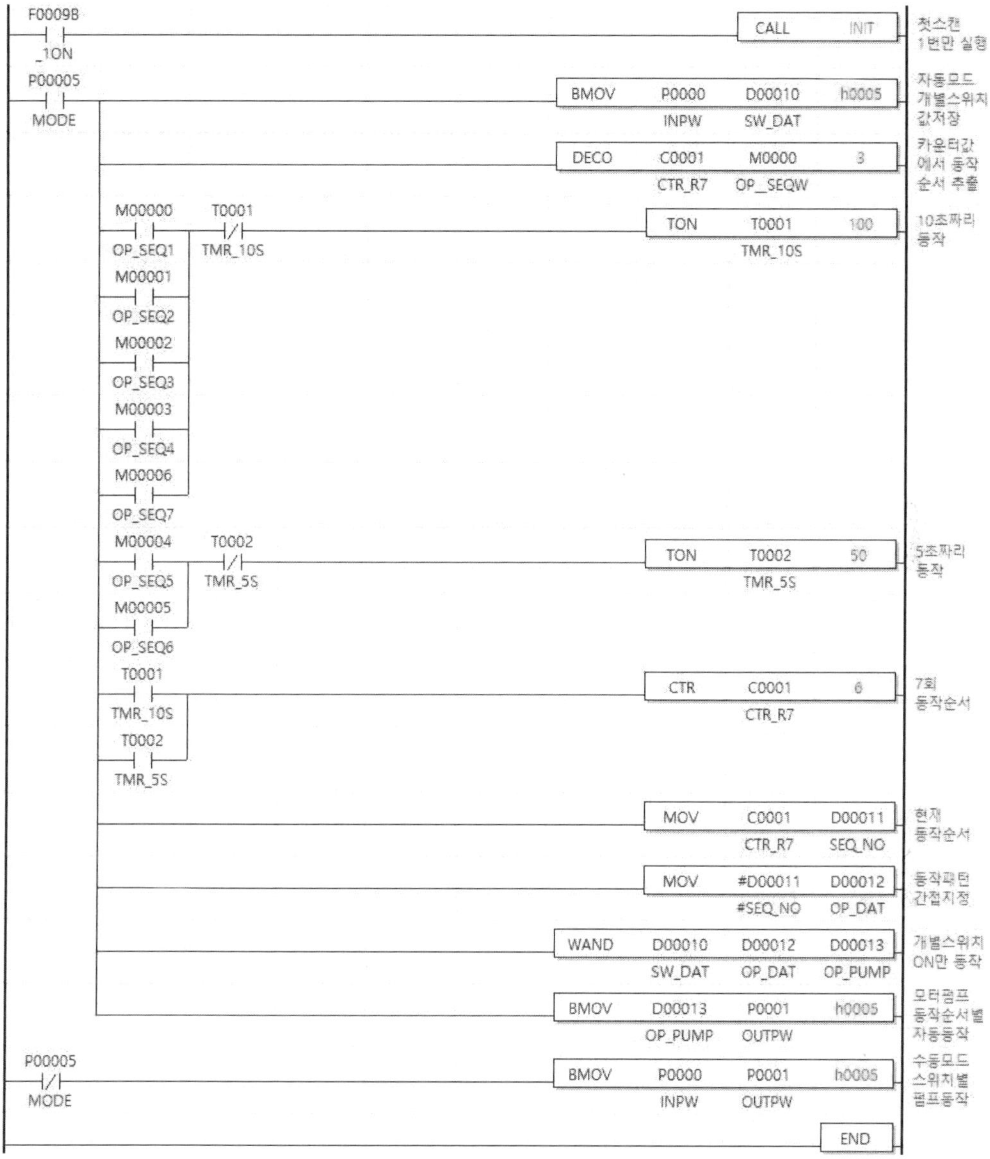

먼저 '_1ON' 플래그 F0009B를 사용하여 프로그램 실행 중에 서브루틴 'INIT'을 단 한번만 호출하여 자동모드의 동작표에 주어진 것처럼 7가지 동작순서에 따른 모터펌프 5대의 동작패턴 데이터를 16진수로 초기화하고, 동작순서 7까지 세기위한 카운터 C0001을 리셋한다.

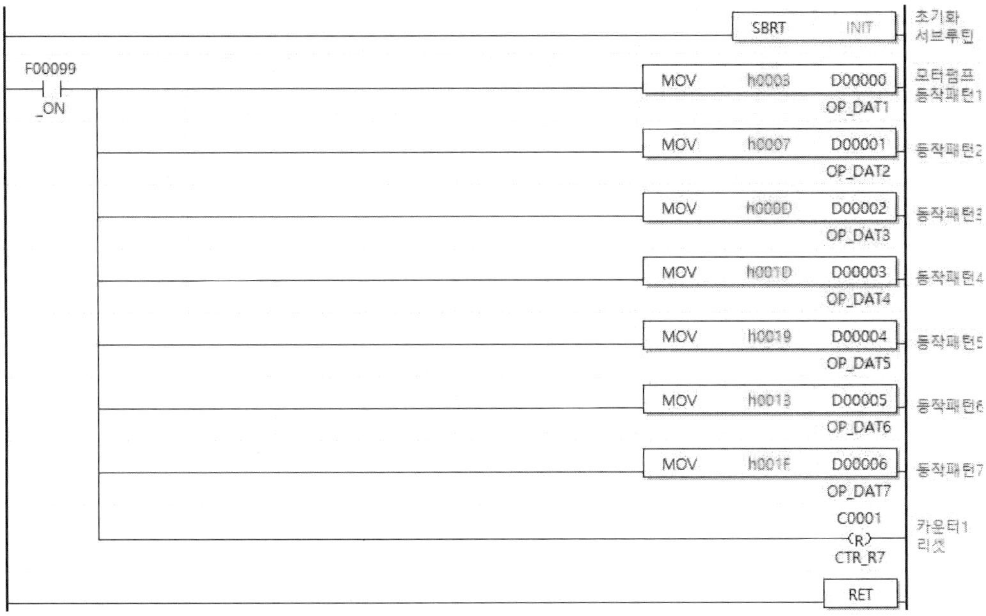

비트전송 명령 BMOV를 사용하여 모드선택 스위치가 수동모드(P00005 OFF)인 경우 5대 모터펌프의 개별 스위치 워드입력 P0000의 하위 5비트를 워드 P0001에 그대로 출력하여 수동으로 동작시키고, 모드선택 스위치가 자동모드(P00005 ON)인 경우 워드입력 P0000의 하위 5비트를 D00010에 저장하고 연산 후에 워드 P0001에 출력하여 자동으로 동작시킨다.

자동모드에서는 디코더 명령 DECO를 사용하여 카운터 현재값의 워드 데이터로부터 7가지 동작순서 비트 M00000~M00006 중에 하나를 ON시킨다. 동작표에서 동작시간이 5초인 동작순서5 M00004와 동작순서6 M00005는 TON 타이머 T0002의 입력이 되고, 동작시간이 10초인 나머지 동작순서 5개는 TON 타이머 T0001의 입력이 된다. 또한 각 타이머 입력조건에 직렬로 타이머 자신의 b접점을 연결하여 자신을 리셋시킨다. 각 타이머가 ON될 때마다 7가지 동작순서에 따라 값이 0 ➜ 6 ➜ 0으로 회전하도록 링카운터 CTR C0001을 사용한다.

MOV 전송명령으로 카운터 C0001(=3, 예를 들어)로부터 현재 동작순서(=4, M00003=1)를 D00011(=3)에 저장하고, 간접지정 #를 사용하여 #D00011= D00003이고, 서브루틴에서 초기화한 동작패턴 데이터 D00003=h001D의 5비트 h1D를 출력한다.

D00012 = D00000 + (간접지정 #D00011 = 3) = D00003 = h001D

D00013 = D00010 WAND D00012 = h001F WAND h001D = h001D

P0001 = D00013 = h1D

[실습과제 7-33] 컨베이어 시스템 공압제어

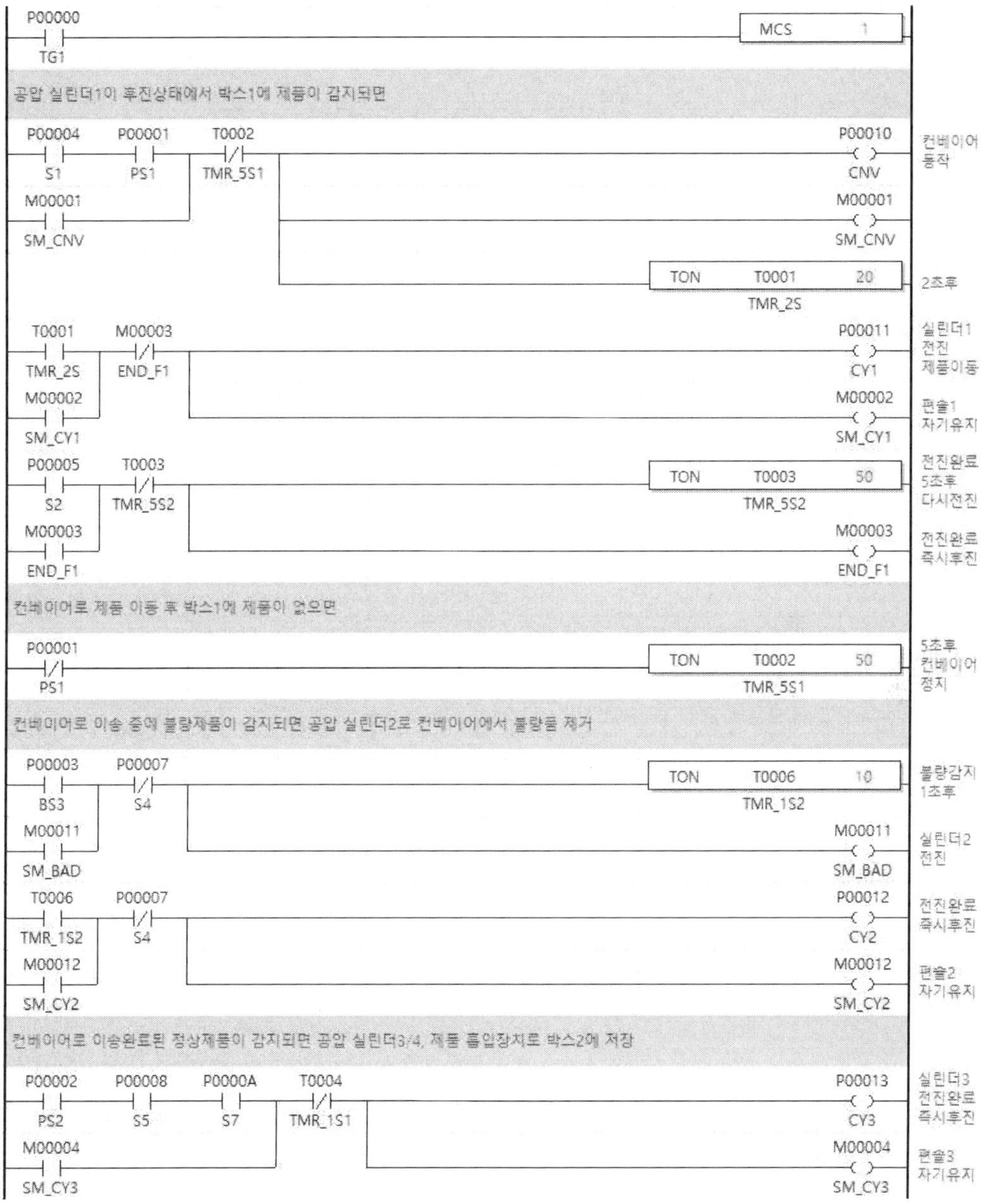

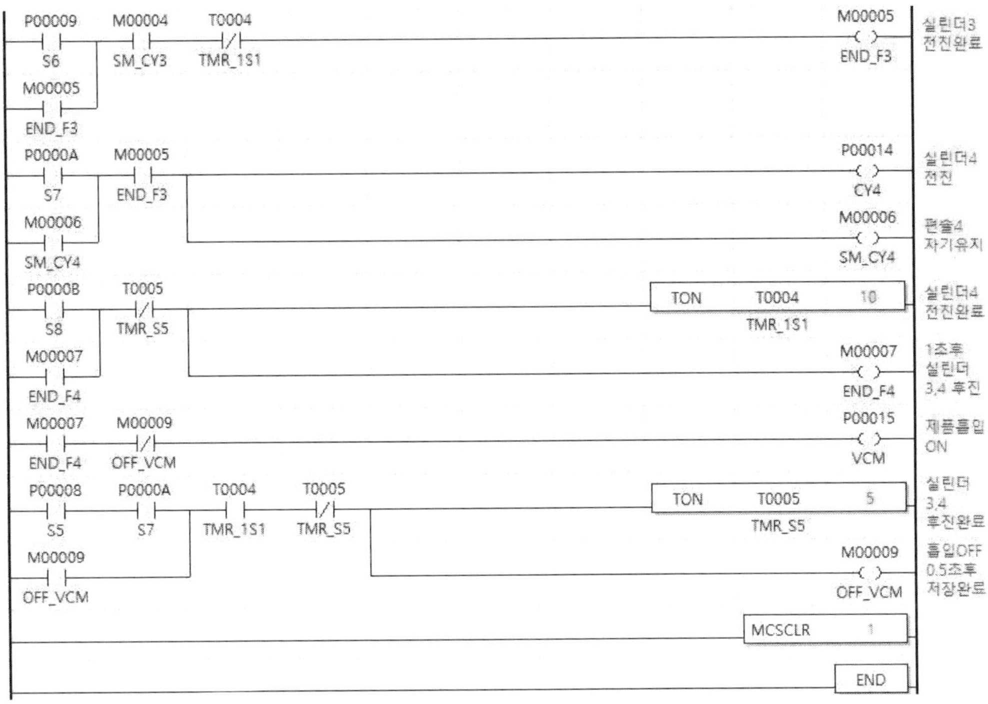

"MCS 1" 명령의 입력인 동작 토글 스위치 P00000이 ON되면 "MCSCLR 1" 까지의 프로그램을 실행하고 OFF되면 실행을 멈춘다. 공압 실린더1이 후진완료(P00004 ON)되고, 박스1에 놓인 제품이 제품감지 센서1로 감지(P00001 ON)되면 컨베이어 P00010과 2초 TON 타이머 T0001이 동작하도록 컨베이어 동작 M00001로 자기유지시키고, 타이머 T0002가 ON되면 자기유지를 해제한다.

4개 공압 실린더가 모두 편 솔레노이드 밸브를 사용하므로 공압 실린더를 동작시킬 때는 자기유지회로를 구성해주어야 한다. 컨베이어가 동작하고 2초가 지난 후에 타이머 T0001이 ON되면 공압 실린더1 P00011이 전진하여 제품을 컨베이어로 이동하도록 공압 실린더1 전진동작 M00002로 자기유지시키고, 공압 실린더1이 전진완료(M00003 ON)되면 자기유지를 해제하고, 공압 실린더1이 즉시 후진한다. 공압 실린더1이 전진 완료(P00005 ON)되면 5초 TON 타이머 T0003이 동작하도록 M00003으로 자기유지시키고, 5초가 지난 후에 타이머 T0003이 ON되면 스스로 자기유지를 해제한다.

박스1에 제품이 없으면 P00001 b접점 입력으로 5초 TON 타이머 T0002를 동작시키고, 5초가 지나면 컨베이어 P00010을 정지시킨다.

컨베이어로 이송 중에 있는 불량제품이 불량감지 센서로 감지(P00003 ON)되면 1초 TON 타이머 T0006이 동작하도록 불량검출 M00011로 자기유지시키고, 공압 실린더2가 전진 완료(P00007 ON)되면 자기유지를 해제한다. 1초가 지난 후에 타이머 T0006이 ON되면 공압 실린더2 P00012가 전진하여 불량품을 제거하도록 공압 실린더2 전진동작 M00012로 자기유지시키고, 공압 실린더2가 전진 완료(P00007 ON)되면 자기유지를 해제하고 즉시 후진한다.

공압 실린더 3/4가 후진완료(P00008/P0000A ON)되고 컨베이어로 이송완료된 정상제품이 감지(P00002 ON)되면 공압 실린더3 P00013이 전진하도록 공압 실린더3 전진동작 M00004로 자기유지시키고, 타이머 T0004가 ON되면 자기유지를 해제하고 공압 실린더3이 즉시 후진한다. 공압 실린더3이 전진동작(M00004 ON)중에 공압 실린더3이 전진완료(P00009 ON)되면 공압 실린더3 전진완료 M00005로 자기유지시키고, 타이머 T0004가 ON되면 자기유지를 해제한다. 공압 실린더3이 전진완료(M00005 ON)되고 공압 실린더4가 후진완료(P0000A ON)되면 공압 실린더4 P00014가 전진하도록 공압 실린더4 전진동작 M00006으로 자기유지시키고, 타이머 T0004가 ON되어 M00005가 OFF되면 자기유지를 해제하고 공압 실린더4가 즉시 후진한다. 공압 실린더4가 전진완료(P0000B ON)되면 1초 TON 타이머 T0004가 동작하도록 공압 실린더4 전진완료 M00007로 자기유지시키고, 타이머 T0005가 ON되면 자기유지를 해제한다.

공압 실린더4가 전진완료(M00007 ON)되면 공압 실린더 3/4가 후진완료(M00009 ON)될 때까지 제품 흡입장치 P00015를 동작시킨다. 1초 후에 타이머 T0004가 ON되면 자기유지를 해제하고 공압 실린더 3/4가 즉시 후진한다. 마지막으로 1초 후(T0004 ON)에 공압 실린더 3/4가 후진완료(P00008/P0000A ON)되면 0.5초 TON 타이머 T0005가 동작하고, 제품 흡입장치를 OFF하여 박스2에 정상제품을 저장하도록 M00009로 자기유지시키고, 0.5초가 지난 후 타이머 T0005가 ON되면 스스로 자기유지를 해제하고 제품저장을 완료한다.

부록 C 특수 플래그 리스트

디바이스1	디바이스2	타 입	변 수	기 능	설 명
F0000		DWORD	_SYS_STATE	모드와 상태	PLC의 모드와 운전상태 표시
	F00000	BIT	_RUN	Run	Run 상태
	F00001	BIT	_STOP	Stop	Stop 상태
	F00002	BIT	_ERROR	Error	Error 상태
	F00003	BIT	_DEBUG	Debug	Debug 상태
	F00004	BIT	_LOCAL_CON	로컬 컨트롤	로컬 컨트롤 모드
	F00005	BIT	_MODBUS_CON	모드버스 모드	모드버스 컨트롤 모드
	F00006	BIT	_REMOTE_CON	리모트 모드	리모트 컨트롤 모드
	F00008	BIT	_RUN_EDIT_ST	런 중 수정 중	런 중 수정 프로그램 다운로드 중
	F00009	BIT	_RUN_EDIT_CHK	런 중 수정 중	런 중 수정 내부 처리중
	F0000A	BIT	_RUN_EDIT_DONE	런 중 수정 완료	런 중 수정 완료
	F0000B	BIT	_RUN_EDIT_END	런 중 수정 끝	런 중 수정 종료
	F0000C	BIT	_CMOD_KEY	운전모드	키에 의한 운전모드 변경
	F0000D	BIT	_CMOD_LPADT	운전모드	로컬 PADT에 의한 운전모드 변경
	F0000E	BIT	_CMOD_RPADT	운전모드	리모트 PADT에 의한 운전모드 변경
	F0000F	BIT	_CMOD_RLINK	운전모드	리모트 통신모듈에 의한 운전모드 변경
	F00010	BIT	_FORCE_IN	강제 입력	강제 입력상태
	F00011	BIT	_FORCE_OUT	강제 출력	강제 출력상태
	F00012	BIT	_SKIP_ON	입출력 SKIP	입출력 SKIP 실행 중
	F00013	BIT	_EMASK_ON	고장 마스크	고장 마스크 실행 중
	F00014	BIT	_MON_ON	모니터	모니터 실행 중
	F00015	BIT	_USTOP_ON	Stop	Stop 펑션에 의한 Stop
	F00016	BIT	_ESTOP_ON	EStop	EStop 펑션에 의한 Stop
	F00017	BIT	_CONPILE_MODE	컴파일 중	컴파일 수행 중
	F00018	BIT	_INIT_RUN	초기화 중	초기화 태스크 수행 중
	F0001C	BIT	_PB1	프로그램 코드1	프로그램 코드1 선택
	F0001D	BIT	_PB2	프로그램 코드2	프로그램 코드2 선택
	F0001E	BIT	_CB1	컴파일 코드1	컴파일 코드1 선택
	F0001F	BIT	_CB2	컴파일 코드2	컴파일 코드2 선택

디바이스1	디바이스2	타 입	변 수	기 능	설 명
F0002		DWORD	_CNF_ER	시스템 에러	시스템 중고장 상태 보고
	F00020	BIT	_CPU_ER	CPU 에러	CPU 구성 에러
	F00021	BIT	_IO_TYER	모듈 타입 에러	모듈 타입 불일치
	F00022	BIT	_IO_DEER	모듈 착탈 에러	모듈 탈착
	F00023	BIT	_FUSE_ER	퓨즈에러	퓨즈 단선
	F00024	BIT	_IO_RWER	모듈 입출력 에러	모듈 입출력 문제 발생
	F00025	BIT	_IP_IFER	모듈 인터페이스 에러	특수/통신 모듈 인터페이스 문제
	F00026	BIT	_ANNUM_ER	외부기기 중고장	외부기기 중고장 검출
	F00028	BIT	_BPRM_ER	기본 파라미터	기본 파라미터 이상
	F00029	BIT	_IOPRM_ER	IO 파라미터	IO 구성 파라미터 이상
	F0002A	BIT	_SPPRM_ER	특수모듈 파라미터	특수모듈 파라미터 비정상
	F0002B	BIT	_CPPRM_ER	통신모듈파라미터	통신모듈 파라미터 비정상
	F0002C	BIT	_PGM_ER	프로그램 에러	프로그램 에러 발생
	F0002D	BIT	_CODE_ER	코드 에러	프로그램 코드 에러 발생
	F0002E	BIT	_SWDT_ER	시스템 워치독	시스템 워치독 작동
	F0002F	BIT	_BASE_POWER_ER	전원 에러	베이스 전원 이상
	F00030	BIT	_WDT_ER	스캔 워치독	스캔 워치독 작동
F0004		DWORD	_CNF_WAR	시스템 경고	시스템 경고장 상태 보고
	F00040	BIT	_RTC_ER	RTC 이상	RTC 데이터 이상
	F00041	BIT	_DBCK_ER	백업 이상	데이터 백업 문제 발생
	F00042	BIT	_HBCK_ER	리스타트 이상	핫 리스타트 불가능
	F00043	BIT	_ABSD_ER	운전 이상 정지	비정상 운전으로 인한 정지
	F00044	BIT	_TASK_ER	태스크 충돌	태스크 충돌 발생
	F00045	BIT	_BAT_ER	배터리 이상	배터리 상태 이상 감지
	F00046	BIT	_ANNUM_WAR	외부기기 경고장	외부기기 경고장 검출
	F00047	BIT	_LOG_FULL	메모리 풀	로그 메모리 Full
	F00048	BIT	_HS_WAR1	고속 링크1	고속 링크 - 파라미터1 이상
	F00049	BIT	_HS_WAR2	고속 링크2	고속 링크 – 파라미터2 이상
	F0004A	BIT	_HS_WAR3	고속 링크3	고속 링크 – 파라미터3 이상
	F0004B	BIT	_HS_WAR4	고속 링크4	고속 링크 – 파라미터4 이상
	F0004C	BIT	_HS_WAR5	고속 링크5	고속 링크 – 파라미터5 이상
	F0004D	BIT	_HS_WAR6	고속 링크6	고속 링크 – 파라미터6 이상
	F0004E	BIT	_HS_WAR7	고속 링크7	고속 링크 – 파라미터7 이상
	F0004F	BIT	_HS_WAR8	고속 링크8	고속 링크 – 파라미터8 이상
	F00050	BIT	_HS_WAR9	고속 링크9	고속 링크 – 파라미터9 이상
	F00051	BIT	_HS_WAR10	고속 링크10	고속 링크 - 파라미터10 이상

디바이스1	디바이스2	타 입	변 수	기 능	설 명
	F00052	BIT	_HS_WAR11	고속 링크11	고속 링크 - 파라미터11 이상
	F00053	BIT	_HS_WAR12	고속 링크12	고속 링크 - 파라미터12 이상
	F00054	BIT	_P2P_WAR1	P2P 파라미터1	P2P - 파라미터1 이상
	F00055	BIT	_P2P_WAR2	P2P 파라미터2	P2P – 파라미터2 이상
	F00056	BIT	_P2P_WAR3	P2P 파라미터3	P2P – 파라미터3 이상
	F00057	BIT	_P2P_WAR4	P2P 파라미터4	P2P – 파라미터4 이상
	F00058	BIT	_P2P_WAR5	P2P 파라미터5	P2P – 파라미터5 이상
	F00059	BIT	_P2P_WAR6	P2P 파라미터6	P2P – 파라미터6 이상
	F0005A	BIT	_P2P_WAR7	P2P 파라미터7	P2P – 파라미터7 이상
	F0005B	BIT	_P2P_WAR8	P2P 파라미터8	P2P – 파라미터8 이상
	F0005C	BIT	_CONSTANT_ER	고정주기 오류	고정 주기 오류
F0009		WORD	_USER_F	유저 접점	사용자가 사용할 수 있는 타이머
	F00090	BIT	_T20MS	20ms	20ms 주기 클록
	F00091	BIT	_T100MS	100ms	100ms 주기 클록
	F00092	BIT	_T200MS	200ms	200ms 주기 클록
	F00093	BIT	_T1S	1s	1s 주기 클록
	F00094	BIT	_T2S	2s	2s 주기 클록
	F00095	BIT	_T10S	10s	10s 주기 클록
	F00096	BIT	_T20S	20s	20s 주기 클록
	F00097	BIT	_T60S	60s	60s 주기 클록
	F00099	BIT	_ON	상시 ON	항상 ON 상태인 비트
	F0009A	BIT	_OFF	상시 OFF	항상 OFF 상태인 비트
	F0009B	BIT	_1ON	1스캔 ON	첫 스캔만 ON 상태인 비트
	F0009C	BIT	_1OFF	1스캔 OFF	첫 스캔만 OFF 상태인 비트
	F0009D	BIT	_STOG	반전	매 스캔 반전
F0010		WORD	_USER_CLK	유저 Clock	사용자가 설정 가능한 클록
	F00100	BIT	_USR_CLK0	지정 스캔 반복	지정된 스캔만큼 ON/OFF 클록 0
	F00101	BIT	_USR_CLK1	지정 스캔 반복	지정된 스캔만큼 ON/OFF 클록 1
	F00102	BIT	_USR_CLK2	지정 스캔 반복	지정된 스캔만큼 ON/OFF 클록 2
	F00103	BIT	_USR_CLK3	지정 스캔 반복	지정된 스캔만큼 ON/OFF 클록 3
	F00104	BIT	_USR_CLK4	지정 스캔 반복	지정된 스캔만큼 ON/OFF 클록 4
	F00105	BIT	_USR_CLK5	지정 스캔 반복	지정된 스캔만큼 ON/OFF 클록 5
	F00106	BIT	_USR_CLK6	지정 스캔 반복	지정된 스캔만큼 ON/OFF 클록 6
	F00107	BIT	_USR_CLK7	지정 스캔 반복	지정된 스캔만큼 ON/OFF 클록 7

디바이스1	디바이스2	타 입	변 수	기 능	설 명
F0011		WORD	_LOGIC_RESULT	로직 결과	로직 결과 표시
	F00110	BIT	_LER	연산 에러	연산 에러시 1스캔동안 ON
	F00111	BIT	_ZERO	제로 플래그	연산 결과가 0일 경우 ON
	F00112	BIT	_CARRY	캐리 플래그	연산시 캐리가 발생했을 경우 ON
	F00113	BIT	_ALL_OFF	전출력 OFF	모든 출력이 OFF일 경우 ON
	F00115	BIT	_LER_LATCH	연산 에러 래치	연산 에러시 계속 ON 유지
F0012		WORD	_CMP_RESULT	비교 결과	비교 결과 표시
	F00120	BIT	_LT	LT 플래그	"보다 작다"인 경우 ON
	F00121	BIT	_LTE	LTE 플래그	"보다 작거나 같다"인 경우 ON
	F00122	BIT	_EQU	EQU 플래그	"같다"인 경우 ON
	F00123	BIT	_GT	GT 플래그	"보다 크다"인 경우 ON
	F00124	BIT	_GTE	GTE 플래그	"보다 크거나 같다"인 경우 ON
	F00125	BIT	_NEQ	NEQ 플래그	"같지 않다"인 경우 ON
F0013		WORD	_AC_F_CNT	순시 정전	순시정전 발생 횟수
F0014		WORD	_FALS_NUM	FALS 번호	FALS의 번호 표시.
F0015		WORD	_PUTGET_ERR0	PUT/GET 에러 0	메인 베이스 Put/Get 에러
F0016		WORD	_PUTGET_ERR1	PUT/GET 에러 1	증설 베이스 1단 Put/Get 에러
F0017		WORD	_PUTGET_ERR2	PUT/GET 에러 2	증설 베이스 2단 Put/Get 에러
F0018		WORD	_PUTGET_ERR3	PUT/GET 에러 3	증설 베이스 3단 Put/Get 에러
F0019		WORD	_PUTGET_ERR4	PUT/GET 에러 4	증설 베이스 4단 Put/Get 에러
F0020		WORD	_PUTGET_ERR5	PUT/GET 에러 5	증설 베이스 5단 Put/Get 에러
F0021		WORD	_PUTGET_ERR6	PUT/GET 에러 6	증설 베이스 6단 Put/Get 에러
F0022		WORD	_PUTGET_ERR7	PUT/GET 에러 7	증설 베이스 7단 Put/Get 에러
F0023		WORD	_PUTGET_NDR0	PUT/GET 완료 0	메인 베이스 Put/Get 완료
F0024		WORD	_PUTGET_NDR1	PUT/GET 완료 1	증설 베이스 1단 Put/Get 완료
F0025		WORD	_PUTGET_NDR2	PUT/GET 완료 2	증설 베이스 2단 Put/Get 완료
F0026		WORD	_PUTGET_NDR3	PUT/GET 완료 3	증설 베이스 3단 Put/Get 완료
F0027		WORD	_PUTGET_NDR4	PUT/GET 완료 4	증설 베이스 4단 Put/Get 완료
F0028		WORD	_PUTGET_NDR5	PUT/GET 완료 5	증설 베이스 5단 Put/Get 완료
F0029		WORD	_PUTGET_NDR6	PUT/GET 완료 6	증설 베이스 6단 Put/Get 완료
F0030		WORD	_PUTGET_NDR7	PUT/GET 완료 7	증설 베이스 7단 Put/Get 완료
F0044		WORD	_CPU_TYPE	CPU 타입	CPU 타입에 관한 정보 표시
F0045		WORD	_CPU_VER	CPU 버전	CPU 버전 표시
F0046		DWORD	_OS_VER	OS 버전	OS 버전 표시
F0048		DWORD	_OS_DATE	OS 날짜	OS 배포일 표시

디바이스1	디바이스2	타 입	변 수	기 능	설 명
F0050		WORD	_SCAN_MAX	최대 스캔시간	최대 스캔시간 표시
F0051		WORD	_SCAN_MIN	최소 스캔시간	최소 스캔시간 표시
F0052		WORD	_SCAN_CUR	현재 스캔시간	현재 스캔시간 표시
F0053		WORD	_MON_YEAR	월/년	PLC의 월, 년 데이터
F0054		WORD	_TIME_DAY	시/일	PLC의 시, 일 데이터
F0055		WORD	_SEC_MIN	초/분	PLC의 초, 분 데이터
F0056		WORD	_HUND_WK	백년/요일	PLC의 백년, 요일 데이터
F0057		WORD	_FPU_INFO	FPU 연산결과	부동 소수점 연산 결과 표시
	F00570	BIT	_FPU_LFLAG_I	부정확 에러 래치	부정확 에러 시 래치
	F00571	BIT	_FPU_LFLAG_U	언더플로우 래치	언더플로우 발생시 래치
	F00572	BIT	_FPU_LFLAG_O	오버플로우 래치	오버플로우 발생시 래치
	F00573	BIT	_FPU_LFLAG_Z	영(0) 나누기 래치	영(0) 나누기 시 래치
	F00574	BIT	_FPU_LFLAG_V	무효 연산 래치	무효연산 시 래치
	F0057A	BIT	_FPU_FLAG_I	부정확 에러	부정확 에러 발생 보고
	F0057B	BIT	_FPU_FLAG_U	언더플로우	언더플로우 발생 보고
	F0057C	BIT	_FPU_FLAG_O	오버플로우	오버플로우 발생 보고
	F0057D	BIT	_FPU_FLAG_Z	영나누기	영 나누기시 보고
	F0057E	BIT	_FPU_FLAG_V	무효연산	무효 연산시 보고
	F0057F	BIT	_FPU_FLAG_E	비정규값 입력	비정규값 입력시 보고
F0058		DWORD	_ERR_STEP	에러 스텝	에러 스텝 저장
F0060		DWORD	_REF_COUNT	리프레시	모듈 리프레시 수행시 증가
F0062		DWORD	_REF_OK_CNT	리프레시 OK	모듈 리프레시가 정상일 때 증가
F0064		DWORD	_REF_NG_CNT	리프레시 NG	모듈 리프레시가 비정상일 때 증가
F0066		DWORD	_REF_LIM_CNT	리프레시 Limit	모듈 리프레시가 비정상일 때 증가 (Time Out)
F0068		DWORD	_REF_ERR_CNT	리프레시 Error	모듈 리프레시가 비정상일 때 증가
F0070		DWORD	_MOD_RD_ERR_CNT	모듈 Read Error	모듈 1워드 읽기 비정상일 때 증가
F0072		DWORD	_MOD_WR_ERR_CNT	모듈 Write Error	모듈 1워드 쓰기 비정상일 때 증가
F0074		DWORD	_CA_CNT	블록 서비스	모듈의 블록데이터 서비스 시 증가
F0076		DWORD	_CA_LIM_CNT	블록 서비스 Limit	블록데이터 서비스 비정상 시 증가
F0078		DWORD	_CA_ERR_CNT	블록 서비스 Error	블록데이터 서비스 비정상 시 증가
F0080		DWORD	_BUF_FULL_CNT	버퍼 Full	CPU 내부 버퍼 FULL일 경우 증가
F0082		DWORD	_PUT_CNT	Put 카운트	Put 수행시 증가
F0084		DWORD	_GET_CNT	Get 카운트	Get 수행시 증가
F0086		DWORD	_KEY	현재 키	로컬 키의 현재 상태 표시
F0088		DWORD	_KEY_PREV	이전 키	로컬 키의 이전 상태 표시

디바이스1	디바이스2	타 입	변 수	기 능	설 명
F0090		WORD	_IO_TYER_N	불일치 슬롯	모듈 타입 불일치 슬롯 번호 표시
F0091		WORD	_IO_DEER_N	착탈 슬롯	모듈 착탈이 일어난 슬롯 번호 표시
F0092		WORD	_FUSE_ER_N	퓨즈 단선 슬롯	퓨즈 단선이 일어난 슬롯 번호 표시
F0093		WORD	_IO_RWER_N	RW 에러 슬롯	모듈 읽기/쓰기 에러 슬롯 번호 표시
F0094		WORD	_IP_IFER_N	IF 에러 슬롯	모듈 인터페이스 에러 슬롯 번호 표시
F0096		WORD	_IO_TYER0	모듈타입0 에러	메인 베이스 모듈 타입 에러
F0097		WORD	_IO_TYER1	모듈타입1 에러	증설 베이스 1단 모듈 타입 에러
F0098		WORD	_IO_TYER2	모듈타입2 에러	증설 베이스 2단 모듈 타입 에러
F0099		WORD	_IO_TYER3	모듈타입3 에러	증설 베이스 3단 모듈 타입 에러
F0100		WORD	_IO_TYER4	모듈타입4 에러	증설 베이스 4단 모듈 타입 에러
F0101		WORD	_IO_TYER5	모듈타입5 에러	증설 베이스 5단 모듈 타입 에러
F0102		WORD	_IO_TYER6	모듈타입6 에러	증설 베이스 6단 모듈 타입 에러
F0103		WORD	_IO_TYER7	모듈타입7 에러	증설 베이스 7단 모듈 타입 에러
F0104		WORD	_IO_DEER0	모듈착탈0 에러	메인 베이스 모듈 착탈 에러
F0105		WORD	_IO_DEER1	모듈착탈1 에러	증설 베이스 1단 모듈 착탈 에러
F0106		WORD	_IO_DEER2	모듈착탈2 에러	증설 베이스 2단 모듈 착탈 에러
F0107		WORD	_IO_DEER3	모듈착탈3 에러	증설 베이스 3단 모듈 착탈 에러
F0108		WORD	_IO_DEER4	모듈착탈4 에러	증설 베이스 4단 모듈 착탈 에러
F0109		WORD	_IO_DEER5	모듈착탈5 에러	증설 베이스 5단 모듈 착탈 에러
F0110		WORD	_IO_DEER6	모듈착탈6 에러	증설 베이스 6단 모듈 착탈 에러
F0111		WORD	_IO_DEER7	모듈착탈7 에러	증설 베이스 7단 모듈 착탈 에러
F0112		WORD	_FUSE_ER0	퓨즈단선0 에러	메인 베이스 퓨즈 단선 에러
F0113		WORD	_FUSE_ER1	퓨즈단선1 에러	증설 베이스 1단 퓨즈 단선 에러
F0114		WORD	_FUSE_ER2	퓨즈단선2 에러	증설 베이스 2단 퓨즈 단선 에러
F0115		WORD	_FUSE_ER3	퓨즈단선3 에러	증설 베이스 3단 퓨즈 단선 에러
F0116		WORD	_FUSE_ER4	퓨즈단선4 에러	증설 베이스 4단 퓨즈 단선 에러
F0117		WORD	_FUSE_ER5	퓨즈단선5 에러	증설 베이스 5단 퓨즈 단선 에러
F0118		WORD	_FUSE_ER6	퓨즈단선6 에러	증설 베이스 6단 퓨즈 단선 에러
F0119		WORD	_FUSE_ER7	퓨즈단선7 에러	증설 베이스 7단 퓨즈 단선 에러
F0120		WORD	_IO_RWER0	모듈RW 0 에러	메인 베이스 모듈 읽기/쓰기 에러
F0121		WORD	_IO_RWER1	모듈RW 1 에러	증설베이스1단 모듈 읽기/쓰기 에러
F0122		WORD	_IO_RWER2	모듈RW 2 에러	증설 베이스 2단 모듈 읽기/쓰기 에러
F0123		WORD	_IO_RWER3	모듈RW 3 에러	증설 베이스 3단 모듈 읽기/쓰기 에러
F0124		WORD	_IO_RWER4	모듈RW 4 에러	증설 베이스 4단 모듈 읽기/쓰기 에러
F0125		WORD	_IO_RWER5	모듈RW 5 에러	증설 베이스 5단 모듈 읽기/쓰기 에러
F0126		WORD	_IO_RWER6	모듈RW 6 에러	증설 베이스 6단 모듈 읽기/쓰기 에러
F0127		WORD	_IO_RWER7	모듈RW 7 에러	증설 베이스 7단 모듈 읽기/쓰기 에러

디바이스1	디바이스2	타 입	변 수	기 능	설 명
F0128		WORD	_IO_IFER_0	모듈IF 0 에러	메인 베이스 모듈 인터페이스 에러
F0129		WORD	_IO_IFER_1	모듈IF 1 에러	증설 베이스 1단 모듈 인터페이스 에러
F0130		WORD	_IO_IFER_2	모듈IF 2 에러	증설 베이스 2단 모듈 인터페이스 에러
F0131		WORD	_IO_IFER_3	모듈IF 3 에러	증설 베이스 3단 모듈 인터페이스 에러
F0132		WORD	_IO_IFER_4	모듈IF 4 에러	증설 베이스 4단 모듈 인터페이스 에러
F0133		WORD	_IO_IFER_5	모듈IF 5 에러	증설 베이스 5단 모듈 인터페이스 에러
F0134		WORD	_IO_IFER_6	모듈IF 6 에러	증설 베이스 6단 모듈 인터페이스 에러
F0135		WORD	_IO_IFER_7	모듈IF 7 에러	증설 베이스 7단 모듈 인터페이스 에러
F0136		WORD	_RTC_DATE	RTC 날짜	RTC의 현재 날짜
F0137		WORD	_RTC_WEEK	RTC 요일	RTC의 현재 요일
F0138		DWORD	_RTC_TOD	RTC 시간	RTC의 현재 시간 (ms단위)
F0140		DWORD	_AC_FAIL_CNT	전원 차단 횟수	전원 차단 횟수 저장
F0142		DWORD	_ERR_HIS_CNT	에러 발생 횟수	에러 발생 횟수 저장
F0144		DWORD	_MOD_HIS_CNT	모드 전환 횟수	모드 전환 횟수 저장
F0146		DWORD	_SYS_HIS_CNT	이력 발생 횟수	시스템 이력 발생 횟수 저장
F0148		DWORD	_LOG_ROTATE	로그 로테이트	로그 로테이트 정보 저장
F0150		WORD	_BASE_INFO0	슬롯 정보 0	메인 베이스 슬롯 정보
F0151		WORD	_BASE_INFO1	슬롯 정보 1	증설 베이스 1단 슬롯 정보
F0152		WORD	_BASE_INFO2	슬롯 정보 2	증설 베이스 2단 슬롯 정보
F0153		WORD	_BASE_INFO3	슬롯 정보 3	증설 베이스 3단 슬롯 정보
F0154		WORD	_BASE_INFO4	슬롯 정보 4	증설 베이스 4단 슬롯 정보
F0155		WORD	_BASE_INFO5	슬롯 정보 5	증설 베이스 5단 슬롯 정보
F0156		WORD	_BASE_INFO6	슬롯 정보 6	증설 베이스 6단 슬롯 정보
F0157		WORD	_BASE_INFO7	슬롯 정보 7	증설 베이스 7단 슬롯 정보
F0158		WORD	_RBANK_NUM	사용 블록번호	현재 사용중인 블록 번호
F0159		WORD	_RBLOCK_STATE	플래시 상태	플래시 블록 상태
F0164		DWORD	_RBLOCK_ER_FLAG	플래시 에러	플래시 N블록 서비스중 에러 발생
F0160		DWORD	_RBLOCK_RD_FLAG	플래시 읽음	플래시 N블록 데이터 읽을 때 ON
F0162		DWORD	_RBLOCK_WR_FLAG	플래시에 씀	플래시 N블록의 데이터 쓸 때 ON
F0178		DWORD	_OS_VER_PATCH	OS 패치 버전	OS버전 소수 둘째 자리까지 표시
F09320		BIT	_FUSE_ER_PMT	퓨즈 에러시 설정	퓨즈 에러시 운전 속행 설정
F09321		BIT	_IO_ER_PMT	I/O 에러시 설정	IO 모듈 에러시 운전 속행 설정
F09322		BIT	_SP_ER_PMT	특수 에러시 설정	특수 모듈 에러시 운전 속행 설정
F09323		BIT	_CP_ER_PMT	통신 에러시 설정	통신 모듈 에러시 운전 속행 설정
F0934		DWORD	_BASE_EMASK_INFO	베이스 고장 마스크	베이스 고장 마스크 정보
F0936		DWORD	_BASE_SKIP_INFO	베이스 스킵	베이스 스킵 정보

디바이스1	디바이스2	타 입	변 수	기 능	설 명
F0938		WORD	_SLOT_EMASK_INFO_0	슬롯 고장 마스크	슬롯 고장 마스크 정보(BASE 0)
F0939		WORD	_SLOT_EMASK_INFO_1	슬롯 고장 마스크	슬롯 고장 마스크 정보(BASE 1)
F0940		WORD	_SLOT_EMASK_INFO_2	슬롯 고장 마스크	슬롯 고장 마스크 정보(BASE 2)
F0941		WORD	_SLOT_EMASK_INFO_3	슬롯 고장 마스크	슬롯 고장 마스크 정보(BASE 3)
F0942		WORD	_SLOT_EMASK_INFO_4	슬롯 고장 마스크	슬롯 고장 마스크 정보(BASE 4)
F0943		WORD	_SLOT_EMASK_INFO_5	슬롯 고장 마스크	슬롯 고장 마스크 정보(BASE 5)
F0944		WORD	_SLOT_EMASK_INFO_6	슬롯 고장 마스크	슬롯 고장 마스크 정보(BASE 6)
F0945		WORD	_SLOT_EMASK_INFO_7	슬롯 고장 마스크	슬롯 고장 마스크 정보(BASE 7)
F0946		WORD	_SLOT_SKIP_INFO_0	슬롯 스킵	슬롯 스킵 정보(BASE 0)
F0947		WORD	_SLOT_SKIP_INFO_1	슬롯 스킵	슬롯 스킵 정보(BASE 1)
F0948		WORD	_SLOT_SKIP_INFO_2	슬롯 스킵	슬롯 스킵 정보(BASE 2)
F0949		WORD	_SLOT_SKIP_INFO_3	슬롯 스킵	슬롯 스킵 정보(BASE 3)
F0950		WORD	_SLOT_SKIP_INFO_4	슬롯 스킵	슬롯 스킵 정보(BASE 4)
F0951		WORD	_SLOT_SKIP_INFO_5	슬롯 스킵	슬롯 스킵 정보(BASE 5)
F0952		WORD	_SLOT_SKIP_INFO_6	슬롯 스킵	슬롯 스킵 정보(BASE 6)
F0953		WORD	_SLOT_SKIP_INFO_7	슬롯 스킵	슬롯 스킵 정보(BASE 7)
F1024		WORD	_USER_WRITE_F	사용가능 접점	프로그램에서 사용 가능한 접점
F10240		BIT	_RTC_WR	RTC RW	RTC에 데이터 쓰고 읽어오기
F10241		BIT	_SCAN_WR	스캔 WR	스캔 값 초기화
F10242		BIT	_CHK_ANC_ERR	외부 중고장 요청	외부기기에서 중고장 검출 요청
F10243		BIT	_CHK_ANC_WAR	외부 경고장 요청	외부기기에서 경고장 검출 요청
F1025		WORD	_USER_STAUS_F	사용자 접점	사용자 접점
F10250		BIT	_INIT_DONE	초기화 완료	초기화 태스크 수행 완료 표시
F1026		WORD	_ANC_ERR	외부 중고장 정보	외부 기기의 중고장 정보 표시
F1027		WORD	_ANC_WAR	외부 경고장 정보	외부 기기의 경고장 정보 표시
F1034		WORD	_MON_YEAR_DT	월/년	시계 정보 데이터(월/년)
F1035		WORD	_TIME_DAY_DT	시/일	시계 정보 데이터(시/일)
F1036		WORD	_SEC_MIN_DT	초/분	시계 정보 데이터(초/분)
F1037		WORD	_HUND_WK_DT	백년/요일	시계 정보 데이터(백년/요일)
F0176		WORD	_SOE_READ_LOG_CNT	읽은 event 개수	사용자가 읽어간 SOE 이벤트 개수
F0177		WORD	_SOE_READ_LOG_ROTATE	읽은 로테이트 정보	사용자가 읽어간 SOE 이벤트 로테이트 정보
F0954		WORD	_SOE_LOG_CNT	이벤트 발생 개수	SOE 이벤트 발생 개수
F0955		WORD	_SOE_LOG_ROTATE	로테이트 정보	SOE 이벤트 로테이트 정보
F09600		BIT	_HS1_ENABLE_STATE	고속링크 상태	고속링크1 Enable/Disable 현재 상태
~		BIT	_HSx_ENABLE_STATE	고속링크 상태	고속링크x Enable/Disable 현재 상태
F0960B		BIT	_HS12_ENABLE_STATE	고속링크 상태	고속링크12 Enable/Disable 현재 상태

디바이스1	디바이스2	타 입	변 수	기 능	설 명
F10300		BIT	_HS1_REQ	고속링크 요청	고속링크 1번 Enable/Disable 요청
~		BIT	_HSx_REQ	고속링크 요청	고속링크 x번 Enable/Disable 요청
F1030B		BIT	_HS12_REQ	고속링크 요청	고속링크 12번 Enable/Disable 요청
F10310		BIT	_HS1_REQ_NUM	고속링크 설정	고속링크1 Enable/Disable 설정
~		BIT	_HSx_REQ_NUM	고속링크 설정	고속링크x Enable/Disable 설정
F1031B		BIT	_HS12_REQ_NUM	고속링크 설정	고속링크12 Enable/Disable 설정
F09620		BIT	_P2P1_ENABLE_STATE	P2P 상태	P2P1 Enable/Disable 현재 상태
~		BIT	_P2Px_ENABLE_STATE	P2P 상태	P2Px Enable/Disable 현재 상태
F09627		BIT	_P2P8_ENABLE_STATE	P2P 상태	P2P8 Enable/Disable 현재 상태
F10320		BIT	_P2P1_REQ	P2P 요청	P2P1 Enable/Disable 요청
~		BIT	_P2Px_REQ	P2P 요청	P2Px Enable/Disable 요청
F10327		BIT	_P2P8_REQ	P2P 요청	P2P8 Enable/Disable 요청
F10330		BIT	_P2P1_REQ_NUM	P2P 설정	P2P1 Enable/Disable 설정
~		BIT	_P2Px_REQ_NUM	P2P 설정	P2Px Enable/Disable 설정
F10337		BIT	_P2P8_REQ_NUM	P2P 설정	P2P8 Enable/Disable 설정
F0190		WORD	_CYCLE_TASK_SCAN0_MAX	정주기 최대스캔시간	정주기 태스크0 최대 스캔시간
F0191		WORD	_CYCLE_TASK_SCAN0_MIN	정주기 최소스캔시간	정주기 태스크0 최소 스캔시간
F0192		WORD	_CYCLE_TASK_SCAN0_CUR	정주기 현재스캔시간	정주기 태스크0 현재 스캔시간
~		WORD	_CYCLE_TASK_SCANx_MAX	정주기 최대스캔시간	정주기 태스크x 최대 스캔시간
~		WORD	_CYCLE_TASK_SCANx_MIN	정주기 최소스캔시간	정주기 태스크x 최소 스캔시간
~		WORD	_CYCLE_TASK_SCANx_CUR	정주기 현재스캔시간	정주기 태스크x 현재 스캔시간
F0283		WORD	_CYCLE_TASK_SCAN31_MAX	정주기 최대스캔시간	정주기 태스크31 최대 스캔시간
F0284		WORD	_CYCLE_TASK_SCAN31_MIN	정주기 최소스캔시간	정주기 태스크31 최소 스캔시간
F0285		WORD	_CYCLE_TASK_SCAN31_CUR	정주기 현재스캔시간	정주기 태스크31 현재 스캔시간
F10248		BIT	_CYCLE_TASK_SCAN_WR	정주기 스캔값 초기화	정주기 태스크 스캔값 초기화
F0994		WORD	_SOCKET0_CLOSE_COUNTER	소켓별 CLOSE 회수	소켓0 CLOSE 회수
F0995		WORD	_SOCKET1_CLOSE_COUNTER	소켓별 CLOSE 회수	소켓1 CLOSE 회수
F0996		WORD	_SOCKET2_CLOSE_COUNTER	소켓별 CLOSE 회수	소켓2 CLOSE 회수
F0997		WORD	_SOCKET3_CLOSE_COUNTER	소켓별 CLOSE 회수	소켓3 CLOSE 회수
F0966		DWORD	_PLC_OPERATING_TIME	전원가동시간	전원가동시간(초단위)/일반 CPU
F0992		DWORD	_PLC_OPERATING_TIME	전원가동시간	전원가동시간(초단위)/고성능 CPU
F0998		DWORD	_SOCKET1_ERR_CNT	에러 프레임 카운터1	로컬 이더넷 소켓1 에러 카운터
F1000		DWORD	_SOCKET2_ERR_CNT	에러 프레임 카운터2	로컬 이더넷 소켓2 에러 카운터
F1002		DWORD	_SOCKET3_ERR_CNT	에러 프레임 카운터3	로컬 이더넷 소켓3 에러 카운터
F1004		DWORD	_SOCKET4_ERR_CNT	에러 프레임 카운터4	로컬 이더넷 소켓4 에러 카운터

XGK로 시작하는
디지털 PLC 제어 2판

초판 1쇄 발행 | 2023년 2월 25일
초판 2쇄 발행 | 2024년 3월 05일
2판 1쇄 발행 | 2025년 2월 15일

지은이 | 이 은 욱
펴낸이 | 조 승 식
펴낸곳 | (주)도서출판 북스힐

등 록 | 1998년 7월 28일 제22-457호
주 소 | 서울시 강북구 한천로 153길 17
전 화 | (02) 994-0071
팩 스 | (02) 994-0073

홈페이지 | www.bookshill.com
이메일 | bookshill@bookshill.com

정가 25,000원

ISBN 979-11-5971-484-9